工程招投标与合同管理

GONGCHENG ZHAOTOUBIAO YU HETONGGUANLI

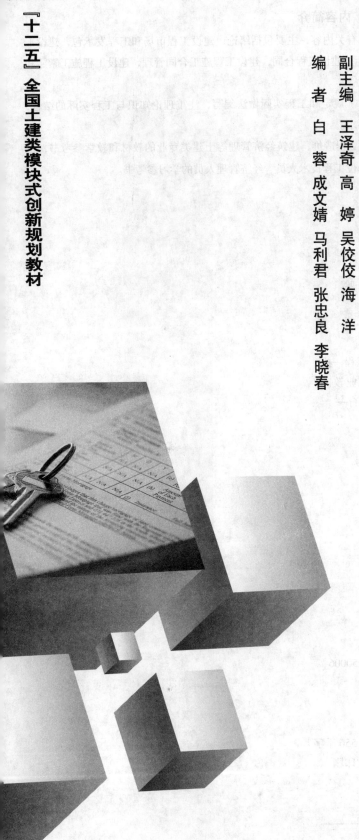

主 审 胡兴福
主 编 常 青 邵转吉
副主编 王泽奇 高 婷 吴佼佼 海 洋
编 者 白 蓉 成文婧 马利君 张忠良 李晓春

囊图书·建筑书系
『十二五』全国土建类模块式创新规划教材

哈爾濱工業大學出版社
HITP

内容简介

本书较系统地阐述了工程招投标与合同管理的有关内容，主要包括绪论，建设工程市场和工程发承包，建设工程招标，建设工程投标，建设工程开标、评标和定标，建设工程合同，建设工程施工合同管理，建设工程施工索赔和FIDIC土木工程施工合同条件。

本书依据建设方面现行有关法律、法规、规章、规定和工程实际做法编写，注重理论知识与工程实际的结合，突出针对性、应用性，符合本专业人才培养目标的要求。

本书可以作为建筑工程技术、建筑工程管理、工程造价、建筑经济管理等土建类专业的教材和教学参考书，也可作为建筑企业、建设监理企业、建设单位及相关单位工程技术人员、经济管理人员的学习参考书。

图书在版编目（CIP）数据

工程招投标与合同管理／常青，邵转吉主编．—哈尔滨：哈尔滨工业大学出版社，2012．12

ISBN 978-7-5603-3357-1

Ⅰ．①工…　Ⅱ．①常…　②邵…　Ⅲ．①建筑工程—招标—高等职业教育—教材②建筑工程—投标—高等职业教育—教材③建筑工程—经济合同—管理—高等职业教育—教材　Ⅳ．①TU723

中国版本图书馆CIP数据核字（2012）第283310号

责任编辑　苗金英
封面设计　唐韵设计
出版发行　哈尔滨工业大学出版社
社　　址　哈尔滨市南岗区复华四道街10号　邮编150006
传　　真　0451-86414749
网　　址　http://hitpress.hit.edu.cn
印　　刷　天津市蓟县宏图印务有限公司
开　　本　850mm×1168mm　1/16　印张18.5　字数556千字
版　　次　2012年12月第1版　2012年12月第1次印刷
书　　号　ISBN 978-7-5603-3357-1
定　　价　36.00元

序言 1

新中国成立以来，建筑业随着国家的建设而发展壮大，为国民经济和社会发展作出了巨大贡献。建筑业的发展，不仅提升了人民的居住水平，加快了城镇化进程，而且带动了相关产业的发展。随着国家建筑产业政策的不断完善，一些举世瞩目的建设成果不断涌现，如奥运工程、世博会工程、高铁工程等，这些工程为经济、文化、民生等方面的发展发挥了重要作用。

建设行业的发展在一定程度上带动了土建类职业教育的发展。当前建设行业人力资源的层次主要集中在施工层面，门槛相对较低，属于劳动密集型产业，建筑工人知识水平偏低，管理技术人员所占比例不高。因此，以培养建设行业生产一线的技能型、复合型工程技术人才为主的土建类职业教育得到飞速发展，逐渐发挥其培育潜在人力资源的作用。土建类专业是应用型学科，将专业人才培养与施工过程对接，构建"规范引领、施工导向、工学结合"的模式是我国当前土建类职业教育一直探讨的方式。各院校在建立实践教学体系的同时，人才培养全过程要渗透工学结合的思想。

根据《国家中长期人才发展规划纲要（2010～2020 年）》的要求，以及教育部和建设部《关于实施职业院校建设行业技能型紧缺人才培养培训工程的通知》、《关于我国建设行业人力资源状况和加强建设行业技能型紧缺人才培养培训工作的建议》的要求，哈尔滨工业大学出版社特邀请国内长期从事土建类职业教育的一线教师和建设行业从业人员编写了本套教材。本套教材按照"以就业为导向、以全面素质为基础、以能力为本位"的教育理念，按照"需求为准、够用为度、实用为先"的原则进行编写。内容上体现了土木建筑领域的新技术、新工艺、新材料、新设备、新方法，反映了现行规范（规程）、标准及工程技术发展动态，教材不但在表达方式上紧密结合现行标准，忠实于标准的条文内容，也在计算和设计过程中严格遵照执行，吸收了教学改革的成果，强调了基础性、专业性、应用性和创业性。大到教材中的工程案例，小到教材中的图片、例题，均取自于实际工程项目，把学生被动听讲变成学生主动参与实际操作，加深了学生对实际工程项目的理解，体现了以能力为本位的教材体系。教材的基础知识和技能知识与国家劳动部和社会保障部颁发的职业资格等级证书相结合，按各类岗位要求进行编写，以应用型职业需要为中心，达到"先培训、后就业"的教学目的。

目前，我国的建设行业教育事业取得了长足的发展，但不能忽视的是土建类专业教材建设、建设行业发展急需进一步规范和引导，加快土建类专业教学的改革势在必行。教育体系与课程内容如何与国际建设行业接轨，如何避免教材建设中存在的内容陈旧、老化问题，如何解决土建类专业教育滞后于行业发展和科技进步的局面，无疑成为我们目前最值得思考和解决的关键问题，而本系列教材的出版，应时所需，正是在有针对性地研究和分析当前建设行业发展现状，启迪土建类专业教育课程体系改革，落实产学研结合的教学模式下出版的，相信对建设行业从业人员的指导、培训以及对建设行业人才的培养有较为现实的意义。

本系列教材在内容的阐述上，在遵循学生获取知识规律的同时，力求简明扼要，通用性强，既可用于土建类职业教育和成人教育，也可供从事土建工程施工和管理的技术人员参考。

清华大学　石永久

序言2

改革开放以来,随着经济持续高速的发展,我国对基本建设也提出了巨大的需求。目前我国正进行着世界上最大规模的基本建设。建筑业的从业人口将近五千万,已成为国民经济的重要支柱产业。我国按传统建造的建筑物大多安全度设置水准不高,加上对耐久性重视不够,尚有几百亿平方米的既有建筑需要进行修复、加固和改造。所以说,虽然随着经济发展转型,新建工程将会逐渐减少,但建筑工程所处的重要地位仍然不会动摇。可以乐观地认为:我国的建筑业还将继续繁荣几十年甚至更久。

基本建设是复杂的系统工程,它需要不同专业、不同层次、不同特长的技术人员与之配合,尤其是对工程质量起决定性作用的建筑工程一线技术人员的需求更为迫切。目前以新材料、新工艺、新结构为代表的"三新技术"快速发展,建筑业正经历"产业化"的进程。传统"建造房屋"的做法将逐渐转化为"制造房屋"的方式;建筑构配件的商品化和装配程度也将不断提高。落实先进技术、保证工程质量的关键在于高素质一线技术人员的配合。近年来,我国建筑工程技术人才培养的规模不断扩大,每年都有大批热衷于建筑业的毕业生进入到基本建设的队伍中来,但这仍然难以满足大规模基本建设不断增长的需要。

最快捷的人才培养方式是专业教育。尽管知识来源于实践,但是完全依靠实践中的积累来直接获取知识是不现实的。学生在学校接受专业教育,通过教师授课的方式使学生从教科书中学习、消化、吸收前人积累的大量知识精华,这样学生就可以在短期内获得大量实用的专业知识。专业教学为培养大批工程急需的技术人才奠定了良好的基础。由哈尔滨工业大学出版社组织编写的这套教材,有针对性地按照教学规律、专业特点、学者的工作需要,聘请在相应领域内教学经验丰富的教师和实践单位的技术人员编写、审查,保证了教材的高质量和实用性。

通过教学吸收知识的方式,实际是"先理论,后实践"的认识过程。这就可能会使学习者对专业知识的真正掌握受到一定的限制,因此需要注意正确的学习方法。下面就对专业知识的学习提出一些建议,供学习者参考。

第一,要坚持"循序渐进"的学习、求知规律。任何专业知识都是在一定基础知识的平台上,根据相应专业的特点,经过探索和积累而发展起来的。对建筑工程而言,数学、力学基础、制图能力、建筑概念、结构常识等都是学好专业课程的必要基础。

第二,学习应该“重理解,会应用”。建筑工程技术专业的专业课程不像有些纯理论性基础课那样抽象,它一般都伴有非常实际的工程背景,学习的内容都很具体和实用,比较容易理解。但是,学习时应注意:不可一知半解,需要更进一步理解其中的原理和技术背景。不仅要“知其然”,而且要“知其所以然”。只有这样才算真正掌握了知识,才有可能灵活地运用学到的知识去解决各种复杂的具体工程问题。“理解原理”是“学会应用”的基础。

第三,灵活运用工程建设标准-规范体系。现在我国已经具有比较完整的工程建设标准-规范体系。标准规范总结了建筑工程的经验和成果,指导和控制了基本建设中重要的技术原则,是所有从业人员都应该遵循的行为准则。因此,在教科书中就必然会突出和强调标准-规范的作用。但是,标准-规范并不能解决所有的工程问题。从事实际工程的技术人员,还得根据对标准-规范原则的理解,结合工程的实际情况,通过思考和分析,采取恰当的技术措施解决实际问题。因此,学习期间的重点应放在理解标准-规范的原理和技术背景上,不必死抠规范条文,应灵活地应用规范的原则,正确地解决各种工程问题。

第四,创造性思维的培养。目前市场上还流行各种有关建筑工程的指南、手册、程序(软件)等。这些技术文件是基本理论和标准-规范的延伸和具体应用。作为商品和工具,其作用只是减少技术人员重复性的简单劳动,无法替代技术人员的创造性思维。因此在学习期间,最好摆脱对计算机软件等工具的依赖,所有的作业、练习等都应该通过自己的思考、分析、计算、绘图来完成。久而久之,通过这些必要的步骤真正牢固地掌握知识,增长技能。投身工作后,借助相关工具解决工程问题,也会变得熟练、有把握。

第五,对于在校学生而言,克服浮躁情绪,养成踏实、勤奋的学习习惯非常重要。不要指望通过一门课程的学习,掌握有关学科所有的必要知识和技能。学校的学习只是一个基础,工程实践中联系实际不断地巩固、掌握和更新知识才是最重要的考验。专业学习终生受益,通过在校期间的学习跨入专业知识的门槛只是第一步,真正的学习和锻炼还要靠学习者在长期的工程实践中的不断积累。

第六,学生应有意识地培养自己学习、求知的技能,教师也应主动地引导和培养学生这方面的能力。例如,实行“因材施教”;指定某些教学内容以自学、答疑的方式完成;介绍课外读物并撰写读书笔记;结合工程问题(甚至事故)进行讨论;聘请校外专家作专题报告或技术讲座……总之,让学生在掌握专业知识的同时,能够形成自主寻求知识的能力和更广阔的视野,这种形式的教学应该比教师直接讲授更有意义。这就是“授人以鱼(知识),不如授人以渔(学习方法)”的道理。

第七,责任心的树立。建筑工程的产品——房屋为亿万人民提供了舒适的生活和工作环境。但是如果不能保证工程质量,当灾害来临时就会引起人民生命财产的重大损失。人民信任地将自己生命财产的安全托付给我们,保证建筑工程的安全是所有建筑工作者不可推卸的沉重责任。希望每一个从事建筑行业的技术人员,从学生时代起就树立起强烈的责任心,并在以后的工作中恪守职业道德,为我国的基本建设事业作出贡献。

中国建筑科学研究院　徐有邻

PREFACE 前言

工程招投标与合同管理是工程建设中十分重要的工作，也是建筑施工企业（承包商）主要的生产经营活动之一。施工企业能否在工程招投标过程中中标获得施工任务，并通过完善的合同管理及其他方面的管理而取得好的经济效益，关系到企业的生存与发展。因此，招投标与合同管理工作在企业整个经营管理活动中具有十分重要的地位和作用。不论是目前在校学习的土建类专业的学生，还是已经在项目管理岗位上从事工程项目管理工作的人员，都非常有必要系统、深入地掌握招投标与合同管理的相关知识，锻炼相应工作能力，提高职业素质。

本书是按照本课程教学大纲的要求，根据《中华人民共和国招标投标法》、《中华人民共和国合同法》、《中华人民共和国标准施工招标文件》、《建设工程施工合同（示范文本）》、《建设工程工程量清单计价规范》等法律法规，以及作者收集整理的国内外招投标与合同管理的有关参考资料等，结合作者多年的教学实践编写的。本书对建筑市场与管理，工程招投标与合同管理相关的基本法律，工程项目施工招标与投标，投标报价编制方法，投标报价策略与投标技巧，建设工程合同的主要内容、签订与管理，FIDIC土木工程施工合同条件及施工索赔的程序、计算方式和解决方法等内容，进行了比较全面、详细的阐述。每个模块还列入了大量实际案例供学习和参考。

本书特色：

本书的特色主要体现在“以职业岗位能力培养为核心，理论与实践相结合，注重职业素质的提高”。

1.以工学结合为切入点，基于岗位工作过程确定课程内容体系。以招投标员、合同员等岗位知识和能力需求为导向，根据实际工作过程和工作岗位任务，采用模块化设计，体现职业针对性。

2.本书内容与职业资格认证紧密结合，突出职业能力培养。将本课程内容与合同员等职业资格考证贯通，以职业资格考试内容为主体，兼顾建造师等执业资格考试的内容，为实现以职业资格考证代替课程考核打好基础，也利于学生将来参加建造师等执业资格考试。

3.以能力为本位，通过实际案例的分析与应用训练，培养专业能力和职业素质。利用来源于实际工作的典型工程项目案例和例题，让学生主动参与分析和实际操作，加深对实际工程项目工作的理解和应用，调动学生学习的积极性，从而提高专业能力和职业素质。

4.以人的认知规律为依据，设置层级递进的知识学习、能力训练内容与项目安排。本书每个模块首先设计“模块概述”,介绍本模块主要内容及其在实际工程管理中的应用、意义；然后设计“学习目标”,让学生明确本模块学习应达到的知识和能力目标；在本模块内容之后，设计“就业导航”,通过职业资格考证介绍、考证要求和对应岗位的介绍，使学生明确职业岗位和职业资格对相应知识和能力的要求；最后通过“基础与工程技能训练”环节，使学生掌握有关知识，并进行相应能力的训练。

本书内容和课时分配建议：

本书共50~68课时，实际教学中可根据教学计划选择确定。

模 块	内 容	建议课时	授课类型
绪论		2~4 课时	讲授
模块 1	建设工程市场和工程发承包	4~6 课时	讲授、实训
模块 2	建设工程招标	8~10 课时	讲授、实训
模块 3	建设工程投标	8~10 课时	讲授、实训
模块 4	建设工程开标、评标和定标	4~6 课时	讲授、实训
模块 5	建设工程合同	6~8 课时	讲授、实训
模块 6	建设工程施工合同管理	8~10 课时	讲授、实训
模块 7	建设工程施工索赔	6~8 课时	讲授、实训
模块 8	FIDIC 土木工程施工合同条件	4~6 课时	讲授、实训

本书的应用范围：

本书具有较强的针对性、实用性，可作为建筑工程管理、建筑工程技术等土建类专业的教材，也可作为工程招投标人员、预算报价人员、合同管理人员和工程技术人员业务学习的参考书，还可以作为建造师等执业资格考试人员的辅助用书。

本书编写任务分工：

绪论：常青（甘肃工业职业技术学院）；模块1：海洋（洛阳职业技术学院）；模块2：邵转吉（甘肃工业职业技术学院）；模块3：白蓉（甘肃建筑职业技术学院）、张忠良（成都艺术职业技术学院）；模块4：成文婧（甘肃建筑职业技术学院）；模块5：吴佼佼（辽宁城市建设职业技术学院）、李晓春（山西职业技术学院）；模块6：马利君（黑龙江林业职业技术学院）；模块7：高婷（太原城市职业技术学院）；模块8：邵转吉、常青和王泽奇（山东青岛黄海学院）。本书由常青、邵转吉担任主编，王泽奇、高婷、吴佼佼、海洋担任副主编。全书由主编负责编写大纲、内容设计、书稿的统稿、修改和定稿。

本书编写过程中参考了书后所列参考文献中的部分内容，谨在此向其作者表示衷心的感谢！

限于编者水平，书中难免有疏漏和不当之处，敬请广大读者、同行和专家批评指正。

编 者

编审委员会

本书学习导航

模块概述

简要介绍本模块与整个工程项目的联系，在工程项目中的意义，或者与工程建设之间的关系等。

学习目标

包括学习目标和能力目标，列出了学生应了解与掌握的知识点。

课时建议

建议课时，供教师参考。

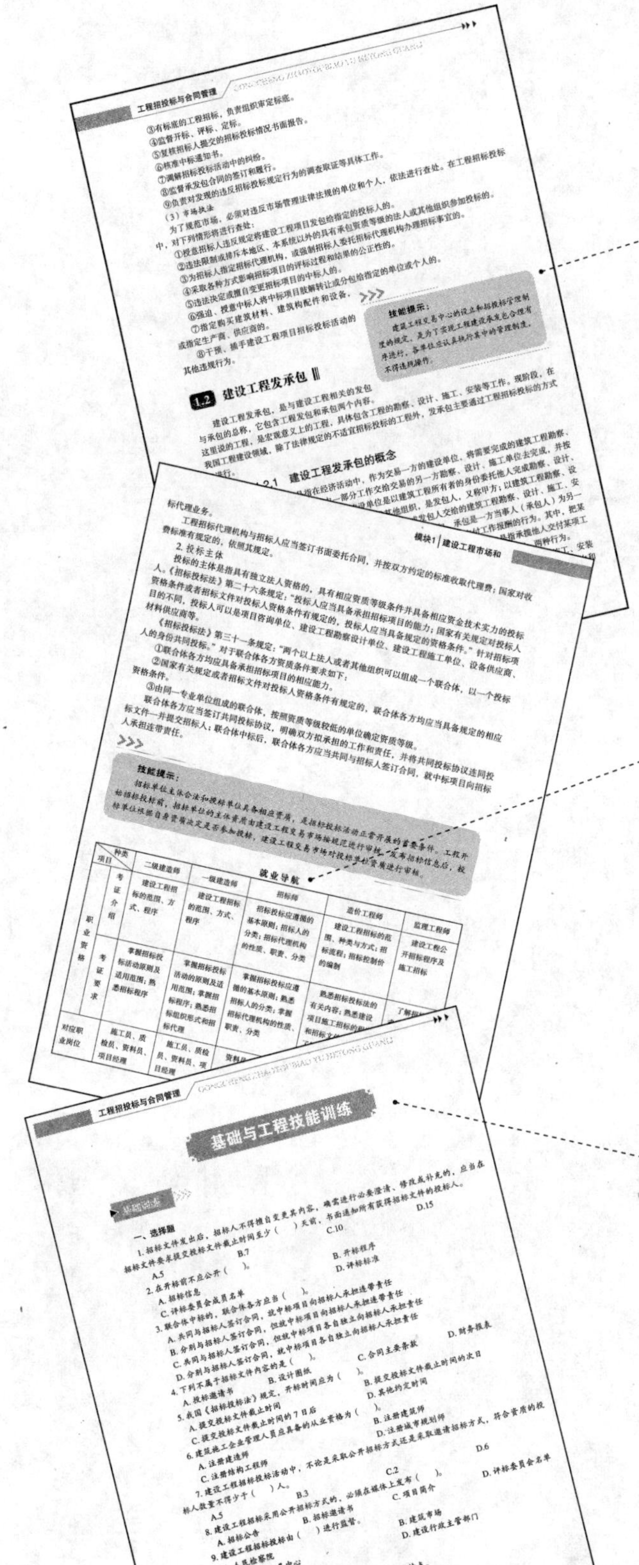

技术提示

言简意赅地总结实际工作中容易犯的错误或者难点、要点等。包括“技术提示”、“安全警示”、“概念提示”等。

就业导航

介绍本教材所涉及的职业证书，各证书所对应的岗位要求，以及各知识点所在模块等。

基础与工程技能训练

包括基础训练与工程技能训练两部分。基础训练以基本的简答、选择、案例分析题为主，考核学生对基础知识的掌握程度。工程技能训练模拟实际工程项目，训练学生的技能。

目录 Contents

模块 6 建设工程施工合同管理

模块 7 建设工程施工索赔

模块 8 FIDIC土木工程施工合同条件

绪论

模块概述

建筑行业是我国经济发展的支柱产业之一，建筑工程更是建筑行业最普遍开展的行业，建筑工程产品的质量与施工安全取决于建筑施工过程中的质量管理与安全管理。作为建筑工程行业的学习者及从业人员，首先必须熟悉我国建筑工程质量管理与安全管理的现状。

学习目标

◆ 了解我国建筑行业的发展现状；
◆ 熟悉建筑工程质量管理的现状；
◆ 熟悉建筑工程安全管理的现状。

能力目标

◆ 培养学生具有初步进行建筑施工质量控制与管理的能力；
◆ 培养学生具有建筑施工安全技术与初步进行管理的能力。

课时建议

2~4 课时

0.1 我国建设工程管理体制改革

按照我国有关法律和规定，在工程建设中，应当实行项目法人责任制、建设工程监理制、工程招标投标制、合同管理制等主要制度。这些制度共同构成了建设工程管理制度体系。

1. 项目法人责任制

为了建立投资责任约束机制，按照“产权清晰、权责明确、政企分开、管理科学”的现代企业制度进行工程项目管理，国家计划委员会于1996年3月发布了《关于实行建设项目法人责任制的暂行规定》，要求“国有单位经营性基本建设大中型项目在建设阶段必须组建项目法人”，“由项目法人对项目的策划、资金筹措、建设实施、生产经营、债务偿还和资产的保值增值，实行全过程负责”。1999年2月，为了加强基础设施工程质量管理，国务院办公厅发出通知，要求“基础设施项目，除军事工程等特殊情况外，都要按政企分开的原则组成项目法人，实行建设项目法人责任制，由项目法定代表人对工程质量负总责”。

项目法人责任制的核心内容是明确由项目法人承担投资风险，项目法人要对工程项目的建设及建成后的生产经营实行一条龙管理和全面负责。

2. 建设工程监理制

所谓建设工程监理，是指具有相应资质的监理单位，受工程项目建设单位的委托，依据国家有关工程建设的法律法规、经建设主管部门批准的工程项目建设文件、建设工程委托监理合同及其他建设工程合同，对工程建设实施的专业化监督管理。实行建设工程监理制的目的在于提高工程建设的投资效益和社会效益。这项制度已经纳入《中华人民共和国建筑法》(以下简称《建筑法》)的规定范畴。

我国的建设工程监理事业从1988年开始，经过试点和稳步发展两个阶段后，从1996年开始进入全面推行阶段。建设工程监理的主要内容包括：协助建设单位进行项目可行性研究，优选设计方案、设计单位和施工单位，审查设计文件，控制工程质量、工期和造价，监督、管理建设工程合同的履行，以及协调建设单位与工程建设有关各方的工作关系等。1988年建设部发布的“关于开展建设监理工作的通知”中明确提出要建立建设监理制度;《建筑法》也作了“国家推行建筑工程监理制度”的规定。

实行建设监理，已经成为我国的一项重要制度。这项新制度把原来工程建设管理由业主和承建单位承担的体制，变为业主、监理单位和承建单位三家共同承担的新的管理体制。在一个工程项目中，投资的使用和建设的重大问题实行项目法人责任制，监理单位实行总监理工程师负责制，工程设计、施工实行项目经理责任制。监理单位作为市场主体之一，对规范建筑市场的交易行为、充分发挥投资效益、发展建筑业的生产能力等，都具有不可忽视的巨大作用。

根据中华人民共和国建设部2001年1月17日发布的第86号令《建设工程监理范围和规模标准规定》，下列建设工程必须实行监理：

①国家重点建设工程。指依据《国家重点建设项目管理办法》所确定的对国民经济和社会发展有重大影响的骨干项目。

②大中型公用事业工程。指项目总投资额在3000万元以上的工程项目，包括：供水、供电、供气、供热等市政工程项目；科技、教育、文化等项目；体育、旅游、商业等项目；卫生、社会福利等项目；其他公用事业项目。

③成片开发建设的住宅小区工程。建筑面积在5万平方米以上的住宅建设工程必须实行监理；5万平方米以下的住宅建设工程，可以实行监理，具体范围和规模标准由省、自治区、直辖市人民政府建设行政主管部门规定。为了保证住宅质量，对高层住宅及地基、结构复杂的多层住宅应当实行监理。

④利用外国政府或者国际组织贷款、援助资金的工程项目，包括：使用世界银行、亚洲开发银行等国际组织贷款资金的项目；使用国外政府及其机构贷款资金的项目；使用国际组织或者国外政府援助资金的项目。

⑤国家规定必须实行监理的其他工程。指学校、影剧院、体育场馆项目和项目总投资额在3 000万元以上关系社会公共利益、公众安全的基础设施项目，包括：煤炭、石油、化工、天然气、电力、新能源等项目；铁路、公路、管道、水运、民航以及其他交通运输业等项目；邮政、电信枢纽、通信、信息网络等项目；防洪、灌溉、排涝、发电、引（供）水、滩涂治理、水资源保护、水土保持等水利建设项目；道路、桥梁、地铁和轻轨交通、污水排放及处理、垃圾处理、地下管道、公共停车场等城市基础设施项目；生态环境保护项目；其他基础设施项目。

工程项目建设实行法人责任制和监理制，是我国工程建设管理体制深化改革的重大举措。项目法人责任制是实行建设工程监理制的前提，而建设工程监理制是落实项目法人责任制的必要保证。建设项目法人责任制和建设工程监理制是密不可分的有机整体。

3. 工程招标投标制

我国招标投标制是伴随着改革开放而逐步建立并完善的。改革开放后的1984年，国家计划委员会、城乡建设环境保护部联合下发了《建设工程招标投标暂行规定》，倡导实行建设工程招标投标，我国由此开始推行招标投标制度。

1992年12月16日，建设部、国家经济体制改革委员会再次发出《全面深化建筑市场体制改革的意见》，强调建筑市场管理环境的治理。文中明确提出了大力推行招标投标，强化市场竞争机制。

1999年8月30日，第九届全国人民代表大会常务委员会第十一次会议通过了《中华人民共和国招标投标法》（以下简称《招标投标法》），并于2000年1月1日起施行。随后在2000年5月1日，国家计划委员会发布了《工程建设项目招标范围的规模标准规定》；2000年7月1日，国家计划委员会又发布了《工程建设项目自行招标试行办法》和《招标公告发布暂行办法》。

2003年3月8日，国家发展计划委员会、建设部、铁道部、交通部、信息产业部、水利部、民航总局联合发布了第30号令《工程建设项目施工招标投标办法》，于2003年5月1日起施行。

2007年11月1日，国家发展和改革委员会、财政部、建设部、铁道部、交通部、信息产业部、水利部、民航总局、广电总局联合发布了第56号令《〈标准施工招标资格预审文件〉和〈标准施工招标文件〉试行规定》，标志着我国的招标投标制度逐步趋于完善，与国际惯例进一步接轨。

4. 合同管理制

合同管理制的基本内容是：建设工程的勘察、设计、施工、材料设备采购和建设工程监理都要依法订立合同。各类合同都要有明确的质量要求、履约担保和违约处罚条款。违约方要承担相应的法律责任。

合同管理制的实施对建设工程监理开展合同管理工作提供了法律上的支持。

0.2 鲁布革引水工程招标投标及管理简介

1. 鲁布革工程介绍

鲁布革水电站位于云南罗平和贵州兴义交界的黄泥河下游，整个工程由首部枢纽拦河大坝、引水系统和厂房枢纽三部分组成。

首部枢纽拦河大坝最大坝高103.5米；引水系统由电站进水口、引水隧洞、调压井、高压钢管四部分组成，引水隧洞总长9.38千米，开挖直径8.8米，调压井内径13米，井深63米，两条长469米、内径4.6米、倾角48°的高压钢管；厂房枢纽包括地下厂房及其配套的40个地下洞室群。厂房总长125米，宽18米，最大高度39.4米，安装15万千瓦的水轮发电机四台，总容量60万千瓦，年发电量28.2亿千瓦时。

早在20世纪50年代，国家有关部门就开始安排了对黄泥河的踏勘。昆明水电勘测设计院承担项目的设计。水电部在1977年着手进行鲁布革电站的建设，水电十四局开始修路，进行施工准备。但由于资金缺乏，准备工程进展缓慢，前后拖延7年之久。1981年6月经国家批准，鲁布革电站被列为重点建设工程，总投资8.9亿美元，总工期53个月，要求1990年全部建成。

为了使用世界银行贷款，工程三大部分之一的引水隧洞工程被从水电十四局的“铁饭碗”中捞出来，投入了国际施工市场。在中国、日本、挪威、意大利、美国、联邦德国、南斯拉夫、法国8个国家承包商的竞争中，日本大成公司以比中国与外国公司联营体投标价低3600万元的价格中标，于是形成了“一项工程、两种体制、三方施工”的格局。“两种体制”：一种是以云南电力局为业主，鲁布革工程管理局为业主代表及“工程师机构”，日本大成公司为承包方的合同制管理体制；一种是以鲁布革管理局为甲方，以水电十四局为乙方的投资包干管理体制。“三方施工”：一方是由挪威专家咨询，由水电十四局三公司承建的厂房枢纽工程；一方是由澳大利亚专家咨询，由水电十四局二公司承建的首部枢纽工程；一方是由日本大成公司承建的引水系统工程。

鲁布革工程管理体制的局部突破，使小小的鲁布革成了个混合物，四方八国，两种管理体制。

引水隧道工程于1984年6月15日发出中标通知书，7月14日签订合同。1984年7月31日发布开工令，1984年11月24日正式开工。日本大成公司仅派到我国来30多人的管理队伍，从中国水电十四局雇用了424名劳务工人，他们开挖隧道，单头月平均进尺222.5米，相当于我国同类工程的二到三倍，全员劳动生产率为每人每年4.57万元。1988年8月13日正式竣工。合同工期为1597天，实际工期为1475天，提前了122天；而水电十四局承担的首部枢纽工程，1983年开工，由于种种原因，进展迟缓，世界银行特别咨询团于1984年4月和1985年5月两次来工地考察，都认为按期完成截流难以实现。

近距离的对比，面对面的比较，没想到初试竟是如此结果，鲁布革人被震动了！因为问题是复杂的：难道中国人的潜能非得靠外国人来挖掘不成？几乎每一个平凡的鲁布革人都思考过这些问题。民族自尊心、自信心被唤醒了！“为中国人争口气！”一场没有裁判的角逐开始了！水电十四局鲁布革工程指挥部开始扩大自主权，调整领导结构，推行新的管理体制。首先在首部枢纽工程发动了千人会战。局长、指挥长都成了目标责任制的负责人，他们不再远离工地，而是昼夜奋战在工地。工人们更是整天整夜呆在隧洞里，干累了，搬块木板躺一会，醒了再干。最后，奇迹终于被创造出来了：1985年11月，大坝工程按期截流。

然而，对比大成公司的管理方式和我们的会战，我们明显感到了自己的不足：均衡生产搞不好、人员管理混乱、缺乏统一协调指挥！思考从这里开始了，鲁布革经验迅速成为中国工程管理改革的突破口和催化剂，推动了我国施工企业管理直至项目管理的本质的变化。

2. 鲁布革工程经验

（1）工程采购实行公开竞争性招标

因为鲁布革工程项目建设利用世界银行贷款1.454亿美元，按世界银行规定，引水系统工程的施工实行新中国成立以来第一次按照FIDIC组织推荐的程序进行的国际公开（竞争性）招标。招标工作由水电部委托中国进出口公司进行。

① 1982年9月，刊登招标公告，编制招标文件，编制标底。引水系统工程原设计概算1.8亿元，标底1.4958亿元。

② 1982年9月至1983年6月，资格预审。

③ 1983年6月15日，发售招标文件（标书）。15家取得投标资格的中外承包商购买了招标文件。

④ 经过近5个月的投标准备，1983年11月8日，开标大会在北京正式举行。

⑤ 1983年11月至1984年4月，评标、定标。经各方专家多次评议讨论，日本大成公司中标。

（2）工程招标采用严格资格预审条件下的低价中标原则

本工程的资格预审分两阶段进行。招标公告发布之后，13 个国家 32 家承包商提出了投标意向，争相介绍自己的优势和履历。第一阶段资格预审 (1982 年 9 月至 12 月)，招标人经过对承包商的施工经历、财务实力、法律地位、施工设备、技术水平和人才实力的初步审查，淘汰了其中的 12 家。其余 20 家 (包括我国公司 3 家) 取得了投标资格。第二阶段资格预审 (1983 年 2 月至 6 月)，与世界银行磋商第一阶段预审结果，中外公司组成联合投标公司进行谈判。各承包商分别根据各自特长和劣势进一步寻找联营伙伴，我国 3 家公司分别与 14 家外商进行联营会谈，最后闽昆公司和挪威 FHS 公司联营，贵华公司和原联邦德国霍兹曼公司联营，江南公司不联营。这次国际竞争性招标，按照世界银行的有关规定我国公司享受 7.5% 的国内投标优惠。

最后总共 8 家公司投标，其中原联邦德国霍克蒂夫公司未按照招标文件要求投送投标文件，而成为废标。从投标报价 (根据当日的官方汇率，将外币换算成人民币) 可以看出，最高价法国 SBTP 公司 (1.79 亿元)，与最低价日本大成公司 (8463 万元) 相比，报价竟相差 1 倍之多，前几标的标价之低，使中外厂商大吃一惊，在国内外引起不小的震动。各投标人的折算报价见表 1。

表 1　鲁布革水电站引水系统投标报价一览表

投标人	折算报价 / 元	投标人	折算报价 / 元
日本大成公司	84630590.97	南斯拉夫能源工程公司	132234146.30
日本前田公司	87964864.29	法国 SBTP 公司	179393719.20
意美合资英波吉洛联营公司	92820660.50	中国闽昆、挪威 FHS 联营公司	121327425.30
中国贵华、原联邦德国霍兹曼联营公司	119947489.60	原联邦德国霍克蒂夫公司	内容系技术转让，不符合投标要求，废标

按照国际惯例，只有报价最低的前三标能进入最终评标阶段，因此确定大成、前田和英波吉洛 3 家公司为评标对象。评标工作由鲁布革工程局、昆明水电勘测设计院、水电总局及澳大利亚等中外专家组成的评标小组负责，按照规定的评标办法进行，在评标过程中评标小组还分别与三家承包商进行了澄清会谈。1984 年 4 月 13 日评标工作结束。经各方专家多次评议讨论，最后取标价最低的日本大成公司中标，与之签订合同，合同价 8463 万元，合同工期 1597 天，比标底低 43.4%。

（3）出资人、融资机构对招标过程乃至项目管理过程实行监督审查

世界银行对于由其贷款的项目有一整套完善的评估体系和监督审查制度，比如通过项目预评估和项目评估，详细、准确地考察项目的经济技术可行性，对项目的技术、管理、经济和财务等方面进行评价，考察项目成功实现的可能性，以及如何才能保证项目的顺利实施，为世界银行最终决定发放贷款提供坚实依据，同时，也为以后对项目的监督和总结评价提供比较的基础。在此阶段，世界银行要编写一份“评估报告”，还要讨论采购计划的安排，确定采购方式、组织管理等问题；进行投标人的资格预审、编制和发售招标文件及接受投标书。

项目完成后，世界银行与借款人一起，将项目执行结果与“评估报告”进行比较和评价，编写出项目完成报告。

由于世界银行贷款的大部分资金都是花费在项目采购上，因而要对借款人的采购程序、文件、评标、授标建议以及合同进行审查，以确保采购过程是按照双方同意的程序进行的。

具体的监督审查方式包括：

①对招标（合同）文件的审查。

②审阅借款人（项目单位）所提供的各种报告、资料。

③定期或不定期派遣项目官员或小组赴现场检查。

④对特别咨询团的咨询工作进行监督。

⑤对提款申请的审查。

⑥通过与借款国的联合检查行动进行监督。

根据世界银行的上述规定，1984 年 4 月 17 日，我国有关部门正式将定标结果通知世界银行，世界银行于 6 月 9 日回复无异议，完成了对授标结果的审查。此外，世界银行除推荐澳大利亚 SMEC 公司和挪威 AGN 公司作为咨询单位，分别对首部枢纽工程、引水系统工程和厂房工程提供咨询服务外，还两次委派特别咨询团对鲁布革工程进展情况进行现场检查。

（4）大成公司按照现代项目管理方法实施项目

从项目的实施方式上，日本大成公司采取了与当时我国项目建设完全不同的项目组织建设模式，实际上就是今天被人们熟知的“项目管理”。这些主要体现在：

①管理层与作业层分离，总包与分包管理相结合。大成公司从对鲁布革水电站引水系统提出投标意向之后，立即着手选配工程项目领导班子，他们首先指定了所长泽田担任项目经理（日本人叫所长），由泽田根据工程项目的工作划分和实际需要，向各职能部门提出所需要的各类人员的数量、比例、时间、条件，各职能部门推荐备选人员名单，经磋商后，对初选的人员集中培训两个月，考试合格者选聘为工程项目领导班子的成员，统交泽田安排作为管理层。大成公司采用施工总承包制，在现场日本的管理及技术人员仅 30 多人，雇用我国的公司分包，而作业层则主要从中国水电十四局雇用。

②项目矩阵制组织与资源动态配置。鲁布革大成事务所与本部海外部的组织关系是矩阵式的，在横向，大成事务所的所有班子成员在鲁布革项目中统归泽田领导；在纵向，每个人还要以原所在部门为后盾，服从原部门领导的业务指导和调遣，比如机长宫晃，他在鲁布革工程中负责本工程项目的所有施工设备的选型配套、使用管理、保养维修，以确保施工需要和尽量节省设备费用。在纵向，他要随时保持和原本部职能部门的密切联系，以取得本部的指导和支持。当重大设备部件损坏，现场不能修复时，他要及时以电报或电传与本部联系，由本部负责尽快组织采购设备并运往现场，或请设备制造厂家迅速派人员赶赴现场进行修理和指导。工程项目组织与企业组织协调配合十分默契。比如工程项目隧洞开挖高峰时，人手不够，总部立即增派有关专业人员到现场。当开挖高峰过后，到混凝土补砌阶段，总部立即将多余人员抽回，调往其他工程项目。这样，横纵向的密切配合，既保证了项目的急需，又提高了人员的效率，显示出矩阵制高效的优势。

③科学管理与关键线路控制方法。大成公司采用网络进度计划控制项目进展，并根据项目最终效益制定独到的奖励制度，将奖励与关键线路相结合；若工程在关键线路部分，完成实际进度越快奖金越高；若在非关键线路部分的非关键工作，到适当时候干得快奖金反而要降低，就是说非关键工作进度快了对整个工程没有什么效益；科学管理还体现在施工设备管理上，为了降低成本，他们不备用机械设备，而是多备用机械配件，机械出现故障，将配件换上立即运转，机械修理在现场进行，而不是将整个机械运到修理厂去修理。而且机械设备不是由专门司机开着上下班，司机坐着班车上下班，做到机械设备不离场，使其充分发挥效率。

（5）设计施工一体化

日本大成公司通过施工图设计和施工组织设计的结合，进行方案优化。比如引水隧道开挖，当时我国一般采用马蹄形开挖，直径 8 米的洞，下面至少要挖平 7 米直径宽，以便于汽车的进出，主要是为了解决汽车出渣问题。日本大成公司通过优化施工方案，改变了施工图设计出来的马蹄形断面开挖，采用圆形断面一次开挖成形的方法，计算下来，日本大成公司要比我们传统的方式少挖 6 万立方米土方，同时就减少了 6 万立方米的混凝土回填量。圆形开挖的出渣方法是：保留底部 1.4 米先不挖，作为垫道，然后利用反铲一段段铲出来。除此之外，日本大成公司改变了汽车在隧道内掉头的做法，先前是每 200 米挖 4 米 ×20 米的扩大洞，汽车可调头；日本大成公司采用在路上安装一个转向盘，汽车开上去 50 秒就可实现掉头，免去了 38 个扩大洞，减少了 5 万立方米的开挖量和混凝土回填量。

（6）项目法人制度与“工程师”监理制度

为了适应外资项目管理的需要，经贸部与水电部组成协调小组作为项目的决策单位，下设水电总局为工作机构，水电部组建了鲁布革工程管理局承担项目业主代表和工程师（监理）的建设管理职能，对外资承包单位按 FIDIC 合同条款执行，管理局的总工程师执行总监职责。鲁布革工程管理局代表投资方对工程的投资计划、财务、质量、进度、设备采购等实行包干统一管理，还要协调水电十四工程局、昆明勘测设计院、原云南省电力局等与鲁布革工程的关系，办理招标、评标、签订承发包合同，编制年度基本建设投资计划和财务计划，掌握工程投资，办理工程融资、财务收支、信贷，编制世界银行及水电局要求的各种规划、计划，结算、决算报表，审核预决算，按照合同对各承包商实行计划、人员、工程、财务、质量等各方面的监督，组织工程竣工验收、移交、试运行、生产培训，安排材料、设备落实。依据国家水电部规定的方针、政策、制度规定，处理和解决设计、施工与生产运行单位之间的矛盾。

（7）合同管理制度

我国的工程建设管理还处在计划体制的环境下，对市场管理手段和经济手段还比较陌生，在鲁布革工程里面第一次使用了国际性的合同管理制度，由鲁布革工程管理局与日本大成公司签订承发包合同。我国施工管理人员对合同制管理体制是陌生的，例如，一条运输路，合同规定由甲方提供三级碎石路，由于翻修不当，造成日方汽车轮胎损失严重，于是日方提出索赔 200 多条轮胎。这些事件对我国管理人员来说都是前所未有的，但是合同执行的结果让我们彻底改变了看法：工程质量综合评价为优良，包括除汇率风险以外的设计变更、物价涨落、索赔及附加工程量等增加费用在内的工程结算为 9100 万元，仅为标底 14 958 万元的 60.8%，比合同价仅增加了 7.53%。合同管理制度相比传统那种单纯强调“风格”而没有合同关系的自家“兄弟”关系，发挥了管理刚性和控制项目目标的关键作用。

今天，对于鲁布革工程的经验，我们还有很多没有完全吸取，比如设计施工一体化、总包分包管理等。

0.3 课程学习导航

1. 本课程的主要内容

通过本课程的学习，培养学生的法律意识、合同意识、合同管理能力和参与施工招投标的竞争能力。要求学生了解《建筑法》、《合同法》、《招标投标法》；了解建设市场的作用与职能；掌握施工招标、投标、报价、索赔等基本概念、原理与方法；掌握施工招标与投标的基本程序与内容；熟悉施工合同、合同管理的内容及方法；掌握施工投标报价技巧及索赔理论与方法；基本具备直接参与招标投标的能力。

本课程的主要内容通过建设工程市场和工程发承包；建设工程招标；建设工程投标；建设工程开标、评标和定标；建设工程合同；建设工程施工合同管理；建设工程施工索赔；FIDIC 土木工程施工合同条件 8 个模块介绍。

2. 本课程的学习目的和任务

目的：通过本课程的学习，培养学生的法律意识、合同意识、合同管理能力和参与工程招标投标的竞争能力。

任务：

①了解《建筑法》、《招标投标法》及建设市场的作用与职能。

②掌握建设工程招标、投标、报价、索赔等基本概念、原理与方法；掌握建设工程招标与投标的基本程序与内容。

③熟悉施工合同、合同管理的内容及方法；掌握建设工程投标报价技巧及索赔理论与方法；基本

具备直接参与招标投标的能力。

培养目标：培养学生理论联系实际独立完成一个实际工程的招标文件与投标文件编写的能力。

能力要求：

①编制投标报价的能力。

②制定中小型工程施工方案的能力。

③进行施工部署和绘制施工进度表的能力。

④锻炼计算机绘图能力。

⑤锻炼写作能力、语言表达能力、团结协作能力。

⑥建筑工程施工招标投标的开标、评标、定标过程的实际操作能力。

⑦合同管理能力。

⑧工程索赔能力。

0.4 课程就业导航

1. 考证介绍

（1）建造师

注册建造师，是指通过考核认定或考试合格取得中华人民共和国建造师资格证书（以下简称资格证书），并按照本规定注册，取得中华人民共和国建造师注册证书（以下简称注册证书）和执业印章，担任施工单位项目负责人及从事相关活动的专业技术人员。

建造师分为一级注册建造师和二级注册建造师。

一级建造师执业资格考试实行全国统一大纲、统一命题、统一组织的考试制度，由人事部、建设部共同组织实施，原则上每年举行一次考试；二级建造师执业资格考试实行全国统一大纲，各省、自治区、直辖市命题并组织的考试制度。考试内容分为综合知识与能力和专业知识与能力两部分。报考人员要符合有关文件规定的相应条件。一级、二级建造师执业资格考试合格人员，分别获得《中华人民共和国一级建造师执业资格证书》和《中华人民共和国二级建造师执业资格证书》。一级建造师执业资格考试设建设工程经济、建设工程法规及相关知识、建设工程项目管理和专业工程管理与实务 4 个科目。二级建造师执业资格考试设建设工程法规及相关知识、建设工程项目管理和专业工程管理与实务 3 个科目。

（2）监理工程师

注册监理工程师，是指经考试取得中华人民共和国监理工程师资格证书（简称资格证书），并按照本规定注册，取得中华人民共和国监理工程师注册执业证书（简称注册证书）和执业印章，从事工程监理及相关业务活动的专业技术人员。证书注册以后，以注册监理工程师的名义从事工程监理及相关业务活动。注册监理工程师执业资格考试设建设工程合同管理，建设工程质量、投资、进度控制，建设工程监理基本理论与相关法规和建设工程监理案例分析 4 个科目。

（3）造价工程师

造价工程师是通过全国造价工程师执业资格统一考试或者资格认定，取得中华人民共和国造价工程师执业资格，并按照《注册造价工程师管理办法》注册，取得中华人民共和国造价工程师注册执业证书和执业印章，从事工程造价活动的专业人员。

全国造价工程师执业资格考试由国家建设部与国家人事部共同组织，实行全国统一大纲、统一命题、统一组织的办法。原则上每年举行一次，只在省会城市设立考点。考试采用滚动管理，共设 5 个科目，参加考试者报考 4 科（安装和土建二选一），单科滚动周期为 2 年。考试设工程造价管理基础理论与相关法规、工程造价计价与控制、建设工程技术与计量（分土建和安装两个专业，考生可任选其一)、工程造价案例分析 4 个科目。

(4) 招标师

根据《招标投标法》和国家职业资格证书制度的有关规定，自行办理招标事宜的单位和在依法设立的招标代理机构中专门从事招标活动的专业技术人员，通过职业水平评价，取得招标采购专业技术人员职业资格证书，具备招标采购专业技术岗位工作的水平和能力。

招标采购专业技术人员职业水平评价分为招标师和高级招标师两个级别。招标师职业水平评价采用考试的方式进行；高级招标师职业水平评价实行考试与评审相结合的方式进行，具体办法另行规定。招标师考试设招标采购法律法规与政策、项目管理与招标采购、招标采购专业实务、招标采购案例分析 4 个科目。招标师职业资格考试为滚动考试，滚动周期为两个考试年度，参加 4 个科目考试的人员必须在连续两个考试年度内通过应试科目。

2. 对应岗位及要求

详见各模块。

模块1 建设工程市场和工程发承包

模块概述

建设工程市场，是我国工程建设领域的主要平台，通过建设工程市场中的招标投标行为，为建设工程勘察、设计、施工、监理工作的发包承包创造条件，有效地保证了建设工程的质量和投资。通过本模块的学习，了解建设工程市场的基本概念，熟悉建设工程市场的管理和运行，初步掌握建设工程招标投标的主要内容，对建设工程发包、承包及相应的权利义务和法律责任有初步的认识。

通过学习，熟悉建设工程发包、承包的主要方式，掌握招标、投标的不同方式和运作程序，对联合投标的概念有一定的了解，为今后在工程招标投标领域和项目报建方面开展工作打下基础。

学习目标

◆ 熟悉建设工程市场及其运作规律；
◆ 了解建设工程承包发包的概念和主要方式；
◆ 掌握建设工程招标、投标的概念和主要方式及过程，了解联合投标的概念。

能力目标

◆ 熟悉建设工程市场运作，能够参与基本建设工程报建等运作；
◆ 熟悉建设工程招标与投标，能够参与招标投标过程。

课时建议

4~6 课时

1.1 建设工程市场

1.1.1 建设工程市场的概念、组成及特点

建筑业在我国国民经济领域占有重要的地位，随着我国市场经济的逐步发展，建筑业的市场行为也逐渐向规范化、专业化的方向发展。1984 年，国务院颁布了《关于改革基本建设和建筑业管理体制的若干规定》，将建筑业作为城市经济改革的突破口，率先引入市场竞争机制，将原有的工程计划分配和造价由政府主导逐步向设计、施工单位竞争报价转变。1998 年 3 月，《建筑法》正式施行，对建筑业的市场竞争和法制化建设打下了基础。2000 年 1 月 1 日，《招标投标法》正式实施，以法律的形式对建设工程市场招标投标行为进行了规定。

1. 建设工程市场的概念

建设工程市场是以建设工程承发包交易活动为主要内容的市场。狭义的建设工程市场，指具备固定的交易场所，在《建筑法》和《招标投标法》规定下，在地方法律法规指导下开展建设工程发包、承包活动的市场。广义的建设工程市场是指建设领域有形的建筑市场和无形的建筑市场交易关系的总和。

2. 建设工程市场的组成

根据建设工程的不同阶段，在建设工程市场中的建设工程交易活动，可以分为工程勘察、工程设计、工程施工和工程监理等不同的阶段。建设工程市场中，也可以根据工程的不同建设阶段分为工程勘察市场、工程设计市场、工程施工市场和工程咨询服务市场。其中工程咨询服务市场涵盖了与工程建设有关的造价、咨询、估价、建设监理等方面内容。我们平时说的建设工程市场主要是指建设工程施工市场。建设单位在建设工程市场中可以根据自身需要，选择具有相应资质条件的勘察、设计、施工和监理单位对自有工程提供建设服务，也可以选择具有勘察、设计、施工和监理资质的总承包单位，对拟建工程采取“交钥匙”的发包方法。我国建设工程市场体系如图 1.1 所示。

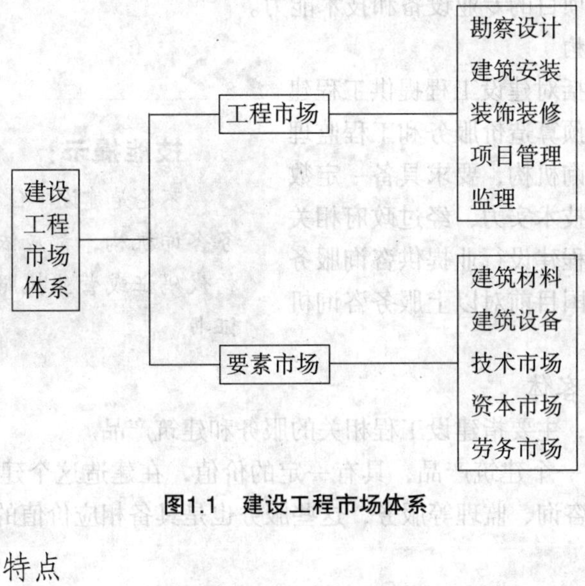

图1.1 建设工程市场体系

3. 建设工程市场的特点

(1) 市场竞争激烈

我国的建设工程市场由传统的计划经济转变而来，建设工程的取得由过去政府分配到现在实行招标投标，竞争日益激烈。

(2) 政府指导性

建设工程市场是在《建筑法》和《招标投标法》的规范下，在地方政府法律法规的指导下，实

行招标投标活动的专业市场。建设工程的特殊性和建筑业在国民经济中的地位，决定了政府在建设工程市场中起指导性作用。

（3）专业性

建设工程的特殊性和建设工程各专业的特点决定了建设工程市场的专业性。根据建设工程的不同内容，在建设工程市场中的建设工程交易活动，可以分为工程勘察、工程设计、工程施工和工程监理等不同的内容。每个内容都需要专业的技术人员参与。

我国的建设工程市场，从无到有，从不规范到规范化管理，从行政分配到市场竞争体制的完善，一步步地走到了今天，形成了一个以招标投标为主要竞争方式，涉及建设工程勘察、设计、施工、监理多方面的综合性平台，为我国建设工程的科学化、良性化发展创造了条件。

1.1.2 建设工程市场的主体与客体

建设工程市场，是一个以建设工程为对象，通过招标投标等方式，确定不同阶段的工作任务（勘察、设计、施工、监理等）的专业化市场。

1. 建设工程市场的主体

（1）建设单位

建设单位是建设工程的发起单位，可以是一个具体的事业单位，也可以是一个房地产开发公司。通常情况下，建设单位都是建设工程的发包方或者招标方。

（2）承包单位

承包单位指具有相应行业资质和技术经济实力，并取得营业执照，能够在资质允许范围内承揽相关工程建设业务，提供建设单位需要的服务，并获得相应工程价款的企业。作为承包单位，不论是勘察、设计、施工单位还是监理单位，都需要具备以下条件，并在相应的执业资格范围内承接工程建设任务。

①具有相应的资质和注册资本，依法取得营业执照，具备有关领域的执业资格。

②具备与其从业领域及工程项目所需的专业技术人员和管理人员。

③具备承接相应建设项目的专业设备和技术能力。

（3）工程服务咨询机构

工程服务咨询机构包括对建设工程提供工程建设咨询、招标投标代理、预算造价服务和工程监理等机构。对于工程服务咨询机构，要求具备一定数量的专业技术人员和资金技术实力，经过政府相关部门批准设立，在相关工程建设行业提供咨询服务工作，收取相应费用。我国目前对以上服务咨询机构资质都具有相关的要求。

> **技能提示：**
>
> 不论是建设单位、承包单位，还是工程服务咨询机构，都应依法经批准成立，具有机构代码证或营业执照，以及相关的执业资质证书。

2. 建设工程市场的客体

建设工程市场的客体，主要指建设工程相关的服务和建筑产品。

一个建设工程本身是一个建筑产品，具有一定的价值，在建造这个建筑产品的过程中，相关的单位提供了勘察、设计、咨询、监理等服务，这些服务也是具备相应价值的。

（1）建筑产品

建筑产品是经过建设过程最终形成的具备建筑功能的实体。在整个建设过程的不同阶段，经历了项目筹划、立项、实施和竣工验收几个环节，每个环节都有不同的服务内容。所有的服务和技术劳动，最终成就了我们看到的建筑产品。

①建筑产品的特点：

a. 建筑产品的单一性。建筑产品有唯一的设计图纸和建设地点，即使是相同的图纸建造的两幢建筑也是不相同的。

b. 建筑产品生产过程的统一性。建筑产品生产建设的客观规律，决定了建筑产品生产过程的统一性。从基础工程开始，到土建工程，一步步完成建筑产品的生产。

c. 建筑产品的不可逆性。建筑产品的生产与一般的产品生产加工是不同的，它是一气呵成的生产过程，没有可逆性。

d. 建筑产品的社会性。建筑产品完成后，不仅仅是一个具有建筑功能的建筑物，而且在社会生活中，建筑产品还会形成一个城市地标和具有建筑美感和历史文化意义的综合体，这就是建筑产品的社会性。

②建筑产品的属性：

a. 建筑产品的功能性。作为一个建筑产品，不论是建筑物还是构筑物，都应该由它内在的功能性来满足建设单位不同的需求。

b. 建筑产品的艺术性。一个建筑产品的建造，首先需要设计，设计的过程就是形成艺术性的过程。具备实用性和艺术性的高度统一，是设计要达到的主要目标。

c. 建筑产品的商品属性。建造一个建筑产品需要消耗一定的社会生产价值，因此，建筑产品也具有商品的属性。可以根据相应的方法来给建筑产品标价，并像普通商品那样进行转让。

（2）建设工程相关服务

在建设工程从无到有这个过程中，建筑施工将各种建筑材料通过施工技术和劳动变成了有形的建筑产品。除此之外，还有一些无形的服务，穿插在建设工程过程中，这些服务虽然并不一定直接产生有形的建筑产品，但它们的工作同样凝聚着技术和劳动的付出，同样要经过建筑工程市场激烈的竞争。从勘察、设计行业来说，在经过招标投标之后，勘察设计单位要对建设场地的地质情况和拟建工程进行建筑、结构和设备设计，所得的成果勘察报告和设计图纸并不是我们最终需要的建筑产品，但这些服务过程，工程师将自己的劳动、技能与智慧运用到了工程当中，这些服务对建筑产品的最终诞生都是具有重要意义的。

除了勘察设计工作，建设咨询、工程造价、建设监理工作，在建设过程中都具有重要的作用。虽然它们并不直接产生建筑产品，但是它们保证了建设工程的顺利实施，确保了建设单位投资的科学性和合理性。因此，建设工程的相关服务具有重要的作用。

1.1.3 建设工程市场资质管理

根据《建筑法》和《招标投标法》的规定，在中华人民共和国境内从事建设工程勘察、设计、施工、监理的承包单位，必须具有相应的资质。凡从事建设咨询、工程造价咨询、招标投标代理和房地产评估等行业的单位，也必须符合相应资质条件并在资质允许范围内执业。

在建设工程进行过程中，相关单位的人员须具备专业人员执业资格许可方可执业。

1. 从业单位资格许可

为了建立和维护建筑市场的正常秩序，从事建筑活动的建筑施工企业、勘察单位、设计单位和工程监理单位，按照其拥有的注册资本、专业技术人员、技术装备和已完成的建筑工程业绩等资质条件，划分为不同的资质等级，经资质审查合格，取得相应等级资质证书后，方可在其资质等级许可范围内从事建筑活动。

（1）工程勘察、设计企业资质

根据《建设工程勘察设计企业资质管理规定》(2001 年 7 月 25 日建设部令第 93 号)，我国建设工程勘察、设计资质分为工程勘察资质和工程设计资质。

建设工程勘察、设计企业应当按照其拥有的注册资本、专业技术人员、技术装备和勘察设计业绩等条件申请资质，经审查合格，取得建设工程勘察、设计资质证书后，方可在资质等级许可范围内从事建设工程勘察、设计活动。

①工程勘察资质。工程勘察资质分为工程勘察综合资质、工程勘察专业资质和工程勘察劳务资质。

a. 工程勘察综合资质只设甲级。取得工程勘察综合资质的企业，承接工程勘察业务范围不受限制。

b. 工程勘察专业资质分为甲、乙、丙三个级别。取得工程勘察专业资质的企业，可以承接同级别相应专业的工程勘察业务。

c. 工程勘察劳务资质不分级别。取得工程勘察劳务资质的企业，可以承接岩土工程治理、工程钻探、凿井工程勘察劳务工作。

②工程设计资质。工程设计资质分为工程设计综合资质、工程设计行业资质和工程设计专项资质。

a. 工程设计综合资质只设甲级。取得工程设计综合资质的企业，承接工程设计业务范围不受限制。

b. 工程设计行业资质和工程设计专项资质设甲、乙两个级别。根据行业需要，建筑、市政公用、水利、电力（限送变电）、农林和公路行业可设立工程设计丙级资质，建筑工程设计专业资质设丁级。建筑行业根据需要设立建筑工程设计事务所资质。工程设计专项资质可根据行业需要设置等级。取得工程设计行业资质的企业，可以承接本行业范围内同级别的相应专项工程设计业务，不需再单独领取工程设计专项资质。

（2）建筑业企业资质

2007 年 9 月 1 日起施行的《建筑业企业资质管理规定》中规定，我国建筑业企业资质分为施工总承包、专业承包和劳务分包三个序列。施工总承包资质、专业承包资质、劳务分包资质序列按照工程性质和技术特点分别划分为若干资质类别。各资质类别按照规定的条件划分为若干资质等级。

施工总承包企业划分为 12 个类别；专业承包企业划分为 60 个类别；劳务分包企业划分为 13 个类别。

①施工企业资质分类。施工总承包分为：房屋建筑工程施工总承包、公路工程施工总承包、港口与航道工程施工总承包、水利水电工程施工总承包、电力工程施工总承包、矿山工程施工总承包、冶炼工程施工总承包、化工石油工程施工总承包、通信工程施工总承包、机电安装工程施工总承包。房屋建筑工程施工总承包企业资质分为特级、一级、二级、三级。

②施工企业资质序列：

a. 施工总承包序列特级资质、一级资质；国务院国有资产管理部门直接监管的企业及其下属一层级的企业的施工总承包二级资质、三级资质；水利、交通、信息产业方面的专业承包序列一级资质；铁路、民航方面的专业承包序列一级、二级资质；公路交通工程专业承包不分等级资质、城市轨道交通专业承包不分等级资质的许可，由国务院建设主管部门批准。

b. 施工总承包序列二级资质（不含国务院国有资产管理部门直接监管的企业及其下属一层级的企业的施工总承包序列二级资质）；专业承包序列一级资质（不含铁路、交通、水利、信息产业、民航方面的专业承包序列一级资质）；专业承包序列二级资质（不含民航、铁路方面的专业承包序列二级资质）；专业承包序列不分等级资质（不含公路交通工程专业承包序列和城市轨道交通专业承包序列的不分等级资质）的许可，由企业工商注册所在地省、自治区、直辖市人民政府建设主管部门批准。

c. 施工总承包序列三级资质（不含国务院国有资产管理部门直接监管的企业及其下属一层级的企业的施工总承包三级资质）；专业承包序列三级资质；劳务分包序列资质；燃气燃烧器具安装、维修企业资质，由企业工商注册所在地区的市人民政府建设主管部门批准。

取得施工总承包资质的企业（以下简称施工总承包企业），可以承接施工总承包工程。施工总承包企业可以对所承接的施工总承包工程内各专业工程全部自行施工，也可以将专业工程或劳务作业依法分包给具有相应资质的专业承包企业或劳务分包企业。取得专业承包资质的企业（以下简称专业承包企业），可以承接施工总承包企业分包的专业工程和建设单位依法发包的专业工程。专业承包企业可以对所承接的专业工程全部自行施工，也可以将劳务作业依法分包给具有相应资质的劳务分包企业。取得劳务分包资质的企业（以下简称劳务分包企业），可以承接施工总承包企业或专业承包企业分包的劳务作业。

（3）工程监理企业资质

工程监理企业资质分为综合资质、专业资质和事务所资质。其中，专业资质按照工程性质和技术特点划分为若干工程类别。综合资质、事务所资质不分级别。专业资质分为甲级和乙级，其中，房屋建筑、水利水电、公路和市政公用专业资质可设立丙级。综合资质可以承担所有专业工程类别建设工程项目的工程监理业务；专业甲级资质可承担相应专业工程类别建设工程项目的工程监理业务；专业乙级资质可承担相应专业工程类别二级以下（含二级）建设工程项目的工程监理业务；专业丙级资质可承担相应专业工程类别三级建设工程项目的工程监理业务；事务所资质可承担三级建设工程项目的工程监理业务，但是，国家规定必须实行强制监理的工程除外。

工程监理企业可以开展相应类别建设工程的项目管理、技术咨询等业务。

（4）工程造价咨询单位资质

2006年7月1日开始实施的《工程造价咨询企业管理办法》对工程造价咨询单位的资质等级与标准、申请与审批、业务范围等作了规定。工程造价咨询单位应当取得工程造价咨询单位资质证书，并在资质证书核定的范围内从事工程造价咨询业务。从事工程造价咨询活动应当遵循公开、公正、平等竞争的原则。工程造价咨询企业资质等级分为甲级、乙级。甲级工程造价咨询企业资质由国务院建设主管部门审批，乙级工程造价咨询企业资质由省、自治区、直辖市人民政府建设主管部门审查决定。

技能提示：

一个工程服务类公司，可以根据自身技术力量及经济实力等情况，申请造价咨询、工程监理等资质，并不只限于一种类别的资质。

2. 从业人员资格许可

凡从事建设工程勘察、设计、施工、监理及造价咨询等业务的人员，均为建设行业从业人员。《建筑法》第十四条规定：从事建筑活动的专业技术人员，应当依法取得相应的职业资格证书，并在职业资格证书许可的范围内从事建筑活动。在我国，从业人员执业资格审查制度是针对具有一定专业学历、资历的从事建筑活动的专业技术人员，通过国家相关考试和注册确定其职业技术资格，获得相应的建筑工程文件签字权的一种制度。

在我国，工程建设领域专业职业资格主要有以下8种类型：注册建筑师、注册结构工程师、注册监理工程师、注册建造师、注册城市规划师、注册土木（岩土）工程师、注册房地产估价师、注册造价工程师。不同岗位的职业资格有各自的特点也有一些共同点，这些共同点就是我国建筑业专业技术人员执业资格的核心内容。

（1）需要一定的从业经历和学历要求

我国的从业人员资格考试需要一定的从业经历和学历要求才可以报名参加。没有达到学历要求的破格报名需要一定年限的从业经历和业务成绩。

（2）需要通过国家组织的统一考试

凡在建设工程行业履行执业资格的人员，都要参加由人事部统一组织的资格考试，考试合格后方可获取相应资格。

（3）需要定期进行注册

参加国家统一考试合格后，要提供相应单位证明、身份证明和学历证明，在专业资格管理部门注册才能获得执业资格证书和印章，在相关单位进行执业。每次注册有一定的时效性，在到期前应提前申请延续注册，否则会丧失相应的职业资格。

技能提示：

目前我国职业资格注册要求每位职业资格获得者只能在一家单位注册，不能将一个人的多种职业资格证在多家单位注册。

（4）需要在各自执业范围内执业并接受继续教育

每位执业人员在有效注册期内都应按照规定接受继续教育，以便及时更新知识，获得新的行业信息。

1.1.4 建设工程招标代理机构

招标代理机构是指受招标人委托，代为从事招标组织活动的中介机构。我国从20世纪80年代初开始进行招标投标活动。由于一些项目单位对招标投标知之甚少，缺乏专门人才和技能，一批专门从事招标业务的机构产生了。1984年成立的中国技术进出口总公司国际金融组织和外国政府贷款项目招标公司是中国第一家招标代理机构。在工程建设招标投标领域，2000年6月建设部发布实施了《工程建设项目招标代理机构资格认定办法》，对建设工程代理招标进行了明确规定。2006年12月30日，建设部讨论通过了新的《工程建设项目招标代理机构资格认定办法》，于2007年3月1日起施行。《工程建设项目招标代理机构资格认定办法》的施行对工程建设项目招标代理机构的资格管理，维护工程建设项目招标投标活动当事人的合法权益起到了巨大作用。

1. 招标代理机构的性质

招标人不具备自行招标能力，或者不愿自行招标的，应当委托具有相应资格条件的专业招标代理机构，由其代理招标人进行招标。

招标代理机构是依法设立，从事招标代理业务并提供相关服务的社会中介组织。招标代理机构与行政机关和其他国家机关不得存在隶属关系或者其他利益关系。

招标是一项复杂的系统化工作，有完整的程序，环节多，专业性强，组织工作繁杂，招标代理机构由于其专门从事招标投标活动，在人员力量和招标经验方面有得天独厚的条件，因此国际上一些大型招标项目的招标工作通常由专业招标代理机构代为进行。这些机构的出色工作对保证招标质量，提高招标效益起到了有益的作用。

2. 招标代理机构的设立

招标代理机构主要有以下几层含义：

（1）招标代理机构的性质

招标代理机构既不是行政机关，也不是从事生产经营的企业，而是以自己的知识、智力为招标人提供服务的独立于任何行政机关的组织。

招标代理机构可以以多种组织形式存在，可以是有限责任公司，也可以是合伙形式等，一般自然人不能从事招标代理业务。

（2）招标代理机构需依法登记设立，从事有关招标代理业务的资格需要有关行政主管部门审查认定

申请成立招标代理机构应具备下列条件：

①是依法设立的中介组织，具有独立法人资格。

②与行政机关和其他国家机关没有行政隶属关系或者其他利益关系。

③有固定的营业场所和开展工程招标代理业务所需设施及办公条件。

④有健全的组织机构和内部管理规章制度。

⑤具备编制招标文件和组织评标的相应专业力量。

⑥具有可以作为评标委员会成员人选的技术、经济等方面的专家库。

⑦法律、行政法规规定的其他条件。

（3）招标代理机构资格划分

《工程建设项目招标代理机构资格认定办法》中规定，工程招标代理机构资格分为甲级、乙级和暂定级。国务院建设主管部门负责全国工程招标代理机构资格认定的管理，省、自治区、直辖市人民政府建设主管部门负责本行政区域内的工程招标代理机构资格认定的管理。甲级工程招标代理机构资格由国务院建设主管部门认定，乙级、暂定级工程招标代理机构资格由工商注册所在地的省、自治区、直辖市人民政府建设主管部门认定。

甲级工程招标代理机构可以承担各类工程的招标代理业务，乙级工程招标代理机构只能承担工程总投资 1 亿元人民币以下的工程招标代理业务，暂定级工程招标代理机构，只能承担工程总投资 6 000 万元人民币以下的工程招标代理业务。

工程招标代理机构可以跨省、自治区、直辖市承担工程招标代理业务。任何单位和个人不得限制或者排斥工程招标代理机构依法开展工程招标代理业务。

（4）招标代理机构的业务范围及流程

招标代理机构的业务范围包括：从事招标代理业务，即接受招标人委托，组织招标活动。具体业务活动流程包括帮助招标人或受其委托拟定招标文件，依据招标文件的规定，审查投标人的资质，组织评标、定标等；提供与招标代理业务相关的服务即指提供与招标活动有关的咨询、代书及其他服务性工作。

3. 招标代理机构的法律责任

工程招标代理机构在工程招标代理活动中不得有下列行为：

①与所代理招标工程的招标投标人有隶属关系、合作经营关系以及其他利益关系。

②从事同一工程的招标代理和投标咨询活动。

③超越资格许可范围承担工程招标代理业务。

④明知委托事项违法而进行代理。

⑤采取行贿、提供回扣或者给予其他不正当利益等手段承接工程招标代理业务。

⑥未经招标人书面同意，转让工程招标代理业务。

⑦泄露应当保密的与招标投标活动有关的情况和资料。

⑧与招标人或者投标人串通，损害国家利益、社会公共利益和他人合法权益。

⑨对有关行政监督部门依法责令改正的决定拒不执行或者以弄虚作假方式隐瞒真相。

⑩ 擅自修改经招标人同意并加盖了招标人公章的工程招标代理成果文件。

⑪ 涂改、倒卖、出租、出借或者以其他形式非法转让工程招标代理资格证书。

⑫ 法律、法规和规章禁止的其他行为。

以上行为影响中标结果的，中标无效。

申请资格升级的工程招标代理机构或者重新申请暂定级资格的工程招标代理机构，在申请之日起前一年内有前款规定行为之一的，资格许可机关不予批准。

>>>

技能提示：

招标代理是目前招标投标过程中常见的一种服务，招标代理机构要按照国家规定和与被代理单位签订的代理合同内容，在规定范围内进行代理活动，并遵守职业道德，不得泄露影响招标投标公正性的机密信息。

1.1.5 建设工程交易中心

建设工程交易中心是我国近几年来在改革中出现的使建设市场有形化的管理方式。通过行政指导的方式，在各地设立专门的建设工程交易中心，将建设工程的勘察、设计、施工、监理、咨询等业务的招标投标和相关手续的办理纳入其中，既方便了工程建设手续的办理，又能科学规范地指导和监督建设工程的招标投标行为。

1. 建设工程交易中心的性质与作用

（1）建设工程交易中心的性质

①建设工程交易中心是经过政府授权批准成立的服务性机构，是专门针对建设工程交易行为的专项市场。建设工程交易市场本身并不是政府管理部门，本身不具备监督管理职能，但是政府管理部门对其开展的业务有责任进行监督和管理。在一个地区一般只设立一个建设工程交易中心，由建设行政部门牵头组建并对业务开展进行监督，其他单位和个人不能随意设立。

②建设交易中心不以营利为目的，旨在为建立公开、公正、平等竞争的招标投标制度服务，只

可以收取一定的服务费。工程交易行为不能在场外发生。

（2）建设工程交易中心的作用

建设工程交易中心在《建筑法》和《招标投标法》的指导下开展建设工程相关交易活动，建立国有投资的监督制约机制，规范建设工程承发包行为，将建筑市场纳入法制管理机制管理轨道。

2. 建设工程交易中心的基本功能

（1）信息服务功能

建设工程交易中心将辖区内所有拟建工程的建设信息公开发布，符合条件的单位可以参加招标。通过对建设工程中标信息的公布、收集、分析，有利于掌握地区建设市场发展动态。

（2）集中办公功能

建设工程交易中心一般在一个地区只有一个固定的办公场所，相关的招标投标手续和中标后的工程报建手续都可以在中心集中办理，方便了发包承包单位。

（3）监督管理职能

建设工程交易中心的交易活动在当地建设主管部门的监督下进行，所有招标投标活动和合同需要经过备案登记，目的就是将《建筑法》、《招标投标法》落到实处，杜绝暗箱操作。

3. 建设工程交易中心的运行原则

（1）信息公开原则

除法律规定的需要保密的信息外，在建设工程交易中心中进行的相关建设工程信息都应当对所有潜在投标人公开。

（2）依法管理原则

依据《建筑法》和《招标投标法》以及建设部和地方行政法规指导，依法开展工作并接受建设行政部门的监督管理。

（3）公平竞争原则

依据《建筑法》和《招标投标法》，在项目招标投标中做到公开、公正、公平。

（4）属地进入原则

建设工程交易中心只对本地区管辖范围内的建设工程交易开放，对非本地区的建设工程的交易行为不予接受。本地区的建设工程交易行为只能进入本地区建设工程交易中心进行，不得到外地建设工程交易中心进行交易。

4. 建设工程交易中心运作的一般程序

按照有关规定，建设项目进入建设工程交易中心后，一般按下列程序运行，如图 1.2 所示。

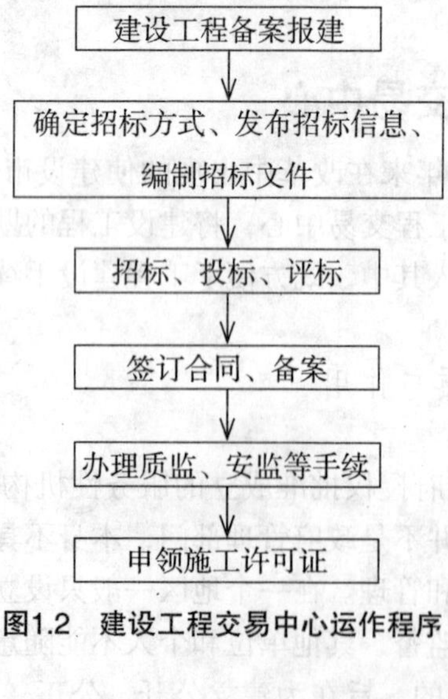

图1.2　建设工程交易中心运作程序

（1）建设工程备案报建

建设工程规划获得相关部门批准立项后，建设单位应持批准立项文件到工程所在地建设工程交易中心备案报建。建设工程交易中心接受建设单位提交的资料后，应对工程规模进行审核。

（2）确定招标方式、发布招标信息、编制招标文件

建设工程交易中心审核资料办理备案手续后，根据工程规模和投资确定采取哪种招标方式。特殊项目由有关部门审批后可不进行公开招标。公开招标由建设单位在建设工程交易中心发布招标公告，组织编制招标文件。招标公告或招标邀请书应对招标人的名称、地址，招标项目的性质、数量、实施地点和时间以及获取招标文件的办法等做出明确说明。

（3）招标、投标、评标

①招标。有意参加投标的单位，应在招标公告要求的时间内到指定地点购买招标文件。招标人应当按照招标公告或投标邀请书规定的时间、地点出售招标文件或资格预审文件。自招标文件发售之日起至停止发售之日止，最短不得少于5个工作日。招标过程中，建设单位如果没有能力组织招标，也可聘请招标代理公司代理招标和编制招标文件。招标文件应对招标项目的技术要求、对投标人的资格审查标准、投标报价要求和评标标准等所有实质性要求和拟签订合同的主要条款进行说明。招标文件中规定的编制投标文件的时间，自招标文件开始发出之日起至投标人提交投标文件截止之日止，最短不少于20日。

②投标。投标人在接到招标文件后，应积极组织人员编写本单位的投标文件。投标文件（标书）均在指定的截止时间前送交招标地点，并按招标公告要求在投标函和标书封面加盖投标单位及法人代表印章，相关造价专业人员也已签字盖章，标书应按照要求盖章密封。投标人在招标文件要求投标文件的截止时间前，可以补充、修改或者撤回已提交的投标文件，并书面通知招标人。

③评标。评标由招标人依法组建的评标委员会负责。成员为5人以上单数，由建设单位代表及有关技术、经济方面的专家组成，其中技术、经济方面的专家不少于成员总数的三分之二。为体现招标的公平公正性，一般技术和经济方面的专家在开标前从专家库中随机抽取，评标委员会的成员应遵守职业道德和保密义务，对有关招标投标活动内容保密，不私下接触投标单位。

评标活动应在开标时间，由全体评标委员会成员共同开标，按照评标标准和办法对投标人提交的投标资料进行对比评价。开标时间一般与提交投标文件截止时间相同。评标标准在招标文件中已经有所体现，评标委员会主要就投标单位的资质、报价、相关技术方案、综合实力等内容进行评比。评标委员会对不符合要求的投标文件可以作废标处理，评标委员会也可以否决全部投标。

评标委员会在对全部投标人的投标书进行评比后，应当向招标人提出书面评标报告，推荐一至三名中标候选人，由招标人在其中选定中标人。

（4）签订合同、备案

招标人和中标人完成招标投标后，由建设工程交易中心发出中标通知书。招标人、中标人应当自中标通知书发出之日起30日内，按照招标文件和中标人的投标文件订立书面合同，并向建设行政主管部门备案。招标人和中标人不得再行订立背离合同性质和内容的其他协议。当事人就同一建设工程另行订立的建设工程施工合同，与经过备案的中标合同实质性内容不一致的，以经过备案的中标合同作为结算工程价款的依据。

（5）办理相关建设手续、申请领取施工许可证

合同备案完成后，建设单位可以在建设工程交易中心办理质量监督、安全监督、建筑节能等其他手续，并交纳相关费用。以上手续完成后，将所有材料准备齐全，申领建设工程施工许可证。建设工程施工许可证颁发后，工程正式开始建设施工。

1.1.6 建设工程招标投标行政监管机构

1. 招标投标活动的市场法则

工程招标投标是建筑市场的组成部分，它服从于我国的市场运行和管理。市场的运行规则是国家有关机构（立法机构、政府、行业协会等）为了保证市场的正常运行而制定的法律、法规及行为准

则，要求进入市场的各方必须共同遵守。这些规则包括：

（1）市场准入规则

市场主体各方进入市场必须具有相应的基本条件（资格、资质、相应的实力、经验和信誉等）。市场准入制在工程招标投标中，不仅对规范招标投标市场具有重要的意义，而且对于保证工程质量、提高项目建设效果也具有十分重要的意义。

（2）市场竞争规则

保证各市场主体能够在平等、诚实信用原则的基础上进行竞争。

（3）市场交易规则

①公开交易：公开招标，公布评标条件。

②公平交易：自愿，等价，互惠。

③公正交易：对竞标人不分地区，不分归属，一视同仁，不偏不倚。

按照以上原则，建立起公开、公平、公正、统一开放、竞争有序的市场秩序，通过竞争环境下的招标投标活动，保证工程建设各环节的质量。

为了培育和规范建筑市场，维护建筑市场的正常秩序，保障建筑经营活动当事人的合法权益，在县级以上政府建设主管部门的管理下，成立了建设工程交易中心，将建设工程勘察、设计、施工等建设工程发包、承包、中介服务等活动纳入其中，并根据《建筑法》和《招标投标法》专门制定了建设工程交易中心的管理制度，从行政办事程序上通过规范化的制度来管理建设工程交易中心中的各项活动，这其中主要就是对招标投标活动的监督管理。

2. 建设工程招标投标行政监管机构

建筑市场应当遵循统一、开放、竞争、有序的原则，实行公开、公平、公正竞争和合法交易，任何单位、个人不得分割、垄断和封锁市场。一般来说，各地建设行政主管部门（一般是县级以上）负责本行政区域内建筑工程市场的监督管理工作。县（市）级以上人民政府工商行政管理、计划和其他有关行业主管部门依照法律、法规的规定，根据各自的职责，协同本级建设行政主管部门实施建筑市场的监督管理。

根据我国行政等级划分，国家级建设行政主管部门是在国务院领导下的住房和城乡建设部作为最高一级的建设工程监管机构，对国家级大型工程进行监督管理。省（直辖市）、自治区的建设工程行政管理机构对本省（直辖市）、自治区区域内的政府投资和省级建设工程进行监督管理。市级建设工程行政管理机构负责对本市及所属县区内的建设工程进行监督管理。为了方便监督管理，我国各级行政机构规定将本行政区域内的建设工程活动统一纳入建设工程交易中心中来进行，以达到监督管理的目的。在建设工程交易中心中，一方面交易中心为建设工程的招标投标活动进行服务，另一方面又对其进行监督。

建设工程交易中心的工′人员，应具备相应的专业知识和法律知识，在服务建设工程的招标投标活动时应科学认真，不得以任何形式干扰建筑经营活动；在执行监督检查任务时，应当严肃认真，对招标投标活动中出现的各种类型的违规行为进行严肃追究，以达到建设遵循统一、开放、竞争、有序的原则，实行公开、公平、公正竞争和合法交易的建设工程交易市场的目的。

除建设行政主管部门和建设工程交易中心外，我国各级监察部门也可以对招标投标活动中发生的违规行为进行监督。必要时可以提请公安检察部门介入调查。

3. 建设工程招标投标行政监管方法

为达到对建设工程招标投标行为的有效监管，我国在这方面做出了很多有效的尝试。与国外主要靠法制监督不同，我国的监管方法除法制化的监督方法外，日常监督主要体现在行政办事程序上的要求。

（1）建设工程市场登记备案制度

建设工程立项后，建设单位应当按照规定向建设行政主管部门登记备案。国家和省为主投资的建设工程项目，到省建设行政主管部门登记备案；市(地)为主投资的建设工程项目，到市(地)建设行政主管部门登记备案；县(市)为主投资的建设工程项目，到县(市)建设行政主管部门登记备案。外商独资、外商控股企业投资、国内私人投资的建设工程项目，到工程所在地的市(地)、县(市)建设行政主管部门登记备案。登记备案一般在各地建设工程交易中心办理。50万元以下的建设工程项目和设备更新，可以不登记备案。

登记备案制度从很大程度上杜绝了建设工程市场上的无序化竞争。通过行政的方法将建设工程交易纳入统一的管理。

(2)招标投标管理制度

在各级建设行政主管部门中，下辖的招标管理部门专门对所辖行政区域内的建设工程招标投标行为进行监督。对凡是在建设工程交易中心备案的建设交易行为，通过其在交易中心的交易信息即可以方便地进行监督。对于应该进入建设工程交易中心而没有进入的建设工程交易行为，因其本身就是一种违规行为，可以通过行政管理制度不予颁发建设工程施工许可证、不准予施工、不准予进行竣工验收等方法加以限制，严重的可以依法向同级人民法院申请强制执行。

在建设工程交易中心进行的招标投标活动，本身有一套运行有效的程序，可以杜绝招标投标活动中的违规行为，同时，行政的监管和建设工程交易信息的透明化也使招标投标活动无法暗箱操作。

(3)法制化的监督手段

除了以上制度上的监管手段外，我国正在努力完善相关的法律制度。已有的《建筑法》和《招标投标法》对建设工程承包发包行为和招标投标做出了相应的规定，其他的相关法律和法规也对在招标投标活动中相关人员的违法违纪行为做出了惩罚规定。所有的法律都是为了能够有一个净化的建设工程交易市场而制定的。

4.招标投标的市场管理

建设工程市场是我国针对建设工程交易活动所建立的在行政监督管理下的专业市场，行政监督的目的不是管理，而是要通过管理监督促进行业的发展，改变过去招标投标行为的不规范操作，通过监督为我国建筑业的发展创造一个健康的氛围。在市场经济下，国家对市场的管理，是通过国家有关主管部门、省地市政府主管部门等制定法律法规、实施细则，实现对市场的管理，其具体的管理方式有如下几种。

(1)依法治市

为了加强建筑市场法制化管理，我国现已制定了一系列有关法律法规，在工程建设中涉及的法规很多，主要的有：

①国家立法机构制定的法律。国家立法机构制定的法律有《中华人民共和国民法通则》(以下简称《民法通则》)、《中华人民共和国合同法》(以下简称《合同法》)、《中华人民共和国招标投标法》(以下简称《招标投标法》)、《中华人民共和国公路法》(以下简称《公路法》)和《中华人民共和国反不正当竞争法》(以下简称《反不正当竞争法》)。

②政府部门颁布的强制性法规。国务院发布的《建设工程质量管理条例》，国家七部委(国家计划委员会、国家经济贸易委员会、建设部、铁道部、交通部、信息产业部、水利部)联合颁布的《评标委员会和评标方法暂行规定》12号令等。

③各省地市立法机构和政府部门颁布的相应法规和实施办法。这类法规和实施办法，是根据国家和国家主管部门制定的法律法规，就如何具体实施和具体操作等问题做出的进一步完善和规定。

(2)市场监督

市场监督是市场管理的重要方式。在招标投标中，政府主管部门行使监督管理职能。着重于监督、检查有关招标投标活动工作，主要职责是：

①负责报建核验。

②确认招、投标方资格，核验招标文件。

③有标底的工程招标，负责组织审定标底。

④监督开标、评标、定标。

⑤复核招标人提交的招标投标情况书面报告。

⑥核准中标通知书。

⑦调解招标投标活动中的纠纷。

⑧监督承发包合同的签订和履行。

⑨负责对发现的违反招标投标规定行为的调查取证等具体工作。

（3）市场执法

为了规范市场，必须对违反市场管理法律法规的单位和个人，依法进行查处。在工程招标投标中，对下列情形将进行查处：

①授意招标人违反规定将建设工程项目发包给指定的投标人的。

②违法限制或排斥本地区、本系统以外的具有承包资质等级的法人或其他组织参加投标的。

③为招标人指定招标代理机构，或强制招标人委托招标代理机构办理招标事宜的。

④采取各种方式影响招标项目的评标过程和结果的公正性的。

⑤违法决定或擅自变更招标项目的中标人的。

⑥强迫、授意中标人将中标项目肢解转让或分包给指定的单位或个人的。

⑦指定购买建筑材料、建筑构配件和设备，或指定生产商、供应商的。

⑧干预、插手建设工程项目招标投标活动的其他违规行为。

技能提示：

建筑工程交易中心的设立和招投标管理制度的规定，是为了实现工程建设承发包合理有序进行，各单位应认真执行其中的管理制度，不得违规操作。

1.2 建设工程发承包

建设工程发承包，是与建设工程相关的发包与承包的总称，它包含工程发包和承包两个内容。这里说的工程，是宏观意义上的工程，具体包含工程的勘察、设计、施工、安装等工作。现阶段，在我国工程建设领域，除了法律规定的不适宜招标投标的工程外，发承包主要通过工程招标投标的方式来进行。

1.2.1 建设工程发承包的概念

建筑工程发承包，是指在经济活动中，作为交易一方的建设单位，将需要完成的建筑工程勘察、设计、施工等全部工作或者其中一部分工作交给交易的另一方勘察、设计、施工单位去完成，并按照双方约定支付报酬的行为。其中，建设单位是以建筑工程所有者的身份委托他人完成勘察、设计、施工、安装等工作并支付报酬的公民、法人或其他组织，是发包人，又称甲方；以建筑工程勘察、设计、施工、安装者的身份向建设单位承包，有义务完成发包人交给的建筑工程勘察、设计、施工、安装等工作，并有权获得报酬的企业是承包人，又称乙方。发包、承包是一方当事人（承包人）为另一方当事人（发包人）完成某项工作，另一方当事人接受工作成果并支付工作报酬的行为。其中，把某项工作交给他人完成并有义务接受工作成果，支付工作报酬，是发包。承包是指承揽他人交付某项工作，并完成某项工作。发包与承包构成发包、承包经济活动的不可分割的两个方面、两种行为。

建筑工程发包、承包制度，是建筑业适应市场经济的产物。建筑工程勘察、设计、施工、安装单位要通过参加市场竞争来承揽建设工程项目。通过竞争，可以激发企业活力，提升企业技术实力和竞争力，有利于建筑业健康发展，有利于建筑市场的活跃和繁荣。

1. 建筑工程发包与承包的特征

建筑工程发包、承包与计划经济时期建筑工程生产管理及其他相关发包、承包活动相比，主要有以下几个方面的特征。

（1）发包、承包主体的合法性

建筑工程发包人或总承包单位将建筑工程发包或分包时，要具有发包资格，符合法律规定的发包条件：

① 发包主体为独立承担民事责任的法人实体或其他经济组织。

② 按照国家有关规定已经履行工程项目审批手续。

③ 工程建设资金来源已经落实。

④ 发包方有与发包的建设项目相适应的技术、经济管理人员。

⑤ 实行招标的，发包方应当具有编制招标文件和组织开标、评标、定标的能力。

其中，不具备第④、⑤项条件的必须委托具有相应资格的建设管理咨询单位等代理。

承包人必须是依法取得资质证书，具备法人资格的勘察、设计、施工等单位，并且在其资质等级许可的业务范围内承揽工程。

（2）发包、承包活动内容的特定性

建筑工程发包、承包的内容涉及建筑工程的全过程，包括建设项目可行性研究的承发包、工程勘察设计的承发包、建筑材料及设备采购的承发包、工程施工的承发包、工程劳务的承发包、工程项目监理的承发包等。但是在实践中，建筑工程承发包的内容较多的是建筑工程勘察设计、施工的承发包。

（3）发包、承包行政监控的严格性

建筑工程发包、承包活动具有工期长、造价高、涉及金额巨大、技术难度大等特点，并且建筑工程使用寿命长，成品后对建设过程中的问题难以补救，尤其是建筑工程质量安全关系到国家利益、社会利益和广大人民群众的生命财产安全，因此国家加强了对建筑工程发包、承包的管理、监督和控制，必须严格执法，保障建筑工程发包、承包依法进行，实行工程报建制度，招标、投标制度，建筑工程承包合同制度及其他监督管理措施，以确保建筑工程质量，维护良好的建筑市场秩序。

2. 建筑工程发包与承包的原则

建筑工程发包、承包活动是一项特殊的商品交易活动，同时又是一项重要的法律活动，因此，承发包双方必须共同遵循交易活动的一些基本原则，依法进行，才能确保活动顺利、高效、公平地进行。《建筑法》将这些基本原则以法律的形式作了如下规定。

（1）承发包双方依法订立书面合同和全面履行合同义务的原则

发承包双方依法订立书面合同和全面履行合同是国际通行的原则。双方经过招标投标后，中标单位应与发标单位签订书面的建筑工程承包、勘察或设计合同。由于建筑工程承包合同所涉及的内容特别复杂，合同履行期较长，为便于明确各自的权利与义务，减少纷争，《建筑法》和《合同法》都明确规定，建筑工程承包合同应当采用书面形式。建筑工程合同的订立、合同条款的变更，均应采用书面形式。全部或者部分使用国有资金投资或者国家融资的建筑工程应当采用国家发布的建设工程示范合同文本。

订立建筑工程合同时，应当以发包单位发出的招标文件和中标通知书规定的承包范围、工期、质量和价款等实质性内容为依据；非招标工程应当以当事人双方协商达成的一致意见为依据订立合同。

发承包双方应根据建筑工程承包合同约定的时间、地点、方式、内容及标准等要求，全面、准确地履行合同义务。一旦发生不按照合同约定履行义务的情况，违约方将依法承担违约责任。

（2）建筑工程发包、承包实行以招标、投标为主，直接发包为辅的原则

工程发包可以分为招标发包与直接发包两种形式。招标发包是一种科学先进的发包方式，也是国际通用的形式，受到社会和国家的重视。因此，《建筑法》规定，建筑工程依法实行招标发包，对不适于招标发包的可以直接发包。对于符合法律要求招标范围的建筑工程，必须依照《招标投标法》

实行招标发包。招标投标活动，应该遵循公开、公正、公平的原则，择优选择承包单位。

（3）禁止承发包双方采取不正当竞争手段的原则

任何一项建筑工程都是涉及重大财产、安全的工程，在勘察、设计、施工、安装、监理等方面，都必须遵照法律和科学规律办事。发包单位及其工作人员在建筑工程发包中不得收受贿赂、回扣或者索取其他好处。承包单位及其工作人员不得利用向发包单位及其他工作人员行贿、提供回扣或者给予其他好处等不正当手段承揽工程。

1.2.2 建设工程发承包的内容

建筑工程发包与承包是指建设单位（或总承包单位）委托具有从事建筑活动的法定从业资格的单位为其完成某一建筑工程的全部或部分的交易行为。建筑工程发包，是相对于建筑工程承包而言的，是指建设单位（或总承包单位）将建筑工程任务（勘察、设计、施工等）的全部或一部分通过招标或其他方式，交付给具有从事建筑活动的法定从业资格的单位完成，并按约定支付报酬的行为。建筑工程承包，是相对于建筑工程发包而言的，是指具有从事建筑活动的法定从业资格的单位，通过投标或其他方式，承揽建筑工程任务，并按约定取得报酬的行为。其具体内容如下：

1. 发包

根据《招标投标法》，在中华人民共和国境内进行大型基础设施、公用事业等关系社会公共利益、公众安全的项目；全部或者部分使用国有资金投资或者国家融资的项目；使用国际组织或者外国政府贷款、援助资金的项目的工程建设包括项目的勘察、设计、施工、监理以及与工程建设有关的重要设备、材料等的采购，必须进行招标选择承包商。提倡对建筑工程实行总承包，禁止将建筑工程肢解发包。

建筑工程的业主单位，可以根据法律规定的权限，对本单位的建筑工程项目的勘察、设计、施工、安装、监理等工程内容进行发包。对于法律规定的不适合采用招标投标方法发包的工程项目，相关的勘察、设计、施工、安装、监理等工作可以由业主单位在上级建设行政主管部门的批准下，择优选择承包单位直接承包。

建筑工程的发包单位可以将建筑工程的勘察、设计、施工、设备采购一并发包给一个工程总承包单位，也可以将建筑工程勘察、设计、施工、设备采购的一项或者多项发包给一个工程总承包单位；但是，不得将应当由一个承包单位完成的建筑工程肢解成若干部分发包给几个承包单位。

2. 承包

我国对工程承包单位（包括勘察、设计、施工单位）实行资质等级许可制度。《建筑法》第二十六条第一款规定："承包建筑工程的单位应当持有依法取得的资质证书，并在其资质等级许可的业务范围内承揽工程。"目前，对于有关建设工程勘察、设计、施工企业的资质等级、业务范围，分别按照《建设工程勘察设计企业资质管理规定》（建设部第 93 号令）、《建筑业企业资质管理规定》（建设部第 87 号令）规定来执行。具体内容如下：

（1）承包方主体资格

承包建筑工程的单位应当持有依法取得的资质证书，并在其资质等级许可的业务范围内承揽工程。禁止建筑施工企业超越本企业资质等级许可的业务范围或者以任何形式用其他建筑施工企业的名义承揽工程。禁止建筑施工企业以任何形式允许其他单位或者个人使用本企业的资质证书、营业执照，以本企业的名义承揽工程。

（2）联合共同承包

《建筑法》第二十七条规定："大型建筑工程或者结构复杂的建筑工程，可以由两个以上的承包单位联合共同承包。"共同承包的各方对承包合同的履行承担连带责任。两个以上不同资质等级的单位实行联合共同承包的，应当按照资质等级较低的单位的业务许可范围承揽工程。

（3）分包与责任承担

《建筑法》第二十九条规定："建筑工程总承包单位可以将承包工程中的部分工程发包给具有相应资

质条件的分包单位。但是，除总承包合同中约定的分包外，必须经建设单位认可。”施工总承包的，建筑工程主体结构的施工必须由总承包单位自行完成。建筑工程总承包单位按照总承包合同的约定对建设单位负责；分包单位按照分包合同的约定对总承包单位负责。总承包单位和分包单位就分包工程对建设单位承担连带责任。禁止总承包单位将工程分包给不具备相应资质条件的单位。禁止分包单位将其承包工程再分包。《房屋建筑和市政基础设施工程施工分包管理办法》第十五条规定：“分包工程发包人没有将其承包工程分包，在施工现场所设项目管理机构的项目负责人、技术负责人、项目核算负责人、质量管理人员、安全管理人员不是本工程承包单位人员的，视同允许他人以本企业名义承揽工程。”

（4）禁止转包和肢解分包

建筑法禁止承包单位将其承包的全部建筑工程转包给他人，禁止承包单位将其承包的全部建筑工程肢解以后以分包的名义分别转包给他人。《建设工程质量管理条例》将违法分包情形界定为：

①总承包单位将建设工程分包给不具备相应资质条件的单位的。

②建设工程总承包合同中未有约定，又未经建设单位认可，承包单位将其承包的部分建设工程交由其他单位完成的。

③施工总承包单位将建设工程主体结构的施工分包给其他单位的。

④分包单位将其承包的建设工程再分包的。

1.2.3 建设工程发承包的方式

在建筑工程经济活动中，工程发包可以分为招标发包与直接发包两种形式。发包单位可以根据《招标投标法》的相关要求，对照工程特点，采取招标的手段选择承包单位，或不通过招标投标直接发包给具有相应资质条件的施工单位。作为承包、施工单位，可以根据自身资质条件去承包工程的全部内容或根据分包条件规定，承包部分工程，也可与其他施工单位组成联合体，承包某项工程的建设。

1. 发包方式

（1）招标发包

招标发包是一种科学先进的发包方式，也是国际通用的形式，受到社会和国家的重视。招标发包是指建设工程发包单位，根据《招标投标法》的规定，对符合招标投标条件的工程，通过招标投标的方法，择优选择具有相应资质的承包单位的方法。通过招标投标，发包单位可以经过多方面的对比选择，在承包价格、技术实力、施工经验、质量标准等方面，择优选择合适的承包单位。中标的承包单位，不一定是价格最优的投标者。根据《招标投标法》实行招标发包的工程，应该遵循公开、公正、公平的原则，择优选择承包单位。对于不适于招标发包可以直接发包的建设工程，承包人依然要具有相应的承包资质。

（2）直接发包

《建筑法》第十九条规定：“建筑工程依法实行招标发包，对不适于招标发包的可以直接发包。”发包人因法律规定的原因，不采取招标发包建筑工程的，在采取直接发包时，也应选择具有相应资质条件的承包单位。《建筑法》第二十二条规定：“建筑工程实行直接发包的，发包单位应当将建筑工程发包给具有相应资质条件的承包单位。”

2. 承包方式

《建筑法》规定，工程承包单位（包括勘察、设计、施工单位）如果要承包某项工程，必须具备相应的资质等级，简称资质等级许可制度。只有具备相应资质等级的单位，才能参加投标或直接发包的承包人选择。无相应资质等级的单位，不得假冒、借用其他单位的资质等级参加投标。

（1）工程总承包

《建筑法》第二十四条第一款规定：“提倡对建筑工程实行总承包。”根据建设工程的总承包内容不同，建设工程总承包分为施工（或勘察、设计）总承包和工程总承包两种方式。其中，施工（或勘察、设计）总承包是常见的工程承包方式，其主要特征是承包商仅承揽了施工（或勘察、设计）任务。工程总承包是指“从事工程总承包的企业受业主委托，按照合同约定对工程项目的勘察、设计、采购、施工、试运行（竣工验收）等实行全过程或若干阶段的承包”。《建筑法》第二十四条第二款规定，“建筑工程的发包单位，可以将建筑工程的勘察、设计、施工、设备采购一并发包给一个工程总承包单位，也可以将建筑工程勘察、设计、施工、设备采购的一项或者多项发包给一个工程总承包单位。”工程总承包的具体方式、工作内容和责任等，由发包单位与工程总承包企业在合同中约定。目前，我国常见的工程总承包主要有以下几种方式：

①设计采购施工交钥匙总承包。工程总承包企业按照合同约定，承担工程项目的设计、采购、施工、试运行服务等工作，并对工程的质量、安全、工期、造价全面负责。总承包单位最终向业主提交一个满足使用功能、具有使用条件的工程项目。

②设计–施工总承包。设计–施工总承包是指工程总承包企业按照合同约定，承担工程项目的设计和施工，并对承包工程的质量、安全、工期、造价全面负责。

根据工程项目的具体情况和业主要求，还可以采用设计–采购总承包方式、采购–施工总承包方式等。

（2）联合承包

《建筑法》第二十七条规定：“大型建筑工程或者结构复杂的建筑工程，可以由两个以上的承包单位联合承包。共同承包的各方对承包合同的履行承担连带责任。两个以上不同资质等级的单位实行联合体共同承包的，应当按照资质等级较低的单位的业务许可范围承揽工程。”对于联合承包，要求双方在投标前签订联合承包（投标）协议书，明确双方的责任、权利和义务，以及在投标中的明确任务。在中标后，联合承包单位的双方共同与业主签订合同，在工程承包合同履行过程中，承担连带责任。

（3）工料结合的承发包模式

在以往的建设工程承发包中，根据施工单位与建设单位签订合同与工料结合情况，承发包模式可分为包工包料、包工半包料和包工不包料三种。

①包工包料承发包模式。包工包料承发包模式是由承包方对所承建的建筑工程所需要的全部人工、建筑材料、机械台班等按承包合同规定全部承包下来的一种经营方式。这种承包方式，便于承包方独立核算成本，有利于提高工作效率，降低材料损耗。但合同中应对材料价差等问题做出规定。

②包工半包料承发包模式。包工半包料，是指承包商对承包的建设工程所需的人工、机械台班等费用支出实行全包，建筑材料按照双方承包合同约定由双方各自承担一部分的承包方法。一般来说，建设单位往往提供钢材、水泥等主要要建材，其他材料由施工单位负责采购。

③包工不包料承发包模式。包工不包料，是指承包方只提供建设工程所需的人工和机械台班费用以及一定的管理费，所有建筑材料完全由发包方提供。

> **技能提示：**
> 联合承包是一种特殊的承包方式，联合体各方应签订合法的联合承包协议书，这样他们的联合承包行为才是有效的。

以上三种承包方式，由于将材料供应与施工工作对立起来，如果安排不得当，往往会影响工程顺利施工，因此，相关内容需要在合同中明确规定，以确保双方合作顺利实施。

3. 承包工程后禁止转包

转包是指承包单位在签订承包合同后，没有进行施工工作，而是将所有工程全部交由其他单位完成。《建筑法》第二十八条规定：“禁止承包单位将其承包的全部建筑工程转包给他人，禁止承包单位将其承包的全部建筑工程肢解以后以分包的名义分别转包给他人。”承包单位接到工程后，应积极组织施工，按照承包合同履行自己的义务。对于工程中的部分工程，可以在《建筑法》允许的范围内，分包给其他具有相应资质的分包单位进行。这其中也包含劳务分包。

工程分包是指工程总承包企业将其所承包的工程中部分工程发包给其他承包单位完成的活动。建筑工程分包必须将工程分包给具有相应资质的分包单位。《建筑法》第二十九条规定："除总承包合同中有约定的分包外，工程分包必须经建设单位认可。"工程分包必须经建设单位认可，但这并不意味着，建设单位有权指定分包单位。

1.3 建设工程招标投标概述

1.3.1 建设工程招标投标的概念

建设工程招标投标是建设工程招标和投标的总称，是我国根据国际建设市场的成熟经验所实行的建设工程承发包形式。《招标投标法》规定，对于符合该法要求招标范围的建筑工程，必须依照该法实行招标发包。根据招标投标的一般程序，一个建筑工程项目的招标投标过程通常分为招标、投标、开标、评标和中标五个阶段。工程项目招标与投标通常是业主事先提出项目的条件和要求，邀请众多的承包商参与竞争并按照规定的程序从中选择中标者。

1. 建设工程招标

招标与投标是一种国际上普遍应用的、有组织的市场采购行为，是建筑工程项目、公路工程项目、货物及服务的广泛使用的买卖交易方式。

建设工程招标是指招标人依法提出招标项目及其相应的要求和条件，通过发布招标公告或发出投标邀请书吸引潜在的投标人参加投标的行为。通过招标，业主将工程项目信息在招标投标信息平台上进行发布，吸引符合条件的多家投标商前来参与竞争，为更好地达到节约工程建设资金、按期保证质量交付创造了条件。值得注意的是，不仅是工程施工可以采取招标的形式，与工程建设相关的勘察、设计、施工、监理、设备（材料）采购等都可以通过招标来确定最优成交者。

2. 建设工程投标

（1）建设工程投标的定义

投标是指投标人响应招标文件的要求，参加投标竞争的行为。建设工程项目投标是指承包商（投标人）按照业主要求参与竞标活动、承接工程任务的过程。工程招标与投标是目前工程建设项目采购中最普遍、最重要的方式。

（2）参加投标的方式

参加投标的单位，在招标公告或投标邀请书规定的期限内到指定的招标投标服务机构购买招标文件后，对照招标文件内容，结合自身的资质等级、设备人员情况及其他因素决定是否参加投标。如决定参加投标，编写投标文件，并在招标文件中规定的投标截止日期前提交投标文件。

3. 招标投标的意义

实行建设工程项目的招标投标是我国建筑市场趋向规范化、完善化的重要举措，对于择优选择承包单位、全面降低工程造价，进而使工程造价得到合理有效的控制，具有十分重要的意义，具体表现在如下几方面。

（1）形成了由市场定价的价格机制

实行建设工程项目的招标投标基本形成了由市场定价的价格机制，使工程价格更加趋于合理。投标人之间通过在价格上、技术上、施工方案上等多方面的竞争（相互竞标），使工程价格趋于合理，施工技术和施工方案更加成熟合理，这将有利于节约投资、提高投资效益。

（2）不断降低社会平均劳动消耗水平

实行建设项目的招标投标能够不断降低社会平均劳动消耗水平，使工程价格得到有效控制。在建筑市场中，不同投标者的个别劳动消耗水平是有差异的。通过推行招标投标，最终使那些个别劳动消耗水平最低或接近最低的投标者获胜，这样便实现了生产力资源较优配置，也对不同投标者实行了优胜劣汰。通过竞争，每个投标者都必须切实在降低自己个别劳动消耗水平上下功夫，这样将逐步地降低社会平均劳动消耗水平，使工程价格更为合理。

（3）工程价格更加符合价值基础

实行建设项目的招标投标便于供求双方更好地相互选择，使工程价格更加符合价值基础，进而更好地控制工程造价。采用招标投标方式，为供求双方在较大范围内进行相互选择创造了条件，为需求者（如建设单位、业主）与供给者（如勘察设计单位、施工企业）在最佳点上结合提供了可能。业主选择那些报价较低、工期较短、具有良好业绩和管理水平的承包商，为合理控制工程造价奠定了基础。

（4）公开、公平、公正的原则

实行建设项目的招标投标有利于规范价格行为，使公开、公平、公正的原则得以贯彻。我国招标投标活动有特定的机构进行管理，有严格的程序必须遵循，有高素质的专家支持系统、工程技术人员的群体评估与决策，能够避免盲目过度的竞争和营私舞弊现象的发生，使价格形成过程变得透明而较为规范。

（5）能够减少交易费用

我国目前从招标、投标、开标、评标直至定标，均在统一的建筑招标投标市场中进行，并有较完善的法律、法规规定，已进入制度化操作。实行建设项目的招标投标能够减少交易费用，节省人力、物力、财力，进而使工程造价有所降低。招标投标中，若干投标人在同一时间、地点报价竞争，在专家支持系统的评估下，以群体决策方式确定中标者，必然减少交易过程的费用，这本身就意味着招标人收益的增加，对工程造价必然产生积极的影响。

1.3.2 建设工程招标投标的类型及其特点

招标投标是在市场经济条件下进行工程建设、货物买卖、财产出租、中介服务等经济活动的一种竞争形式和交易方式，是引入竞争机制订立合同（契约）的一种法律形式。建设工程招标是指招标人在发包建设项目之前，公开招标或邀请投标人，根据招标人的意图和要求提出报价，进行开标、评标，以便从中择优选定中标人的一种经济活动。建设工程投标是工程招标的对称概念，指具有合法资格和能力的投标人根据招标条件，经过决策，在指定期限内编制标书并递交，通过开标、评标，决定能否中标的经济活动。

1. 建设工程招标投标类型

建设项目招标投标活动包含的内容十分广泛，具体说包括建设项目强制招标的范围、建设项目招标的种类与方式、建设项目招标的程序、建设项目招标投标文件的编制、标底编制与审查、投标报价以及开标、评标、定标等。所有这些环节的工作均应按照国家有关法律、法规规定认真执行并落实。

建设工程项目招标投标多种多样，按照不同的标准可以进行不同的分类。

（1）按照工程建设程序分类

按照工程建设程序可以将建设工程招标投标分为建设项目前期咨询招标投标、工程勘察设计招标投标、材料设备采购招标投标、工程施工招标投标。

①建设项目前期咨询招标投标。指对建设项目的可行性研究任务进行的招标投标。投标方一般为工程咨询企业。中标的承包方要根据招标文件的要求，向发包方提供拟建工程的可行性研究报告，并对其结论的准确性负责。承包方提供的可行性研究报告，应获得发包方的认可。认可的方式通常为专家组评估鉴定。项目投资者通过招标方式选择具有专业管理经验的工程咨询单位，为其制定科学、合理的投资开发建设方案，并组织控制方案的实施。这种集项目咨询与管理于一体的招标类型的投标人一般也为工程咨询单位。

②工程勘察设计招标投标。根据批准的可行性研究报告，择优选择勘察设计单位。勘察和设计

是两种不同性质的工作，可由勘察单位和设计单位分别完成。勘察单位最终提出施工现场的地理位置、地形、地貌、地质、水文等在内的勘察报告。设计单位最终提供设计图纸和成本预算结果。设计招标还可以进一步分为建筑方案设计招标、施工图设计招标。当施工图设计不是由专业的设计单位承担，而是由施工单位承担时，一般不进行单独招标。

③材料设备采购招标投标。在工程项目初步设计完成后，对建设项目所需的建筑材料和设备（如电梯、供配电系统、空调系统等）采购任务进行招标。投标方通常为材料供应商、成套设备供应商。

④工程施工招标投标。在工程项目的初步设计或施工图设计完成后，用招标的方式选择施工单位。施工单位最终向业主交付按招标设计文件规定的建筑产品。

（2）按工程项目承包的范围分类

按工程承包的范围可将工程招标投标划分为项目全过程总承包招标、工程分承包招标、专项工程承包招标。

①项目全过程总承包招标。项目全过程总承包招标，即选择项目全过程总承包人招标，其又可分为两种类型，一是指工程项目实施阶段的全过程招标；二是指工程项目建设全过程的招标。前者是在设计任务书完成后，从项目勘察、设计到施工交付使用进行一次性招标；后者则是从项目的可行性研究到交付使用进行一次性招标，业主只需提供项目投资和使用要求及竣工、交付使用期限，其可行性研究、勘察设计、材料和设备采购、土建施工设备安装及调试、生产准备和试运行、交付使用，均由一个总承包商负责承包，即所谓“交钥匙工程”。承揽“交钥匙工程”的承包商被称为总承包商，绝大多数情况下，总承包商要将工程部分阶段的实施任务分包出去。

无论是项目实施的全过程还是某一阶段或程序，按照工程建设项目的构成，可以将建设工程招标投标分为全部工程招标投标、单项工程招标投标、单位工程招标投标、分部工程招标投标。其中，全部工程招标投标，是指对一个建设项目（如一所学校）的全部工程进行的招标。单项工程招标，是指对一个工程建设项目中所包含的单项工程（如一所学校的教学楼、图书馆、食堂等）进行的招标。单位工程招标是指对一个单项工程所包含的若干单位工程（如实验楼的土建工程）进行招标。分部工程招标是指对一项单位工程包含的分部工程（如土石方工程、深基坑工程、楼地面工程、装饰工程）进行招标。

为了防止将工程肢解后进行发包，我国一般不允许对分部工程进行招标，允许特殊专业工程招标，如深基础施工、大型土石方工程施工等。

②工程分承包招标。工程分承包招标是指中标的工程总承包人作为其中标范围内的工程任务的招标人，将其中标范围内的工程任务，通过招标投标的方式，分包给具有相应资质的分承包人，中标的分承包人只对招标的总承包人负责。

③专项工程承包招标。专项工程承包招标是指在工程承包招标中，对其中某项比较复杂或专业性强、施工和制作要求特殊的单项工程进行单独招标。

（3）按行业或专业类别分类

按与工程建设相关的业务性质及专业类别划分，可将工程招标分为土木工程招标、勘察设计招标、材料设备采购招标、安装工程招标、建筑装饰装修招标、生产工艺技术转让招标、咨询服务（工程咨询）及建设监理招标等。

①土木工程招标是指对建设工程中土木工程施工任务进行的招标。

②勘察设计招标是指对建设项目的勘察设计任务进行的招标。

③材料设备采购招标是指对建设项目所需的建筑材料和设备采购任务进行的招标。

④安装工程招标是指对建设项目的设备安装任务进行的招标。

⑤建筑装饰装修招标是指对建设项目的建筑装饰装修的施工任务进行的招标。

⑥生产工艺技术转让招标是指对建设工程生产工艺技术转让进行的招标。

⑦工程咨询及建设监理招标是指对工程咨询和建设监理任务进行的招标。

（4）按工程承发包模式分类

随着建筑市场运作模式与国际接轨进程的深入，我国承发包模式也逐渐呈多样化，主要包括工程咨询承包模式、交钥匙工程承包模式、设计施工承包模式、设计管理承包模式、BOT工程模式、CM 模式。

按承发包模式分类可将工程招标划分为工程咨询招标、交钥匙工程招标、工程设计施工招标、工程设计–管理招标、BOT 工程招标。

①工程咨询招标。工程咨询招标是指以工程咨询服务为对象的招标行为。工程咨询服务的内容主要包括工程立项决策阶段的规划研究、项目选定与决策；建设准备阶段的工程设计、工程招标；施工阶段的监理、竣工验收等工作。

②交钥匙工程招标。“交钥匙”模式即承包商向业主提供包括融资、设计、施工、设备采购、安装和调试直至竣工移交的全套服务。交钥匙工程招标是指发包商将上述全部工作作为一个标的招标，承包商通常将部分阶段的工程分包，即全过程招标。

③工程设计施工招标。设计施工招标是指将设计及施工作为一个整体标的以招标的方式进行发包，投标人必须为同时具有设计能力和施工能力的承包商。

④工程设计–管理招标。设计–管理模式是指由同一实体向业主提供设计和施工管理服务的工程管理模式。采用这种模式时，业主只签订一份既包括设计也包括工程管理服务的合同，在这种情况下，设计机构与管理机构是同一实体。这一实体常常是设计机构施工管理企业的联合体。设计–管理招标即为以设计管理为标的进行的工程招标。

技能提示：

BOT招标模式有它的先进性和可操作性，但发包方应考虑工程运营期后实际工程的技术先进性和实际价值，避免出现承包公司盈利后撤出，留下一个技术落后的破败工程的情况。

⑤ BOT 工程招标。BOT（Build–Operate–Transfer）即建造–运营–移交模式。这是指东道国政府开放本国基础设施建设和运营市场，吸收国外资金，授给项目公司以特许权由该公司负责融资和组织建设，建成后负责运营及偿还贷款。在特许期满时将工程移交给东道国政府。目前，BOT 工程招标方式在国际贷款援助工程、国际建设工程承包以及国内很多工程承包方面得到了运用。

（5）按照工程是否具有涉外因素分类

按照工程是否具有涉外因素，可以将建设工程招标分为国内工程招标和国际工程招标。

2. 建设工程招标方式

《招标投标法》第十条规定：“招标分为公开招标和邀请招标。”

（1）公开招标

公开招标，也称无限竞争招标，是指招标人以招标公告的方式邀请不特定的法人或者其他组织参加投标。采取公开招标方式，可以为所有符合条件的潜在投标人提供一个平等参与和充分竞争的机会，这样有利于在投标人中选择最优中标人。

规范化的招标与投标活动，对于招标人和投标人都是至关重要的。对于招标人来讲，关系到能否对工程的投资、质量和进度进行有效的控制，获得合格的工程产品，达到预期的投资效益；对于投标人来讲，则是能否在公平合理的市场竞争环境下，以自身的优势获得工程项目，取得合理利润，保

技能提示：

涉外工程的招标投标，应遵循工程所在国家地区的建设工程管理办法和质量管理办法；并应将工程的承包价格、付款方式、质量验收标准等细节明确在合同中规定。

证自身的生存和发展。招标投标涉及工程的决策咨询、勘察设计、工程施工、建设监理、工程材料和设备的供应等许多方面。

（2）邀请招标

邀请招标，也称有限竞争招标，是指招标人以投标邀请书的方式邀请特定的法人或者其他组织参加投标。采取邀请招标的方式，由于被邀请参加竞争的潜在投标人数量有限，而且事先已经对投标人进行了调查了解，因此不仅可以节省招标人的招标成本，而且能够提高投标人的中标概率，被邀请投标人的投标积极性也会更高。

3. 建设工程招标投标的特点

（1）法规性强

招标投标是市场大宗货物采购的基本方式，无论是市场经济下的对市场的规范管理还是社会资源的有效利用，都具有十分重要的影响。国际国内对工程招标投标都有相应的规定，工程招标与投标必须遵循相应法律法规。工程招标投标的法规性强是其第一特征。

（2）专业性强

工程招标投标涉及工程技术、工程质量、工程经济、合同、商务、法律法规等各方面，其招标投标的专业性强。

（3）透明度高

招标投标中自始至终要贯彻“公开、公正、公平”的原则，公开是基础，在招标全过程中的高度透明是保证招标公正公平的前提。

（4）风险性高

工程招标投标都是一次性的。确定买卖双方经济合同关系在前，产品或服务的提供在后。招标投标的市场交易方式属期货交易方式，其买卖双方以未来产品的预期价格进行交易。产品是未来即将生产或提供的，其产品生产的质量、提供的服务等要到得到产品后或服务完成后才可确知；交易价格是根据一定原则预期估计的，产品的最终价格也要到提供产品或服务终了时才能最后确定（如单价合同形式）。这些无论对业主还是承包商都具有风险。加强招标投标中的风险控制是保证企业经营目标实现的重要手段。

（5）理论性与实践性强

工程招标投标的基本原理和招标工作程序、招标投标文件组成、标底计算、投标策略等以及所涉及各方面的理论性强，同时也具有很强的实践性；只有通过实际编制招标投标文件、参与招标投标工作，才能全面掌握工程招标投标技术的实际应用。

>>>

技能提示：

建设工程招标与投标是承发包的具体操作方式，在实际操作中要注意理解其含义及其具体的技术要求。

1.3.3 建设工程招标投标的基本原则

《招标投标法》第五条规定：“招标投标活动应当遵循公开、公平、公正和诚实信用的原则。”

1. 公开原则

公开原则要求招标信息公开。根据《招标投标法》规定，依法必须进行招标的项目的招标公告，应当通过国家指定的报刊、信息网络或者其他媒介发布。对于工程项目招标相关的信息（含时间、地点等）如招标公告，资格预审公告，投标邀请书，招标人的名称和地址，招标项目的性质、数量、实施地点等都要求公开。公开原则还要求，招标投标的过程公开。一般，招标投标都在县级以上人民政府下设的建设工程招标投标中心进行，招标、投标、开标、评标等流程都在相关规定下进行。

2. 公平原则

公平原则要求给予所有投标人平等的机会，使其享有同等的权利，履行同等的义务。招标人不得以任何理由排斥或者歧视任何潜在投标人，也不得限制或者排斥本地区、本系统以外的法人或者其他组织参加投标，不得以任何方式非法干涉招标投标活动。

3. 公正原则

公正原则要求招标人在招标投标活动中应当按照统一的标准衡量每一个投标人的优劣。在资格审查、评标等环节坚持统一标准，客观公正地对每位报名投标者，对每份投标文件进行评审和比较。

4. 诚实信用原则

诚实信用原则是我国民事活动应当遵循的一项重要基本原则。在我国《民法通则》、《合同法》、《招标投标法》中都有相关的规定。在招标投标活动中，招标人不得发布虚假招标信息，不得擅自终止招标。在投标过程中，投标人不得以他人名义投标，不得与招标人或其他投标人串通投标。中标通知书发出后，招标人不得擅自改变中标结果，中标人不得擅自放弃中标项目。

从法律角度衡量，建设工程招标属于要约邀请，而投标是要约，中标通知书则是承诺。我国《合同法》也明确规定，招标公告是要约邀请。也就是说，招标实际上是邀请投标人对其提出要约（即投标文件），属于要约邀请。投标则是一种要约，它符合要约的所有条件，如具有缔结合同的主观目的；一旦中标，投标人将受投标书的约束；投标书的内容具有足以使合同成立的主要条件等。招标人向中标人发出的中标通知书，则是招标人同意接受中标的投标人的投标条件，即同意接受该投标人的要约的意思表示，应属于承诺。对于招标投标中应当遵循的原则，也是相关法律法规对招标投标活动的普遍要求。

1.3.4 建设工程招标投标的主体

建设工程是一项牵涉重大资金、重要财产及技术的项目，因此，建设工程的招标投标都应该由具有相应资质和能力的单位来进行。

1. 招标主体

我国《招标投标法》规定："招标人是依照本法规定提出招标项目，进行招标的法人或者其他组织。"在招标投标中，招标的主体可以有以下两种情形：

（1）法人

法人是指具有民事权利能力和民事行为能力，并依法享有民事权利承担民事义务的组织，包括企业法人、机关法人、事业单位法人、社会团体法人。

（2）其他组织

其他组织指不具备法人条件的组织，包括有法人的分支机构，企业之间或企业、事业单位之间联营、合伙组织、个体工商户、农村承包经营户等。

其招标主体的具体表现形式包括：政府机构、国有企业、事业单位、集体企业、民营企业、外商及合资企业、非法人组织及个体工商户。

在招标投标活动中，根据《招标投标法》的规定，允许招标业主聘请专业的招标代理机构，就其所要招标的项目进行代理招标服务。《招标投标法》第十四条规定："从事工程建设项目招标代理业务的招标代理机构，其资格由国务院或者省、自治区、直辖市人民政府的建设行政主管部门认定。具体办法由国务院建设行政主管部门会同国务院有关部门制定。从事其他招标代理业务的招标代理机构，其资格认定的主管部门由国务院规定。招标代理机构与行政机关和其他国家机关不得存在隶属关系或者其他利益关系。"

招标代理机构应当在招标人委托的范围内承担招标事宜。招标代理机构可以在其资格等级范围内承担下列招标事宜：拟订招标方案，编制和出售招标文件、资格预审文件；审查投标人资格；编制标底；组织投标人踏勘现场；组织开标、评标，协助招标人定标；草拟合同；招标人委托的其他事项。

招标代理机构不得无权代理、越权代理，不得明知委托事项违法而进行代理。

招标代理机构不得接受同一招标项目的投标代理和投标咨询业务；未经招标人同意，不得转让招标代理业务。

工程招标代理机构与招标人应当签订书面委托合同，并按双方约定的标准收取代理费；国家对收费标准有规定的，依照其规定。

2. 投标主体

投标的主体是指具有独立法人资格的，具有相应资质等级条件并具备相应资金技术实力的投标人。《招标投标法》第二十六条规定："投标人应当具备承担招标项目的能力；国家有关规定对投标人资格条件或者招标文件对投标人资格条件有规定的，投标人应当具备规定的资格条件。"针对招标项目的不同，投标人可以是项目咨询单位、建设工程勘察设计单位、建设工程施工单位、设备供应商、材料供应商等。

《招标投标法》第三十一条规定："两个以上法人或者其他组织可以组成一个联合体，以一个投标人的身份共同投标。"对于联合体各方资质条件要求如下：

①联合体各方均应具备承担招标项目的相应能力。

②国家有关规定或者招标文件对投标人资格条件有规定的，联合体各方均应当具备规定的相应资格条件。

③由同一专业单位组成的联合体，按照资质等级较低的单位确定资质等级。

联合体各方应当签订共同投标协议，明确双方拟承担的工作和责任，并将共同投标协议连同投标文件一并提交招标人；联合体中标后，联合体各方应当共同与招标人签订合同，就中标项目向招标人承担连带责任。

技能提示：

招标单位主体合法和投标单位具备相应资质，是招标投标活动正常开展的首要条件。工程开始招标投标前，招标单位的主体资质由建设工程交易市场按规范进行审核，发布招标信息后，投标单位根据自身资质决定是否参加投标，建设工程交易市场对投标单位资质进行审核。

就业导航

项目＼种类		二级建造师	一级建造师	招标师	造价工程师	监理工程师
职业资格	考证介绍	建设工程招标的范围、方式、程序	建设工程招标的范围、方式、程序	招标投标应遵循的基本原则；招标人的分类；招标代理机构的性质、职责、分类	建设工程招标的范围、种类与方式；招标流程；招标控制价的编制	建设工程公开招标程序及施工招标
	考证要求	掌握招标投标活动原则及适用范围；熟悉招标程序	掌握招标投标活动的原则及适用范围；掌握招标程序；熟悉招标组织形式和招标代理	掌握招标投标应遵循的基本原则；熟悉招标人的分类；掌握招标代理机构的性质、职责、分类	熟悉招标投标法的有关内容；熟悉建设项目施工招标的程序和招标文件的构成；了解国际上有关建设工程招标的主要内容	了解招标方式、政府主管部门对招标的监督；掌握公开招标程序及施工招标
对应职业岗位		施工员、质检员、资料员、项目经理	施工员、质检员、资料员、项目经理	资料员	造价员、预算员、资料员	监理员、质检员、资料员

基础与工程技能训练

基础训练

一、选择题

1. 招标文件发出后，招标人不得擅自变更其内容，确需进行必要澄清、修改或补充的，应当在招标文件要求提交投标文件截止时间至少（　　）天前，书面通知所有获得招标文件的投标人。

A.5　　B.7　　C.10　　D.15

2. 在开标前不应公开（　　）。

A. 招标信息　　B. 开标程序

C. 评标委员会成员名单　　D. 评标标准

3. 联合体中标的，联合体各方应当（　　）。

A. 共同与招标人签订合同，就中标项目向招标人承担连带责任

B. 分别与招标人签订合同，但就中标项目向招标人承担连带责任

C. 共同与招标人签订合同，但就中标项目各自独立向招标人承担责任

D. 分别与招标人签订合同，就中标项目各自独立向招标人承担责任

4. 下列不属于招标文件内容的是（　　）。

A. 投标邀请书　　B. 设计图纸　　C. 合同主要条款　　D. 财务报表

5. 我国《招标投标法》规定，开标时间应为（　　）。

A. 提交投标文件截止时间　　B. 提交投标文件截止时间的次日

C. 提交投标文件截止时间的 7 日后　　D. 其他约定时间

6. 建筑施工企业管理人员应具备的从业资格为（　　）。

A. 注册建造师　　B. 注册建筑师

C. 注册结构工程师　　D. 注册城市规划师

7. 建设工程招标投标活动中，不论是采取公开招标方式还是采取邀请招标方式，符合资质的投标人数量不得少于（　　）人。

A.5　　B.3　　C.2　　D.6

8. 建设工程招标采用公开招标方式的，必须在媒体上发布（　　）。

A. 招标公告　　B. 招标邀请书　　C. 项目简介　　D. 评标委员会名单

9. 建设工程招标投标由（　　）进行监督。

A. 人民检察院　　B. 建筑市场

C. 建设工程交易中心　　D. 建设行政主管部门

二、简答题

1. 什么是建筑工程市场？简述我国建筑工程市场的特点。

2. 什么是承包？什么是发包？承包发包与招标投标有什么关系？

3. 建设工程招标投标有哪几种方式？简述公开招标的过程。

4. 简述建设工程在建设工程交易中心的运行过程。

5. 建设工程招标投标要坚持哪些原则？如何保证这些原则的落实？

三、案例分析题

某单位的一项建设工程决定采取公开招标的方式招标，因单位技术人员不足，聘请了招标代理公司进行代理招标工作。招标代理公司在接受委托后，根据工程的情况，编写了招标文件，其中的招标日程安排如下：

序号	工作内容	日期
1	发布公开招标信息	2011年4月30日
2	公开接受施工企业报名	2011年5月4日9：00~11：00
3	发放招标文件	2011年5月10日9：00
4	答疑会	2011年5月10日9：00~11：00
5	现场踏勘	2011年5月11日13：00
6	投标截止	2011年5月16日
7	开标	2011年5月17日
8	询标	2011年5月18日~21日
9	决标	2011年5月24日14：00
10	发中标通知书	2011年5月24日14：00
11	签订施工合同	2011年5月25日14：00
12	进场施工	2011年5月26日8：00
13	领取标书编制补偿费、保证金	2011年6月8日

指出上述日程安排的不妥之处，并简述理由。

工程技能训练

某建设工程在市建设工程交易中心公开评标。参与投标的五家单位的标书均在指定的截止时间前送交招标地点，并按招标公告要求，投标函和标书封面均已盖投标单位及法人代表章，相关造价专业人员也已签字盖章，投标书按照要求盖章密封。开标后，在对投标文件商务标的评审过程中，有位专家提出，有两家投标单位投标文件中工程量清单封面没有盖投标单位及法人代表章，应将两家投标单位作为废标，请问这位专家的做法是否正确？你对这位专家的做法作何评价？

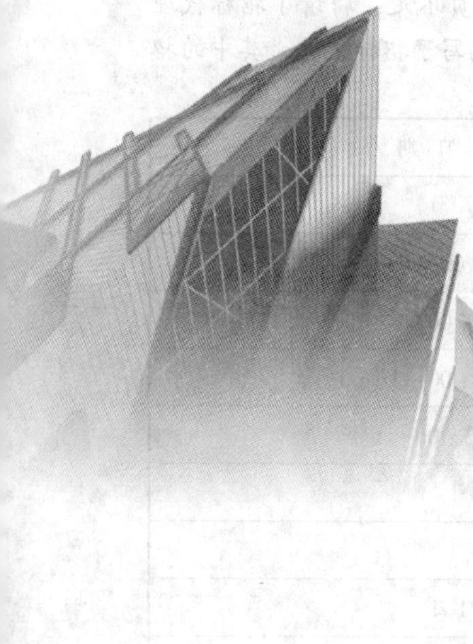

模块2
建设工程招标

模块概述

建设工程招标是指招标人在发包建设项目之前，依据法定程序，以公开招标或邀请招标的方式，鼓励潜在的投标人依据招标文件参与竞争，通过评定，从中择优选定中标人的一种经济活动。

本模块主要介绍了建设工程项目招标的范围、条件、招标方式、招标程序；资格预审文件的编制；招标文件的主要内容；标底的编制原则与方法；招标控制价的编制依据与方法以及国际工程招标的方式与程序。并以实际工程为例介绍了招标文件主要内容的编制。

学习目标

◆ 掌握建设项目招标的范围；
◆ 掌握招标程序及方式，熟悉国际工程招标的程序；
◆ 掌握招标文件的编制；
◆ 掌握资格预审文件的编制；
◆ 熟悉招标标底及招标控制价的编制。

能力目标

◆ 会编制招标公告或投标邀请书；
◆ 会编制资格预审文件；
◆ 会编制招标文件。

课时建议

8~10 课时

2.1 建设工程项目招标概述

2.1.1 建设工程项目招标的范围和条件

1. 建设工程项目招标的范围

我国《招标投标法》指出，凡在中华人民共和国境内进行下列工程建设项目，包括项目的勘察、设计、施工、监理以及与工程建设有关的重要设备、材料等的采购，必须进行招标。

①大型基础设施、公用事业等关系社会公共利益、公众安全的项目。

②全部或者部分使用国有资金投资或者国家融资的项目。

③使用国际组织或者外国政府贷款、援助资金的项目。

根据2000年5月1日国家计划发展委员会发布的《工程建设项目招标范围和规模标准化规定》，必须进行招标的工程建设的具体范围见表2.1。

表2.1　我国建设工程招标的范围

序号	项目类别	具体范围
1	关系社会公共利益、公众安全的基础设施项目	煤炭、石油、天然气、电力、新能源等能源项目 铁路、公路、管道、水运、航空及其他交通运输业等交通运输项目 邮政、电信枢纽、通信、信息网络等邮电通信项目 防洪、灌溉、排涝、引（供）水、滩涂治理、水土保持、水利枢纽等水利项目 道路、桥梁、地铁和轻轨交通、污水排放及处理、垃圾处理、地下管道、公共停车场等城市设施项目 生态环境保护项目 其他基础设施项目
2	关系社会公共利益、公众安全的公用事业项目	供水、供电、供气、供热等市政工程项目 科技、教育、文化等项目 体育、旅游等项目 卫生、社会福利等项目 商品住宅，包括经济适用房 其他公用事业项目
3	使用国有资金投资的项目	使用各级财政预算资金的项目 使用纳入财政管理的各种政府性专项建设资金的项目 使用国有企事业单位自有资金，并且国有资产投资者实际拥有控股权的项目
4	国家融资的项目	使用国家发行债券所筹资金的项目 使用国家对外借款或者担保所筹资金的项目 使用国家政策性贷款的项目 国家授权投资主体融资的项目 国家特许的融资项目
5	使用国际组织或者外国政府贷款、援助资金的项目	使用世界银行、亚洲开发银行等国际组织贷款资金的项目 使用外国政府及其机构资金的项目 使用国际组织或者外国政府援助资金的项目

招标范围内的各类工程建设项目，达到下列标准之一的，必须进行招标。

①施工单项合同估算价在200万元人民币以上的。

②重要设备、材料等货物的采购，单项合同估算价在100万元人民币以上的。

③勘察、设计、监理等服务的采购，单项合同估算价在50万元人民币以上的。

④单项合同估算价低于第①、②、③项规定的标准，但项目总投资额在3 000万元人民币以上的。

勘察、设计，采用特定的专利或者专有技术的，或者其建筑艺术造型有特殊要求的，经项目主管部门批准，可以不进行招标。对于涉及国家安全、国家秘密、抢险救灾或者属于利用扶贫资金实行以工代赈、需要农民工的等非法律规定必须招标的项目，建设单位可自主决定是否进行招标，同时单位自愿要求招标的，建设行政主管部门或招投标管理机构应予以支持。

2. 建设工程项目招标的条件

2003年5月1日开始实施的《工程建设项目施工招标投标办法》对建设单位及建设项目的招标条件作了明确规定，其目的在于规范招标单位的行为，确保招标工作有条不紊地进行，稳定招标投标市场的秩序。

(1) 建设单位招标应当具备的条件

①招标单位是法人或依法成立的其他组织。

②有与招标工程相适应的经济、技术、管理人员。

③有组织编制招标文件的能力。

④有审查投标单位资质的能力。

⑤有组织开标、评标、定标的能力。

不具备上述②~⑤项条件的，建设单位必须委托具有相应资质的招标代理机构进行招标。

(2) 依法必须招标的工程建设项目，应当具备下列条件才能进行施工招标

①招标人已经依法成立。

②初步设计及概算应当履行审批手续的，已经批准。

③招标范围、招标方式和招标组织形式等应当履行核准手续的，已经核准。

④有相应资金或资金来源已经落实的。

⑤有招标所需的设计图纸及技术资料。

⑥法律、法规规定的其他条件。

2.1.2 建设工程项目招标的方式

招标投标制度在国际上有几百年的历史，也产生了许多招标方式，这些方式决定着招标投标的竞争程度。总体来看，目前世界各国和有关国际组织通常采用的招标方式大体分为两类：一类是竞争性招标，另一类是非竞争性招标。

我国《招标投标法》明确规定招标的方式有两种，即公开招标与邀请招标。

1. 公开招标

公开招标亦称无限竞争性招标，是指招标人以招标公告的方式邀请不特定的法人或其他组织投标。招标人应在招投标管理部门指定的公众媒体（报刊、广播、电视等）新闻媒体上发布招标公告，愿意参加投标的承包商都可参加资格预审，资格预审合格的承包商都可参加投标。公开招标方式被认为是最系统、最完整以及规范性最好的招标方式。

公开招标的优点是：为承包商提供一个公平竞争的机会，广泛吸引投标人，招投标程序的透明度高，容易赢得投标人的信任，较大程度上避免了招投标活动中的贿标行为；招标人可以在较广的范围内选择承包商或者供应商，竞争激烈，择优率高，有利于降低工程造价，提高工程质量和缩短工期。

公开招标的缺点是：由于参与竞争的承包人可能较多，准备招标、对投标申请者进行资格预审和评标的工作量大，招标时间长，费用高；同时参加竞争的投标人越多，每个参加者中标的机会越小，

风险越大；在投标过程中也可能出现一些不诚实、信誉不好的承包商为了中标，故意压低报价，以低价挤掉那些信誉好、技术先进而报价较高的承包商。因此，采用此种招标方式时，业主要加强资格预审，认真评标。

公开招标方式的适用范围是：全部使用国有资金投资，或国有资金投资占控制地位或主导地位的项目。一般情况下，投资额度大、工艺或结构复杂的较大型工程建设项目，实行公开招标较为合适。

按照公开招标的范围，又可分为国际竞争性招标和国内竞争性招标。

2. 邀请招标

邀请招标也称有限竞争性招标或选择性招标，是指招标人以投标邀请书的方式邀请不特定的法人或其他组织投标。由于投标人数量是招标人根据自己的经验和信息资料，选择并邀请有实力的承包商来投标，是有限制的，所以又称之为“有限竞争性招标”或“选择性招标”。招标人采用邀请招标方式时，邀请的投标人一般不少于3家，不超过10家。

邀请招标的优点是：邀请的投标人数量少，招标工作量小可以节约招标费用，而且也提高了每个投标人中标的机会，降低了投标的风险；由于招标人对投标人已经有了一定的了解，清楚投标人具有较强的专业能力，因此便于招标人在某种专业要求下选择承包商。

其缺点是：投标人的数量少，竞争不激烈。有可能招标人漏掉更好的承包商。

邀请招标的范围：根据我国《招标投标法》有下列情形之一的，经建设行政主管部门批准可以进行邀请招标。

①项目技术复杂或有特殊要求的，只有少量几家潜在投标人可供选择的。

②受自然地域或环境限制的。

③涉及国家安全、国家秘密或抢险救灾，适宜招标但不宜公开招标的。

④拟公开招标的费用与项目价值相比，不值得的。

⑤法律、行政法规规定不宜公开招标的。

在我国工程实践中曾经采用过议标的招标方式。议标实质上是谈判协商的方法，是招标人和承包商之间通过一对一的协商谈判而最终达到工程承包的目的。这种方法由于不具有公开性和竞争性，从严格意义上讲不能称之为招标方式。但是，对一些小型工程而言，采用议标方式，目标明确，省时省力，比较灵活；在议标时通过谈判协商工程的报价，容易产生暗箱操作，并且随意性大。因此我国未把议标作为一种法定的招标方式。

2.1.3 建设工程项目招标的程序

建设工程招标的程序一般包括三个阶段：

第一，招标准备阶段。主要工作有：办理工程项目报建、自行招标或委托招标、选择招标方式、编制招标文件、编制招标标底或招标控制价、办理招标备案手续。

第二，招标投标阶段。主要工作有：发布招标公告或递送投标邀请书、资格审查、发放招标文件、组织踏勘现场、标前预备会、接收投标文件。

第三，定标签约阶段。主要工作有：开标、评标、定标和签订合同。

各阶段的详细内容如下：

1. 招标准备阶段

（1）办理工程项目报建

招标工程按照国家有关规定需要履行项目审批手续的，应当先履行审批手续，取得批准。

建设工程项目获得立项批准文件或者列入国家投资计划后，应按规定的工程所在地的建设行政主管部门办理工程报建手续。报建时应交验的资料主要有：立项批准文件（概算批准文件、年度投资计划）、固定资产投资许可证、建设工程规划许可证、资金证明文件等。凡未办理施工报建的建设项目，不予办理招标投标的相关手续和发放施工许可证。

工程项目报建主要包括：

①工程名称。

②建设地点。

③投资规模。

④资金来源。

⑤当年投资额。

⑥工程规模。

⑦结构类型。

⑧发包方式。

⑨计划开竣工日期。

⑩工程筹建情况。

(2) 自行招标或委托招标

建设单位自行招标或委托具有相应资质的招标代理机构代理招标。

(3) 选择招标方式

招标人应当依法选定公开招标或邀请招标方式。

(4) 编制招标有关文件和标底

①编制招标有关文件。招标有关文件包括资格审查文件、招标公告、招标文件、合同协议条款、评标办法等。这些文件都应当采用工程所在地通用的格式文本编制。

②编制标底。标底是招标人编制（包括委托他人编制）的招标项目的预期价格。在设立标底的招投标过程中，它是一个十分敏感的指标。编制标底时，首先要保证其准确，应当有具备资格的机构和人员，依据国家的计价规范规定的工程量计算规则和招标文件规定的计价方法及要求编制。其次要做好保密工作，对于泄露标底的有关人员应追究其法律责任。一个招标工程只能编制一个标底。

(5) 办理招标备案手续

按照法律法规的规定，招标人将招标文件报建设行政主管部门备案，接受建设行政主管部门依法实施的监督。建设行政主管部门在审查招标人的资格、招标工程的条件和招标文件等的过程中，发现有违反法律法规内容的，应当责令招标人改正。

2. 招标投标阶段

在招标投标阶段，招标投标双方应分别或共同做好下列工作：

(1) 招标人发布招标公告或递送投标邀请书

实行公开招标的工程项目，应在国家或地方行政主管部门指定的报刊、信息网络或其他媒介上发布招标公告，并同时在中国工程建设和建筑业信息网上发布。发布的时间应达到规定的要求。实行邀请招标的工程项目应向三个以上符合资质条件的承包商发出投标邀请书。

招标公告或投标邀请书应载明招标人的名称和地址；招标项目的内容、规模、资金来源；招标项目的实施地点和工期；获取招标文件或者资格预审文件的地点和时间；对招标文件或者资格预审文件收取的费用；对投标人的资质等级的要求等事项。

招标公告的一般格式见表 2.2。

表 2.2　招标公告（未进行资格预审）

________（项目名称）________标段施工招标公告
1. 招标条件 本招标项目______（项目名称）已由________（项目审批、核准或备案机关名称）以________（批文名称及编号）批准建设，项目业主为_______，建设资金来自_______（资金来源），项目出资比例为_______，招标人为________。项目已具备招标条件，现对该项目的施工进行公开招标。

续表 2.2

2. 项目概况与招标范围

________（说明本次招标项目的建设地点、规模、计划工期、招标范围、标段划分等）。

3. 投标人资格要求

3.1 本次招标要求投标人须具备________资质，________业绩，并在人员、设备、资金等方面具有相应的施工能力。

3.2 本次招标______（接受或不接受）联合体投标。联合体投标的，应满足下列要求：________。

3.3 各投标人均可就上述标段中的______（具体数量）个标段投标。

4. 招标文件的获取

4.1 凡有意参加投标者，请于_____年____月____日至_____年____月____日（法定公休日、法定节假日除外），每日上午____时至____时，下午____时至____时（北京时间，下同），在________（详细地址）持单位介绍信购买招标文件。

4.2 招标文件每套售价________元，售后不退。图纸押金________元，在退还图纸时退还（不计利息）。

4.3 邮购招标文件的，需另加手续费（含邮费）________元。招标人在收到单位介绍信和邮购款（含手续费）后______日内寄送。

5. 投标文件的递交

5.1 投标文件递交的截止时间（投标截止时间，下同）为_____年____月____日____时____分，地点为________。

5.2 逾期送达的或者未送达指定地点的投标文件，招标人不予受理。

6. 发布公告的媒介

本次招标公告同时在________（发布公告的媒介名称）上发布。

7. 联系方式

招 标 人:________________	招标代理机构:________________
地　　址:________________	地　　址:________________
邮　　编:________________	邮　　编:________________
联 系 人:________________	联 系 人:________________
电　　话:________________	电　　话:________________
传　　真:________________	传　　真:________________
电子邮件:________________	电子邮件:________________
网　　址:________________	网　　址:________________
开户银行:________________	开户银行:________________
账　　号:________________	账　　号:________________

________年____月____日

投标邀请书的一般格式见表 2.3。

表 2.3　投标邀请书（适用于邀请招标）

________（项目名称）________标段施工投标邀请书

____________（被邀请单位名称）：

1. 招标条件

本招标项目________（项目名称）已由________（项目审批、核准或备案机关名称）以________（批文名称及编号）批准建设，项目业主为________，建设资金来自________（资金来源），出资比例为________，招标人为________。项目已具备招标条件，现邀请你单位参加________（项目名称）________标段施工投标。

2. 项目概况与招标范围

________（说明本次招标项目的建设地点、规模、计划工期、招标范围、标段划分等）。

续表 2.3

3. 投标人资格要求

3.1 本次招标要求投标人具备__________资质，__________业绩，并在人员、设备、资金等方面具有承担本标段施工的能力。

3.2 你单位____（可以或不可以）组成联合体投标。联合体投标的，应满足下列要求：________。

4. 招标文件的获取

4.1 请于____年____月____日至____年____月____日（法定公休日、法定节假日除外），每日上午____时至____时，下午____时至____时（北京时间，下同），在__________（详细地址）持本投标邀请书购买招标文件。

4.2 招标文件每套售价____元，售后不退。图纸押金____元，在退还图纸时退还（不计利息）。

4.3 邮购招标文件的，需另加手续费（含邮费）______元。招标人在收到邮购款（含手续费）后______日内寄送。

5. 投标文件的递交

5.1 投标文件递交的截止时间（投标截止时间，下同）为____年____月____日____时____分，地点为____________________。

5.2 逾期送达的或者未送达指定地点的投标文件，招标人不予受理。

6. 确认

你单位收到本投标邀请书后，请于________（具体时间）前以传真或快递方式予以确认。

7. 联系方式

招 标 人：____________	招标代理机构：____________
地　　址：____________	地　　址：____________
邮　　编：____________	邮　　编：____________
联 系 人：____________	联 系 人：____________
电　　话：____________	电　　话：____________
传　　真：____________	传　　真：____________
电子邮件：____________	电子邮件：____________
网　　址：____________	网　　址：____________
开户银行：____________	开户银行：____________
账　　号：____________	账　　号：____________

______年____月____日

（2）资格审查

招标人可以根据招标项目本身的要求，对潜在投标人进行资格审查。资格审查分为资格预审和资格后审两种。资格预审是指招标人在发放招标文件前，对报名参加投标的承包商的承包能力、业绩、资格和资质、财务状况和信誉等进行审查，并确定合格的投标人名单的过程；在评标时进行的资格审查称为资格后审。两种审查的内容基本相同，通常公开招标采用资格预审方法，邀请招标采用资格后审方法。

实行资格预审的招标工程，招标人应当在招标公告或投标邀请书中载明资格预审的条件和获取资格预审文件的办法。

资格审查时，招标人不得以不合理的条件限制、排斥潜在的投标人，不得对潜在投标人实行歧视性待遇。任何单位和个人不得以行政手段或其他不合理的方式限制投标人的数量。通过资格预审可以排除不合格的投标人、降低招标人的招标成本以及吸引实力雄厚的投标人参加竞争。

资格审查的内容一般包括：

①确定投标人法律地位的原始条件。要求提交营业执照和资质证书的副本。

②履行合同能力方面的资料。要求提供：

a. 管理和执行本合同的管理人员和主要技术人员的情况。

b. 为完成本合同拟采用的主要技术装备情况。

c. 为完成本合同拟分包的项目及分包单位的情况。

③项目经验方面的资料。过去三年完成的与本合同相似的情况和现在履行合同的情况。

④财务状况的资料。近三年经审计的财务报表和下一年度的财务预测报告。

⑤企业信誉方面的资料。例如，目前和过去三年（或五年）参与或涉及仲裁和诉讼案件的情况、过去三年（或五年）中发包人对投标人履行合同的评价等。

（3）发放招标文件

招标人按照资格预审确定的合格投标人名单或者投标邀请书发放招标文件。

招标文件是全面反映业主建设意图的技术经济文件，又是投标人编制标书的主要依据，招标文件的内容必须正确，原则上不能修改或补充。如果必须修改或补充的，须报招投标主管部门备案，并在投标截止时间至少 15 日前以书面形式通知每一投标人。该修改或补充的内容为招标文件的组成部分。

招标人发放招标文件可以收取工本费，对其中的设计文件可以收取押金，宣布中标人后收回设计文件并退还押金。

（4）组织现场踏勘

招标人应当组织投标人进行现场踏勘，了解工程场地和周围环境情况，收集有关信息，使投标人能结合现场条件提出合理的报价。现场踏勘可安排在招标预备会议前进行，以便在会上解答现场踏勘中提出的疑问。投标人现场踏勘的费用自行承担。

投标人可以在踏勘现场收集到的资料有：

①现场是否已经达到招标文件规定的条件。

②现场的自然条件，包括地形地貌、水文地质、土质、地下水位及气温、风、雨、雪等气候条件。

③工程建设条件。施工用地和临时设施、污水排放、通信、交通、电力、水源等条件。

④工程在施工现场的位置或布置。

⑤施工所在地材料、劳动力等供应条件。

（5）标前预备会

标前预备会，又称招标预备会议或投标预备会议。主要用来澄清招标文件中的疑问，解答投标人提出的有关招标文件和现场踏勘的问题。

①投标人有关招标文件和现场踏勘的疑问，应在招标预备会议前以书面形式提出。

②对于投标人有关招标文件的疑问，招标人只能采取会议形式公开答复，不得私下单独作解释。

③标前会议应当形成书面的会议纪要，并送达每个投标人。它与招标文件具有同等的效力。

（6）接收投标文件

投标人根据招标文件的要求编制好投标文件，并按规定进行密封和做好标志，在投标截止时间前，将投标文件及投标保证金或保函送达指定的地点。招标人收到投标文件及其担保后应向投标人出具标明签收人和签收时间的凭证，并妥善保存投标文件。投标担保可以采用投标保函或投标保证金的方式，投标保证金可以使用支票、银行汇票、现金等，投标保证金通常不超过投标总价的 2%，最高不得超过 80 万元。投标担保的方式和金额，由招标人在招标文件中做出规定。

投标文件提交后，在投标截止时间前可以补充、修改和撤回，补充和修改的内容为投标文件的组成部分。投标截止时间后再对投标文件作的补充和修改是无效的，如果再撤回投标文件，则投标保函或投标保证金不予退还。

3. 定标签约阶段

（1）开标

开标是招标过程中的重要环节。开标应当在招标文件确定的提交投标文件截止时间的同一时间公开进行，开标地点应当为招标文件中预先确定的地点。开标由招标人或招标代理机构组织并主持，邀请所有投标人参加，招标投标管理机构到场监督。

开标时，由投标人或者其推选的代表检查投标文件的密封情况，也可以由招标人委托的公证机构检查并公证；经确认无误后，由工作人员当众拆封，宣读投标人名称、投标价格和投标文件的其他主要内容。

招标人在招标文件要求提交投标文件的截止时间前收到的所有投标文件，开标时都应当当众予以拆封、宣读。

开标过程应当记录，并存档备查。

（2）评标

评标由招标人依法组建的评标委员会负责。

依法必须进行招标的项目，其评标委员会由招标人的代表和有关技术、经济等方面的专家组成，成员人数为5人以上单数，其中技术、经济等方面的专家不得少于成员总数的三分之二。评标委员会的专家应当从事相关领域工作满8年并具有高级职称或者具有同等专业水平，由招标人从国务院有关部门或者省、自治区、直辖市人民政府有关部门提供的专家名册或者招标代理机构的专家库内的相关专业的专家名单中确定；一般招标项目可以采取随机抽取方式，特殊招标项目可以由招标人直接确定。与投标人有利害关系的人不得进入相关项目的评标委员会；已经进入的应当更换。评标委员会成员的名单在中标结果确定前应当保密。招标人应采取必要措施，保证评标在严格保密的情况下进行，评标委员会在完成评标后，应当向招标人提出书面评标报告，并推荐合格的中标候选人，整个评标过程应在招投标管理机构的监督下进行。

（3）定标

在评标结束后，招标人以评标委员会提供的评标报告为依据，对评标委员会推荐的中标候选人进行比较确定中标人，招标人也可以授权评标委员会直接确定中标人，定标应当择优。

确定中标人后，招标人应当向中标人发出中标通知书（表2.4），并同时将中标结果通知所有未中标的投标人。中标通知书对招标人和中标人具有法律效力。中标通知书发出后，招标人改变中标结果的，或者中标人放弃中标项目的，应当依法承担法律责任。

表2.4　中标通知书

＿＿＿＿＿＿（中标人名称）：

你方于＿＿＿＿（投标日期）所递交的＿＿＿＿（项目名称）＿＿＿＿标段施工投标文件已被我方接受，被确定为中标人。

中标价：＿＿＿＿元。

工期：＿＿＿日历天。

工程质量：符合＿＿＿＿标准。

项目经理：＿＿＿＿（姓名）。

请你方在接到本通知书后的＿＿＿日内到＿＿＿＿（指定地点）与我方签订施工承包合同，在此之前按招标文件中“投标人须知”规定向我方提交履约担保。

特此通知。

招标人：＿＿＿＿（盖单位章）

法定代表人：＿＿＿＿（签字）

＿＿＿年＿＿＿月＿＿＿日

（4）签订合同

招标人和中标人应当自中标通知书发出之日起 30 日内，按照招标文件和中标人的投标文件订立书面合同。招标人和中标人不得再订立背离合同实质性内容的其他协议。招标文件要求中标人提交履约保证金的，中标人应当提交。

2.2 建设工程资格预审文件编制

资格预审文件是投标申请人编制投标资格预审文件的依据，也是招标人对投标申请人进行资格审查的依据。资格预审文件由招标人或其委托的招标代理机构编制。

2.2.1 建设工程资格预审文件的组成

《中华人民共和国标准施工招标资格预审文件》（2007 年版）中指出，资格预审文件包括资格预审公告、申请人须知、资格审查办法、资格预审申请文件格式、项目建设概况、资格预审文件的澄清、资格预审文件的修改。

当资格预审文件、资格预审文件的澄清或修改等在同一内容的表述上不一致时，以最后发出的书面文件为准。

2.2.2 建设工程资格预审文件的编制

1. 资格预审须知

资格预审须知是资格预审文件的重要组成部分，是投标申请人编制和提交预审申请书的指南性文件。一般在资格预审须知前有一张“资格预审前附表”，见表 2.5。

表 2.5 资格预审前附表

序号	条款号	条款名称	说明与要求
1		项目名称	
2		建设地点	
3		资金来源	
4		招标范围	
5		计划工期	计划工期：______日历天 计划开工日期：______年______月______日 计划竣工日期：______年______月______日
6		质量要求	
7		申请人资质条件、能力和信誉	资质条件、财务要求、业绩要求、信誉要求、项目经理（建造师，下同）资格、其他要求
8		是否接受联合体资格预审申请	□不接受 □接受，应满足下列要求：
9		资格预审申请文件份数	一份正本______份副本
10		申请截止时间	______年______月______日______时______分
11		递交资格预审申请文件的地点	

续表 2.5

12		资格审查方法	
13		资格预审结果的通知时间	
14		资格预审结果的确认时间	
15		需要补充的其他内容	

（1）总则

①项目概况。说明工程项目的位置、地质与地貌情况、气候与水文条件、交通、电力供应等资源情况及其他服务条件等。

②资金来源和落实情况：见前附表。

③招标范围、计划工期和质量要求。见前附表。

④申请人资格要求。申请人应具备承担本标段施工的资质条件、能力和信誉。申请人须知前附表规定接受联合体申请资格预审的，联合体申请人还应遵守以下规定：联合体各方必须按资格预审文件提供的格式签订联合体协议书，明确联合体牵头人和各方的权利义务；由同一专业的单位组成的联合体，按照资质等级较低的单位确定资质等级；通过资格预审的联合体，其各方组成结构或职责，以及财务能力、信誉情况等资格条件不得改变；联合体各方不得再以自己名义单独或加入其他联合体在同一标段中参加资格预审。

⑤语言文字。除专用术语外，来往文件均使用中文。必要时专用术语应附有中文注释。

⑥费用承担。申请人准备和参加资格预审发生的费用自理。

（2）资格预审申请

资格预审申请人应提交资格预审文件要求的全部资料及证明材料。应说明未按资格预审文件要求的全部资料及证明材料，或提交的资格预审书未对资格预审文件做出全面的实质性的响应的，招标人有权拒绝其资格预审申请书。资格预审申请人所有证明材料均须如实填写和提供。

投标申请人须提交与资格预审有关的资料，并及时提供对所提交资料的澄清或补充，否则将可能导致不能通过资格预审。

申请书应由投标申请人的法定代表人或其授权委托代理人签字。没有签字的申请书将可能被拒绝。由委托代理人签字的资格预审申请书中应附有法定代表人的授权书。

资格预审申请文件应包括下列内容：

①资格预审申请函。

②法定代表人身份证明或附有法定代表人身份证明的授权委托书。

③联合体协议书。

④申请人基本情况表。

⑤近年财务状况表。

⑥近年完成的类似项目情况表。

⑦正在施工和新承接的项目情况表。

⑧近年发生的诉讼及仲裁情况。

⑨其他材料：见申请人须知前附表。

（3）资格预审评审标准及评审方法

资格预审评审标准一般设置必要合格条件标准和附加合格条件标准。评审方法有综合评议法和计权评分量化审查。

①投标合格条件：

a. 必要合格条件。包括：营业执照、准许承接业务的范围应符合招标工程的要求、资质等级、达到或超过招标工程的技术要求、财务状况和流动资金、资金信用良好、以往履约情况、无毁约或被驱逐的历史、分包计划合同。

b. 附加合格条件。对于大型复杂工程或有特殊专业技术要求的项目，资格审查时可以设立附加合格条件，例如要求投标人具有同类工程的建设经验和能力，对主要管理人员和专业技术人员的要求，针对工程所需的特别措施或工艺的专长，环境保护方针和保证体系等。

②评审方法：

a. 综合评议法。通过专家评议，把符合投标合同条件的投标人名称全部列入合格投标人名单，淘汰所有不符合投标合格条件的投标人。

b. 计权评分量化审查。对必要合格条件和附加合格条件所列的资格审查的项目确定计权系数，并用这些项目评价投标申请人，计算出每个投标申请人的审查总分，按总分从高到低的次序将投标申请人排序，取前数名（根据招标项目情况确定投标人数量）为合格投标人。

（4）资格预审文件的装订、签字

申请人按照规定编制完整的资格预审申请文件，用不褪色的材料书写或打印，并由申请人的法定代表人或其委托代理人签字或盖单位章。资格预审申请文件中的任何改动之处应加盖单位章或由申请人的法定代表人或其委托代理人签字确认。签字或盖章的具体要求见申请人须知前附表。

资格预审申请文件正本一份，副本 2 本或以上。正本和副本的封面上应清楚地标记“正本”或“副本”字样。当正本和副本不一致时，以正本为准。

资格预审申请文件正本与副本应分别装订成册，并编制目录。

（5）资格预审申请文件的递交

资格预审申请文件按照资格预审前附表中规定的时间、地点进行递交，迟到的申请书将被拒绝。

（6）通知与确认

招标人在申请人须知前附表规定的时间内以书面形式将资格预审结果通知申请人，并向通过资格预审的申请人发出投标邀请书。

应申请人书面要求，招标人应对资格预审结果做出解释，但不保证申请人对解释内容满意。

通过资格预审的申请人收到投标邀请书后，应在申请人须知前附表规定的时间内以书面形式明确表示是否参加投标。在申请人须知前附表规定时间内未表示是否参加投标或明确表示不参加投标的，不得再参加投标。因此造成潜在投标人数量不足 3 个的，招标人重新组织资格预审或不再组织资格预审而直接招标。

2. 投标申请人资格预审申请书

投标申请人资格预审申请书是由招标人为进行资格预审所制定的统一格式，所有申请参加拟招标工程资格预审的潜在投标人都应按此格式填报资格预审材料。投标申请人资格预审申请书由资格预审申请书和资格预审申请书附表组成。

2.3 建设工程施工招标文件编制

建设工程施工招标文件是建设工程施工招投标活动中的最重要的法律文件，是评标委员会对投标文件评审的依据，也是业主与中标人签订合同的基础，同时也是投标人编制投标文件的重要依据。

2.3.1 建设工程施工招标文件的组成

建设工程施工招标文件由招标文件正式文本、对正式文本的解释和对正式文本修改三部分组成。

1. 招标文件正式文本

由投标邀请书、投标须知、评标办法、合同主要条款、投标文件格式、工程量清单、图纸、技术标准和要求、投标文件格式等组成。

2. 对招标文件正式文本的解释

投标人拿到招标文件正式文本之后、如果认为招标文件需要解释问题，应在招标文件规定的时间内以书面的形式向招标人提出，招标人以书面的形式向所有投标人做出答复，答复的内容为招标文件的组成部分。

3. 对招标文件正式文本的修改

在投标截止前，招标人可以对已发出的招标文件进行修改、补充，这些修改、补充的内容为招标文件的组成部分。

2.3.2 建设工程施工招标文件的主要内容

1. 投标须知

投标须知是招标文件的重要组成部分，投标者在投标时必须仔细阅读和理解，按照投标须知中的要求进行投标。一般在投标须知前有一张“投标须知前附表”，见表 2.6。

表 2.6 投标须知前附表

序号	条款号	条 款 名 称	说明与要求
1		项目名称	
2		建设地点	
3		建设规模	
4		承包方式	
5		质量标准	
6		招标范围	
7		计划工期	计划工期：____日历天 计划开工日期：____年____月____日 计划竣工日期：____年____月____日
8		资金来源	
9		投标人资质条件、能力和信誉	资质条件、财务要求、业绩要求、信誉要求、项目经理（建造师，下同）资格、、其他要求
10		是否接受联合体投标	□不接受 □接受，应满足下列要求：
11		资格审查方式	
12		工程计价方式	
13		踏勘现场	集合时间：____年____月____日 集合地点：
14		投标有效期	为____日历天（从投标截止日算起）
15		投标保证金	投标保证金的形式、投标保证金的金额
16		投标文件的份数	一份正本，____副份本
17		投标人的替代方案	

续表 2.6

18	投标文件提交的截止时间及地点	收件人:______地点:______ 时间:____年____月____日____时____分
19	开标	
20	评标方法及标准	地点:______ 时间:____年____月____日____时____分
21	履约担保	履约担保的形式: 履约担保的金额:

（1）总则

①工程说明。主要说明工程的名称、位置、承包方式、建设规模等情况，见投标人须知前附表。

②资金来源。见投标人须知前附表。

③招标范围、计划工期和质量要求。见投标人须知前附表。

④投标人资格的要求。投标人应具备承担本工程项目施工的资质条件、能力和信誉。如果组成联合体投标的，联合体各方应按招标文件提供的格式签订联合体协议书，明确联合体牵头人和各方权利义务；由同一专业的单位组成的联合体，按照资质等级较低的单位确定资质等级；联合体各方不得再以自己的名义单独或参加其他联合体在同一标段中的投标。

⑤投标费用。投标人准备和参加投标活动发生的费用自理。

⑥踏勘现场。投标人须知前附表规定组织踏勘现场的，招标人按投标人须知前附表规定的时间、地点组织投标人踏勘项目现场。

（2）招标文件

招标文件除了在投标须知写明的招标文件的内容外，对招标文件的澄清、修改和补充的内容也是招标文件的组成部分。投标人应仔细阅读和检查招标文件的全部内容。如发现缺页或附件不全，应及时向招标人提出，以便补齐。如有疑问，投标人应以书面形式（包括信函、电报、传真等可以有形地表现所载内容的形式），要求招标人对招标文件予以澄清。招标文件的澄清将在投标截止时间 15 天前以书面形式发给所有购买招标文件的投标人，但不指明澄清问题的来源。如果澄清发出的时间距投标截止时间不足 15 天，相应延长投标截止时间。

（3）投标文件的编制

投标文件的编制主要说明投标文件的语言及度量衡单位、投标文件的组成、投标文件的格式、投标报价、投标货币、投标有效期等内容。

①投标文件的语言及度量衡单位。投标人与招标人之间往来的信函、通知等应采用中文。在少数民族居住的地区也可以采用民族语言。投标文件的度量衡单位除规范另有规定外，均应采用国家法定计量单位。

②投标文件的组成。投标文件一般包括投标函部分、商务标部分、技术标部分，采用资格后审的还应包括资格审查文件。具体指投标函及投标函附录、法定代表人身份证明或附有法定代表人身份证明的授权委托书、联合体协议书、投标保证金、已标价工程量清单、施工组织设计、项目管理机构、拟分包项目情况表、资格审查资料、其他材料。

③投标报价说明。投标报价说明是对投标报价的构成、采用的方式和投标货币等问题的说明。除非合同中另有规定，投标人在报价中所报的单价和合价，以及报价汇总表中的价格，应包括完成该工程项目的成本、利润、税金等各项费用。投标人应按照招标人提供的工程量清单中工程项目和工程量填报单价和合价，工程量清单中每一项均须填写单价和合价，并只允许有一个报价。投标人没有填写单价和合价的，视为此项费用包括在其他工程量清单项目费用中。采用工料单价法报价的，应按招

标文件的要求，依据相应的工程量计算规则和预算定额计量报价。

④投标有效期。投标有效期是指从投标截止之日起算至公布中标的一段时间。一般在投标须知前附表中规定投标有效期。在投标人须知前附表规定的投标有效期内，投标人不得要求撤销或修改其投标文件。出现特殊情况需要延长投标有效期的，招标人以书面形式通知所有投标人延长投标有效期。投标人同意延长的，应相应延长其投标保证金的有效期，但不得要求或被允许修改或撤销其投标文件；投标人拒绝延长的，其投标失效，但投标人有权收回其投标保证金。

⑤投标保证金。投标人在递交投标文件的同时，应按投标人须知前附表规定的金额、担保形式递交投标保证金，投标保证金可以是银行汇票、支票、现金，并作为其投标文件的组成部分。联合体投标的，其投标保证金由牵头人递交，并应符合投标人须知前附表的规定。

投标人没有提交投标保证金的，其投标文件作废标处理。招标人与中标人签订合同后 5 个工作日内，向未中标的投标人和中标人退还投标保证金。有下列情形之一的，投标保证金将不予退还：

a. 投标人在规定的投标有效期内撤销或修改其投标文件。

b. 中标人在收到中标通知书后，无正当理由拒签合同协议书或未按招标文件规定提交履约担保。

⑥投标文件的份数和签署。投标文件正本一份，副本份数见投标人须知前附表。正本和副本的封面上应清楚地标记“正本”或“副本”的字样。当副本和正本不一致时，以正本为准。

投标文件应用不褪色的材料书写或打印，并由投标人的法定代表人或其委托代理人签字或盖单位章。委托代理人签字的，投标文件应附法定代表人签署的授权委托书。投标文件应尽量避免涂改、行间插字或删除。如果出现上述情况，改动之处应加盖单位章或由投标人的法定代表人或其授权的代理人签字确认。

（4）投标文件的提交

①投标文件的密封和标记。投标文件的正本与副本应分开包装分别密封在内层包封内，再密封在一个外层包封内，并在包封上注明“投标文件正本”或“投标文件副本”。外层和内层包封上都应写明招标人名称和地址、招标工程项目编号、工程名称，并注明开标时间以前不得拆封。在内层包封上面应写明投标人名称和地址、邮政编码，以便投标时出现逾期送达时能原封退回。

②投标文件的提交与投标截止期。投标截止期是指在招标文件中规定的最晚提交投标文件的时间。投标人应在规定的日期之前提交投标文件。招标人在投标截止日期之后收到的投标文件，将原封退回给投标人。如果在投标截止时间止，招标人收到的投标文件少于 3 个的，招标人应依法重新招标。

③投标文件的修改与撤回。投标截止时间前，投标人可以修改或撤回已递交的投标文件，但应以书面形式通知招标人。投标人修改或撤回已递交投标文件的书面通知应按照规定要求签字或盖章。招标人收到书面通知后，向投标人出具签收凭证。投标人对投标文件修改的内容为投标文件的组成部分。修改的投标文件应按照规定进行编制、密封、标记和递交，并标明“修改”字样。

（5）开标与评标

招标人在投标须知前附表中规定的投标截止时间（开标时间）和投标人须知前附表规定的地点公开开标，并邀请所有投标人的法定代表人或其委托代理人准时参加。

评标由招标人依法组建的评标委员会负责。评标委员会由招标人或其委托的招标代理机构熟悉相关业务的代表，以及有关技术、经济等方面的专家组成。评标委员会成员有下列情形之一的，应当回避：

①招标人或投标人的主要负责人的近亲属。

②项目主管部门或者行政监督部门的人员。

③与投标人有经济利益关系，可能影响对投标公正评审的。

④曾因在招标、评标以及其他与招标投标有关活动中从事违法行为而受过行政处罚或刑事处罚的。

评标活动遵循公平、公正、科学和择优的原则。评标委员会按照招标文件中规定的评标方法、评审因素、标准和程序对投标文件进行评审。

（6）合同授予

①合同授予。招标人将把合同授予其投标文件在实质上响应招标文件要求和按招标文件规定的评标方法评选出的投标人，确定为中标人的投标人必须具有实施合同的能力和资源。

②中标通知书。确定中标人后，招标人以书面的形式通知中标的投标人，同时将中标结果通知未中标的投标人。

③履约担保。在签订合同前，中标人应按投标人须知前附表规定的金额、担保形式和招标文件"合同条款及格式"规定的履约担保格式向招标人提交履约担保。联合体中标的，其履约担保由牵头人递交，并应符合投标人须知前附表规定的金额、担保形式和招标文件"合同条款及格式"规定的履约担保格式要求提交履约担保。

中标人不能提交履约担保的，视为放弃中标，其投标保证金不予退还，给招标人造成的损失超过投标保证金数额的，中标人还应当对超过部分予以赔偿。

④签订合同。招标人和中标人应当自中标通知书发出之日起 30 天内，根据招标文件和中标人的投标文件订立书面合同。中标人无正当理由拒签合同的，招标人取消其中标资格，其投标保证金不予退还；给招标人造成的损失超过投标保证金数额的，中标人还应当对超过部分予以赔偿。

发出中标通知书后，招标人无正当理由拒签合同的，招标人向中标人退还投标保证金；给中标人造成损失的，还应当赔偿损失。

2. 合同条款

合同条款是招标人与投标人签订合同的基础，是对双方权利和义务的约束。我国建设部和国家工商行政管理局联合下发的适合国内工程承发包使用的《建设工程施工合同》（示范文本）（GF—1999—0201）中的合同条款分为三部分：第一部分是协议书；第二部分是通用条款；第三部分是专用条款。详见模块 5。

>>>

技能提示：

合同条款的拟订参照《建设工程施工合同》（示范文本）（GF—1999—0201），专用条款是对通用条款的补充，针对不同的工程不同对待。

3. 合同文件格式

合同文件格式是招标人在招标文件中拟定好的合同文件的具体格式。包括合同协议书、承包人履约保函、承包人履约担保、质量保修书、发包人支付担保银行保函等。可以参照表 2.7 至表 2.9 进行编写。

表 2.7 合同协议书

________（发包人名称，以下简称"发包人"）为实施________（项目名称），已接受________（承包人名称，以下简称"承包人"）对该项目________标段施工的投标。发包人和承包人共同达成如下协议。 1. 本协议书与下列文件一起构成合同文件： （1）中标通知书； （2）投标函及投标函附录； （3）专用合同条款； （4）通用合同条款； （5）技术标准和要求； （6）图纸； （7）已标价工程量清单； （8）其他合同文件。 2. 上述文件互相补充和解释，如有不明确或不一致之处，以合同约定次序在先者为准。 3. 签约合同价：人民币（大写）________元（¥________）。

续表 2.7

4. 承包人项目经理：______。
5. 工程质量符合______标准。
6. 承包人承诺按合同约定承担工程的实施、完成及缺陷修复。
7. 发包人承诺按合同约定的条件、时间和方式向承包人支付合同价款。
8. 承包人应按照监理人指示开工，工期为______日历天。
9. 本协议书一式______份，合同双方各执一份。
10. 合同未尽事宜，双方另行签订补充协议。补充协议是合同的组成部分。

发包人：______（盖单位章）　　承包人：______（盖单位章）
法定代表人或其委托代理人：______（签字）　　法定代表人或其委托代理人：______（签字）
　　年　　月　　日　　　　年　　月　　日

表 2.8　履约担保

______（发包人名称）：

鉴于______（发包人名称，以下简称“发包人”）接受______（承包人名称）（以下称“承包人”）于______年______月______日参加______（项目名称）______标段施工的投标。我方愿意无条件地、不可撤销地就承包人履行与你方订立的合同，向你方提供担保。

1. 担保金额人民币（大写）______元（¥______）。

2. 担保有效期自发包人与承包人签订的合同生效之日起至发包人签发工程接收证书之日止。

3. 在本担保有效期内，因承包人违反合同约定的义务给你方造成经济损失时，我方在收到你方以书面形式提出的在担保金额内的赔偿要求后，在 7 天内无条件支付。

4. 发包人和承包人按《通用合同条款》第 15 条变更合同时，我方承担本担保规定的义务不变。

担 保 人：______（盖单位章）
法定代表人或其委托代理人：______（签字）
地　　址：______
邮政编码：______
电　　话：______
传　　真：______
______年______月______日

表 2.9　预付款担保

______（发包人名称）：

根据______（承包人名称）（以下称“承包人”）与______（发包人名称）（以下简称“发包人”）于______年______月______日签订的______（项目名称）______标段施工承包合同，承包人按约定的金额向发包人提交一份预付款担保，即有权得到发包人支付相等金额的预付款。我方愿意就你方提供给承包人的预付款提供担保。

1. 担保金额人民币（大写）______元（¥______）。

2. 担保有效期自预付款支付给承包人起生效，至发包人签发的进度付款证书说明已完全扣清止。

3. 在本保函有效期内，因承包人违反合同约定的义务而要求收回预付款时，我方在收到你方的书面通知后，在 7 天内无条件支付。但本保函的担保金额，在任何时候不应超过预付款金额减去发包人按合同约定在向承包人签发的进度付款证书中扣除的金额。

4. 发包人和承包人按《通用合同条款》第 15 条变更合同时，我方承担本保函规定的义务不变。

担 保 人：______（盖单位章）
法定代表人或其委托代理人：______（签字）
地　　址：______

续表 2.9

邮政编码：______________________ 电　　话：______________________ 传　　真：______________________ _____年_____月_____日

4. 评标标准及方法

在评标办法前附表中对评标的标准做相应的说明，评标委员根据相应的标准进行评审。评标方法有采用经评审的最低投标价法和综合评估法。

采用经评审的最低投标价法，评标委员会对满足招标文件实质要求的投标文件，根据规定的量化因素及量化标准进行价格折算，按照经评审的投标价由低到高的顺序推荐中标候选人，或根据招标人授权直接确定中标人，但投标报价低于其成本的除外。经评审的投标价相等时，投标报价低的优先；投标报价也相等的，由招标人自行确定。

采用综合评估法，评标委员会对满足招标文件实质性要求的投标文件，按照规定的评分标准进行打分，并按得分由高到低顺序推荐中标候选人，或根据招标人授权直接确定中标人，但投标报价低于其成本的除外。综合评分相等时，以投标报价低的优先；投标报价也相等的，由招标人自行确定。

5. 图纸

图纸是招标文件的重要组成部分，是指用于招标工程施工用的全部图纸，是进行施工的依据。图纸是招标人编制工程量清单的依据，也是投标人编制投标报价和施工组织设计的依据。建筑工程施工图纸一般包括：图纸目录、设计总说明、建筑施工图、结构施工图、给排水施工图、电气施工图、采暖通风施工图等。

6. 工程量清单

工程量清单是建设工程的分部分项工程项目、措施项目、其他项目、规费项目和税金项目的名称和相应数量等的明细清单。工程量清单应由具有编制能力的招标人编制，或受其委托由具有相应资质的工程造价咨询人编制。工程量清单由分部分项工程量清单、措施项目清单、其他项目清单、规费项目清单、税金项目清单组成。工程量清单见表 2.10。

（1）工程量清单编制的依据

①《建设工程工程量清单计价规范》（GB 50500—2008）。

②国家或省级、行业建设主管部门颁发的计价依据和办法。

③建设工程设计文件。

④与建设工程项目有关的标准、规范、技术资料。

⑤招标文件及其补充通知、答疑纪要。

⑥施工现场情况、工程特点及常规施工方案。

⑦其他相关资料。

（2）工程量清单编制的原则

①遵守国家的有关法律法规。

②遵守五个统一的规定。工程量清单应当依据招标文件、施工设计图纸、施工现场条件和国家制定的统一项目编码、项目名称、项目特征、计量单位、工程量计算规则进行编制。

③遵守招标文件的相关要求。

④编制力求准确合理。

表 2.10 工程量清单表

序号	项目编码	项目名称	项目特征	单位	数量

技能提示：

项目编码前九位是全国统一编码，后三位是清单编制人给出的顺序码。项目特征要结合拟招标工程分部分项工程项目的实际予以描述，满足确定综合单价的需要。编制工程量清单时，根据施工图纸及施工要求列出的清单工程量计算项目，应与《建设工程工程量清单计价规范》的口径一致，并按照《建设工程工程量清单计价规范》中的计算规则计算工程量。

7. 投标文件投标函部分

投标函是招标人提出要求，由投标人表示参与该招标工程的意思表示的文件。招标人拟定一套编制投标文件的参考格式，供投标人投标时填写。投标函格式文件一般包括：投标函、投标函附录、法定代表人身份证明书、授权委托书等。见表 2.11~ 表 2.14。

表 2.11 投标函

__________（招标人名称）：

1. 我方已仔细研究了__________（项目名称）__________标段施工招标文件的全部内容，愿意以人民币（大写）__________元（¥__________）的投标总报价，工期__________日历天，按合同约定实施和完成承包工程，修补工程中的任何缺陷，工程质量达到__________。

2. 我方承诺在投标有效期内不修改、撤销投标文件。

3. 随同本投标函提交投标保证金一份，金额为人民币（大写）__________元（¥__________）。

4. 如我方中标：

（1）我方承诺在收到中标通知书后，在中标通知书规定的期限内与你方签订合同。

（2）随同本投标函递交的投标函附录属于合同文件的组成部分。

（3）我方承诺按照招标文件规定向你方递交履约担保。

（4）我方承诺在合同约定的期限内完成并移交全部合同工程。

5. 我方在此声明，所递交的投标文件及有关资料内容完整、真实和准确。

6. ______________________________（其他补充说明）。

投 标 人：__________（盖单位章）

法定代表人或其委托代理人：__________（签字）

地　　址：__________________

网　　址：__________________

电　　话：__________________

传　　真：__________________

邮政编码：__________________

______年______月______日

表 2.12 投标函附录

序号	条款名称	合同条款号	约定内容	备注
1	项目经理		姓名：	
2	工期		天数： 日历天	
3	缺陷责任期			
4	分包			
5	价格调整的差额计算		见价格指数权重表	
⋮				

表 2.13 法定代表人身份证明

投标人名称：____________________

单位性质：____________________

地址：____________________

成立时间：______年______月______日

经营期限：____________________

姓名：______性别：______年龄：______职务：______

系____________（投标人名称）的法定代表人。

特此证明。

投标人：__________（盖单位章）

______年______月______日

表 2.14 授权委托书

本人______（姓名）系______（投标人名称）的法定代表人，现委托______（姓名）为我方代理人。代理人根据授权，以我方名义签署、澄清、说明、补正、递交、撤回、修改______（项目名称）______标段施工投标文件、签订合同和处理有关事宜，其法律后果由我方承担。

委托期限：____________________

代理人无转委托权。

附：法定代表人身份证明

投标人：__________（盖单位章）

法定代表人：__________（签字）

身份证号码：__________

委托代理人：__________（签字）

身份证号码：__________

______年______月______日

8. 投标文件商务部分格式

投标文件商务部分格式是指招标人要求投标人在投标文件的报价部分所采用的格式。不同报价形式，有不同的格式要求。

（1）采用工料单价形式的商务部分格式

采用工料单价形式的商务部分格式有投标报价说明、投标报价汇总表、主要材料清单报价表、分部分项工料价格表、分部工程费用计算表等。

（2）采用综合单价形式的商务部分格式

采用综合单价形式的商务部分格式有投标报价说明、投标报价汇总表、主要材料清单报价表、设备清单报价表、分部分项工程量清单计价表、措施项目清单计价表、其他项目清单计价表等。

具体表格见表 2.15 至表 2.24。

表 2.15　封面

________________工程
投标总价
招 标 人:________________
工程名称:________________
投标总价（小写）:________________
（大写）:________________
投 标 人:________________
（单位盖章）
法定代表人
或其授权人:________________
（签字或盖章）
编 制 人:________________
（造价人员签字盖专用章）
编制时间:______年______月______日

表 2.16　工程项目投标报价汇总表

工程名称:　　　　　　　　　　　　　　　　　　　　第　页　共　页

序号	单项工程名称	金额/元	其中		
			暂估价/元	安全文明施工费/元	规费/元
合计					

表 2.17　单项工程投标报价汇总表

工程名称:　　　　　　　　　　　　　　　　　　　　第　页　共　页

序号	单项工程名称	金额/元	其中		
			暂估价/元	安全文明施工费/元	规费/元
合计					

表 2.18　单位工程投标报价汇总表

序号	汇总内容	金额 / 元	其中: 暂估价 / 元
1	分部分项工程		
1.1			
⋮			
2	措施项目		
2.1	安全文明施工费		
3	其他项目		
3.1	暂列金额		
3.2	专业工程暂估价		
3.3	计日工		
3.4	总承包服务费		
4	规费		
5	税金		
投标报价合计 =1+2+3+4+5			

表 2.19　分部分项工程量清单与计价表

工程名称:　　　　　　　　　　标段:　　　　　　　　　　第　页　共　页

序号	项目编码	项目名称	项目特征描述	计量单位	工程量	金额 / 元		
						综合单价	合价	其中: 暂估价
本页合计								
合计								

表 2.20　工程量清单综合单价分析表

工程名称:　　　　　　　　　　标段:　　　　　　　　　　第　页　共　页

项目编码				项目名称				计量单位			
清单综合单价组成明细											
定额编号	定额名称	定额单位	数量	单价				合价			
				人工费	材料费	机械费	管理费和利润	人工费	材料费	机械费	管理费和利润
人工单价		小计									

续表 2.20

元 / 工日	未计价材料费						
清单项目综合单价							
材料费明细	主要材料名称、规格、型号	单位	数量	单价 / 元	合价 / 元	暂估单价 / 元	暂估合价 / 元
	其他材料费						
	材料费小计						

表 2.21　措施项目清单与计价表（一）

工程名称：　　　　　　　　标段：　　　　　　　　第　页　　共　页

序号	项目名称	计算基础	费率 /%	金额 / 元
1	安全文明施工费			
2	夜间施工费			
3	二次搬运费			
4	冬雨季施工			
5	大型机械设备进出场及安拆费			
6	施工排水			
7	施工降水			
8	地上、地下设施、建筑物的 临时保护设施			
9	已完工程及设备保护			
10	各专业工程的措施项目			

表 2.22　措施项目清单与计价表（二）

工程名称：　　　　　　　　标段：　　　　　　　　第　页　　共　页

序号	项目编码	项目名称	项目特征描述	计量单位	工程量	金额（元）	
						综合单价	合价
本页小计							
合 计							

表 2.23　其他项目清单与计价汇总表

工程名称：　　　　　　　　　　　　　　标段：　　　　　　　　　　第　页　　共　页

序号	材料名称、规格、型号	计量单位	单价 / 元	备注
1	暂列金额			
2	暂估价			
2.1	材料暂估价			
2.2	专业工程暂估价			
3	计日工			
4	总承包服务费			
	合计			

表 2.24　规费、税金项目清单与计价表

工程名称：　　　　　　　　　　　　　　标段：　　　　　　　　　　第　页　　共　页

序号	项目名称	计算基础	费率 /%	金额 / 元
1	规费			
1.1	工程排污费			
1.2	社会保障费			
（1）	养老保险费			
（2）	失业保险费			
（3）	医疗保险费			
1.3	住房公积金			
1.4	危险作业意外伤害保险			
1.5	工程定额测定费			
2	税金	分部分项工程费 + 措施项目费 + 其他项目费 + 规费		
	合计			

9. 投标文件技术部分格式

投标文件技术部分内容包括施工组织设计、项目管理机构配备情况、拟分包项目情况等。

技能提示：

综合单价包括人工费、材料费、机械费、管理费、利润以及一定范围内的风险费。

（1）施工组织设计

投标人编制施工组织设计时应采用文字并结合图表形式说明施工方法；拟投入本标段的主要施工设备情况、拟配备本标段的试验和检测仪器设备情况、劳动力计划等；结合工程特点提出切实可行的工程质量、安全生产、文明施工、工程进度、技术组织措施，同时应对关键工序、复杂环节重点提出相应技术措施，如冬雨季施工技术、减少噪音、降低环境污染、地下管线及其他地上地下设施的保护加固措施等。

施工组织设计除采用文字表述外还有相应的图表，如：拟投入本标段的主要施工设备表、劳动力计划表、计划开、竣工日期和施工进度网络图、施工总平面图、临时用地表；图表及格式要求附后。部分表格见表 2.25、表 2.26。

2.25　拟投入本标段的主要施工设备表

序号	设备名称	型号规格	数量	国别产地	制造年份	额定功率 /kW	生产能力	用于施工部位	备注

表 2.26　劳动力计划表

工种	按工程施工阶段投入劳动力情况						

（2）项目管理机构配备情况

项目管理机构配备情况包括项目管理机构组成表（表 2.27）、主要人员简历表（表 2.28）。“主要人员简历表”中的项目经理应附项目经理证、身份证、职称证、学历证、养老保险复印件，管理过的项目业绩须附合同协议书复印件；技术负责人应附身份证、职称证、学历证、养老保险复印件，管理过的项目业绩须附证明其所任技术职务的企业文件或用户证明；其他主要人员应附职称证（执业证或上岗证书）、养老保险复印件。

表 2.27　项目管理机构组成表

职务	姓名	职称	执业或职业资格证明					备注
			证书名称	级别	证号	专业	养老保险	

表 2.28　主要人员简历表

姓 名		年 龄		学历	
职 称		职 务		拟在本合同任职	
毕业学校	年毕业于　　学校　　专业				

续表 2.28

主要工作经历			
时 间	参加过的类似项目	担任职务	发包人及联系电话

（3）拟分包项目情况

如果有拟分包的部分，应用表格的形式说明分包人名称、资质等级、拟分包的工程项目及预计造价等，见表 2.29。

表 2.29 拟分包项目情况表

分包人名称		地 址	
法定代表人		电 话	
营业执照号码		资质等级	
拟分包的工程项目	主 要 内 容	预计造价 / 万元	已经做过的类似工程

2.4 建设工程项目招标概述

标底是招标工程的预期价格，通常由招标人或委托建设行政主管部门批准的具有编制标底资格和能力的中介代理机构进行编制。按规定，我国国内工程施工招标的标底，应在批准的工程概算或修正概算以内，招标单位用它来控制工程造价，并以此为尺度来评判投标者的报价是否合理，中标都要按照报价签订合同。这样，业主就能掌握控制造价的主动权。标底的使用可以相对降低工程造价；标底是衡量投标单位报价的准绳，有了标底，才能正确判断投标报价的合理性和可靠性；标底是评标、定标的重要依据。科学合理的标底能为业主在评标、定标时正确选择出标价合理、保证质量、工期适当、企业信誉良好的施工企业。招投标体现了优胜劣汰、公开公平的竞争机制。一份好的标底，应该从实际出发，体现科学性和合理性，它把中标的机会摆在众多企业的面前，他们可以凭借各自的人员技术、管理、设备等方面的优势，参与竞标，最大限度地获取合法利润。而业主也可以得到优质服务，节约基建投资。可见，编制好标底是控制工程造价的重要基础工作。

2.4.1 建设工程招标标底的内容及编制原则

建设工程招标标底一般由标底的编制说明、标底价格计算书、主要材料用量、标底附件等几部分组成。

建设工程招标标底的编制应遵循以下原则：

①标底的编制应与相应的国家规范相一致，应根据国家公布的统一工程项目划分、统一计量单位、统一计算规则以及相应的施工图纸、技术说明、招标文件要求等，并参照国家制定的基础定额和国家、行业、地方规定的技术标准、规范，以及市场价格。标底的计价内容、计价依据应与招标文件一致。

②标底价格应由成本、利润和税金组成，一般控制在批准的工程概算或修正概算以内。

③标底价格作为招标人对招标工程的预期价格，应尽量与市场价格的实际变化相吻合。

④一个工程只能编制一个标底。

⑤标底编制好之后应及时妥善封存，严格保密。

2.4.2 编制建设工程招标标底的依据和方法

目前，我国建设工程施工招标标底根据《建筑工程施工发包与承包计价管理办法》第五条规定：施工图预算、招标标底和投标报价由成本、利润和税金构成。招标标底编制可采用工料单价法和综合单价法计价。

1. 工料单价法

先根据工程施工图纸及技术说明计算各分部分项工程工程量，再套用相应项目定额单价确定直接费，再按照规定的费用定额计算间接费、利润、规费、税金。

2. 综合单价法

根据工程施工图纸及技术说明、按照建设工程工程量清单计价规范中工程量计算规则，计算出分部分项工程量，再确定其综合单价。其综合单价应包括人工费、材料费、机械费、管理费、利润以及一定范围内的风险费。然后计算措施项目费、其他项目费、规费和税金。

我国建设工程施工招标标底根据《建筑工程施工发包与承包计价管理办法》第六条规定，其编制依据为：国务院和省、自治区、直辖市人民政府建设行政主管部门制定的工程造价计价办法以及其他有关规定；市场价格信息。

2.5 建设工程招标控制价编制

招标控制价是招标人根据国家或省级、行业建设主管部门颁发的有关计价依据和办法，按设计施工图纸计算的，对招标工程限定的最高工程造价。

2.5.1 建设工程招标控制价的编制原则与依据

招标控制价应由具有编制能力的招标人，或受其委托具有相应资质的工程造价咨询人编制。

1. 建设工程招标控制价编制原则

我国对国有资金投资项目的投资控制实行的是投资概算审批制度，国有资金投资的工程原则上不能超过批准的投资概算。招标控制价超过批准的概算时，招标人应将其报原概算审批部门进行审核。

国有资金投资的工程进行招标，根据《招标投标法》的规定，招标人可以设标底。当招标人不设标底时，为有利于客观、合理地评审投标报价和避免哄抬标价，造成国有资产流失，招标人应编制招标控制价。

国有资金投资的工程在招标过程中，当招标人编制的招标控制价超过批准的概算时的处理原则：招标人应将超过概算的招标控制价报原概算审批部门进行审核。

国有资金投资的工程，招标人编制并公布的招标控制价相当于招标人的采购预算，同时要求其不能超过批准的概算，因此，招标控制价是招标人在工程招标时能接受投标人报价的最高限价。国有资金中的财政性资金投资的工程在招标投标时还应符合《中华人民共和国政府采购法》相关条款的规定。如该法第三十六条规定："在招标采购中，出现下列情形之一的，应予废标……（三）投标人的报价均超过了采购预算，采购人不能支付的。"依据这一精神，规定了国有资金投资的工程，投标人的投标不能高于招标控制价，否则，其投标将被拒绝。

招标控制价的作用决定了招标控制价不同于标底，无须保密。为体现招标的公平、公正，防止招标有意抬高或压低工程造价，招标人应在招标文件中如实公布招标控制价，不得对所编制的招标控制价进行上浮或下调。招标人在招标文件中公布招标控制价时，应公布招标控制价各组成部分的详细内容，不得只公布招标控制总价。同时，招标人应将招标控制价报工程所在地的工程造价管理机构备查。

2. 建设工程招标控制价编制依据

招标控制价应根据下列依据编制：

①《建设工程工程量清单计价规范》(GB 50500—2008)。

②国家或省级、行业建设主管部门颁发的计价定额和计价办法。

③建设工程设计文件及相关资料。

④招标文件中的工程量清单及有关要求。

⑤与建设项目相关的标准、规范、技术资料。

⑥工程造价管理机构发布的工程造价信息，工程造价信息没有发布的参照市场价。

⑦其他的相关资料。

2.5.2 建设工程招标控制价的编制内容与方法

招标控制价由分部分项工程费、措施项目费、其他项目费、规费和税金组成。

1. 分部分项工程费

分部分项工程费应根据招标文件中的分部分项工程量清单项目的特征描述及有关要求，按规定确定综合单价进行计算。综合单价中应包括招标文件中要求投标人承担的风险费用。招标文件提供了暂估单价的材料，按暂估的单价计入综合单价。

2. 措施项目费

措施项目费应按招标文件中提供的措施项目清单确定，措施项目采用分部分项工程综合单价形式进行计价的工程量，应按措施项目清单中的工程量，并按规定确定综合单价；以“项”为单位的方式计价的，按规定确定除规费、税金以外的全部费用。措施项目费中的安全文明施工费应当按照国家或省级、行业建设主管部门的规定标准计价。

3. 其他项目费

其他项目费包括暂列金额、暂估价、计日工、总承包服务费，应按下列规定计价。

(1) 暂列金额

暂列金额由招标人根据工程特点，按有关计价规定进行估算确定。为保证工程施工建设的顺利实施，在编制招标控制价时应对施工过程中可能出现的各种不确定因素对工程造价的影响进行估算，列出一笔暂列金额。暂列金额可根据工程的复杂程度、设计深度、工程环境条件(包括地质、水文、气候条件等)进行估算，一般可按分部分项工程费的10%~15%作为参考。

(2) 暂估价

暂估价包括材料暂估价和专业工程暂估价。暂估价中的材料单价应按照工程造价管理机构发布的工程造价信息或参考市场价格确定；暂估价中的专业工程暂估价应分不同专业，按有关计价规定估算。

(3) 计日工

计日工包括人工、材料和施工机械。在编制招标控制价时，对计日工中的人工单价和施工机械台班单价应按省级、行业建设主管部门或其授权的工程造价管理机构公布的单价计算；材料应按工程造价管理机构发布的工程造价信息中的材料单价计算，工程造价信息未发布材料单价的材料，其价格应按市场调查确定的单价计算。

(4) 总承包服务费

招标人应根据招标文件中列出的内容和向总承包人提出的要求，参照下列标准计算：

①招标人要求对分包的专业工程进行总承包管理和协调时，按分包的专业工程估算造价的1.5%计算。

②招标人要求对分包的专业工程进行总承包管理和协调，并同时要求提供配合服务时，根据招

标文件中列出的配合服务内容和提出的要求，按分包的专业工程估算造价的3%~5%计算。

③招标人自行供应材料的，按招标人供应材料价值的1%计算。

4. 规费和税金

招标控制价的规费和税金必须按国家或省级、行业建设主管部门的规定计算。

2.6 国际工程招标

国际工程是指一个工程项目从咨询、投资，到招标承包（包括分包）、设备采购及其监理，各个阶段的参与者来自不止一个国家，并且按照国际上通用的工程项目管理模式进行管理的工程。国际工程招标就是指发包方通过国内和国际的新闻媒体发布招标信息，所有感兴趣的投标人均可参与投标竞争，通过评标、比较、优选，确定中标人。中标人可能是发包方的施工企业，也可能是国外承包商。

2.6.1 国际工程招标方式

国际工程招标方式一般有四种类型，即国际竞争性招标、国际有限招标、两阶段招标和议标。

1. 国际竞争性招标

国际竞争性招标，又称国际公开招标、国际无限竞争性招标，是指在国际范围内，对一切有能力的承包商一视同仁，凡有兴趣的均可报名参加投标，通过公开、公平、无限竞争，择优选定中标人。采用这种方式可以最大限度地挑起竞争，形成买方市场，使招标人有最充分的挑选余地，取得最有利的成交条件。业主可以在国际市场上找到最有利于自己的承包商，无论在价格和质量方面，还是在工期及施工技术方面都可以满足自己的要求。

国际竞争性招标适用的国际工程主要有以下几种。

（1）按照工程项目的全部或部分资金来源划分

实行国际竞争性招标的情况包括：由世界银行及其附属组织开发协会和国际金融公司提供优惠贷款的工程项目；由联合国多边援助机构和国际开发组织地区性金融机构如亚洲开发银行提供援助性贷款的工程项目；由某些国家的基金会（如科威特基金会）和一些政府（如日本）提供资助的工程项目；由国际财团或多家金融机构投资的工程项目；两国或两国以上合资的工程项目；需要承包商提供资金即带资承包或延期付款的工程项目；以实物偿付（如石油、矿产或其他实物）的工程项目；发包国拥有足够的自有资金，而自己无力实施的工程项目。

（2）按照工程性质划分

国际竞争性招标主要适用于大型土木工程，如水坝、电站、高速公路等；施工难度大，发包国在技术或人力方面均无实施能力的工程，如工业综合设施、海底工程等；跨越国境的国际工程，如非洲公路，连接欧亚两大洲的陆上贸易通道；极其巨大的现代工程，如英法海峡过海隧道，日本的海下工程等。

2. 国际有限招标

国际有限招标是一种有限竞争招标。与国际竞争性招标相比，投标人的选择有一定的限制，不是任何对发包项目有兴趣的承包商都有资格投标。国际有限招标又可分为一般限制性招标和特邀招标两种。

一般限制性招标与国际竞争性招标颇为相似，只是更强调投标人的资信。这种招标方式虽然也是在世界范围内选择投标人，在国内外主要报刊上刊登广告，但必须注明是有限招标和对投标人选的限制范围。

特邀招标就是特别邀请性招标。采用这种招标方式时，一般不在报刊上刊登广告，而是根据招标人自己积累的经验和资料或咨询公司提供的承包商名单，由招标人在征得世界银行或其他项目资助机构的同意后对某些承包商发出邀请，经过对应邀人进行资格预审后，再行通知其递交投标书，提出报价。这种方式的优点是邀请的承包商大都有经验，信誉可靠，缺点是可能漏掉一些技术上、报价上有竞争力的承包商。

国际有限招标适用的国际工程主要有以下几种。

①工程量不大、承包商数目有限或其他不宜采用国际竞争性招标的项目，如有特殊要求的工程项目。

②某些大而复杂且专业性很强的工程项目，如石油化工项目。这些工程项目在招标时，可能投标人很少，准备招标的成本很高。因此，招标人为了节省时间和费用，取得较好的报价，可以将投标人限制在少数几家合格的企业范围内，使每家企业都有争取合同的较好机会。

③工程性质特殊，要求有专门经验的技术队伍和熟练的技工以及专门技术设备，只有少数几家承包商能够胜任的工程项目。

④工程规模太大，中小型公司不能胜任的工程项目，只好邀请若干家大公司进行投标。

⑤工程项目招标发出后无人投标，或承包商数目不足法定人数（至少3家），招标人可再邀请少数承包商投标。

⑥由于工期紧迫，或由于保密要求或其他原因不宜公开招标的工程项目。

3. 两阶段招标

两阶段招标是在国际范围内实行无限竞争与有限竞争相结合的招标方式。具体做法通常是：第一阶段按国际竞争性招标方式组织招标、投标，经开标、评标确定出3~4家报价较低或各方面条件均较优秀的承包商；第二阶段按国际有限招标方式邀请第一阶段选出的数家承包商再次进行报价，从中选择最终的中标人。两阶段招标方式主要适用于一些大型复杂的项目、新型项目、工程内容不十分明确的项目。

4. 议标

议标又称为谈判招标、指定招标、邀请协商，是一种非竞争性招标方式。严格来讲这不算一种招标方式，只是一种“谈判合同”。最初，议标的习惯做法是由发包人物色一家承包商直接进行合同谈判。一般因为一些工程项目造价过低，不值得组织招标，或由于其专业为某一家或几家垄断，或工期紧迫不宜采取竞争性招标，或招标的内容是关于专业咨询、设计和指导性服务、专用设备的安装维修，或属于政府协议工程等，采用议标方式。

随着承包活动的广泛开展、议标的含义和做法也不断地发展和改变。目前，在国际承包实践中，发包单位已不再仅仅是同一家承包商议标，而是同时与多家承包商进行谈判，最后无任何约束地将合同授给其中一家，无须优先授合同于报价最低者。

议标带给承包商的好处较多，首先，承包商不用出具投标保函，议标承包商无须在一定期限内对其报价负责。其次，议标毕竟竞争性小，竞争对手不多，因而缔约的可能性大。议标对发包单位也有好处：发包单位可以不受任何约束，可以按其要求选择合作对象，尤其是当发包单位同时与多家议标时，可以充分利用议标的承包商的弱点，以此压彼；利用其担心其他对手抢标、成交心切的心理迫使其降价或降低其他要求条件，从而达到理想的成交条件。

议标通常在以下情况下采用：以特殊名义（如执行政府间协议）缔结承包合同；按临时价缔结且在业主监督下执行的合同；由于技术需求或重大投资原因只能委托给特定承包商或制造商实施的合同；属于研究、试验或实验及有待完善的项目承包合同；项目已付诸招标，但无中标者或没有理想的承包商；在这种情况下，业主通过议标，另行委托承包商实施工程；出于紧急情况或紧迫需要的项目、秘密工程；国际工程；已为业主实施过项目且已取得业主满意的承包商重新承担技术相同的工程项目，或原工程项目的扩建部分。

适于按议标方式缔约的项目，也并不意味着不适合于采用其他方式招标，要根据招标人的主客观需要来决定。

2.6.2 国际工程招标程序

各国和国际组织规定的招标程序不尽相同，但其中主要步骤和环节一般来说大同小异。国际咨询工程师联合会 FIDIC 制定的招标流程图，是世界上比较有代表性的招标程序。

1. 发布招标公告或投标邀请书

国际工程项目采用公开招标的，招标公告的内容与国内招标公告的内容基本相同，同时也在官方报纸上刊登，但是有些招标公告可寄送给有关国家驻工程所在国的大使馆。世界银行贷款项目的招标公告除在工程所在国的报纸上刊登外，还要求在此之前 60 天向世界银行递交一份总公告，以便刊登在《开发论坛报》商业版、世界银行的《国际商务机会周报》以及《业务汇编月报》等刊物上。从发出广告到投标人做出反应之间应有充分时间，以便投标人进行准备。一般从刊登招标广告或发售招标文件（两个中以时间较晚的时间为准）算起，给予投标商准备投标的时间不得少于 45 天。国际竞争性招标公告的内容，一般至少必须写清楚以下事项：业主名称和项目名称、招标工程项目位置、中标人应承担的工程范围的简要说明、招标项目资金来源、招标项目主要部分的预定进展日期、申请资格预审须知、招标文件的价格，购领招标文件（包括招标细则和投标格式书）的时间和地点、投标保证金的数额、投标书寄送截止日期和寄送地点、公开开标的时间和地点、要求投标商提交的有关证明其资格和能力的文件资料等。

2. 资格预审

在国际工程招标中，招标人在正式投标前宜先对投标人进行资格预审，以便了解投标人的财务能力、技术状况、工程经历、施工经验等情况，淘汰其中不合格的投标人，这样做也可以使不能胜任的承包商或供应商避免因准备投标而花费巨大的人力、物力和财力。

资格预审文件的主要内容一般包括：工程项目总体描述（项目内容、资金来源、项目条件、合同类型等）；简要合同规定（对投标人的要求及限制条件，对关税、材料和劳务的要求等）；资格预审须知。资格预审须知主要说明投标商应提供有关公司概况、财务状况证明、施工经验与过去履约情况、人员情况、设备情况，要求投标人按照资格预审文件的要求和格式进行填报。

3. 准备招标文件与发售招标文件

招标文件一般由招标单位聘请咨询公司进行编制。招标文件的内容必须明白确切。应根据招标项目的规模、性质等的不同而有所不同。招标文件的主要内容包括投标邀请书、投标者须知、投标书格式及附录、合同条件、规范、图纸、工程量清单或报价表、资料数据、要求投标人提交的附加资料清单等。

4. 现场考察及质疑

招标人应按照招标文件中规定的时间，组织投标人进行施工现场考察，主要目的是保证每个投标人查看现场并获得编制标书所需的一切有关资料。处理投标人的质疑，应按招标文件中的规定用信函答复或召开投标人会议的方式。对质疑的解答应发送给所有的投标人，但不应该说明问题的来源，对质疑的解答应作为招标文件的补充。招标人对招标文件的补充、修改，也应作为招标文件的一部分发送给所有投标人。

5. 投标书的接受

应提示投标人在提交投标书时要使用双层普通信封或封套，并将业主提供的事先写好地址的标签贴在上面，标签最好醒目，并标有“投标文件正式开标前不得启封”的字样，提交标书的方式不得加以限制，以免延误。应允许投标人亲自或派代表在规定的提交日期前提交投标书，招标人应记录收到的时间及日期，但在规定最迟的提交时间以后送达的标书，招标人不得启封，并应立即退还给投标人。

6. 开标

正式开标通常有两种方式：一是公开开标，二是限制性开标。

公开开标的做法如下：

①开标的日期、地点和时间在招标文件中明文规定，一般应在投标截止时间或紧接在投标截止时间之后举行。

②投标人或其代表应按规定出席开标会议。

③开标一般由招标人组织的开标委员会负责。

④开标时应当众打开在投标开始日以后至截止日以前收到的所有投标书，并宣布因投标书提交迟到或没有收到及不合格而被取消投标资格的投标人名单（如果有的话宣布）。

⑤开标委员会负责人当众宣读并记录投标人名称，以及每项投标方案的报价及工期等。有替代方案的也要宣读报价及工期。

⑥标书是否附有投标保证金或保函也应当众宣读。

⑦参加开标的人对各投标人的报价均可记录，也可进行澄清（此时的澄清一般应经业主邀请，并须以公函、电报、电传等书面形式进行），但不得查阅投标书，也不得改变投标书的实质性内容或报价。

限制性开标是指招标人把开标日期、地点和时间通知所有投标人，在愿意参加的投标人到场的情况下开标，其他做法同公开开标。

7. 评标

（1）评标组织

国际工程评标组委会一般由业主负责组织。为了保证评标工作的科学性和公正性，评标委员会必须具有权威性。评标委员会的成员一般均由业主单位、咨询设计单位的技术、经济、法律、合同等方面的专家组成。评标委员会的成员不代表各自的单位或组织，也不应受任何个人或单位的干扰。

（2）评标的步骤

评标分为两个阶段，即初步评审和正式评标。

①初步评审。也叫审标，主要包括对投标文件的符合性检验和对投标报价的核对。所谓符合性检验，有时也叫实质性响应，即检查投标文件是否符合招标文件的要求，有关要求均在招标文件的投标人须知中做出了明确的规定。如果投标文件的内容及实质与招标文件不符，或者某些特殊要求和保留条款事先未得到招标单位的同意，则这类投标书将被视为废标。

对投标人的投标报价在评标时应进行认真细致的核对，当数字金额与大写金额有差异时，以大写金额为准；当单价与数量相乘的总和与投标书的总价不符时，以单价乘数量的总和为准（除非评标小组确认是由于小数点错误所致）。所有发现的计算错误均应通知投标人，并以投标人书面确认的投标价为准。如果投标人不接受经校核后的正确投标价格，则其投标书可被拒绝，并可没收其投标保证金。

②正式评标。按照招标文件所规定的标准和评标方法，评定各标书的评标价。评比时既要考虑报价，也要考虑其他因素。投标书如有各种与招标文件所列要求不重大的偏离者，应按招标文件规定办法在评标中加以计算。

正式评标内容一般包含以下三个方面。一是技术评审。对工程的施工方法、进度计划、工期保证、质量保证、安全保证、特殊措施、环境保护等方面进行审查、评价。二是商务评价。对投报总价、单价、计日工单价、资金支付计划、提供资金担保、合同条件、外汇兑换条件等的评价。三是比标。对各家的报价、工期、外汇支付比例、施工方法、是否与本国公司联合投标等在同一基础上进行评比，确定中标候选人（一般是 2~3 人）。

在根据以上各点进行评标过程中，必然会发现投标人在其投标文件中有许多问题没有阐述清楚，评标委员会可分别约见每一个投标人，要求予以澄清，并在评标委员会规定时间内提交书面的、正式的答复。澄清和确认的问题必须由授权代表正式签字，并应声明这个书面的正式答复将作为投标文件的正式组成部分。但澄清问题的书面文件不允许对原投标文件作实质上的修改，除纠正在核对价格时发生的错误外，不允许变更投标价格。澄清时一般只限于提问和回答，评标委员在会上不宜对投标人的回答作任何评论后表态。

评标只是对标书的报价和其他因素，以及标书是否符合招标程序要求和技术要求进行评比，而不是对投标人是否具备实施合同的经验、财务能力和技术能力的资格进行评审。对投标人的资格审查应在资格预审或定审中进行。评标考虑的因素中，不应把属于资格审查的内容包括进去。

8. 决标

决标即最后决定将合同授予某一个投标人。评标委员会做出建议的授标决定后，业主方还要与中标者进行合同谈判。合同谈判以招标文件为基础，双方提出的修改补充意见均应写入合同协议书补遗书并作为正式的合同文件。

双方在合同文件上签字，同时承包商应提交履约保证，这样就正式决定中标人，至此招标工作告一段落。业主应及时通知所有未中标的投标人，并退还所有的投标保证金。

9. 授予合同

决标后，业主与中标人在中标函规定的期限内签订合同。如果中标人未如期前来签约或放弃承包中标的工程，中标人有权取消其承包权，并没收其投标保证金。

在国际工程招标中，往往也允许决标后进行合同谈判，目的是将双方已达成的原则协议进一步具体化，以便正式授予合同，签署协议书。但合同谈判并不是重新谈判投标价格和合同双方的权利义务，因为对投标价格的必要的调整已在评标过程中确定；双方间的权利义务以及其他有关商务条款，招标文件中都已明确规定。合同谈判结束，中标人接到授标信后，应在规定时间内提交履约担保。双方在投标有效期内签署合同正式文本，一式两份，双方各执一份，并将合同副本送世界银行。国际工程招标的合同订立，一般承包双方同时签字，合同自签字之日起生效。

2.7 建设工程施工招标文件实例

本工程采用公开招标方式，其招标公告为：

××× 学院学生 5# 公寓楼工程施工招标公告

1. 招标条件

本招标项目 ××× 学院学生 5# 公寓楼工程已由建设行政主管部门批准建设，项目业主为 ××× 学院，建设资金自筹。项目已具备招标条件，现对该项目的施工进行公开招标。

2. 项目概况与招标范围

××× 学院学生 5# 公寓楼工程，占地面积 1 318.93 平方米，总建筑面积 10 741.66 平方米，八层（局部九层）框架结构。建筑高度 28.45 米，建筑总高度 34.95 米。建筑设计使用年限为 50 年。抗震设防烈度为八度，耐火等级为二级。

本工程就土建施工工程进行招标。

本工程计划 2010 年 2 月 1 日开工，2010 年 11 月 1 日竣工，工期 270 日历天。

3. 投标人资格要求

3.1 本次招标要求投标人须具备房屋建筑工程二级及以上资质的独立法人组织；拟派项目经理具有二级项目经理资格；经办人持有企业法人授权书。

3.2 本次招标不接受联合体投标。

4. 招标文件的获取

4.1 凡有意参加投标者，请于 2009 年 10 月 8 日至 2009 年 10 月 15 日（法定公休日、法定节假日除外），每日上午 8:30 至 11:30，下午 14:30 至 17:00（北京时间，下同），在 ××× 市建设工程招投标交易中心持单位介绍信购买招标文件。

4.2 招标文件每套售价 200 元，售后不退。图纸押金 500 元，在退还图纸时退还（不计利息）。

5. 投标文件的递交

5.1 投标文件递交的截止时间（投标截止时间，下同）为 2009 年 11 月 5 日 14 时 30 分，地点为 ××× 市建设工程招投标交易中心。

5.2 逾期送达的或者未送达指定地点的投标文件，招标人不予受理。

6. 发布公告的媒介

本次招标公告同时在 ××× 市建设工程招投标交易中心网站上发布。

7. 联系方式

招标人：×××　　招标代理机构：×××

地　址：×××　　地　址：×××

邮　编：×××　　邮　编：×××

联系人：×××　　联系人：×××

电　话：×××　　电　话：×××

第一部分　投标须知

投标须知前附表见表 2.30。

表 2.30　投标须知前附表

序号	条款号	条 款 名 称	说明与要求
1	1.1	项目名称	××× 学院学生 5# 公寓楼工程
2	1.1	建设地点	×× 市 ×× 区 ×× 学院
3	1.1	建设规模	占地面积 1 318.93 平方米，总建筑面积 10 741.66 平方米
4	1.1	承包方式	包工包料
5	1.1	质量标准	合格
6	2.1	招标范围	学生 5# 公寓楼工程的土建施工工程
7	2.2	计划工期	计划工期：270 日历天 计划开工日期：2010 年 2 月 1 日 计划竣工日期：2010 年 11 月 1 日
8	3.1	资金来源	资金自筹
9	4.1	投标人资质条件、能力和信誉	投标人须具备房屋建筑工程二级及以上资质的独立法人组织；拟派项目经理具有二级项目经理资格；经办人持有企业法人授权书
10	4.2	是否接受联合体投标	√不接受 □接受，应满足下列要求：
11	4.3	资格审查方式	资格预审
12	4.4	工程计价方式	总价合同
13	5.1	踏勘现场	集合时间：2009 年 10 月 13 日 集合地点：××× 市建设工程招投标交易中心
14	13.1	投标有效期	30 日历天（从投标截止日算起）

续表 2.30

15	14.1	投标保证金	投标保证金拾万元
16	16.1	投标文件的份数	一份正本，四份副本
17	15	投标人的替代方案	无
18	18	投标文件提交的截止时间及地点	收件人：××× 市建设工程招投标交易中心 地点：××× 市建设工程招投标交易中心 时间：2009 年 11 月 5 日 14 时 30 分
19	21	开标	地点：××× 市建设工程招标交易中心 时间：2009 年 11 月 5 日 14 时 30 分
20	27	评标方法及标准	
21	32	履约担保	履约担保的金额：中标价的 10%

（一）总则

1. 工程说明

1.1 本招标工程项目说明详见本须知前附表第 1 项 ~ 第 5 项。

1.2 本招标工程项目按照《招标投标法》等相关法律、行政法规和部门规章，通过公开招标方式选定承包人。

1.3 工程合同价格方式：固定总价合同。主要建筑材料（钢筋和水泥）价格变化在 ±10% 内（含 10 %）的，不予调整，超出 ±10% 以外部分按实调整（增减）。调整办法为：工程施工期间当月完成工程中所使用的钢筋和水泥的当月信息价与招标文件规定月份的信息价进行比较，当其价格变化超过上述规定的百分值时，予以调整。

1.4 工程承包方式：包工包料，本工程不允许转包和违法分包，如需分包应符合有关法律、法规规定并经建设单位同意。

2. 招标范围及工期

2.1 本招标工程项目的范围详见本须知前附表第 6 项。

2.2 本招标工程项目的工期要求详见本须知前附表第 7 项。

3. 资金来源

3.1 本招标工程项目资金来源详见投标须知前附表第 8 项。

4. 合格的投标人

4.1 投标人资质等级要求详见本须知前附表第 9 项。

4.2 本工程不接受联合体投标人详见本须知前附表第 10 项。

4.3 本招标工程项目采用本须知前附表第 11 项所述的资格预审方式确定合格投标人。只有通过资格审查合格的投标人才能参加本工程投标文件的评审。

5. 踏勘现场及答疑会

5.1 招标人组织招标答疑会详见本须知前附表第 13 项。投标人在招标文件、施工设计图纸、工程量清单和踏勘项目现场中若有存在投标疑问，应当按照招标文件中指定的传真在规定的时间内用书面形式递交给建设工程交易中心。投标人递交的书面投标疑问应列明招标项目名称，可不署名。

5.2 在现场踏勘过程中，投标人如果发生人身伤亡、财物或其他损失，不论何种原因所造成，招标人和建设工程招投标交易中心均不负责。

5.3 招标人向投标人提供的有关现场的数据和资料，是招标人现有的能被投标人利用的资料，招标人对投标人做出的任何推论、理解和结论均不负责任。

6. 投标费用

6.1 投标人应承担其编制投标文件与递交投标文件所涉及的一切费用。不管投标结果如何，招标人及建设工程招标交易中心对上述费用不负任何责任。

6.2 中标单位须在中标公示后，到 ××× 市建设工程项目交易管理中心交纳交易手续费。

(二)招标文件

7. 招标文件的组成

7.1 招标文件包括下列内容：

第一章　投标须知及投标须知前附表

第二章　合同条款

第三章　合同格式

第四章　技术规范

第五章　报价要求

第六章　投标文件"投标函部分"格式

第七章　投标文件"商务部分"格式

第八章　资格审查申请书

第九章　图纸(另册提供)

第十章　工程量清单(另册提供)

7.2 除 7.1 内容外，招标人在提交投标文件截止时间 15 天前，以书面或网络的形式发出的对招标文件的澄清或修改内容，均为招标文件的组成部分，对招标人和投标人起约束作用。

7.3 投标人获取招标文件后，应仔细检查招标文件的所有内容，如有残缺等问题应在获得招标文件 3 天内向招标人提出，否则，由此引起的损失由投标人自己承担。

8. 招标文件的澄清、修改

8.1 所有招标答疑内容、招标文件澄清修改以书面的形式同时招标文件收受人。此内容是招标文件的组成部分。

8.2 招标文件发出后，在提交投标文件截止时间 15 天前，招标人可对招标文件进行必要的澄清或修改。

8.3 招标文件的澄清、修改、补充等内容均以书面形式明确的内容为准。当招标文件、招标文件的澄清、修改、补充等在同一内容的表述上不一致时，以最后发出的书面文件为准。

(三)投标文件的编制

9. 投标文件的语言及度量衡单位

9.1 投标文件和与投标文件有关的所有文件均应使用汉语文字和阿拉伯数字表示。

9.2 除工程规范另有规定外，投标文件使用的度量衡单位，均采用中华人民共和国法定计量单位。

10. 投标文件的组成

10.1 投标文件由投标函部分、商务部分技术部分及资格审查资料几部分组成。

10.2 投标函部分主要包括下列内容：投标书；投标书附录；法定代表人资格证明书；项目管理承诺书；诚信投标确保履约承诺书。

10.3 商务部分主要包括下列内容(必须符合 GB 50500—2008《建设工程工程量清单计价规范》)：投标总价；单位工程费汇总表；分部分项工程清单计价表；措施项目清单计价表；其他项目清单计价表；零星工作费表；措施项目费分析表；分部分项工程清单综合单价分析表；主要材料价格表；规费分析计算表。

10.4 技术部分主要包括施工部署、主要分部分项工程施工方案、施工进度表等。

11. 投标价格

11.1 投标报价依据为招标文件、施工设计图纸、工程量清单、答疑纪要或补充通知。

11.2 投标人只能报一个投标报价。

11.3 投标报价依据。

11.3.1 本工程按建设部 GB 50500—2008《建设工程工程量清单计价规范》(以下简称《计价规范》)等现行有关规定的统一工程项目编码、统一项目名称、统一项目特征、统一计量单位和统一计算规则计算的工程量清单作为投标人报价的共同基础。

11.3.2 投标报价按照《计价规范》、企业定额或参照省建设厅颁发的消耗量定额、取费标准、人工预算单价和施工机械台班预算单价，材料市场价格信息由企业根据市场情况自主确定。

11.4 投标报价计算程序由分部分项工程费、措施项目费、其他项目费、规费和税金组成。分部分项工程费、措施项目费、其他项目费均以综合单价计算。其综合单价由人工费、材料费、施工机械使用费、企业管理费、利润组成。其综合单价应当考虑市场风险系数，风险费用应包括在综合单价各组成中。

11.5 本次招标工程项目的工程量以招标人提供的工程量清单为准，作为投标报价的依据。

11.6 投标人须在工程项目清单中列出所报的主要设备、主要材料等的名称、品牌、规格。在合同实施过程中，由于设计变更、新增项目或材料品牌、型号等变更而引起工程量的增减，须以招标人及监理工程师确认的书面通知为准，调整的工程量按工程变更的规定程序凭现场签证按实计算。

12. 投标货币

投标文件报价中单价和合价全部采用人民币表示。

13. 投标有效期

13.1 投标有效期见本须知前附表第 14 项所规定的期限，在此期限内，凡符合本招标文件要求的投标文件均保持有效。

13.2 在原定投标有效期满之前，如果出现特殊情况，招标人可以书面形式向投标人提出延长投标有效期的要求；投标人须以书面形式予以答复，投标人可以拒绝这种要求而不被没收投标保证金，未书面答复同意者视为拒绝延长投标有效期，但需要相应地延长投标保证金的有效期，在延长期内关于投标保证金的退还与没收的规定仍然适用。

14. 投标保证金

14.1 投标保证金：参加本工程投标的企业必须在 2009 年 11 月 4 日北京时间 17：00 时前将投标保证金人民币拾万元整由企业法人单位基本账户汇达 ××× 账户（以款项到达为准），现金缴纳不予受理。

14.2 各投标人的投标保证金在第一中标候选人按规定与招标人签订合同后 5 个工作日内予以退还。

14.3 如出现有下列情况之一者，投标保证金将不予退还（不退还的投标保证金归招标人所有）：

（1）投标人在投标有效期内撤回其投标文件。

（2）投标人未能在规定期限内提交履约担保或签署合同或企图改变投标文件中的承诺。

（3）投标人套标、串标或弄虚作假。

（4）投标人在投标过程所提供的资料与事实不符。

15. 投标人的替代方案

投标人所提交的投标文件应满足招标文件的要求，不允许投标人提交替代方案。

16. 投标文件的份数和签署

16.1 投标人应按本须知前附表第 16 项的规定，投标文件正本一份，副本四份。正本与副本有不一致时，以正本为准。

16.2 投标文件的正本和副本均需打印，字迹应清晰、易于辨认，并应在投标文件封面的右上角清楚地注明“正本”或“副本”。正本和副本如有不一致之处，以正本为准。

16.3 投标文件（指封面）应加盖投标人印章及法定代表人签字盖章。

（四）投标文件的递交

17. 投标文件密封与标志

17.1 投标人应将投标文件正本和副本分别密封在两个包装内，并在包封上正确标明“正本”或“副本”。

17.2 包封上都应写明：××× 项目投标文件；投标人名称，并加盖企业公章及法定代表人或授权代表人签字或盖章。2009 年 11 月 5 日 14 时 30 分前不能启封。

18. 投标截止时间

投标截止时间为 2009 年 11 月 5 日 14 时 30 分。投标人应在投标截止时间前将投标文件送达开标地点。

19. 迟到的投标文件

在规定的投标截止时间以后收到的投标文件，招标人将原封退给投标人。

20. 投标文件的修改与撤回

20.1 投标人在提交投标文件以后，在规定的投标截止时间之前，可以书面形式补充、修改或撤回已提交的投标文件，并以书面形式通知招标人。补充、修改的内容为投标文件的组成部分。

20.2 投标人对投标文件的补充、修改，应按本须知第 17 条有关规定密封、标记和提交，并在投标文件密封袋上清楚标明“补充、修改”或“撤回”字样。

20.3 在投标截止时间之后，投标人不得补充、修改投标文件。

20.4 在投标截止时间至投标有效期满之前，投标人不得撤回其投标文件，否则其投标保证金将被没收。

（五）开标

21. 开标

开标时间：2009 年 11 月 5 日 14 时 30 分

开标地点：××× 市建设工程招投标交易中心

21.1 投标人须派法定代表人或授权代表参加开标会，并在登记册上签字证明出席。

21.2 投标文件有下列情形之一的，招标人不予受理：投标截止时间后送达的；未按招标文件要求提供投标保证金的；未按招标文件要求密封及签章的。

21.3 按“先投后开、后投先开”的顺序，首先由投标人代表和现场监督人员验证投标文件密封情况及签章情况。经确认符合招标文件要求并签字后，当众拆启投标文件并宣读投标人的名称、投标价格、是否提交了投标保证金以及招标人认为适宜的其他细节。记录员做好开标记录。

21.4 开标会转入评标程序后，评委按照招标文件的要求和唱标的顺序对投标人有关证书的原件进行验证。投标人法定代表人或授权代表持相关证书的原件参加验证，并在验证表上签字。每位投标人参加验证结束后不得对其验证内容进行补充。

（六）评标与定标

22. 评标委员会

按照《招标投标法》和《评标委员会和评标方法暂行规定》的规定，评标由依法组建的评标委员会负责，评标委员会由招标人和有关技术、经济等方面的专家 7 人组成，其中招标人代表 2 人，技术、经济专家 5 人。参加评标的专家由招标人在开标前从评标专家库中随机抽取。

23. 评标原则

依据《招标投标法》的有关规定，评标应遵循下述原则：

23.1 公平、公正、科学、择优的原则。

23.2 质量好、信誉高、价格合理、工期适当、施工组织设计方案经济合理、技术可行。

24. 评标纪律

24.1 评标委员会成员和参与评标工作的有关人员不得透露对投标文件的评审和比较、中标候选人的推荐情况以及与评标有关的其他情况。

24.2　除投标须知的规定以外，开标以后至授予中标通知书前，任何投标人均不得就与其投标文件有关的问题主动与招标人和招标代理机构发生联系。

24.3　如投标人试图对评委会的评标施加影响，则将导致该投标人的投标文件被拒绝。

25. 投标文件的符合性鉴定

25.1　在详细评标之前，首先确定每份投标文件是否实质上响应了招标文件的要求；实质上响应招标文件要求的投标文件，应该与招标文件的所有条款、条件和规范相符，无显著差异或保留。

25.2　投标文件有下列情况之一的，由评标委员会初审后按废标处理。

25.2.1　招标文件规定的格式之处未加盖投标人公章及未经法定代表人或授权代表签字或盖章。

25.2.2　在评标过程中，评标委员会发现投标人的报价明显低于其他投标报价，使得其投标报价可能低于其个别成本的，应当要求该投标人做出书面说明并提供相关证明材料。投标人不能合理说明或者不能提供相关证明材料的，由评标委员会认定该投标人以低于成本报价竞标，其投标作废标处理。

26. 投标文件的澄清

26.1　评标委员会可以书面方式要求投标人对投标文件中含义不明确、对同类问题表述不一致或者有明显文字和计算错误的内容作必要的澄清、说明或者补正。

26.2　评标委员会在对实质上响应招标文件要求的投标进行报价评估时，应当按下述原则进行修正。

26.2.1　用数字表示的数额与用文字表示的数额不一致时，以文字数额为准。

26.2.2　单价与工程量的乘积与总价之间不一致时，以单价为准。若单价有明显的小数点错位，应以总价为准，并修改单价。

27. 评标标准及方法

本工程采用综合评分法，对投标文件以下内容打分。

27.1　投标报价基本分 30 分、满分 45 分

投标报价基本分为 30 分。全部有效投标人报价的算术平均值的 50% 与招标人标底价的 50% 之和作为评标基准值。投标报价与评标基准值相比，每低 1%，在基本分基础上加 1.5 分，最多加 15 分；低于 10% 以上者（不含 10%）的，低出部分每低 1% 在满分基础上扣 3 分，扣完为止；投标报价与评标基准值相比，每高 1%，在基本分的基础上扣 1.5 分，扣完为止。

27.2　投标工期 4 分

符合招标文件工期要求得 2 分；与要求工期相比，每低 10 天且有相应的工期保证措施加 1 分，最多加 2 分。

27.3　工程质量 4 分

符合招标文件要求，得 2 分，有可行的技术、经济、组织措施者加 0~2 分。

27.4　施工组织设计 0~28 分

对本工程施工的各关键点、难点及其处理措施 0~3 分；施工方法 0~3 分；施工组织机构 0~1 分；劳动力计划及主要施工机械计划和主要材料供应计划 0~3 分；确保工程质量的技术组织措施 0~8 分；确保工程安全施工的组织措施 0~2 分；确保文明施工的组织措施 0~2 分；确保工期的技术组织措施、施工总进度表或工期网络图 0~2 分；施工平面布置图 0~2 分；与其他项目的配合 0~2 分。

27.5　企业和项目经理业绩（0~12 分）（以获奖证书、质量鉴定书、合同等有效文件原件为准并与投标书复印件对照）。

27.5.1　企业在近三年获得国家奖项的，每项得 2 分；省级奖项的，每项得 1 分；市级奖项的，每项得 0.5 分（本项最高 3 分）。

27.5.2　近三年来项目经理承建的工程获得的质量奖：国家级得 2 分，省级得 1 分；市级得 0.5 分

（本项最高 6 分）。

27.5.3 近三年来项目经理获得优秀项目经理：国家级得 2 分，省级得 1 分；市级得 0.5 分（本项最高 3 分）。

27.6 招标人对投标人的综合评价（4~7 分）。

招标人对投标人的综合评价以招标人开标时向评标委员会汇报考察情况，由评委酌情打分，最低 4 分，最高 7 分。

28. 计分办法

评委根据招标文件、投标文件，按照评分办法，统一认定投标人的硬指标分值；再加上评委个人评判分值，得出每个评委对投标人的评标分数。投标人的最终得分为所有评委对其打分的算术平均值。计分过程按四舍五入取至小数点后两位，最终得分取至小数点后一位。

29. 定标

投标人的排名按得分顺序从高到低排列。评标委员会写出评标报告向招标人推荐 3 名合格中标候选人。招标人原则上应按评标委员会依法推荐的中标候选人顺序确定中标人。

（七）授予合同

30. 合同授予标准

招标人将把合同授予能够最大限度满足招标文件中规定的各项综合评价标准，能够满足招标文件的实质性要求，并且经评审的投标价格最合理的投标人。

31. 中标通知

确定中标人后，招标人以书面形式向中标人发出中标通知书。

32. 履约保证金（可为现金、汇票、银行保函形式）

在收到中标通知书后的 5 天内，中标人应按规定向招标人提交履约保证金（或银行保函），履约保证金数额为中标价的 10%。履约保证金在主体工程竣工、验收合格后 15 天内退还。

33. 合同的签署

中标通知书发出后的 30 天内招标人与中标人签订合同。

第二部分 合同条款

一、通用条款

通用条款采用国家工商行政管理局和建设部颁布的《建设工程施工合同》（示范文本）（GF－1999－0201）中的通用条款。

二、专用条款

合同专用条款参照国家工商行政管理局和建设部颁布的《建设工程合同示范文本》（GF－1999－0201）的合同专用条款内容，结合本工程实际情况制订，是对合同通用条款的补充和修改，二者若有矛盾，以专用条款为准。

（一）词语定义及合同文件

1. 词语定义及合同文件

2. 合同文件及解释顺序

合同文件组成及解释顺序：按照协议书第六条的顺序。

3. 语言文字和适用法律、标准及规范

3.1 本合同仅使用汉语。

3.2 适用法律和法规：

需要明示的法律、行政法规：《中华人民共和国合同法》、《中华人民共和国建筑法》、《建设工程承发包价格管理办法》、《建筑安装工程承包合同条例》及现行有关国家、工程所在省及工程所在地的相关地方法和规章。

3.3 适用标准、规范：

适用标准、规范的名称：国家现行规范和标准、工程所在省及工程所在地相关的标准、规范。

发包人提供标准、规范的时间：无。

国内没有相应标准、规范时的约定：无。

4. 图纸

4.1 发包人向承包人提供图纸日期和套数：合同签订后5天内提供5套完整的施工图纸。

发包人对图纸的保密要求：不得向与施工无关的第三者提供。

使用国外图纸的要求及费用承担：无。

（二）双方一般权利和义务

5.1 工程师。

5.2 监理单位委派的工程师：

姓名：王 ×× 职务：总监理工程师

发包人委托的职权：见监理合同监理单位除按规定和本合同内容以及投标文件确认的材料产品项目，进行监理工程质量、施工进度和工程投资的控制管理外，还对承包人通过本施工合同及投标文件确认的技术、管理、主要人员以及投入的主要设备情况和材料的数量与质量进行监理。承包人无论何种原因以书面形式提出调整主要工程技术人员、调换主要材料、品种、规格、质量、数量、重量或技术参数等，均须取得监理单位和发包人代表的书面许可。发包人在工程开工前将监理工程师的职责和权限以书面的形式通知承包人（详见监理合同）。

需要取得发包人批准才能行使的职权：以发包人书面通知内容为准。

5.3 发包人派驻的工程师：

姓名：李 ×× 职务：×× 工程师

职权：以发包人书面通知内容为准。

专用条款的条款号与通用条款的条款号对应。条款号对应专用条款是对通用条款的某些条款做的说明、补充和修改的。所以条款号在此不是连续的。下面的内容一样。

8. 发包人工作

8.1 发包人应按约定的时间和要求完成以下工作：

（1）施工场地具备施工条件的要求及完成的时间：目前场地已基本平整，具备施工条件。

（2）将施工所需的水、电、电讯线路接至施工场地的时间、地点和供应要求：施工所需要的水源、电源已接至施工场地，甲方提供电话一部，费用由乙方自理。

（3）施工场地与公共道路的通道开通时间和要求：已开通，满足施工运输需要。

（4）工程地质和地下管线资料的提供时间：合同签订后5日内发包人提供委托的勘察设计单位根据对本合同工程的勘察所取得的水文、地质等资料，作为工程施工的参考资料提供给承包人。承包人应认真研究施工现场的具体情况，自行考虑并应对他自己就上述资料的理解或应用负责。

（5）由发包人办理的施工所需证件、批件的名称和完成时间：按规定需由发包人办理的证件在工程开工前由发包人负责办理完毕。

（6）水准点与坐标控制点交验要求：提供工程水准点、坐标控制点等技术资料，开工前10天在现场交验。

（7）图纸会审和设计交底时间：开工前7天。

（8）协调处理施工场地周围地下管线和邻近建筑物、构筑物（含文物保护建筑）、古树名木的保护工作：在实施和完成本合同的一切施工作业，应不影响邻近建筑物、构筑物的安全与正常使用，如属于业主对本工程提供的设计所引起的将由发包人负责。

（9）双方约定发包人应做的其他工作：无。

8.2 发包人委托承包人办理的工作：无。

9. 承包人工作

9.1 承包人应按约定的时间和要求，完成以下工作：

（1）需由设计资质等级和业务范围允许的承包人完成的设计文件提交时间：无。

（2）应提供计划、报表的名称及完成时间：

承包人在收到中标通知书后的10天内，向监理工程师提交2份其格式和内容符合监理工程师合理规定的工程进度计划，每月的25日上报当月完成的工程量和下月工程进度计划。工程进度计划一式两份。

（3）承担施工安全保卫工作及非夜间施工照明的责任和要求：

在实施和完成本合同工程过程中，承包人应①时刻关注和采取适当措施保障所有在场工作人员的安全，保证工程施工安全；②为了保护本合同工程免遭损坏，或为了现场附近和过往学生的安全与方便，应当设置照明、警卫、护栅、警告标志等安全防护措施，并承担责任。

（4）向发包人提供的办公和生活房屋及设施的要求：无。

（5）需承包人办理的有关施工场地交通、环卫和施工噪音管理等手续：

由承包人按照有关部门要求及时办理，并承担责任和费用。

（6）已完工程成品保护的特殊要求及费用承担：竣工验收交付发包人使用前，承包人应负责全部成品半成品的保护工作，并承担全部费用。

（7）施工场地周围地下管线和邻近建筑物、构筑物（含文物保护建筑）、古树名木的保护要求及费用承担：按甲方提供的图纸要求给予保护，费用包含在合同总价中。

（8）施工场地清洁卫生的要求：

承包人应负责整个场地的安全文明卫生管理，做到文明施工、保持施工场地清洁，按学院后勤处管理规定执行。本工程所有施工建筑垃圾均应全部清运出现场。

（9）双方约定承包人应做的其他工作：无。

（三）施工组织设计和工期

10. 进度计划

10.1 承包人提供施工组织设计（施工方案）和进度计划的时间：承包人应在图纸会审后7天内向监理工程师提交《施工组织设计》，承包人应于每月的25日上报下月工程进度计划。

工程师确认的时间：监理工程师收到承包人递交的报告后7天内答复。

10.2 群体工程中有关进度计划的要求：无。

13. 工期延误

13.1 双方约定工期顺延的其他情况：无。

13.2 双方约定本工程属下列情况者，工期不予顺延：无。

（四）质量与验收

17. 隐蔽工作和中间验收

17.1 双方约定中间验收部位：所有隐蔽工程和中间验收均须经工程师验收确认后方可继续施工。

19. 工程试车

19.5 试车费用的承担：试车费用已包含在合同价款中，发生的费用应当由承包人承担。

（五）安全施工

20. 安全施工与检查

20.3 承包人应按国家和地方有关部门的规定，结合工程实际情况，制定安全施工管理规章，采用适当有效的防护措施，加强施工现场人员与机械设备的施工安全管理，对施工现场人员安全，以及防火、防爆和防盗等采取严格的安全防护措施，承担安全施工责任和费用，并承担由于措施不力造成的事故责任和因此发生的费用。

（六）合同价款与支付

23. 合同价款及调整

23.2 本合同价款采用固定价格合同方式确定。

（1）采用固定价格合同，合同价款中包括的风险范围：按照招标文件有关规定执行。

风险费用的计算方法：按照招标文件有关规定执行。

风险范围以外合同价款调整方法：按照投标须知有关规定执行。

（2）采用可调价格合同，合同价款调整方法：无

（3）采用成本加酬金合同，有关成本和酬金的约定：无

23.3 双方约定合同价款的其他调整因素：无

24. 工程预付款

发包人向承包人预付工程款的时间和金额或占合同价款总额的比例：在合同中另行约定。

扣回工程款的时间、比例：在合同中另行约定。

25. 工程量的确认

25.1 承包人向工程师提交已完工程量报告的时间：承包人应于每月 25 日向工程师送交当月完成工程量和进度报表。报表应按发包人批准的格式填写，一式叁份，工程师接到承包商的报告后 5 日内审查核实确认。

26. 工程款（进度款）支付

双方约定的工程款（进度款）支付的方式和时间：按工程形象进度付款，首期进度款在地上一层楼板完工后支付，并按次月完成工程量的 70% 在次下月的 10 日前支付。

（1）当基础完成验收合格时支付至中标工程总造价总额的 6%

（2）当本工程中四层楼板完成时支付至中标工程总造价总额的 16%。

（3）当本工程中楼房主体封顶时支付至中标工程总造价总额的 50%。

（4）当本工程中砌体全部完成时支付至中标工程总造价总额的 60%。

（5）当本工程中拆外架完成后支付至中标工程总造价总额的 80%。

（6）当本工程工程竣工验收合格后支付至中标工程总造价总额的 85%。

（7）工程完成决算，并审核批准后一个月内，除预留工程保修金（工程总造价总额的 3%）外，付清合同价款（含工程变更引起的增减工程款）。

（8）工程保修 2 年后结清全部工程款。

（9）工程款全部以银行转账形式支付。承包人支取工程款时应提交同等金额的正式发票。

（七）材料设备供应

28. 承包人采购材料设备

28.1 承包人采购材料设备的约定：

承包人提供所有材料设备应按招标文件的规定和投标人的投标承诺以及经工程师和发包人确定的规定、品牌、质量等级要求，并应按照工程师和发包人要求提前 15 天向发包人提供样品、有关资料和采购计划，经发包人书面确认后，方可采购进场。

（八）工程变更

（九）竣工验收与结算

32. 竣工验收

32.1 承包人提供竣工图的约定：承包人在工程竣工验收合格后 1 个月内向发包人提交完整的竣工图 3 套。

32.6 中间交工工程的范围和竣工时间：按投标承诺。

（十）违约、索赔和争议

35. 违约

35.1　本合同中关于发包人违约的具体责任如下：

本合同通用条款第 24 条约定发包人违约应承担的违约责任：按银行同期贷款的利率支付应付款的贷款利息。

本合同通用条款第 26.4 款约定发包人违约应承担的违约责任：按银行同期贷款的利率支付应付款的贷款利息。

本合同通用条款第 33.3 款约定发包人违约应承担的违约责任：按银行同期贷款的利率支付应付款的贷款利息。

双方约定的发包人其他违约责任：无。

35.2　本合同中关于承包人违约的具体责任如下：

（1）本合同通用条款第 14.2 款约定承包人违约责任：按招标文件总则的规定及投标承诺。

（2）本合同通用条款第 15.1 款约定承包人违约应承担的违约责任：工程竣工验收时未能达到协议书规定的工程质量标准，则承包人除了应当按照有关验收部门的要求整改，使其达到协议书规定的标准，另还应按履约保证金的 20% 向发包人支付违约赔偿金，由发包人直接从工程款中扣抵。

（3）双方约定的承包人其他违约责任：按投标承诺。

37. 争议

37.1　双方约定，在履行合同过程中产生争议时：

（1）请上级主管部门调解。

（2）采取第一种方式解决，并约定向 × × 市仲裁委员会提请仲裁。

（十一）其他

39. 不可抗力

39.1　双方关于不可抗力的约定：不可抗力为 6 级以上地震、8 级以上（不含 8 级）持续 3 天的大风及 20 毫米以上持续 2 天的大雨。

40. 保险

40.6　本工程双方约定投保内容如下：

（1）发包人投保内容：工程险由发包人负责。

发包人委托承包人办理的保险事项：无。

（2）承包人投保内容：劳工险和第三者责任险由承包人负责，其费用已含在投标报价中。

46. 合同份数

46.1　双方约定合同副本份数：正本 2 份，副本 6 份，其中：发包人执正本 1 份，副本 4 份，承包人正本 1 份，副本 2 份。

47. 补充条款：无。

47.2　工程保修：

（1）保修期限：

1）地基基础和主体结构工程，为设计文件规定的该工程的合理使用年限 50 年。

2）屋面防水工程、有防水要求的卫生间、房间和外墙的防渗漏为 5 年。

3）供热与供冷系统，为 2 个采暖期、供冷期。

4）电气系统、给排水管道、设备安装为 2 年。

5）装修工程为 2 年。

6）其他项目的保修期限由建设单位和施工单位约定。

（2）保修金数额：保修金数额为合同总价的 3%；分部工程保修期满，按各分部造价所占的比例退还保修金。发包人留置保修金的利息不计。

47.3　奖励：总工期提前，每天按 1 200 元累计奖励给承包人。

附件 1：承包人承揽工程项目一览表（略）

附件 2：发包人供应材料设备一览表（略）

附件 3：工程质量保修书（略）

第三部分　投标文件格式

投标人必须按“投标须知”和投标文件格式编制投标文件，具体格式参见模块三中投标文件案例。

第四部分　图纸（略）

第五部分　工程技术规范

（一）依据施工图纸和设计文件要求，本招标工程项目的材料、设备、施工必须达到下列现行中华人民共和国及省、市、行业的一切有关工程建设标准、法规、规范的要求。如下述标准及规范要求有出入则以较严格者为准。

1.《工程测量规范》GBJ 50026—93

2.《建筑地基基础工程施工质量验收规范》GB 50202—2002

3.《建筑上部技术规范》JGJ 94—94

4.《建筑地基处理技术规范》JGJ 79—2002

5.《地下防水工程质量验收规范》GB 50208—2002

6.《混凝土结构工程施工质量验收规范》GB 50204—2002

7.《混凝土质量控制标准》GB 50164—92

8.《砌体工程施工及验收规范》GB 50203—2002

9.《屋面工程质量验收规范》GB 50207—2002

10.《建筑地面工程施工质量验收规范》GB 50209—2002

11.《普通混凝土配合比设计规程》JGJ 55—2000

……

（二）根据工程设计要求，该项目工程下列项目材料、施工必须达到以上标准外，还应满足下列标准要求：本案例无。

第六部分　工程量清单（略）

第七部分　投标报价说明

1. 本工程施工工期定额采用《全国统一建筑安装工程工期定额》和《××省建筑工程工期定额管理规定》。

2. 投标人要根据施工组织设计和企业自身实际情况做出投标报价。

3. 本工程中的综合单价包括人工费、材料费、机械费、管理费、利润以及一定范围内的风险费。

第八部分　投标文件技术部分说明

投标文件技术部分内容包括施工组织设计、项目管理机构配备情况、拟分包项目情况等。

（1）施工组织设计

投标人编制施工组织设计时应采用文字并结合图表形式说明施工方法；拟投入本标段的主要施工设备情况、拟配备本标段的试验和检测仪器设备情况、劳动力计划等；结合工程特点提出切实可行的工程质量、安全生产、文明施工、工程进度、技术组织措施，同时应对关键工序、复杂环节重点提出相应技术措施，如冬雨季施工技术、减少噪声、降低环境污染、地下管线及其他地上地下设施的保护加固措施等。

施工组织设计除采用文字表述外还有相应的图表。

（2）项目管理机构配备情况

项目管理机构配备情况包括项目管理机构组成表、主要人员简历表。

就业导航

项目＼种类		二级建造师	一级建造师	招标师	造价工程师	监理工程师
职业资格	考证介绍	建设工程招标的范围、方式、程序	建设工程招标的范围、方式、程序	建设工程招标的范围、作用与方式；招标流程；招标文件的编制	建设工程招标的范围、种类与方式；招标流程；招标控制价的编制	建设工程公开招标程序及施工招标
	考证要求	掌握招标投标活动原则及适用范围、熟悉招标程序	掌握招标投标活动的原则及适用范围、掌握招标程序、熟悉招标组织形式和招标代理	熟悉招标的特性、原则、范围和作用、熟悉招标组织形式和运用条件，招标人资格能力要求、掌握招标文件的编写	熟悉招标投标法的有关内容、熟悉建设项目施工招标的程序和招标文件的构成、了解国际上有关建设工程招标的主要内容	了解招标方式、政府主管部门对招标的监督；掌握公开招标程序及施工招标
对应职业岗位		施工员、质检员、资料员、项目经理	施工员、质检员、资料员、项目经理	资料员	造价员、预算员、资料员	监理员、质检员、资料员

基础与工程技能训练

基础训练

一、名词解释

公开招标　邀请招标　议标　标底　招标控制价　国际工程招标　综合单价　工程量清单

二、单选题

1. 公开招标是指招标人以招标公告的方式邀请（　　）的法人或者其他组织投标。

A. 特定　　B. 全国范围内　　C. 专业　　D. 不特定

2. 采用邀请招标方式的，招标人应当向（　　）家以上具备承担招标项目的能力、资信良好的特定的法人或者其他组织发出投标邀请书。

A.3　　B.5　　C.7　　D.10

3. 资格预审的目的是（　　）。

A. 获得合格的投标书　　B. 排除那些不合格的投标人

C. 排除那些不合格的投标书　　D. 确保适度竞争

4. 招标人对已发出的招标文件进行必要的澄清或者修改的，应当在招标文件要求提交投标文件截止时间至少（　　）天前，以书面的形式通知所有招标文件的收受人。

A.28　　B. 14　　C.15　　D.20

5. 投标人少于（　　）个的，招标人应当依照《招标投标法》重新招标。

A.8　　B.7　　C.5　　D.3

6. 招标人和中标人应当在（　　）日内，按照招标文件和中标人的投标文件订立书面合同。

A. 中标人接到中标通知书后 30　　B. 中标通知书发出 30

C. 确定中标人 28　　D. 中标通知书发出 28

7. 下列对邀请招标的阐述，正确的是（　　）。

A. 它是一种无限制的竞争方式

B. 该方式有较大的选择范围，有助于打破垄断，实现公平竞争

C. 这是我国《招标投标法》规定之外的一种招标方式

D. 该方式可能会失去技术上和报价上有竞争力的投标者

8. 投标须知前附表应该在下列哪个内容中（　　）。

A. 投标须知　　B. 合同条款　　C. 工程建设标准　　D. 工程量清单

9.《标准施工招标文件》附有的格式文件包括（　　）。

A. 承包人承揽工程项目一览表　　B. 预付款附件

C. 工程质量保修书　　D. 发包人供应材料设备一览表

10. 下列各项中，只能用于投标报价编制，而通常不用于招标控制价编制的是（　　）。

A. 建设工程工程量清单计价规范

B. 建设工程设计文件及相关资料

C. 与建设项目相关的标准、规范、技术资料

D. 施工现场情况、工程特点及拟定的投标施工组织设计或施工方案

11. 招标单位应在（　　）退还未中标投标单位得投标保证金。

A. 规定的投标有效期期满之日　　B. 确定中标人后的 14 天

C. 与中标人签订合同前 5 个工作日内　　D. 与中标人签订合同后 5 个工作日内

12. 其他项目清单中，无需招标人根据拟建工程实际情况提出估算额度的费用项目是（　　）。

A. 暂列金额　　B. 材料暂估价

C. 专业工程暂估价　　D. 计日工费用

13. 建设项目施工公开招标资格预审阶段的步骤不包括（　　）。

A. 发布资格预审公告　　B. 发售资格预审文件

C. 资格审查　　D. 发资格审查合格通知书

14. 依法必须进行招标的项目，全部使用国有资金投资或者国有资金占控股或者主导地位的，应当（　　）。

A. 公开招标　　B. 邀请招标

C. 有条件招标　　D. 不进行招标

15. 在国际上通过公开的广泛征集投标人，引起投标人之间的充分竞争，从而使招标人能以较低的价格和较高的质量获得项目的实施，这种招标方式叫做（　　）。

A. 国际竞争性招标　　B. 有限国际竞争性招标

C. 询价采购　　D. 直接订购

16. 中标单位应按规定向招标单位提交履约担保，履约担保金额一般为合同价格的（　　）。

A.3%　　B.5%　　C.7%　　D.10%

三、案例分析题

某办公楼的招标人于 2005 年 10 月 8 日向具备承担该项目能力的 A、B、C、D、E 五家承包商发出投标邀请书，其中说明，10 月 12 ~ 18 日 9 时至 16 时在该招标人总工办公室领取招标文件，11 月 8 日 14 时为投标截止时间。这五家承包商均接受投标，并按规定的时间提交了投标文件。在 11 月 9 日 9 时进行开标，招标人宣布了标书的密封情况，确认无误后，由工作人员当中拆封。并且宣读了这五家承包商的投标价格、工期和其他的主要内容。评标委员会直接由招标人确定，共由 6 人组成。按照招标文件中确定的综合评分标准，5 家投标人综合得分从高到低的顺序依次是 B、C、A、E、D，因此评标委员会确定承包商 B 为中标人。

问题：

（1）从招投标的性质来看，本案例中的要约邀请、要约和承诺的具体是指什么？

（2）该案例中有何不妥之处？请逐一说明原因。

▶工程技能训练

【案例一】 背景介绍

某建设项目实行公开招标，招标过程出现了下列事件，指出不正确的处理方法。

1. 招标方于 5 月 8 日起发出招标文件，文件中特别强调由于时间较紧要求各投标人不迟于 5 月 23 日之前提交投标文件（即确定 5 月 23 日为投标截止时间），并于 5 月 10 日停止出售招标文件，6 家单位领取了招标文件。

2. 招标文件中规定：如果投标人的报价高于标底 15% 以上一律确定为无效标。招标方请咨询机构代为编制标底，并考虑投标人存在着为招标方有无垫资施工的情况编制了两个不同的标底，以适应投标人情况。

3.5 月 15 日招标方通知各投标人，原招标工程中的土方量增加 20%，项目范围也进行了调整，各投标人据此对投标报价进行计算。

4. 招标文件中规定，投标人可以用抵押方式进行投标担保，并规定投标保证金额为投标价格的5%，不得少于100万元，投标保证金有效时期同投标有效期。

5. 按照5月23日的投标截止时间要求，外地的一个投标人于5月21日从邮局寄出了投标文件，由于天气原因5月25日招标人收到投标文件。本地A公司于5月22日将投标文件密封加盖了本企业公章并由准备承担此项目的项目经理本人签字按时送达招标方。

本地B公司于5月20日送达投标文件后，5月22日又递送了降低报价的补充文件，补充文件未对5月20日送达文件的有效期进行说明。本地C公司于5月19日送达投标文件后，考虑自身竞争实力于5月22日通知招标方退出竞标。

6. 开标会议由本市常务副市长主持。开标会议上对退出竞标的C公司未宣布其单位名称，本次参加投标单位仅仅有5家单位。开标后宣布各单位报价与标底时发现5个投标报价均高于标底20%以上，投标人对标底的合理性当场提出异议。与此同时招标代理方代表宣布5家投标报价均不符合招标文件要求，此次招标作废，请投标人等待通知。（若某投标人退出竞标其保证金在确定中标人后退还）。3天后招标方决定6月1日重新招标。招标方调整标底，原投标文件有效。7月15日经评标委员会评定本地区无中标单位。由于外地某公司报价最低故确定其为中标人。

7.7月16日发出中标通知书。通知书中规定，中标人自收到中标书之日起30日内按照招标文件和中标人的投标文件签订书面合同。与此同时招标方通知中标人与未中标人。投标保证金在开工前30日内退还。中标人提出投标保证金不需归还，当作履约担保使用。

8. 中标单位签订合同后，将中标工程项目中的三分之二工程量分包给某未中标人E，未中标人又将其转包给外地的农民施工单位。

问题：以上事件招投标过程有何不妥之处？为什么？

【案例二】 背景介绍

某事业单位（以下称招标单位）建设某工程项目，该项目受自然地域环境限制，拟采用公开招标的方式进行招标。该项目初步设计及概算应当履行的审批手续，已经批准；资金来源尚未落实；有招标所需的设计图纸及技术资料。

考虑到参加投标的施工企业来自各地，招标单位委托咨询单位编制了两个标底，分别用于对本市和外省市施工企业的评标。

招标公告发布后，有10家施工企业做出响应。在资格预审阶段，招标单位对投标单位与机构和企业概况、近2年完成工程情况、目前正在履行的合同情况、资源方面的情况等进行了审查。其中一家本地公司提交的资质等材料齐全，有项目负责人签字、单位盖章。招标单位认定其具备投标资格。

某投标单位收到招标文件后，分别于第5天和第10天对招标文件中的几处疑问以书面形式向招标单位提出。招标单位以提出疑问不及时为由拒绝做出说明。

投标过程中，因了解到招标单位对本市和外省市的投标单位区别对待，8家投标单位退出了投标。招标单位经研究决定，招标继续进行。

剩余的投标单位在招标文件要求提交投标文件的截止日前，对投标文件进行了补充、修改。招标单位拒绝接受补充、修改的部分。

问题：该工程项目施工招投标程序存在哪些不妥之处？应如何处理？

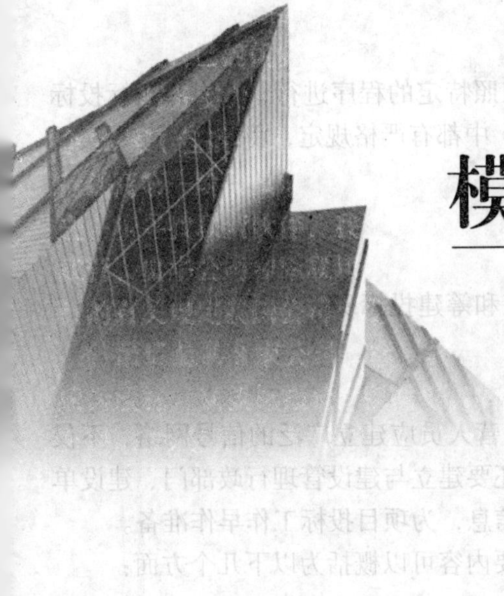

模块3

建设工程投标

模块概述

建设工程投标是建设工程招标投标活动中投标人的一项重要活动，也是建筑业企业取得承包合同的主要途径，投标程序和招标程序是环环相扣的，他们共同构成了整个招标投标过程。本模块主要介绍了建设工程投标程序与过程；建设工程投标决策与技巧；建设工程投标报价的组成、编制方法和投标报价的审核；建设工程投标文件的编制以及国际工程投标。

学习目标

◆ 了解建设工程投标的基本概念、投标报价的组成及编制方法、国际工程投标程序及策略；

◆ 熟悉工程项目投标的一般程序；

◆ 初步掌握投标报价技巧；

◆ 掌握建设工程投标文件编制的方法。

能力目标

◆ 初步具有投标决策和报价技巧能力；

◆ 能够具备完整编制简单投标文件的能力。

课时建议

8~10 课时

3.1 建设工程投标程序及主要工作

建设工程施工投标是法制性、政策性很强的工作，必须依照特定的程序进行，这在《招标投标法》和《房屋建筑和市政基础设施工程施工招标投标管理办法》中都有严格规定，将这些规定与实际工作相结合，总结为如图 3.1 所示的投标程序。

3.1.1 投标的前期工作

投标的前期工作包括获取并查证投标信息，前期投标决策和筹建投标班子、委托投标代理人三项内容。

1. 获取并查证投标信息

收集并跟踪项目投标信息是市场经营人员的重要工作，经营人员应建立广泛的信号网络，不仅要关注各招标机构公开的招标公告和公开发行的报刊、网络，还要建立与建设管理行政部门、建设单位、设计院、咨询机构的良好关系，以便尽早了解建设项目的信息，为项目投标工作早作准备。

工程项目投标活动中，需要收集的信息涉及面很广，其主要内容可以概括为以下几个方面：

（1）项目的自然环境

项目的自然环境主要包括：工程所在地的地理位置和地形、地貌；气象状况，包括气温、湿度、主导风向、平均降水量；洪水、台风及其他自然灾害状况等。

（2）项目的市场环境

项目的市场环境主要包括：建筑材料、施工机械设备、燃料、动力、供水和生活用品的供应情况、价格水平，还包括近年批发物价、零售物价指数以及今后的变化趋势和预测；劳务市场情况，如工人技术水平、工资水平、有关劳动保护和福利待遇的规定等；金融市场情况，如银行贷款的难易程度以及银行利率等。

（3）项目的社会环境

投标人首先应当了解与项目有关的政治形势、国家政策等，即国家对该项目采取鼓励政策还是限制政策，同时还应了解在招标投标活动中以及在合同履行过程中有可能适用的法律。

（4）竞争环境

掌握竞争对手的情况，是投标策略中的一个重要环节，也是投标人参加投标能否获胜的重要因素。其主要工作是分析竞争对手的实力和优势、在当地的信誉；了解对手的投标报价的动态，与业主之间的人际关系。掌握竞争对手的情况以便同相权衡，从而分析自己取胜的可能性和制定相应的投标策略。

（5）项目方面的情况

工程项目方面的情况包括：工作性质、规模、发包范围；工程的技术规模和对材料性能及工人技术水平的要求；总工期及分批竣工交付使用的要求；施工场地的地形、地质、地下水位、交通运输、给排水、供电、通信条件的情况；工程项目资金来源；对购买器材和雇用工人有无限制条件；工程价款的支付方式；监理工程师的资历、职业道德和工作作风等。

（6）业主的信誉

业主的信誉包括业主的资信情况、履约态度、支付能力，在其他项目上有无拖欠工程款的情况，对实施的工程需求的迫切程度，以及对工程的工期、质量、费用等方面的要求。

（7）投标人自身情况

投标人对自己内部情况、资料也应当进行归档管理，这类资料主要用于招标人要求的资格审查和本企业履行项目的可能性，包括反映本单位的技术能力、管理水平、信誉、工程业绩等各种资料。

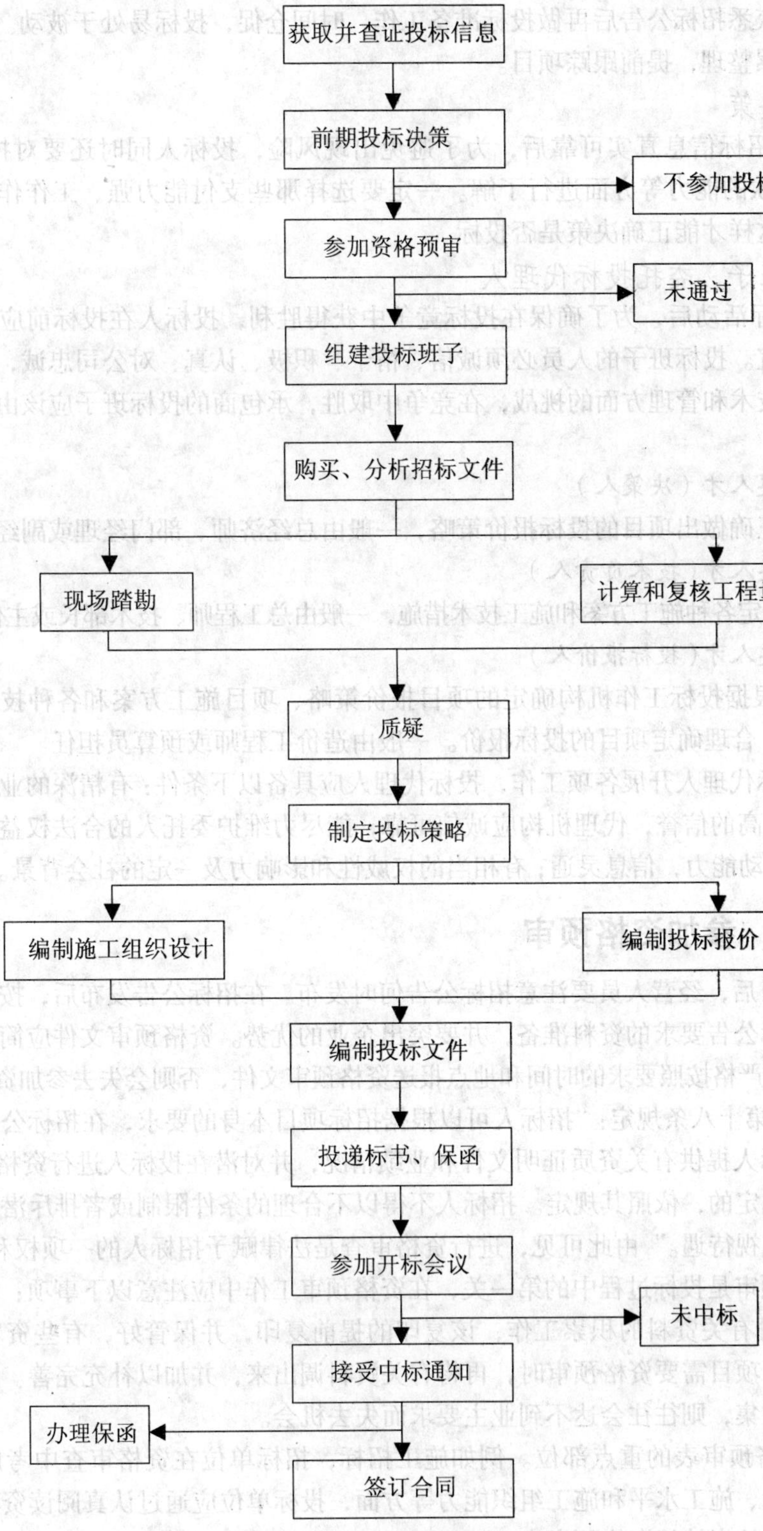

图3.1 建设工程投标程序图

（8）有关报价的参考资料

有关报价的参考资料如当地近期类似工程项目的施工方案、报价、工期及实际成本等资料，同类已完工程的技术经济指标，本企业承担过类似工程项目的实际情况。

为使投标工作有良好的开端，投标人必须做好查证信息工作。多数公开招标项目属于政府投资或国家融资的工程，在报刊等媒体刊登招标公告或资格预审公告。但是，经验告诉我们，对于一些大型或复杂的项目，获悉招标公告后再做投标准备工作，时间仓促，投标易处于被动。因此，要提前注意信息、资料的积累整理，提前跟踪项目。

2. 前期投标决策

投标人在证实招标信息真实可靠后，为了避免出现风险，投标人同时还要对招标人工作作风、信誉和支付工程价款的能力等方面进行了解。一定要选择那些支付能力强、工作作风正派、诚实信用、守法的业主，这样才能正确决策是否投标。

3. 筹建投标班子，委托投标代理人

在确定参加投标活动后，为了确保在投标竞争中获得胜利，投标人在投标前应建立专门的投标班子，负责投标事宜。投标班子的人员必须诚信、精干、积极、认真、对公司忠诚，保守报价机密且经验丰富。为迎接技术和管理方面的挑战，在竞争中取胜，承包商的投标班子应该由如下三种类型的人才组成：

（1）经营管理类人才（决策人）

其主要职责是正确做出项目的投标报价策略，一般由总经济师、部门经理或副经理负责。

（2）专业技术类人才（技术负责人）

其主要职责是制定各种施工方案和施工技术措施，一般由总工程师、技术部长或主任工程师负责。

（3）商务金融类人才（投标报价人）

其主要职责是根据投标工作机构确定的项目报价策略、项目施工方案和各种技术组织措施，按照招标文件的要求，合理确定项目的投标报价。一般由造价工程师或预算员担任。

还可以委托投标代理人开展各项工作，投标代理人应具备以下条件：有精深的业务知识和丰富的投标代理经验；有较高的信誉，代理机构应诚信可靠，能尽力维护委托人的合法权益，忠实地为委托人服务；有较强的活动能力，信息灵通；有相当的权威性和影响力及一定的社会背景。

3.1.2 参加资格预审

在决定投标项目后，经营人员要注意招标公告何时发布。在招标公告发布后，按照公告要求及时报名，严格依据招标公告要求的资料准备，并要突出企业的优势。资格预审文件应简明准确、装帧美观大方。特别注意要严格按照要求的时间和地点报送资格预审文件，否则会失去参加资格预审的资格。

《招标投标法》第十八条规定："招标人可以根据招标项目本身的要求，在招标公告或者投标邀请书中，要求潜在投标人提供有关资质证明文件和业绩情况，并对潜在投标人进行资格审查；国家对投标人的资格条件有规定的，依照其规定。招标人不得以不合理的条件限制或者排斥潜在投标人，不得对潜在投标人实行歧视待遇。"由此可见，进行资格审查是法律赋予招标人的一项权利。

能否通过资格预审是投标过程中的第一关，在资格预审工作中应注意以下事项：

①平时应注意对有关资料的积累工作，该复印的提前复印，并保管好，有些资料可以储存在计算机内，到针对某个项目需要资格预审时，再将有关资料调出来，并加以补充完善。如果平时不积累资料，完全靠临时搜集，则往往会达不到业主要求而失去机会。

②认真填好资格预审表的重点部位。例如施工招标，招标单位在资格审查中考虑的重点一般是投标单位的施工经验、施工水平和施工组织能力等方面，投标单位应通过认真阅读资格预审须知，领会招标单位的意图，认真填好资格预审表。

③在投标决策阶段，研究并确定今后本公司发展的地区和项目时，注意收集信息，如果有合适的项目，及早动手作资格预审的申请准备。如果发现某个方面的缺陷（如资金、技术水平、经验年限等）不是本公司自身可以解决的，则应考虑寻找适宜的伙伴，组成联合体来参加资格预审。

④做好递交资格预审申请后的跟踪工作。资格预审申请呈交后，应注意信息跟踪工作，以便发现不足之处，及时补送资料。

总之，资格预审文件不仅起了通过资格预审的作用，而且还是企业重要的宣传资料。

3.1.3 购买和分析招标文件

1. 购买招标文件

投标人在通过资格预审后，就可以在规定的时间内向招标人购买招标文件。购买招标文件时，投标人应按招标文件的要求提供投标保证金、图纸押金等。

2. 分析招标文件

购买到招标文件之后，投标人应认真阅读招标文件中的所有条款。招标文件是投标和报价的重要依据，对其理解的深度将直接影响到投标结果，因此应该组织有力的设计、施工、商务、估价等专业人员仔细分析研究。

①投标人购买招标文件后，首先要检查上述文件是否齐全。按目录是否有缺页、缺图表，有无字迹不清的页、段，有无翻译错误，有无含糊不清、前后矛盾之处。如发现有上述现象的应立即向招标部门交涉补齐或修改。

②在检查后，组织投标班子的全体人员，从头至尾认真阅读一遍。负责技术部分的专业人员，重点阅读技术卷、图纸；商务、估价人员精读投标须知和报价部分。

③认真研读完招标文件后，全体人员相互讨论解答招标文件存在的问题，做好备忘录，等待现场踏勘了解，或在答疑会上以书面形式提出质询，要求招标人澄清。投标人可以从以下三方面做好备忘录：

a. 属于招标文件本身的问题，如图纸的尺寸与说明不一，工程量清单上的错漏，技术要求不明，文字含糊不清，合同条款中的一些数据缺漏，可以在投标截止期前 28 天内，以书面形式向招标人提出质疑，要求给予澄清。

b. 与项目施工现场有关的问题，拟出调查提纲，确定重点要解决的问题，通过现场踏勘了解，如果考察后仍有疑问，也可以向招标人提出问题要求澄清。

c. 如果发现的问题对投标人有利，可以在投标时加以利用或在以后提出索赔要求，这类问题投标人一般在投标时是不提的，待中标后情势有利时提出获取索赔。

④研究招标文件的要求，掌握招标范围，熟悉图纸、技术规范、工程量清单，熟悉投标书的格式、签署方式、密封方法和标志，掌握投标截止日期，以免错失投标机会。

⑤研究评标办法。分析评标办法和合同授予标准。我国常用的评标标准有两种方式，综合评议法和经评审的最低投标报价法。

⑥研究合同协议书、通用条款和专用条款。合同形式是总价合同还是单价合同，价格是否可以调整。分析拖延工期的罚款，保修期的长短和保证金的额度。研究付款方式、违约责任等。根据权利义务关系分析风险，将风险考虑到报价中。

3.1.4 收集资料、准备投标

购买招标文件后，投标人就应进行具体的投标准备工作。投标准备工作包括参加现场踏勘，参加投标预备会，计算和复核招标文件中提供的工程量，制定投标策略、编制施工组织及投标报价等内容。

1. 现场踏勘

投标单位拿到招标文件后，应进行全面细致的调查研究。若有疑问或不清楚的问题需要招标单位予以澄清和解答的，应在收到招标文件后的 7 日内以书面形式向招标单位提出。为获取与编制投标文件有关的必要的信息，投标单位要按照招标文件中注明的现场踏勘（亦称现场勘察、现场考察）的时间和地点，进行现场踏勘。《招标投标法》第二十一条规定：招标人根据招标项目的具体情况，可以组织潜在投标人踏勘现场。现场踏勘既是投标人的权力也是招标人的义务，投标人在报价以前必须认真地进行施工现场踏勘，全面地、仔细地调查了解工地及其周围的政治、经济、地理等情况。

投标单位参加现场踏勘的费用，由投标单位自己承担。招标单位一般在招标文件发出后，就着手考虑安排投标单位进行现场踏勘等准备工作，并在现场踏勘中对投标单位给予必要的协助。

投标单位进行现场踏勘的内容，主要包括以下几个方面。

①施工现场是否达到招标文件规定的条件，如“三通一平”等。

②投标工程与其他工程之间的关系，与其他承包商或分包商之间的关系。

③工地现场形状和地貌、地质、地下水条件、水文、管线设置等情况。

④施工现场的气候条件，如气温、降水量、湿度、风力等。

⑤现场的环境，如交通、电力、水源、污水排放、有无障碍物等。

⑥临时用地、临时设施搭建等，工程施工过程中临时使用的工棚、材料堆场及设备设施所占的地方。

⑦工地附近治安情况。

除了调查施工现场的情况外，还应了解工程所在地的政治形势、经济形势、法律法规、风俗习惯、自然条件、生产和生活条件，调查发包人和竞争对手。通过调查，采取相应对策，提高中标的可能性。

2. 参加投标预备会

投标预备会一般在现场踏勘之后的1~2天内举行。研究招标文件后存在的问题，以及在现场踏勘后仍存在的疑问，投标人代表应以书面形式在标前会议上提出，招标人将以书面形式答复。这种书面答复同招标文件同样具有法律效力。

3. 计算和复核工程量

工程量的多少将直接影响到工程计价和中标的机会，无论招标文件是否提供工程量清单，投标人都应该认真按照图纸计算工程量。投标单位是否校核招标文件中的工程量清单或校核得是否准确，直接影响到投标报价和中标机会。因此，投标单位应认真对待。通过认真校核工程量，投标单位在大体确定了工程总报价之后，估计某些项目工程量可能增加或减少的，就可以相应地提高或降低单价。如发现工程量有重大出入的，特别是漏项的，可以找招标单位核对，要求招标单位认可，并给予书面确认。这对于固定总价合同来说，尤其重要。

4. 制定投标策略

在对投标项目、招标文件、竞争对手进行了透彻研究后，就可以根据自身的情况决定投标的策略，这关系到如何报价、如何进行施工组织设计。投标策略的内容将在本模块3.2中具体阐述。

5. 编制施工规划或施工组织设计

施工规划和施工组织设计都是关于施工方法、施工进度计划的技术经济文件，是指导施工生产全过程组织管理的重要设计文件，是进行现场科学管理的主要依据之一。但两者相比，施工规划的深度和范围没有施工组织设计详尽、精细，施工组织设计的要求比施工规划的要求详细得多，编制起来要比施工规划复杂些。所以，在投标时，投标单位一般只要编制施工规划即可，施工组织设计可以在中标以后再编制。这样，就可避免未中标的投标单位因编制施工组织设计而造成人力、物力、财力上的浪费。但有时在实践中，招标单位为了让投标单位更充分地展示实力，常常要求投标单位在投标时就要编制施工组织设计。

施工规划或施工组织设计的内容，一般包括：施工程序，方案，施工方法，施工进度计划，施工机械、材料、设备的选定和临时生产、生活设施的安排，劳动力计划，以及施工现场平面和空间的布置。

施工规划或施工组织设计的编制依据，主要是：设计图纸、技术规划、复核完成的工程量，招标文件要求的开工、竣工日期，以及对市场材料、机械设备、劳动力价格的调查。编制施工规划或施工组织设计，要在保证工期和工程质量的前提下，尽可能使成本最低、利润最大。

6. 编制投标报价

工程报价决策是投标活动中最关键的环节，直接关系到能否中标。因此，投标报价是投标的一个核心环节，投标人要考虑施工的难易程度、竞争对手的水平、工程风险、企业目前经营状况等多方面因素，根据工程价格构成对工程进行合理估价，确定切实可行的利润方针，正确计算和确定投标报价。投标单位不得以低于成本的报价竞标。

3.1.5　编制和提交投标文件

经过前期的准备工作之后，投标人开始进行投标文件的编制工作。投标人编制投标文件时，应按照招标文件的内容、格式和顺序要求进行。投标文件应当对招标文件提出的实质性要求和条件做出响应，一般不能带任何附加条件，否则将导致投标无效。

投标文件编写完成后，应按招标文件中规定的截止日期前将准备好的所有投标文件密封送达投标地点。投标人可以在递交投标文件以后，在规定的投标截止期之前，以书面形式向招标人递交修改或撤回其投标文件的通知。在投标截止期以后，不得更改投标文件。

3.1.6　参加开标会议并接受评标期间询问

投标人在编制和提交完投标文件后，应按时参加开标会议。开标会议由投标人的法定代表人或其授权代理人参加。如果是法定代表人参加，一般应持有法定代表人资格证明书；如果是委托代理人参加，一般应持有授权委托书。许多地方规定，不参加开标会议的投标人，其投标文件将不予启封。

在评标期间，评标委员会要求澄清投标文件中不清楚问题的，投标单位应积极予以说明、解释、澄清。澄清投标文件一般可以采用向投标单位发出书面询问，由投标单位书面做出说明或澄清的方式，也可以采用召开澄清会的方式。澄清中，投标单位不得更改标价、工期等实质性内容，开标后和定标前提出的任何修改声明或附加优惠条件，一律不得作为评标的依据。

3.1.7　接受中标通知书、签订合同并提供履约担保

经过评标，投标人被确定为中标人后，应接受招标人发出的中标通知书。招标人和中标人应当自中标通知书发出之日起 30 日内订立书面合同，合同内容应依据招标文件、投标文件的要求和中标的条件签订。合同正式签订之后，应按要求将合同副本分送有关主管部门备案。

3.2　建设工程投标策略

投标策略是指在市场竞争环境下，投标人为解决企业在投标过程中的对策问题，从而争取获得中标所采取的一系列措施。投标策略的确定应当全面考虑工程项目和市场供求的实际情况，并在做好投标管理工作的基础上进行。投标策略运用得恰当与否，对投标人在投标中能否中标并获得赢利具有决定性的影响。

投标策略的基本原则是使投标决策能够达到经济性和有效性。所谓经济性，是指投标人能合理运用自身有限资源，发挥自身优势，积极承揽工程，使其实际能力与工程项目任务平衡，获得经济效益。所谓有效性，是指投标人在综合考虑了投标的多种因素，能保证自身目标可以实现的基础上，所采取的决策方案是合理可行的。

3.2.1　建设工程投标决策

建设工程投标决策是指建设工程承包商为实现其生产经营目标，针对建设工程招标项目，而寻求并实现最优化的投标行动方案的活动。它包括三方面的含义：其一，针对项目招标是投标或是不投标；其二，倘若去投标，投什么性质的标；其三，投标中如何采用以长制短、以优胜劣的策略和技巧。第一方面内容一般称为前期决策，后两个方面称为后期决策或综合决策。

投标决策的正确与否，关系到能否中标和中标后的效益，关系到施工企业的发展前景和职工的

经济利益。因此，企业的决策班子必须充分认识到投标决策的重要意义，把这一工作摆在企业的重要议事日程上。

1. 投标决策阶段的划分

投标决策可以分为两个阶段进行。这两个阶段就是投标的前期决策和投标的后期决策。

（1）投标的前期决策

投标的前期决策必须在投标人参加投标资格预审前后完成。决策的主要依据是招标公告，以及公司对招标工程、业主情况的调研和了解的程度，如果是国际工程，还包括对工程所在国和工程所在地的调研和了解程度。前期阶段必须对是否投标做出论证。

（2）投标的后期决策

如果决定投标，即进入投标的后期决策阶段，它是指从申报投标资格预审资料至投标报价（封送投标书）期间完成的决策研究阶段。主要研究倘若去投标，是投什么性质的标，以及在投标中采取的策略问题。关于投标决策一般有以下分类：

①按性质分类投标有风险标和保险标。

a. 风险标：投标人通过前期阶段的调查研究，明知工程承包难度大、风险大，且技术、设备、资金上都有未解决的问题，但由于本企业任务不足、处于窝工状态，或因为工程盈利丰厚，或为了开拓市场而决定参加投标，同时设法解决存在的问题，即是风险标。投标后，如问题解决得好，可取得较好的经济效益，也可锻炼出一支好的施工队伍，使企业更上一层楼；解决得不好，企业的信誉就会受到损害，严重者可能导致企业亏损以至破产。因此，投风险标必须审慎决策。

b. 保险标：投标人对可以预见的情况从技术、设备、资金等重大问题都有了解决的对策之后再投标，称为投保险标。企业经济实力较弱，经不起失误的打击，则往往投保险标。当前，我国施工企业多数都愿意投保险标，特别是在国际工程承包市场。

②按效益分类投标有盈利标和保本标。

a. 盈利标：投标人如果认为招标工程既是本企业的强项，又是竞争对手的弱项，或建设单位意向明确，或本企业虽任务饱满，但利润丰厚，才考虑让企业超负荷运转时，此种情况下的投标，称投盈利标。

b. 保本标：当企业无后继工程，或已经出现部分窝工时，必须争取中标，但招标的工程项目本企业又无优势可言，竞争对手又多，此时就该投保本标，至多投薄利标。

2. 影响投标决策的因素

科学正确的、有利于企业发展的决策的做出，其基础工作是进行广泛、深入的调查研究，掌握大量有关投标主客观环境的详尽的信息。所谓“知己知彼，百战不殆”，这个“己”就是影响投标决策的主观因素，“彼”就是影响投标决策的客观因素。

（1）影响投标决策的主观因素。影响投标决策的主观因素就是投标人自己的条件，是投标决策的决定性因素。主要从技术、经济、管理、信誉等方面进行分析，是否达到招标的要求，能否在竞争中取胜。

①技术因素。

a. 拥有精通与招标工程相关业务的各种专业人才，如估算师、建筑师、工程师、会计师和管理专家等。

b. 具有与招标项目有关的设计、施工及解决技术难题的能力。

c. 有国内外与招标项目同类型工程的施工经验。

d. 拥有与招标项目相适应的一定的固定资产及机具设备。

e. 具有一定技术实力的合作伙伴，如实力强的分包商、合营伙伴和代理人。

②经济因素。

a. 具有垫付资金的实力。建筑市场是买方市场，施工企业在交易中处于劣势，工程价款的支付方式一般由业主决定。要了解招标项目的工程价款支付方式，比如预付款多少，什么时间和条件下支付等。在工程开工到预付款支付期间是否有垫资施工的能力，尤其对于大型、造价高的工程更要注意。有些国际工程中，发包人要求“带资承包工程”、“实物支付工程”，根本没有预付款。所谓“带资承包工程”，是指工程由承包人筹资兴建，从建设中期或建成后某一时期开始，发包人分批偿还承包人的投资及利息，但有时这种利率低于银行贷款利息。承包这种工程时，承包人需投入大部分工程项目建设投资，而不止是一般承包所需的少量流动资金。所谓“实物支付工程”，是指有的发包方用该国滞销的农产品、矿产品折价支付工程款，而承包人推销上述物资而谋求利润将存在一定难度。因此，遇上这种项目需要慎重对待。

b. 具有投入新增固定资产和机具设备及其投入的资金。大型施工机械的投入，不可能一次摊销。因此，新增施工机械将会占用一定的资金。另外，为完成项目必须要有一批周转材料，如模板、脚手架等，这也是占用资金的组成部分。

c. 具有一定的资金周转用来支付施工用款。因为对已完成的工程量需要监理工程师确认后并经过一定手续、一定时间后才能将工程款拨入。

d. 具有支付或办理各种担保的能力。承包工程项目需要担保的形式多种多样，如投标担保、预付款担保、履约担保等，担保的金额会与工程造价成一定的比例，工程造价越高，担保金额越高。

e. 具有支付各种税款和保险的能力。特别是对于国际工程，税种很多，税率也很高。

f. 具有承担不可抗力风险的实力。要深入分析招标项目可能遇到的各种不可抗力的风险，包括自然的和社会的两个方面，分析其是否具有抵抗风险的能力。

③管理因素。建筑承包市场属于买方市场，承包工程的合同价格由作为买方的发包方起支配作用，所以在建筑市场交易中承包商处于劣势，为打开承包工程的局面，往往把利润压低赢得项目。为此，承包人必须在成本控制上下功夫，向管理要效益。如缩短工期，进行定额管理，辅以奖罚办法，减少管理人员，工人一专多能，节约材料，采用先进的施工方法不断提高技术水平，特别是要有重质量、重合同的意识，并有相应的切实可行的措施。

④信誉因素。企业拥有良好的商业信誉是在市场长期生存的重要标准，也是赢得更多项目的无形资本。要树立良好的信誉，必须遵守法律和行政法规，按市场惯例办事，认真履行合同，使施工安全、工期和质量有保证。

（2）影响投标决策的客观因素

①发包人和监理工程师的情况。发包人的合法民事主体资格、支付能力、履约信誉、工作方式；监理工程师在以往的工程中，处理问题的公正性和合理性等。

②竞争对手和竞争形势。投标与否，要注意竞争对手的实力、优势、历年来的报价水平、在建工程情况等。竞争对手的在建工程也十分重要。如果对手的在建工程即将完工，可能急于获得新承包项目，投标报价不会很高；如果对手在建工程规模大、时间长，如仍参加投标，则投标报价可能很高。从竞争形势来看，投标人要善于预测竞争形势，推测投标竞争的激烈程度，认清主要的竞争对手。例如，大中型复杂项目的投标以大型承包公司为主，这类企业技术能力强，适应性强。中小型承包公司主要选择中小项目作为投标对象，具有熟悉当地材料、劳动力供应渠道，管理人员比较少、有自己惯用的特殊施工方法等优势。

③风险因素。国内工程承包风险相对较少，主要是自然风险、技术风险和经济风险，这类风险可以通过采取相应的措施进行防范。

④法律、法规情况。

3. 投标决策方法

一般来说，投标项目的选择决策方法分为两种，定性决策的方法和定量决策的方法。

（1）定性决策的方法

定性选择投标项目，主要依靠企业投标决策人员，也可以聘请有关专家，按之前确定的投标标准，根据个人的经验和科学的分析研究方法选择投标项目。这种方法虽有一定的局限性，但方法简单，应用较为广泛。

投标决策工作应建立在掌握大量信息的基础上，从影响投标决策的主客观因素出发，根据招标项目的特点，结合本企业目前的经营状况，充分预测到竞争对手的投标策略，全面分析考虑选择投标对象。

①承包商应选择下列工程参加投标：

a. 与本企业的业务范围相适应，特别是能够发挥企业优势的项目。

b. 工期适当、建设资金落实、承包条件合理、风险较小，本企业有实力竞争取胜的项目。

c. 有助于本企业创名牌和提高社会信誉机会的项目。

d. 虽有风险，但属于本企业要开拓的新技术或新业务领域，提高企业知名度的工程项目。

e. 企业开拓新的市场时，对于有把握做好的项目，都应参加投标。

f. 本企业的市场占有份额受到威胁的情况下，应采用保本策略参加投标。

g. 业主与本企业有长期合作关系的项目。

②对于下列工程，承包商应主动放弃投标：

a. 工程规模、技术要求超过本企业技术等级的项目。

b. 本企业业务范围和经营能力之外的项目。

c. 本企业生产任务饱满，而招标工程的盈利水平较低或风险较大的项目。

d. 本企业资质等级、信誉、施工水平明显不如竞争对手的项目。

（2）定量决策的方法

决策理论和方法也可以用在投标项目选择决策上，包括权数计分评价法、决策树法、线性规划法和概率分析法等。这里介绍权数计分评价法和决策树法。

①权数计分评价法。

权数计分评价法就是对影响决策的不同因素设定权重，对不同的投标工程的这些因素评分，最后加权平均得出总分，选择得分最高者。表 3.1 通过权数计分评价法，可以对某一投标招标项目投标机会做出评价，即利用本公司过去的经验确定一个 $\sum WC$ 值，例如 0.6 以上即可投标；还可以利用该表同时对若干个项目进行评分，对可以考虑投标的项目选择 $\sum WC$ 值最高的项目作为重点，投入足够的投标资源。注意，选择投标项目时注意不能单纯看 $\sum WC$ 值，还要分析权数大的指标有几个、分析重要指标的等级，如果太低，则不宜投标。

表 3.1　权数计分评价法选择投标项目表

投标考虑的指标	权数 (*W*)	等级 (*C*) 好	较好	一般	较差	差	指标得分 (*WC*)
管理条件	0.15		0.8				0.12
技术水平	0.15	1.0					0.15
机械设备实力	0.05	1.0					0.05
对风险的控制能力	0.15			0.6			0.09
实现工期的可能性	0.10			0.6			0.06
资金支付条件	0.10		0.8				0.08
与竞争对手实力比较	0.10				0.4		0.04
与竞争对手投标积极性比较	0.10		0.8				0.08

续表 3.1

投标考虑的指标	权数 (W)	等级 (C)					指标得分 (WC)
		好	较好	一般	较差	差	
今后的机会	0.05				0.4		0.02
劳务和材料条件	0.05	1.0					0.05
$\sum WC$							0.74

②决策树法。

决策树法是决策者构建出问题的结构，将决策过程中可能出现的状态及其概率和产生的结果，用树枝状的图形表示出来，便于分析、对比和选择。

决策树是以方框和圆圈为结点，方框结点代表决策点，圆圈点代表状态点，也可称之为方案节点，用直线连接而成的一种树状结构图，每条树枝代表该方案可能的一种状态及其发生的概率大小。决策树的绘制从左到右，最左边的机会点中，概率和最大的机会点所代表的方案为最佳方案，图例见例 3.1。

【例 3.1】某投标单位面临 A、B 两项工程投标，因条件限制只能选择其中一项工程投标，或者两项工程均不投标。根据过去类似工程投标的经验数据，A 工程投高标的中标概率为 0.3，投低标的中标概率为 0.6，编制投标文件的费用为 6 万元；B 工程投高标的中标概率为 0.4，投低标的中标概率为 0.7，编制投标文件的费用为 4 万元。各方案概率及损益情况如表 3.2 所示。试运用决策树法进行投标决策。

表 3.2　各方案概率及损益表

方案	承包效果	概率	损益值 / 万元
A 项目投高标	好	0.3	300
	中	0.5	200
	差	0.2	100
A 项目投低标	好	0.2	220
	中	0.7	120
	差	0.1	0
B 项目投高标	好	0.4	200
	中	0.5	140
	差	0.1	60
B 项目投低标	好	0.2	140
	中	0.5	60
	差	0.3	−20

【分析】

运用决策树分析决策时需注意：

①不中标概率为 1 减去中标概率。

②不中标的损失费用为编制投标文件的费用。

③绘制决策树是自左向右，而计算时自右向左。各机会点的期望值结果应标在该机会点上方。

【答案】

决策树如图 3.2 所示。

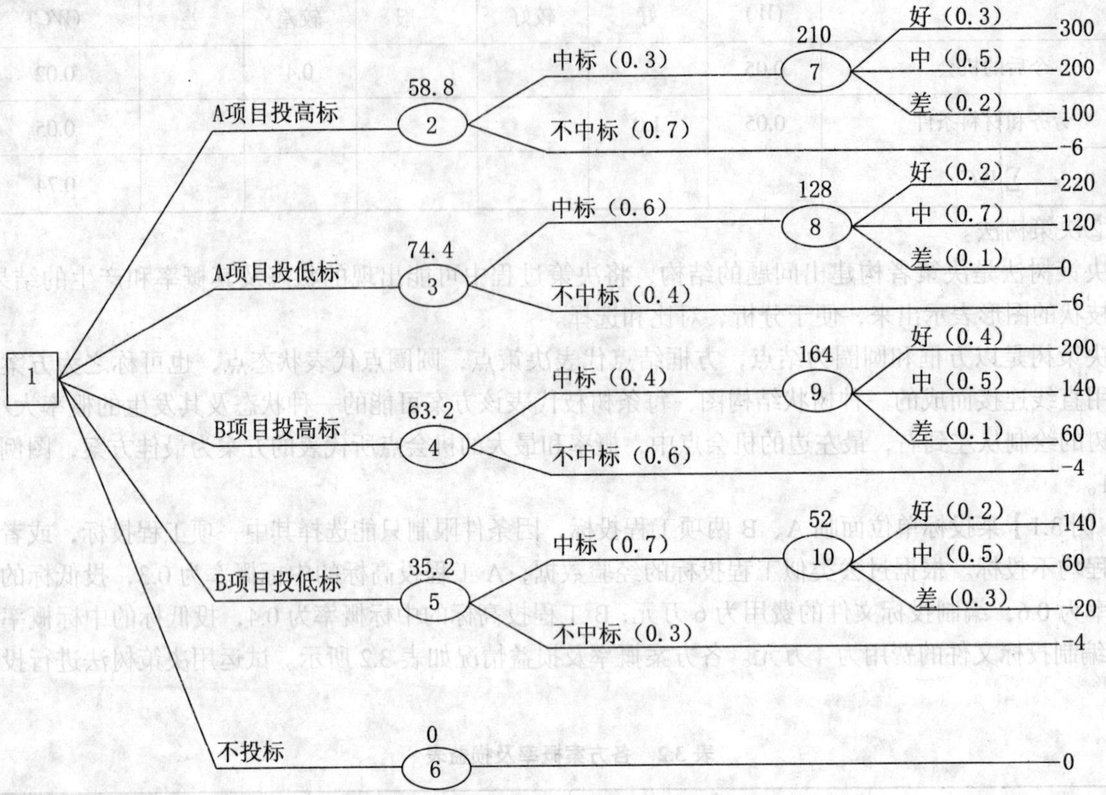

图3.2 决策树

图中各状态点的期望值为：

点⑦：300×0.3+200×0.5+100×0.2=210（万元）

点②：210×0.3+（−6）×0.7=58.8（万元）

点⑧：220×0.2+120×0.7+0×0.1 = 128（万元）

点③：128×0.6+（−6）×0.4=74.4（万元）

点⑨：220×0.4+140×0.5+60×0.1 = 164（万元）

点④：164×0.4+（−4）×0.6 = 63.2（万元）

点⑩：140×0.2+60×0.5+（−20）×0.3=52（万元）

点⑤：52×0.7+（−4）×0.3=35.2（万元）

点⑥：0

max{58.8，74.4，63.2，35.2，0}=74.4

即③的期望值最大，故该承包商应投 A 项目低标方案。

3.2.2 建设工程投标技巧

建设工程投标技巧，是指建设工程承包商在投标过程中所形成的各种操作技能和诀窍。建设工程投标活动的核心和关键是报价问题，因此，投标报价的技巧至关重要。

投标不仅要靠一个企业的实力，为了提高中标的可能性和中标后的利益，投标人一定要研究投标报价的技巧，即在保证质量与工期的前提下，寻求一个好的报价。在报价时，对什么工程定价应高，什么工程定价可低，或在一个工程中，在总价无多大出入的情况下，哪些单价宜高，哪些单价宜低，都有一定的技巧。技巧运用得好与坏，得当与否，在一定程度上可以决定工程能否中标和盈利。

因此，它是不可忽视的一个环节。常见的投标报价技巧有：

1. 不平衡报价法

不平衡报价法又叫前重后轻法，是清单投标中投标人的一种常用的投标报价技巧，是指一个工程项目的投标报价，在总价基本确定以后，如何进行内部各个项目报价的调整，以期既不提高总价，不影响中标，又能在结算时得到更理想的经济效益。总地来讲，不平衡报价法以“早收钱”和“多收钱”为指导原则。通常采用的不平衡报价有下列几种情况：

①早收钱。对能早期结账收回工程款的项目(如临时设施费、基础工程、土方开挖、桩基等)的单价可报以较高价，以利于资金周转；对后期项目(如装饰、电气设备安装等)单价可适当降低。由于工程款项的结算一般都是按照工程施工的进度进行的，在投标报价时就可以把工程量清单里先完成的工作内容的单价调高，后完成的工作内容的单价调低。尽管后边的单价可能会赔钱，但由于在履行合同的前期早已收回了成本，减少了内部管理的资金占用，有利于施工流动资金的周转，财务应变能力也得到提高，因此只要保证整个项目最终能够盈利就可以了。采用这样的报价办法不仅能平衡和舒缓承包商资金压力的问题，还能使承包商在工程发生争议时处于有利地位，因此就有索赔和防范风险的意义。

②多收钱。估计今后工程量可能增加的项目，单价可适当定得高一些，这样在最终结算时可多盈利；将工程量可能减少的项目单价降低，工程结算时损失不大。无论由于工程量清单有误或漏项，还是由于设计变更引起新的工程量清单项目或清单项目工程数量的增减，均应按照实际调整。因此如果承包人在报价过程中判断出标书工程数量明显不合理，就可以获得多收钱的机会。

上述两种情况要统筹考虑，对于工程量有误的早期工程，如果实际工程量可能小于工程量清单表中的数量，就不能盲目抬高价格，要进行具体分析后再确定。

③图纸内容不明确或有错误，估计修改后工程量要增加的，其单价可提高；而工程内容不明确的，其单价可降低。

④对于工程量不明的项目，如果没有工程量，只填单价其单价宜高，以便在以后结算时多盈利，又不影响报价；如果工程量有暂定值，需具体分析，再决定报价，方法同清单工程量不准确的情况。

⑤有时在其他项目费中会有暂定工程，这些工程还不能确定是否施工，也有可能分包给其他施工企业，或者在招标工程中的部分专业工程，业主也有可能分包，如钢结构工程、装饰工程、玻璃幕墙工程。在这种情况下要具体分析，如果能确定自己承包，价格可以高些。如果自己承包的可能性小，价格应低些，这样可以拉低总价，自己施工的部分就可以报高些。将来结算时，自己不仅不会损失，反而能够获利。

不平衡报价法在工程项目中运用得比较普遍，是一种投标策略。对于不同的工程项目，应根据工程项目的不同特点以及施工条件等来考虑采用不平衡报价法。不平衡报价法采用的前提是工程量清单报价，它在国际工程承包市场，已运用了多年，现在已经正式在全国范围内推广。它强调的是“量价分离”，即工程量和单价分开，投标时承包商报的是单价而不是总价，总价等于单价乘以招标文件中的工程量，最终结算时以实际发生量为准。而这个总价是理念上的总价，或者说只是评标委员会在比较各家报价的高低时提供的一个总的大致参考值，实际上承包商拿到的总收入等于在履约过程中通过验收的工程量与相应单价的乘积。

值得注意的是，在使用不平衡报价法时，调整的项目单价不能畸高畸低，容易引起评标委员会的注意，导致废标。一般幅度在15%～30%。而且报价高低相互抵消，不影响总价。

2. 多方案报价法

多方案报价法是利用工程说明书或合同条款不够明确之处，以争取达到修改工程说明书和合同为目的的一种报价方法。当工程说明书或合同条款有一些不够明确之处时，往往使投标人承担较大风险。为了减少风险就必须提高工程单价，增加“不可预见费”，但这样做又会因报价过高而增加被淘汰的可能性。多方案报价法就是为对付这种两难局面而出现的。

其具体做法是在标书上报两个报价，一是按原工程说明书与合同条款报一个价；二是加以注解，“如工程说明书或合同条款可作某些改变时”，则可降低多少的费用，使报价成为最低，以吸引业主修改说明书和合同条款。承包商决定采用多方案报价法，通常主要有以下两种情况：

①如果发现招标文件中的工程范围很不具体、明确，或条款内容很不清楚、很不公正，或对技术规范的要求过于苛刻，可先按招标文件中的要求报一个价，然后再说明假如招标人对合同要求作某些修改，报价可降低多少。

②如发现设计图中存在某些不合理并可以改进的地方或可以利用某项新技术、新工艺、新材料替代的地方，或者发现自己的技术和设备满足不了招标文件中设计图的要求，可以先按设计图的要求报一个价，然后再另附上一个修改设计的比较方案，或说明在修改设计的情况下，报价可降低多少。这种情况，通常也称作修改设计法。

多方案报价法具有以下特点：

①多方案报价法是投标人的“为用户服务”经营思想的体现。

②多方案报价法要求投标人有足够的商务经验或技术实力。

③招标文件明确表示不接受替代方案时，应放弃采用多方案报价法。

这种方法运用时应注意，当招标文件明确提出可以提交一个（或多个）补充方案时，招标文件可以报多个价。如果明确不允许的话，绝对不能使用，否则会导致废标。

3. 突然降价法

突然降价法是指在投标最后截止时间内，采取突然降价的手段，确定最终投标报价的一种方法，这是一种为迷惑竞争对手而采用的一种竞争方法。由于投标竞争激烈，投标竞争犹如一场没有硝烟的战争，所谓兵不厌诈，可在整个报价过程中，先有意泄露一些假情报，甚至有意泄露一些虚假情况，如先按一般情况报价或表现出自己对该工程兴趣不大，到投标快要截止时，才突然降价。采用这种方法时，一定要在准备投标报价的过程中考虑好降价的幅度，在临近投标截止日期前，根据信息情况分析判断，再做出最后的决策。

采用这种方法时，要注意以下两点：一是在编制初步的投标报价时，对基础数据要进行有效的泄密防范，同时将假消息透漏给通过各种渠道、采用各种手段来刺探的竞争对手；二是一定要在准备投标报价时，预算工程师和决策人要充分地分析各细目的单价，考虑好降价的细目，并计算出降价的幅度，到投标快截止时，根据情报信息与分析判断，再做出最后决策。这种方法是隐真示假智胜对手，强调的是时间效应。如鲁布革水电站引水系统工程招标时，日本大成公司知道它的主要竞争对手是前田公司，因而在临近开标时把总报价突然降低 8.04%，取得最低标，为以后中标打下基础。

4. 先亏后盈报价法

先亏后赢法是一种无利润甚至亏损报价法，它可以看作战略上的“钓鱼法”。一般分为两种情况：一种是承包商为了占领某一市场，或为了在某一地区打开局面，不惜代价只求中标，先亏是为了占领市场，当打开局面后，就会带来更多的赢利；另一种是大型分期建设项目的系列招标活动中，承包商先以低价甚至亏本争取到小项目或先期项目，然后再利用由此形成的经验、临时设施，以及创立的信誉等竞争优势，从大项目或二期项目的中标收入来弥补前面的亏空并赢得利润。如伊拉克的中央银行主楼招标，德国霍夫丝曼公司就以较低标价击败所有对手，在巴格达市中心搞了一个样板工程，成了该公司在伊拉克的橱窗和广告，而整个工程的报价几乎没有分文盈利。

采取这种手段的投标人必须具有较好的资信条件，提出的施工方案要先进可行，并且投标书做到“全面相应”。与此同时，投标人也要加强对公司优势的宣传力度，让招标人对拟定的施工方案感到满意，并且认为投标书中就满足招标文件提出的工期、质量、环保等要求的措施切实可行。否则，即使报价再低，招标人也不一定选用，相反，招标人还会认为标书存在着重大缺陷。而且投标人也应注意分析获得二期项目的可能性，若开发前景不好、后续资金来源不明确、实施二期项目遥遥无期时，也不宜考虑采用先亏后盈报价法。

5. 扩大标价法

扩大标价法，又称为逐步升级法。这种作标报价的方法是将投标看成协商的开始，首先对技术规范和图纸说明书进行分析，把工程中的一些难题，如特殊基础等费用最多的部分抛弃（在报价单中加以注明），将标价降至无法与之竞争的数额。利用这种“最低标价”来吸引招标人，从而取得与招标人商谈的机会，再逐步进行费用最多部分的报价。

扩大标价法是投标人针对招标项目中的某些要求不明确、工程量出入较大等有可能承担重大风险的部分提高报价，从而规避意外损失的一种投标技巧。例如，在建设工程施工投标中，校核工程量清单时发现某些分部分项工程的工程量、图纸与工程量清单有较大的差异，并且业主不同意调整，而投标人也不愿意让利的情况下，就可对有差异部分采用扩大标价法报价，其余部分仍按原定策略报价。

6. 联合体法

联合体法在大型工程投标时比较常用，即两三家公司，如果单独投标会出现经验、业绩不足或工作负荷过大而造成高报价，失去竞争优势，而如果联合投标，可以做到优势互补、利益共享、风险共担，相对提高了竞争力和中标几率。

总之，任何技巧和策略在其失败时就是一种风险，如何才能运用恰当，需要在实践中去锻炼。投标人只有不断地总结投标报价的经验和教训，才能提高其报价水平，提高企业的中标率。

技能提示：

投标报价技巧是投标人在长期的投标实践中，逐步积累的投标竞争取胜的经验。报价技巧运用是否得当，不仅影响到投标人能否中标，而且影响企业在激烈的市场竞争中能否生存和发展。因此投标人在应用报价技巧时，应注意：投标报价技巧不是干预标价计算人员的具体计算，而是由决策人员同标价计算人员一起，对各种影响报价的因素进行分析，共同做出果断和正确的决策；正确分析本公司和竞争对手的情况，并进行实事求是的对比评估；多做横向比较，如投标人应将自己的预算人工、材料、机具、设备与当地价格进行比较，将报价与工程所在地近年来建成的同类项目的价格进行比较，将本公司与竞争对手进行比较。在比较中掌握最新的信息，调整自己的方案和报价，提高本公司的投标水平；投标报价技巧一定要根据招标项目的特点选用，坚持贯彻诚实信用的原则，否则只能获得短期利益，而且有可能损害自己的声誉。同时在使用投标报价技巧时也要注意项目所在地的法律法规是否允许。

3.3 建设工程投标报价

投标报价是投标的核心工作，在评标时，一般投标报价的分数占总分的60% ~ 80%，甚至有的简单工程在投标时就不需要提供施工组织设计，完全依据报价决定中标者。所以投标报价是投标工作的重中之重，必须高度重视。

投标报价是指投标人（承包商）计算的完成招标文件规定的全部工作（建设工程）内容所需一切费用的期望值。

3.3.1 建设工程投标报价的组成和编制方法

1. 工程施工投标报价的费用组成

根据我国2004年1月1日起施行的《建筑安装工程费用项目组成》规定建筑安装工程费由四部分组成：直接费、间接费、利润和税金。工程项目的投标报价除了要考虑这四部分费用内容外，还要考虑工程实施中的不可预见费。

（1）直接费

直接费由直接工程费和措施费组成。

1) 直接工程费，是指施工过程中耗费的构成工程实体的和有助于工程形成的各项费用。包括人工费、材料费和施工机械使用费。

①人工费，是指直接从事建筑安装工程施工的生产工人开支的各项费用。包括基本工资、工资性补贴、生产工人辅助工资、职工福利费、生产工人劳动保护费。

②材料费，是指施工过程中耗费的构成工程实体的原材料、辅助材料、构配件、零件、半成品的费用。包括材料原价（或供应价）、运杂费、运输损耗费、采购及保管费、检验试验费。

③施工机械使用费，是指施工机械作业所发生的机械使用费以及机械安拆费和场外运费。施工机械台班单价应由折旧费、大修理费、经常修理费、安拆费及场外运费、人工费、养路费、车船使用税及保险费七项费用组成。

2) 措施费，是指为完成工程项目施工，发生于该工程施工前和施工过程中非工程实体项目的费用。包括环境保护费；文明施工费；安全施工费；临时设施费；夜间施工费；二次搬运费、大型机械设备进出场及安拆费；混凝土、钢筋混凝土模板及支架费；脚手架费、已完工程及设备保护费；施工排水、降水费。

（2）间接费

间接费由规费、企业管理费组成。

1) 规费，是指政府和有关部门规定必须缴纳的费用（简称规费）。包括工程排污费；工程定额测定费；社会保障费（养老保险费、失业保险费及医疗保险费）；住房公积金；危险作业意外伤害保险费。

2) 企业管理费，包括管理人员的工资；办公费；差旅交通费；固定资产使用费；工具、用具使用费；劳动保险费；工会经费；职工教育经费；财产保险费；财务费；税金；其他费用。

（3）利润、税金和不可预见费

1) 利润，是指投标单位完成所承包的工程预期获得的盈利。

2) 税金，是指国家税法规定的应计入建筑安装工程造价内的营业税、城市维护建设税及教育费附加等。

3) 不可预见费，也可称为风险费，是指工程建设过程中，不可预测因素发生所需的费用。可由风险因素分析予以确定，是建筑安装工程投标报价费用项目的重要组成部分。

2. 建设工程投标报价的编制方法

2003 年 7 月 1 日，我国开始推行国家标准 GB 50500—2003《建设工程工程量清单计价规范》。自此，建设工程计价模式开始发生了变革，计价方式与国际接轨，体现了公平竞争的市场机制。2008 年 12 月 1 日开始，在原清单计价规范的基础上，我国颁布开始实施国家标准 GB 50500—2008《建设工程工程量清单计价规范》（以下简称《计价规范》），同时，GB 50500—2003《建设工程工程量清单计价规范》废止。该计价规范是 2007 版通用合同条款的配套计价规范，实施该规范使国有投资建设项目的合同条款和计价方式管理配套，使建设项目工程量清单计价方法的应用更为完善、明确。

工程量清单是指投标人根据招标人提供的反映工程实体消耗和措施性消耗的工程量清单，遵循标价按清单、施工按图纸的原则，自主确定工程量清单的单价和合价，最终确定投标报价的一种计价方法。

工程量清单计价，是指投标单位完成由招标单位提供的工程量清单所需的全部费用，包括分部分项工程费、措施项目费、其他项目费、规费和税金。

工程报价 = 分部分项工程费 + 措施项目费 + 其他项目费 + 规费 + 税金

工程量清单应采用综合单价计价。综合单价指完成一个规定计量单位的分部分项工程量清单项目或措施清单项目所需的人工费、材料费、施工机械使用费和企业管理费与利润，以及一定范围内的风险费用。

建设工程工程量清单综合单价分析的步骤和方法，主要有如下几点：

①列出单价分析表。单价分析通常列表进行，将每个单项工程和每个单项工程中的所有项目分门别类，一一列出，制成表格。列表时要特别注意应包括施工设备、劳务、管理、材料、安装、维护、保险、利润，政策性文件规定及合同包含的所有风险、责任等各项应有费用，不能遗漏或重复列项，投标人没有列出或填写的项目，招标人将不予支付，并认为此项费用已包括在其他项目之中了。

②对每项费用进行计算。按照工程量清单计价的综合单价费用组成，分别对人工费、材料费、机械使用费、管理费、利润的每项费用进行计算。

管理费、利润因工程规模、技术难易、施工场地、工期长短及企业资质等级条件而异，一般应由投标人根据工程情况自行确定报价。实践中也可由各地区、各部门依工程规模大小、技术难易程度、工期长短等划分不同工程类型，编制年度市场价格水平，分别制订具有上下限幅度的指导性费率（即费用比率系数），供投标人编制投标报价时参考。

③填写正式的工程量清单综合单价分析表。在将上述各项费用计算出来后，就可以填写正式的工程量清单综合单价分析表。但为慎重起见，投标人在填写正式报价单之前，应再作一次审核，因为经上述分析计算得出的价格，一般只是待定的暂时标价，需要作进一步全面比较、权衡后才能最后决策敲定，要特别注意不能漏项或重复计算，并选择恰当的投标价格方式（价格固定方式或价格调整方式）。

3.3.2 建设工程投标报价审核

为了提高中标概率，在投标报价正式确定之前，应对其进行认真审查、核算。建设工程投标报价审核，是指投标人在建设工程投标报价正式确定之前，报价进行审查、核算，以减少和避免投标报价的失误，求得合理可靠、中标率高、经济效益好的投标报价。建设工程投标报价审核，是建立在投标报价单价分析的基础上的。一般说来，投标单价分析是微观性的，而投标报价审核则是宏观的。

对建设工程投标报价审核的方法很多，常用的方法如下：

1. 以一定时期本地区内各类建设项目的单位工程造价，对投标报价进行审核

房屋工程按每平方米造价；铁路、公路按每公里造价，铁路桥梁、隧道按每延米造价；公路桥梁按桥面每平方米造价等。要按照各个国家和地区的情况，分别统计、搜集各种类型建筑的单位工程造价。

2. 运用全员劳动生产率

全员劳动生产率即全体人员每工日的生产价值，对投标报价（适用于同类工程，特别是一些难以用单位工程造价分析的工程）进行审核。企业在承揽同类工程或机械化水平相近的项目时对应具有相近的全员劳动生产率水平。因此，可以作为尺度，将投标工程造价与类似工程造价进行比较，从而判断造价的正确性。

3. 用各类单位工程用工用料正常指标，对投标报价进行审核（表 3.3）

表 3.3 常用的几种建筑材料用量指标

序号	建筑类型	人工工日/平方米	水泥/千克	钢材/千克	木材/立方米	砂子/立方米	碎石/立方米	砖砌体/立方米	水/吨
1	砖混结构楼房	4.0~4.5	150~200	20~30	0.04~0.05	0.3~0.4	0.2~0.3	0.35~0.45	0.7~0.9
2	多层框架楼房	4.5~5.5	220~240	50~65	0.05~0.06	0.4~0.5	0.4~0.6	—	1.0~1.3
3	高层框架楼房	5.5~6.5	230~260	60~80	0.06~0.07	0.45~0.55	0.45~0.65	—	1.2~1.5

4. 用各分项工程价值的正常比例对投标报价进行审核

例如，对国外房建工程，主体结构工程(包括基础、框架和砖墙三个分项工程)的价值约占总价的55%；水电工程约占10%；其余分项工程的合计价值约占35%。

5. 用各类费用的正常比例对投标报价进行审核

任何一个工程的费用都是由人工费、材料设备费、施工机械费、间接费等各类费用组成的，他们之间应都有一个合理的比例。将投标工程造价中的各类给用比例与同类工程的统计数据进行比较，也能判断估算造价的正确性和合理性。

6. 用储存的一个国家或地区的同类型工程报价项目和中标项目的预测工程成本资料(即预测成本比较控制法)，对投标报价进行审核

若承包商曾对企业在同一地区的同类工程报价进行积累和统计，则还可以采用线性规划、概率统计等预测方法进行计算，计算出投标项目造价的预测值。将造价估算值与预测值进行比较，也是衡量造价估算正确性和合理性的一种有效方法。

7. 用个体分析整体综合控制法对投标报价进行审核

8. 用综合定额估算法对投标报价进行审核

其一般程序是：

①确定选控项目，将工程项目的所有报价项目有选择地归类、合并，分成若干可控项目(其价值占工程总价的75%~80%)，不能归类、合并的，作为未控项目(其价值占工程总价的20%~25%)。

②对上述选控项目编制出能体现其用工用料比较实际的消耗量定额，即综合定额。

③根据可控项目的综合定额和工程量，计算出可控项目的用工总数及主要材料数量。

④估测未控项目的用工总数及主要材料数量(该用工数量约占可控项目用工数量的20%~30%，用料数量约占可控项目用料数量的5%~20%)。

⑤将可控项目和未控项目的用人总数即主要材料数量相加，求出工程总用工数和主要材料总数量。

⑥根据工程主要材料总数量及实际单价，求出主要材料总价。

⑦根据工程总用工数及劳务工资单价，求出工程总工费。

⑧工程材料总价 = 主要材料总价 × 扩大系数(1.5~2.5)，这里要注意，扩大系数的选取，一般对钢筋混凝土及钢结构等含量多、装饰贴面少的工程取值低，反之则取高值。

⑨工程总价 =(总人工费 + 材料总价)× 系数，该系数的选取，对承包工程一般为1.4~1.5。

3.4 建设工程投标文件的编制

建设工程投标文件是整个投标活动的书面成果，招标人判断投标人是否参加投标的依据，也是评标委员会进行评审和比较的对象，中标的投标文件还和招标文件一起成为招标人和中标人订立合同的法定依据，因此，投标人必须高度重视建设工程投标文件的编制和提交工作。

3.4.1 建设工程投标文件的组成

建设工程投标文件，是建设工程投标单位单方面阐述自己响应招标文件要求，旨在向招标单位提出愿意订立合同的意思表示，是投标单位确定、修改和解释有关投标事项的各种书面表达形式的统称。从合同订立过程来分析，建设工程投标文件在性质上属于一种要约，其目的在于向招标单位提出订立合同的意愿。建设工程投标文件作为一种要约，必须符合一定的条件才能发生约束力。这些条件主要是如下几项。

①必须明确向招标单位表示愿以招标文件的内容订立合同的意思。

②必须对招标文件提出的实质性要求和条件做出响应，不得以低于成本的报价竞标。

③必须由有资格的投标单位编制。

④必须按照规定的时间、地点递交给招标单位。

凡不符合上述条件的投标文件，将被招标单位拒绝。

建设工程投标文件是由一系列有关投标方面的书面资料组成的。一般来说，投标文件由以下几个部分组成。

1．投标函部分

投标函部分主要是对招标文件中的重要条款做出响应，包括法定代表人身份证明书、投标文件签署授权委托书、投标函、投标函附录、投标担保等文件。详细格式及内容见3.6小节案例。

①法定代表人身份证明书、投标文件签署授权委托书是证明投标人的合法性及商业资信的文件，按实填写。如果法定代表人亲自参加投标活动，则不需要有授权委托书。但一般情况下，法定代表人都不亲自参加，因此用授权委托书来证明参与投标活动代表进行各项投标活动的合法性。

②投标函是承包商向发包方发出的要约，表明投标人完全愿意按照招标文件的规定完成任务。写明自己的标价、完成的工期、质量承诺，并对履约担保、投标担保等做出具体明确的意思表示，加盖投标人单位公章，并由其法定代表人签字和盖章。

③投标函附录是明示投标文件中的重要内容和投标人的承诺的要点，见模块二投标函部分格式。

④投标担保是用来确保合格者投标及中标者签约和提供发包人所要求的履约担保和预付款担保，可以采用现金、现金支票、保兑支票、银行汇票和在中国注册的银行出局的银行保函，保险公司或担保公司出局的投标保证书等多种形式，金额一般不超过投标价的2%，最高不得超过80万元。投标人按招标文件的规定提交投标担保，投标担保属于投标文件的一部分，未提交视为没有实质上响应招标文件，导致废标。

a.招标文件规定投标担保采用银行保函方式的，投标人提交由担保银行按招标文件提供的格式文本签发的银行保函，保函的有效期应当超出投标有效期30天。具体形式见模块2投标函部分格式所示。

b.招标文件规定投标担保采用支票或现金方式时，投标人可不提交投标担保书，在投标担保书格式文本上注明已提交的投标保证的支票或现金的金额。

2．商务标部分（投标报价部分）

商务标部分因报价方式的不同而有不同文本，按照目前《建设工程工程量清单计价规范》的要求，商务标应包括：投标总价及工程项目总价表、单项工程费汇总表、单位工程费汇总表、分部分项工程量清单计价表、措施项目清单计价表、其他项目清单计价表、零星工作项目计价表、分部分项工程量清单综合单价分析表、措施费项目分析表和主要材料价格表。表格见模块2。

3．技术标部分

对于大中型工程和结构复杂、技术要求高的工程来说，技术标往往是能否中标的决定性因素。技术标通常由施工组织设计、项目管理班子配备情况、项目拟分包情况、企业信誉及实力四部分组成，具体内容如下：

（1）施工组织设计

标前施工组织设计可以比中标后编制的施工组织设计简略，一般包括：工程概况及施工部署、分部分项工程主要施工方法、工程投入的主要施工机械设备情况、劳动力安排计划、确保工程质量的技术组织措施、确保安全生产及文明施工的技术组织措施、确保工期的技术组织措施等。其中包括以下附表：

①拟投入工程的主要施工机械设备表。

②主要工程材料用量及进场计划。

③劳动力计划表。

④施工总平面布置图及临时用地表。

（2）项目管理班子配备情况

项目管理班子配备情况主要包括：负责项目管理班子配备情况表、项目经理简历表、项目技术负责人简历表和项目管理班子配备情况辅助说明资料等。

（3）项目拟分包情况

如果投标决策中标后拟将部分工程分包出去的，应按规定格式如实填表。如果没有工程分包出去，则在规定表格填上“无”。

（4）企业信誉及实力

企业概况、已建和在建工程、获奖情况以及相应的证明资料。

3.4.2 编制建设工程投标文件的步骤与注意事项

1. 编制建设工程投标文件的步骤

编制投标文件，首先要满足招标文件的各项实质性要求，再次要贯彻企业从实际出发决策确定的投标策略和技巧，按招标文件规定的投标文件格式文本填写。具体步骤如下：

（1）前期准备工作

①招标信息跟踪。公开招标的项目所占比例很小，而邀请招标项目在发布信息时，业主已经完成了考察及选择投标单位的工作。

②报名参加投标资格审查。投标人获得招标信息后，应及时报名，向招标人表明愿意参加投标，以便获得资格审查的机会。

③研究招标文件：

a. 组建投标机构，确定该工程项目投标文件的编制人员。一般由三类人员组成：经营管理类人员、技术专业类人员、商务金融类人员。投标机构负责掌握市场动态，积累有关资料，研究招标文件，决定投标策略，计算标价，编制施工方案，投标文件等。

b. 收集有关文件和资料。投标人应收集现行的规范、预算定额、费用定额、政策调价文件，以及各类标准图等。上述文件和资料是编制投标报价书的重要依据。

c. 分析研究招标文件。招标文件是编制投标文件的主要依据，也是衡量投标文件响应性的标准，投标人必须仔细分析研究。重点放在投标须知、合同专用条款、技术规范、工程量清单和图纸等部分。要领会业主的意图，掌握招标文件对投标报价的要求，预测到承包该工程的风险，总结存在的疑问，为后续的踏勘现场、标前会议、编制标前施工组织设计和投标报价做准备。

d. 研究评标办法。分析评标办法和授予合同标准，据以采取投标策略。我国常用的评标和授予合同标准有两种方式，即综合评议法和最低评标价法。

④参加招标人组织的施工现场踏勘和答疑会。投标人的投标报价一般被认为是经过现场考察的基础上，考虑了现场的实际情况后编制的，在合同履行中不允许承包人因现场考察不周方面的原因调整价格。投标人应做好下列现场勘察工作：

a. 现场勘察前充分准备。认真研究招标文件中的发包范围和工作内容、合同专用条款、工程量清单、图纸及说明等，明确现场勘察要解决的重点问题。

b. 制定现场考察提纲。按照保证重点、兼顾一般的原则有计划地进行现场勘察，重点问题一定要勘察清楚，一般情况尽可能多了解一些。

对招标文件中存在的问题向招标人提出，招标人将以书面形式回答。提出疑问时应注意方式方法，特别要注意不能引起招标人反感。

⑤市场调查及询价。材料和设备在工程造价中一般达到 50% 以上，报价时应谨慎对待材料和设备供应。通过市场调查和询价，了解市场建筑材料价格和分析价格变动趋势，随时随地能够报出体现市场价格和企业定额的各分部分项工程的综合单价。

（2）投标报价工作

①编制投标文件：

a. 编制施工组织设计。施工组织设计是评标时考虑的主要因素之一。标前施工组织设计又称施工规划，内容包括施工方案、施工方法、施工进度计划、用料计划、劳动力计划、机械使用计划、工程质量和施工进度的保证措施、施工现场总平面图等，由投标班子中的专业技术人员编制。

b. 校核或计算工程量。

（a）如果招标文件同时提供了工程量清单和图纸，投标人一定根据图纸对工程量清单的工程量进行校对，因为它直接影响投标报价和中标机会。校核时，可根据招标人的规定的范围和方法：如果招标人规定中标后调整工程量清单的误差或按实际完成的工程量结算工程价款，投标人应详细全面地进行校对，为今后的调整做准备；如果招标人采用固定总价合同，工程量清单的差错不予调整的，则不必详细全面地进行校对，只需对工程量大和单价高的项目进行校对，工程量差错较大的子项采用扩大标价法报价，以避免损失过大。

（b）在招标文件仅提供施工图纸的情况下，计算工程量，为投标报价做准备。

校核工程量的目的包括：核实承包人承包的合同数量义务，明确合同责任；查找工程量清单与图纸之间的差异，为中标后调整工程量或按实际完成的工程量结算工程价款做准备；通过校核，掌握工程量清单的工程量与图纸计算的工程量的差异，为应用报价技巧做准备。

c. 物资询价。招标文件中指明的特殊物资应通过询价做采购方案比较。

d. 分包询价。总承包商会把部分专业工程分包给专业承包商。

e. 估算初步报价。报价是投标的核心，它不仅影响能否中标，也是中标后盈亏的决定因素之一。

②报价分析决策：

a. 分析报价。初步报价提出后，应对其进行多方面分析，探讨初步报价的合理性、竞争性、赢利性和风险性，做出最终报价决策。

b. 响应招标文件要求，分析招标文件隐藏机会。投标人不得变更招标文件。

c. 替代方案。有些业主欢迎投标人在按招标文件要求之外根据其经验制订科学合理的替代方案，再编制一份投标书。

2. 编制建设工程投标文件的注意事项

①投标人编制投标文件时必须使用招标文件提供的投标文件表格格式。但表格可以按同样格式扩展。投标保证金、履约保证金的方式，按招标文件有关条款的规定可以选择。填写表格时，凡要求填写的空格都必须填写。否则，即被视为放弃该项要求。重要的项目或数字（如工期、质量等级、价格等）未填写的，将被作为无效或作废的投标文件处理。将投标文件按规定的日期送交招标单位，等待开标、决标。

②编制的投标文件"正本"仅一份，"副本"则按招标文件中要求的份数提供，同时要明确标明"投标文件正本"和"投标文件副本"字样。投标文件正本和副本如有不一致之处，以正本为准。

③投标文件正本与副本均应使用不褪色的墨水打印或书写。各种投标文件的填写都要字迹清晰、端正，补充设计图纸要整洁、美观。

④所有投标文件均由投标人的法定代表人签署、加盖印鉴，并加盖法人单位公章。

⑤填报的投标文件应反复校核，保证分项和汇总计算均无错误。全套投标文件均应无涂改，除非这些删改是根据招标人的要求进行的，或者是投标人造成的必须修改的错误。如投标人造成涂改或行间插字，则所有这些地方均应由投标文件签字人签字并加盖印章。有时施工组织设计为暗标，即投标人名称被隐藏，以期评标人打分无倾向性，不会对相熟企业打高分。这时对施工组织设计的打印格式应有极严格的要求，包括字体、字号、行间距等要求，决不允许涂改和行间插字。

⑥如招标文件规定投标保证金为合同总价的某百分比时，开具投标保函不要太早，以防泄漏报价。但有的投标人提前开出并故意加大保函金额，以麻痹竞争对手的情况也是存在的。

⑦投标文件应严格按照招标文件的要求进行密封，避免由于密封不合格造成废标。投标单位应将投标文件的正本和每份副本分别密封在内层包封中，再密封在一个外层包封中，并在内包封上正确标明“投标文件正本”和“投标文件副本”。内层和外层包封都应写明招标单位名称和地址、合同名称、工程名称、招标编号，并注明开标时间以前不得开封。在内层包封上还应写明投标单位的名称与地址、邮政编码，以便投标出现逾期送达时能原封退回。如果内外层包封没有按上述规定密封并加写标志，招标单位将不承担投标文件错放或提前开封的责任，由此造成的提前开封的投标文件将被拒绝，并退还给投标单位。投标文件递交至招标文件前附表所述的单位和地址。

⑧认真对待招标文件中关于废标的条件，以免被判为无效标书而前功尽弃。

投标文件有下列情形之一的，在开标时将被作为无效或作废的投标文件，不能参加评标：

a. 投标文件未按规定标志、密封的；

b. 未经法定代表人签署或未加盖投标人公章或未加盖法定代表人印鉴的；

c. 未按规定的格式填写，内容不全或字迹模糊辨认不清的；

d. 投标截止时间以后送达的投标文件。

3.4.3 建设工程投标文件的提交

《招标投标法》第二十八条规定：“投标人应当在投标文件要求递交投标文件的截止日期前，将投标文件送达招标文件规定的地点。招标人收到投标文件后，应当签收保存，不得开启。在招标文件要求提交投标文件的截止时间后送达的投标文件，招标人应当拒收。”

投标人必须按照招标文件规定地点，在规定时间内送达投标文件。递交投标文件最佳方式是直接或委托代理人送达，以便获得招标代理机构已收到投标文件的回执。如果以邮寄方式送达，投标人必须留出邮寄的时间，保证投标文件能够在截止日之前送达招标人指定地点。投标单位递交投标文件不宜太早，一般在招标文件规定的截止日期前一两天内密封送交指定地点比较好。

招标人收到投标文件后应当签收，并在招标文件规定开标时间前不得开启。同时为了保护投标人的合法权益，招标人必须履行完备规范的签收手续。签收人要记录投标文件递交的日期和地点以及密封状况，签收人签名后应将所有递交的投标文件妥善保存。

投标单位可以在递交投标文件以后，在规定的投标截止时间之前，采用书面形式向招标单位递交补充、修改或撤回其投标文件的通知。在投标截止日期以后，不能更改投标文件。投标单位的补充、修改或撤回通知，应按招标文件中投标须知的规定编制、密封、加写标志和递交，并在内层包封标明“补充”、“修改”或“撤回”字样。补充、修改的内容为投标文件的组成部分。根据投标须知的规定，在投标截止时间与招标文件中规定的投标有效期终止日之间的这段时间内，投标单位不能撤回投标文件，否则其投标保证金将不予退还。

投标文件有效期为开标之日至招标文件所写明的时间期限内，在此期限内，所有投标文件均有效，招标人需在投标文件有效期截止前完成评标，向中标单位发出中标通知书以及签订合同协议书。

特殊情况，招标人在原定投标文件有效期内可根据需要向投标人提出延长投标文件有效期的要求，投标人应立即以传真等书面形式对此向招标人做出答复，投标人可以拒绝招标人的要求，而不会因此被没收投标担保（保证金）。同意延期的投标人应相应的延长投标保证金的有效期，但不得因此而提出修改投标文件的要求。如果投标人在投标文件有效期内撤回投标文件，其投标担保（保证金）将被没收。

3.5 国际工程投标

中国加入 WTO 之后，将进一步融入国际市场，越来越多的国际工程承包、成套设备出口及劳务输出将采用国际标准、按照国际惯例运作。因此，熟悉国际投标规则在国际工程承包竞争中显得尤为重要。

国际工程投标是以投标人为主题的活动。它是指投标人根据招标文件的要求，在规定的时间并以规定的方式，投标其拟订承包工程的实施方案以及所需的全部费用，争取中标的过程。国际工程投标要经过投标前的准备、投标决策、参加资格预审、编制正式的投标文件及投标文件的投送。

3.5.1 国际工程投标前期工作

1. 获取项目信息

国际工程项目信息的获得，可以通过以下渠道：

①国际专门机构，如联合国系统内机构、世界银行、区域性国际金融组织等。

②国家贸易促进机构。

③国际金融机构的出版物。所有应用世界银行、亚洲开发银行等国际性金融机构贷款的项目，都要在世界银行的《商业发展论坛报》和亚洲开发银行的《项目机会》上发布。可以从发表项目信息开始跟踪，一直到发表该项目的招标公告。

④公开发行的国际性刊物。例如《中东经济文摘》、《非洲经济发展月刊》也会刊登一些投标邀请通告。

⑤国际国内行业协会或商会，如国际咨询工程师联合会、中国国际工程咨询协会 (CAIEC)、中国对外承包工程商会 (CHINCA) 等。

⑥国际信息网络。充分利用现代通讯设备和信息高速公路，是获得工程项目信息的一种快捷、全面的手段和方式，如国际国内互联网等。

2. 投标前期调研工作

投标竞争，实质上是各个投标人之间实力、经验、信誉以及投标策略和技巧的竞争，特别是国际竞争性投标，不仅是一项经济活动，而且受到政治、法律、资金、商务、工程技术等多方面因素的影响，是一项复杂的综合性经营活动，因此投标前期调研工作对于综合经营活动的顺利进行是十分必要的。投标前期调研可能会直接影响中标率的大小，主要包括了解与项目相关的情况，为投标决策提供依据，调研内容包括：

①政治方面。指工程所在国政治经济形势、政权稳定性、相邻国家情况 (战争、暴乱) 及其与本国的关系等。

②法律方面。指项目所在国的法律法规，如与投标活动有关的经济法、工商企业法、建筑法、劳动法、税法、金融法、外汇管理法、经济合同法以及经济纠纷的仲裁程序等。此外还必须了解当地的民法、民事诉讼法以及移民法和外国人管理法。

③自然条件、市场方面。对自然条件的了解主要是调查工程所在国当地的地理条件、水文地质条件和气候条件。而市场情况的调查就必须深入了解工程所在国当地的建筑材料、设备、劳动力、运输、生活用品市场供应能力、价格、近三年物价指数变化等情况。

④金融、保险。主要指有关外汇政策、汇率、保险规定、银行保函等情况。

⑤当地公司过去投标报价有关资料。

⑥有关业主的资信情况。

一般情况下投标前期调研工作不可能太详细，中标获得项目后还应作详细的现场考察。

3. 投标项目可行性研究

这一阶段也称为投标的前期决策，决定选择什么项目投标，投标的目标是什么等内容。国际承包商要从获得的工程项目信息中选择项目进行投标，要根据投标所在地区的宏观环境和企业自身情况进行技术的和经济的可行性分析，分析投标的机会。

4. 投标准备

当承包商分析研究做出决策对某工程进行投标后，应进行大量的准备工作，包括：组建投标班子、选定代理人（公司）、寻找合作伙伴、参加资格预审、研读招标文件、现场勘察、参加标前会议、制订施工组织规划、办理投标保函和注册手续等。

（1）组建投标班子

如果是一个投标人单独投标，当投标人决定要投标后，最主要的工作是组成投标班子。投标班子应该由具备以下条件的人员组成。

①熟悉了解有关外文招标文件，对投标、合同谈判和合同签约有丰富的经验。

②对该国有关经济合同方面的法律和法规有一定的了解。

③不仅需要有丰富的工程经验、熟悉施工的工程师，还具有具备设计经验的设计工程师参加，从设计和施工的角度，对招标文件的设计图提出改进方案或备选方案，以节省投资和加快工程进度。

④最好还有熟悉物资采购的人员参加，因为一个工程的材料、设备开支往往占工程造价的一半以上。

⑤有精通工程报价的经济师或会计师参加。

⑥国际工程需要工程翻译，但参与投标的人员也应该具备良好的外语水平，这样可以取长补短，避免工程翻译不懂工程技术和合同管理而出现失误。

总之，投标班子最好由各方面的人员组成。一个投标人应该有一个按专业或承包地区组成的稳定的投标班子，但应避免把投标人员和实施人员完全分开的做法，部分投标人员必须参加所投标的工程的实施，这样才能减少工程实施中的失误和损失，不断地总结经验，提高总体投标水平。

（2）选定当地代理人（公司）

国外承包的工程实施比国内复杂得多，不熟悉国外的经营和工作环境是国际承包商失败的原因。在激烈的竞争形势下，国际承包商往往雇用当地的咨询公司或者代理人，来协助自己进入该市场开展业务获得项目，并在项目实施过程中进行必要的斡旋和协调。

国际承包商和咨询公司或代理人双方必须签订代理合同，规定双方权利和义务。有时还需按当地惯例去法院办理委托手续。代理人（咨询公司）服务的主要内容为：

①协助外国承包商争取参加本地招标工程项目投标资格预审和取得招标文件。

②协助办理外国人出入境签证、居留证、工作证以及汽车驾驶执照等。

③为外国公司介绍本地合法对象和办理注册手续。

④提供当地有关法律和规章制度方面的咨询。

⑤提供当地市场信息和有关商业活动的知识。

⑥协助办理建筑器材和施工机械设备以及生活资料的进出口手续，诸如申请许可证、申报关税、申请免税、办理运输等。

⑦促进与当地官方及工商界、金融界的友好关系。

（3）寻找合作伙伴

有的国家要求外国公司必须与本国公司合营，共同承包工程项目，共同享受赢利和承担风险。有些合作人并不入股，只帮助外国公司招揽工程、雇用当地劳务人员及办理各种行政事务，承包公司付给佣金。有些国家，则明文规定凡在境内开办商业性公司的，必须有本国股东，并且他们要占50%以上股份。有的项目虽无强制要求，但工程所在国公司可享受优惠条件，与它们联合可增加竞争力。选择合作公司时必须进行深入细致的调查研究。首先要了解其信誉和在当地的社会地位，其次了解它的经济状况、施工能力、在建工程和发展趋势。

（4）参加资格预审

国际承包商都非常重视投标前的资格预审工作，都将资格预审当作投标的第一轮竞争，只有做好资格预审，方能取得投标资格，继续参与投标竞争。为了赢得资格预审这一轮竞争的胜利，国际承包商应认真地对待投标申请工作，谨慎填报和递送资格预审所需的一切资料。

首先进行填报前的准备，在填报前应首先将各个方面的原材料准备齐全。内容应包括财务、人员、施工设备和施工经验等资料。在填报资格预审文件时应按照业主提出的资格预审文件的要求，逐项填写清楚，针对所投工程项目的特点，有重点地填写，要强调本公司的优势。实事求是地反映本公司的实力。一套完整的资格预审文件一般包括资格预审须知、项目介绍以及一套资格预审表格。资格预审须知中说明对参加资格预审公司的国别限制、公司等级、资格预审截止日期、参加资格预审的注意事项以及申请书的评审等。项目介绍则简要地介绍了招标项目的基本情况，使承包商对项目有一个总体的认识和了解。资格预审表格是由业主和工程师共同编写的一系列表格，不同项目资格预审表格的内容大致相同。

（5）研读招标文件

承包商在派人对现场进行考察之前和整个投标报价期间，均应组织参加投标报价的人员认真细致地阅读招标文件，必要时还要组织人员把投标文件译成中文。在动手计算投标价前，首先要清楚招标文件的要求和报价内容，具体包括：

①承包者的责任和报价范围，以免在报价中发生任何遗漏。

②各项技术要求，以便确定经济适用而又可加速工期的施工方案。

③工程中需使用的特殊材料和设备，以便在计算报价之前调查价格，避免因盲目估价而失误。

另外，应整理出招标文件中含糊不清的问题，有一些问题应及时提请业主或咨询工程师予以澄清。可能发现的问题有以下几个方面：

①招标文件本身的问题，如技术要求不明确，文字含混不清等。这类问题应向招标人咨询解决。

②与项目工程所在地的实际情况有关的问题。这类问题可通过参加现场考察和标前会议解决。

③投标人本身由于经验不足或承包知识缺乏而不能理解的问题。这类问题可向其他有经验的承包公司或者雇用的代理人（咨询公司）请教解决。

为进一步制订施工方案、进度计划，算出标价，投标者还应从以下几个主要方面研究招标文件：

①投标书附件与合同条件。投标书附件与合同条件是国际工程招标文件十分重要的组成部分，其目的在于使承包商明确中标后应享受的权利和所要承担的义务和责任，以便在报价时考虑这些因素。

a. 工期。这包括对开工日期的规定、施工期限，以及是否有分段、分批竣工的要求。工期对制订施工计划、施工方案、施工机械设备和人员配备均是重要依据。

b. 误期损害赔偿的有关规定。这对施工计划的安排和拖期的风险大小有影响。

c. 缺陷责任期的有关规定。这对何时收回工程“尾款”、承包商的资金利息和保函费用计算有影响。

d. 保函的要求。保函包括履约保函、预付款保函、临时进口施工机具税收保函以及维修期保函等。保函数值的要求和有效期的规定，允许开保函的银行限制。这与投标者计算保函手续费和用于银行开保函所需占用的抵押资金有重要关系。

e. 保险。这主要包括是否指定了保险公司、保险的种类（例如工程一切保险、第三方责任保险、现场人员的人身事故和医疗保险、社会保险等）和最低保险金额。这将决定保险费用的计算。

f. 付款条件。这主要包括：是否具有预付款，如何扣回，材料设备到达现场并检验合格后是否可以获得部分材料设备预付款，是否按订货、到工地等分阶段付款。期中付款方法，包括：付款比例、保留金比例、保留金最高限额、退回保留金的时间和方法，拖延付款的利息支付等，每次期中付款有无最少金额限制，业主付款的时间限制等。这些是影响承包商计算流动资金及其利息费用的重要因素。

g. 税收。这主要包括：是否免税或部分免税，可免何种税收，可否临时进口机具设备而不收海关关税。这些将严重影响材料设备的价格计算。

h. 货币。这主要包括：支付和结算的货币规定，外汇兑换和汇款的规定，向国外订购的材料设备需用外汇的申请和支付办法。

i. 劳务国籍的限制。这个因素有助于计算劳务成本。

j. 战争和自然灾害等人力不可抗拒因素造成损害的补偿办法和规定，中途停工的处理办法和补救措施等。

k. 有无提前竣工的奖励。

l. 争议、仲裁或诉诸法律等的规定。

在世界银行贷款项目招标文件中，以上各项有关要求，有的在“投标者须知”中做出说明和规定，有的放在“合同条件”第二部分中具体规定。

②技术规范。研究招标文件中所附施工技术规范，参照或采用英国规范、美国规范或其他国际规范，以及对此技术规范的熟悉程度，有无特殊施工技术要求和有无特殊材料设备技术要求，有关选择代用材料、设备的规定，以便针对相应的定额，计算有特殊要求项目的价格。

③报价要求。

a. 应当注意合同种类是属于总价合同、单价合同、成本补偿合同、“交钥匙”合同或是单价与包干混合制合同。例如有住房项目招标文件，对其中的房屋部分要求采用总价合同方式，而对室外工程部分，由于设计较为粗略，有些土石方和挡土墙等难以估算出准确的工程量，因而要求采用单价合同。对承包商来说，在总价合同中承担着工程量方面的风险，就应仔细校核工程量并对每一子项工程的单价做出详尽细致的分析和综合。

b. 应当仔细研究招标文件中的工程量表的编制体系和方法，是否将施工详图设计、勘察、临时工程机具设备、进场道路，临时水电设施等列入工程量表。特别要认真研究工程量的分类方法，以及每一子项工程的具体含义和内容。要研究永久性工程之外的项目有何报价要求，以便考虑如何将之列入工程总价中去。例如对旧建筑物和构筑物的拆除、监理工程师的现场办公室和各项开支（包括他们使用的家具车辆、水电、试验仪器、服务设施和杂务费用等）、模型、广告、工程照片和会议费用等，招标文件有何具体规定。弄清一切费用纳入工程总报价的方法，不得有任何遗漏或归类的错误。

对某些部位的工程或设备提供，是否必须由业主确定指定的分包商进行分包。文件规定总包对分包商应提供何种条件，承担何种责任，以及文件是否规定分包商计价方法。对于材料、设备工资在施工期限内涨价及当地货币贬值有无补偿，即合同有无任何调价条款，以及调价计算公式。

④承包商风险。认真研究招标文件中对承包商不利、需承担很大风险的各种规定和条款，例如有些合同中有这样一个条款：“承包商不得以任何理由索取合同价格以外补偿”，那么承包商就得考虑加大风险费。

（6）现场勘察

现场勘察是整个投标报价中的一项重要活动，对于正确考虑施工方案和合理计算报价具有重要意义。应由有经验的项目负责人带队，事先制定详细的调查提纲，对一般自然条件、现场施工条件、当地生活条件等逐项进行调查。考察后应提供出实事求是和包含比较准确可靠数据的考察报告，以供投标报价使用。

现场勘察应包括以下内容：

①自然地理条件。

a. 气象资料：年平均气温、年最高气温；风玫瑰图、最大风速、风压值；日照；年最大降雨量，平均降雨量，年平均湿度，最高、最低湿度；室内计算温度、湿度。

b. 水文资料：潮汐、风浪、台风等（对于港口工程）。

c. 地质情况：地质构造及特征；承载能力，地基是否有大孔土、膨胀土（需用钻孔或探坑等手段查明）；地震及其设防等级。

d. 上述问题对施工的主要影响。

②材料问题。

a. 地方材料的供应品种，水泥、钢材、木材、砖、砂、石料及预制构件的生产和供应。

b. 装修材料的品种和供应，瓷砖、水磨石、大理石、墙纸、吊顶、喷涂材料、铝合金门窗、水电器材、空调等的产地和质量，各种材料器材的价格、样本。

c. 第三国采购的渠道及其当地代理情况。

d. 实地参观访问当地材料的成品及半成品等生产厂、加工厂和制作场地。

③交通运输。

a. 空运、海运、河运和陆地运输情况。

b. 主要运输工具购置和租赁价格。

④编制报价的有关规定。

a. 所在国国家工程部门颁发的有关费率和取费标准。

b. 人工工资及其附加费用，当地工人工效以及同我国工人的工效比，如何招募当地工人等。

c. 临建工程的标准和收费。

d. 当地及国际市场材料、机械设备价格的变动，运输费和税率的变动。

⑤施工机具。

a. 该国施工设备和机具的生产、购置和租赁；转口机具和设备材料的供应；有关设备机具的配置及维修。

b. 当地施工是否需要特殊机具。

c. 当地机具加工能力。

⑥规划设计和施工现场。

a. 工程的地形、地物、地貌；城市坐标、用地范围；工程周围的道路、管线位置、标高、管径、压力；市政管网设施等。

b. 市政给排水设施；废水、污水处理方式；市政雨水排放设施；市政消防供水管道管径、压力。

c. 当地供电方式、电压、供电方位、距离。

d. 电视和通讯线路的铺设。

e. 政府有关部门对现场管理的一般要求、特殊要求及规定。

f. 施工现场的“三通一平”情况。

g. 当地施工方法及注意事项。

h. 当地建筑物的结构特征和习惯做法；建筑形式、色调、装饰、装修、细部处理；所在国的建筑风格。

i. 重点参观有代表性的著名建筑物和现代化建筑。

⑦业主和竞争对手情况。

a. 业主情况。

b. 工程资金来源。

c. 竞争对手情况。

⑧承包工程所在国的政治情况、有关法规和条例。

a. 掌握该国的一般政治、经济情况；与邻国的关系；与我国的关系。

b. 了解我国外交部、商务部对该国的评价，请我驻外使馆介绍有关情况。

c. 了解该国关于外国承包公司注册设点的程序性规定；需要递交的资料的详细内容。

d. 搜集或购买工程设计规范、施工技术规范、招标法规制度及工程审查及验收制度。

⑨市场情况。

a. 建筑材料、施工机械设备、燃料、动力、水和生活用品的供应情况、价格水平、过去几年各类物资在近年内涨价的幅度以及今后的变化趋势。

b. 劳务市场状况，包括工人的技术水平、工资水平，有关劳动保险和福利待遇的规定，以及外籍工人是否被允许入境等。

c. 外汇汇率、银行信贷利率、税率、保险费率。

d. 工程所在国海关手续和程序以及境内将发生的各项费用。

e. 工程所在国本国承包企业和注册的外国承包企业的经营情况。

f. 所在国国家工程部门颁发的有关费率和取费标准。

g. 工程项目的资金来源和业主的资信情况。

h. 对购买器材和雇用工人有无限制条件（例如是否规定必须采购当地某种建筑材料的份额或雇用当地工人的比例等）。

i. 对外国承包商和本国承包商有无差别待遇（例如在标价上给本国承包商以优惠等）。

j. 工程价款的支付方式，外汇所占比例。

k. 业主、监理工程师的资历和工作作风等。

以上只是调查的一般要求，应针对工程具体情况而增删。考察后要写出简洁明了的考察报告，附有参考资料、结论和建议，使报价人员看后一目了然，把握要领。一个高质量的考察报告，对研究投标报价策略和提高中标率有着十分重要的意义。

（7）复核或计算工程量

国际工程招标中一般都有工程量清单，报价之前，要对工程数量进行校核。国际上通用的工程量计算方法有《建筑工程量计算原则（国际通用）》、《（英国）建筑工程量标准计算方法》。招标文件中如没有工程量清单，则须根据图纸计算全部工程量。如对计算方法有规定，应按规定的方法计算；如无规定，亦可用国内惯用的方法计算。

（8）参加标前会议

召开标前会议的目的，是为了使业主澄清投标者对招标文件的疑问，回答投标者提出的各类问题。通过介绍项目情况，使投标者进一步了解招标文件的要求、规定和现场情况，更好地准备投标文件。一般大型和较复杂的工程要召开此类会议，而且往往与组织投标者考察现场结合进行，在投标邀请书中即规定好会议日期、时间和地点。

投标者如有问题要提出，应在召开标前会议一周前以书面或电传形式发出。业主将对提出的问题以及标前会议的记录用书面答复的形式给每个投标者，并作为正式招标文件的一部分。

投标人应按时参加标前会议，在参加会议前应认真阅读和分析招标文件，如已经进行了现场勘察，则应结合现场勘察的结果，将发现的问题和疑问整理成书面文件，提交给招标人。在会议上应认真记录会议内容，并从其他人的提问中发现对自己有用的信息。所提问题的注意事项与国内投标基本相同。

对于世界银行贷款项目，对标前会和现场考察的情况及对主要问题的澄清、解答还应做出书面纪要并报送世界银行。

（9）制订施工组织规划

招标文件中要求投标者在报价的同时要附上其施工组织规划。施工组织规划内容一般包括施工技术方案、施工进度计划、施工机械设备和劳动力计划安排以及临建设施规划。

制定施工规划的原则是在保证工程质量和工期的前提下，尽可能使工程成本最低，投标价格合理。在这个原则下，投标者要采用对比和综合分析的方法寻求最佳方案。值得注意的问题如下：

①研究确定哪些工程由自己组织施工，哪些分包，提出寻求分包的条件设想，以便询价。

②用概略指标估算直接生产劳务数量，考虑其来源及进场时间安排。如果当地有限制外籍劳务的规定，则应提出当地劳务和外籍劳务的工种分配。

（10）报价方针与报价决策

此处内容参照 3.5.3 小节有关内容，不做重复叙述。

（11）计算单价、汇总标价

关于报价的计算方法内容较多，感兴趣者可以参照有关书籍关于国际工程造价的组成的内容。需要注意的问题如下：

①人工工资。国外工资包括的因素比国内复杂很多，大体分为出国工人工资和当地雇用工人工资两种。出国工人的工资包括：国内包干工资（约为基本工资的 3 倍）、服装费、国内外差旅费、国外零用费、人身保险费、伙食费、护照和签证费、税金、奖金、加班工资、劳保福利费、卧具费、探

亲及出国后所需的调迁工资等。国外当地雇用工人的工资，一般包括工资、加班费、津贴以及招聘、解雇等费用。国际上，我国工人工资水平较低，是投标报价的有利因素。

②机械费。国外机械费往往是单独一笔费用列入“开办费”中，也有的包括在项目单价内。计量单位为“台时”，由于国内机械费定得太低，在国外应提高。比如折旧费，一年为重置价的40%，二年为70%，三年为90%，四年为100%。工期在2~3年以上的，或无后续工程的，可以考虑一次摊销，另加经常费。此外，还应增加机械的保险费。

③暂定金额。是指包括在合同工程量清单内，以此名义用于工程施工，或供应货物与材料，或提供服务，或应付意外情况的暂定数量的一笔金额，也称特定金额或备用金。类似我国工程量清单计价中的预留金。这笔费用按业主或工程师的指示，或全部使用，或部分使用，或全部不予动用。

（12）标价评估、调整标价

标价的评估方法同国内工程相同，只是对照指标不同。调整标价应根据投标人的投标策略和报价技巧将报价加以调整，并最后确定报价。

（13）编制标书、办理投标保函

投标文件中的内容一般主要有：投标书、投标保证书、工程报价表、施工规划及施工进度、施工组织机构及主要管理人员简历、其他必要的附件及资料等。

投标人应按招标文件要求办理投标保函，它表明投标人有信用和诚意履行投标义务。其担保责任为：

①投标人在投标截止日以前投递的标书，有效期内不得撤回。

②投标人中标后，必须在收到中标通知后的规定时间内去签订合同。

③在签约时，提供一份履约保函。

若投标人不能履行以上责任，则业主有权没收投标保证金（一般为标价的3%~5%）作为损害赔偿。投标保函的有效期限一般是从投标截止日起到确定中标人止。若由于评标时间过长而使保函到期，业主要通知承包商延长保函有效期。招标结束后，未中标的投标者可向业主索回投标保函，以便向银行办理注销或使押金解冻，中标的承包商在签订合同时，向业主提交履约保函，业主即可退回投标保函。

目前在我国采用国际竞争性招标方式的大型土建项目中，投标担保只能由中国银行、中国银行在国外的开户行、在中国营业的外国银行、由招标公司和业主认可的任何一家外国银行及外国银行通过中国银行转开等银行开具。

外国承包商必须按项目所在国的规定办理注册手续，取得合法地位。有的国家要求投标前注册，有的允许中标后再注册。注册时需要提交规定的文件，主要有：企业章程、营业证书、世界各地分支机构清单、企业主要成员名单、申请注册的分支机构名称和地址、分支机构负责人的委任状、招标项目业主与企业签订的有关证明文件等。

3.5.2 国际工程投标文件

1. 投标文件的编制

投标文件又称标函或者标书，应按照业主招标文件规定的格式和要求编制。投标单位对招标工程做出报价决策之后，即应编制标书，也就是投标者须知规定投标单位必须提交的全部文件。这些文件主要有：

①投标书及其附件。投标书就是由投标的承包商负责人签署的正式报价信，我国通称标函。中标后，投标书及其附件即成为合同文件的重要组成部分。

②划价的工程量清单和单价表，按规定格式填写，核对无误即可。

③与报价有关的技术文件：图纸、技术说明、施工方案、主要施工机械设备清单、某些重要或特殊材料的说明书和小样等。

④投标保证书。如果同时进行资格审查，则应报送的有关资料。

在编制标书的同时，投标单位应注意将有关报价的全部计算、分析资料汇编归档，一份完整的投标报价书，至少应具备和包括下列资料：工程量表；报价单；主要材料计划表；主要工程设备清单；工程施工机械一览表；施工总体规划进度表；工程报价汇总表；预付款支付计划表；劳动力需求计划表；投标书附录一览表；报价书说明；临时设施、监理工程师办公室和施工总平面布置图等。

以上这些内容，有的是招标文件上必须要求送的，有的是承包商本身控制成本所必须做的，有时是二者兼顾的。

2. 投标文件的报送

投标人报送投标文件就是按照招标文件规定的时间，将所有准备好的有关商务法律文件、技术文件、价格文件以及其他信函等封装递送到招标人手中。另外，投标人还可以附一份投标致函，对自己的投标报价进行必要的说明。

目前，国际上趋向于（由雇主要求）将上述商务法律文件和技术文件装入一包，俗称为资格包；将价格文件装入一包，俗称为报价包。雇主和咨询工程师在评标时，对投标人的两包文件分别审查，综合评定。如果资格包评分不高，甚至通不过，报价再低，也不会授标。

投标文件的每一页，均应由投标人正式授权的代表签署确认，授权书应一并递交。在投标致函上，投标人必须写自己的全名再加盖公司的印章。所有这些均表示对此文件的确认。

投标文件应由雇主在规定的地址、不迟于招标资料中规定的日期和时间收到。在特殊情况下，雇主可自行以补遗书的形式延长投标截止日期。

开标前 24 小时为投标书寄送截止期，以到达日的邮戳为凭。若是送交或者投放于指定的邮箱，则以收条或回执为凭。若遇节假日，则往后顺延。一般送达投标文件不宜太早，以便留出必要的时间进行仔细审核，在规定的截止日期前一两天内密封送交即可。晚于规定的截止日期到达的投标文件一概无效。雇主在规定的投标截止日期以后收到的任何投标文件，将原封退还给投标人。

投标人在递交投标书截止日期前，可以通过书面形式通知雇主，对已提交的投标文件进行修改、替代或撤回。

3.5.3 国际工程投标策略

国际工程投标是一场紧张而又特殊的国际商业竞争。目前，国际工程招标多针对大型、复杂的工程项目进行，投标竞争的风险也比较大。投标策略的制订就是使投标人更好地运用自己的实力，在影响投标成功的各种因素上发挥相对优势，从而取得投标的成功。常用的投标策略有以下几种，但不限于此。

1．深入腹地策略

所谓深入腹地策略是指外国投标企业利用各种手段，进入工程所在国或地区，使自己尽可能地接近或演化成当地企业，以谋取国际投标的有利条件。作为一个外国企业，在参加国际投标时可能遇到各种各样的阻力：招标国对本国投标企业给予优惠，对外国投标人加以限制；当地法律条文、规章繁多，外国投标人稍有疏忽便成为不合格的投标人；外国投标人由于不知晓当地商业习惯、人际关系而难以进入竞争角色，等等。深入招标国内即可减少或消除以上困难，在招标中争取主动。深入腹地主要通过在招标国注册登记和聘请招标国代理两种方法。

为保持自己的竞争优势，外国投标人应在条件允许的情况下，把自己演化为当地企业，以享受最惠国待遇。投标人参加某国国际工程招标之前，在该国贸易注册局或有关机构注册登记，是变为当地公司的有效途径。投标人在当地注册后成为当地法人，就成为该国独立的法律主体，从事民事和贸易活动，接受当地国家法律管辖，并享受与当地投标人平等的权利和地位。

在招标国注册登记可以享受招标国优惠政策。各国的国际招标都有偏向，只不过有些采用公开手段，而有些实施隐蔽的政策罢了。外国投标人若要保持自己的竞争优势，应在条件许可的情况下，把自己演化成当地企业，以享受招标国的优惠待遇。一些发展中国家在招标文件中明文规定，本地投标企业享受一定百分比的优惠。比如，利用洛美协定对非洲、加勒比和太平洋地区贷款的国际招标条款规定，投标公司若属于非洲、加勒比和太平洋地区的企业，在承包工程投标中可享受 10% 的优惠；商品供应投标中可享受 15% 的优惠。在发达国家，虽然从其招标法律或条文中找不到对投标人差别待遇的规定，但在实际做法上，以各式各样条例限制外国投标人与本国企业的竞争。

2. 联合策略

联合策略是指投标人使用联合投标的方法，组成联合体，改变外国投标人不利的竞争地位，提高竞争水平。即由两家以上投标人根据投标项目组成单项合营，注册成立合伙企业或结成松散的联合集团，共同投标报价。联合体成员要签订协议，规定各自的义务，分担资金，分别提供的设备和劳动力等，由其中一些成员作为合同执行的代表，作为负责人，其他成员则受到协议条款的约束。

联合体包括合营体 (JV-Joint Venture) 或合包集团 (Consortium)。合营体和合包集团在具体运作上，尤其是在各成员的责权利上是有区别的。合营体侧重共同承担履约责任，各成员相互之间的关系更密切。合包集团强调各负其责，各成员相互之间首先承担各自责任，然后才是连带责任。

与项目所在地区企业组成联合体，有如下优势：

①可以享受当地优惠，通常当地公司参加投标时，享受 7.5% 的价格优惠，有些国家更高，甚至能达到 15%。

②弥补单个投标人自身资源的限制。

③可以降低投标或实施项目的风险。

④可以减少工程所在地竞争对手。

⑤强强联合、优势互补，提高投标人的竞争能力。

投标人在组成联合体时，必须符合招标文件中规定的要求，签订相应的协议。一般来说，在资格审查阶段，应签订联合体备忘录 (MOU)；在投标阶段，要签订联合体协议 (Agree-ment)；在项目中标后，要确定联合体章程。联合体可以以一个新的名称对外，也可以以牵头方的名称对外，有时以联合体当地合作伙伴的名义对外，以增强联合体的亲和力。

3. 最佳时机策略

最佳时机策略是指投标人在接到投标邀请至截止投标这段时间内选择于己最有利的机会投出标书。投标时间的选择十分重要。选择最佳时机，投标人应掌握的原则是反应迅速、战术多变、情报准确。即使投标人有了较为准确的报价，仍然要等待时机，在重要竞争对手之后采取行动。竞争对手人数的多少，竞争对手报价的高低，严重干扰投标人中标的可能性。所以，在了解竞争对手数量及其报价之后，按照实际中标的可能性修改原报价，才能使标价更合理。

在国际招标进行过程中，招标人在公开开标之前，难以得知投标人的确切数量。并且，所有投标人都要采取保密措施，避免对方了解自己的根底。因此，一个投标人不可能了解掌握全部竞争对手的详细资料。这时投标人应瞄准一两个主要的竞争对手，在竞争对手投标之后报价，投标人可以利用这段时间，迷惑对手，再伺机投标。

4. 公共关系策略

公共关系策略是指投标人在投标前后加强同外界的联系，宣传扩大本企业的影响，沟通与招标人的感情，以争取更多的中标机会。目前，在国际工程招标中这种场外活动比较普遍，采用的手段也多种多样。常用家访、会谈、宴会等比较亲切的交际方式与当地投标机构人员建立关系，与当地政府官员、社会名流联络感情，或寻找机会宣传、介绍企业等。公共关系策略运用得当才会对中标产生积极的效果。因此，在使用时要特别注意不同工程所在国家地区的文化习俗差异，见机行事，有的放矢。其宗旨在于，培植外界对本企业的信任与感情。

3.6 建设工程投标文件实例

下面是某建筑工程有限公司对某管理局第一医院综合门诊楼翻建工程的投标资料。

施工投标文件

工程名称：某管理局第一医院综合门诊楼翻建工程

投标文件内容：第一部分（商务标）

法定代表人或

委托代理人：________________（签字或盖章）

投标单位：____________________（盖章）

日　　期：________年______月______日

第一部分　投标文件商务标部分目录

法定代表人资格证明书

单位名称：××× 建筑工程有限责任公司

地　　址：××× 南路 ×× 号码

姓　　名：×××　　　性别：男　　　年龄：50　　　职务：总经理

系 ××× 建筑工程有限责任公司的法定代表人。施工、竣工和保修某管理局第一医院综合门诊楼翻建 的工程，签署上述工程的投标文件、进行合同谈判、签署合同和处理与之有关的一切事务。

特此证明。

附：法定代表人身份证复印件

投标单位：××× 建筑工程有限责任公司（盖章）

日期：二〇〇六年五月六日

授权委托书

本授权委托书声明：我 ××× 系 ××× 建筑工程有限责任公司的法定代表人，现授权委托 ××× 建筑工程有限责任公司 的 ××× 为我公司签署本工程已递交的投标文件的法定代表人的授权委托代理人，代理人全权代表我所签署的本工程已递交的投标文件内容我均承认，并处理招标投标和合同签订的有关事宜。

代理人无转委托权，特此委托。

代理人：×××　　性别：女　　年龄：37

身份证号码：　　　　　　　职务：预算处长

投标单位：××× 建筑工程有限责任公司（盖章）

法定代表人：×××（签字或盖章）

授权委托日期：二零零六 年 五 月 六 日

投 标 函

致：××× 管理局第一医院

1. 根据已收到贵方的招标编号为 NJYZMLS—2006—LJ009 工程的招标文件，遵照《中华人民共和国招标投标法》等有关规定，我单位经考察现场和研究上述招标文件的投标须知、合同条款、技术规范及其他有关文件后，我方愿以人民币（大写）陆佰陆拾万零壹佰陆拾肆元整（￥: 6600164.00）的投标报价并按施工图纸、合同条款、技术规范的条件要求承包上述工程的施工、竣工并修补任何缺陷。

2. 我方已详细审核全部招标文件及有关附件，并响应招标文件所有条款。

3. 我方的金额为人民币（大写）伍万元的投标保证金与本投标函同时递交。

4. 一旦我方中标，我方保证按合同中规定的开工日期开工，按合同中规定的竣工日期交付全部工程。

5. 我方同意所递交的投标文件在“投标须知”规定的投标有效期内有效，在此期间内我方的投标有可能中标，我方将受此约束。

6. 除非另外达成协议并生效，贵方的中标通知书和本投标文件将构成约束我们双方的合同。

投标单位：××× 建筑工程有限责任公司（盖章）

单位地址：××× 南路 ×× 号

法定代表人或其委托代理人：　　　　（签字或盖章）

邮政编码：×××

电话：×××

传真：×××

开户银行名称：××× 商业银行北路支行

开户银行账号：×××

开户银行地址：西路 ××× 号

开户银行电话：×××

日期：二〇〇六年五月八日

投标函附录

序号	项目内容	合同条款号	约定内容	备注
1	银行保函金额		合同价款的（10）%	
2	施工准备时间		签订合同后（7）天	
3	误期违约金额		（4 000）/天	
4	误期赔偿费限额		合同价款的（1）%	
5	提前工期奖		（3 000）元/天	
6	施工总工期		（213）日历天	
7	质量标准			
8	工程质量违约金最高限额		（500 000）元	
9	预付款金额		合同价款的（10）%	
10	预付款保函金额		合同价款的（10）%	
11	进度款付款时间		签发月付款凭证后（10）天	
12	竣工结算款付款时间		签发竣工结算付款凭证后（10）天	
13	保修期		依据保修书约定的期限	
14	⋮		⋮	

投标担保银行保函

致：招标单位全称

鉴于（×××建筑工程有限责任公司）（下称“投标单位”）于2006年5月6日参加×××管理局第一医院（下称“招标单位”）工程的投标。

×××商业银行北路支行（下称“本银行”）在此承担向招标单位支付总金额人民币陆拾陆万元的责任。

本责任的条件是：

一、如果投标单位在招标文件规定的投标有效期内撤回投标。

二、如果投标单位在投标有效期内收到招标单位的中标通知书后：

1. 不能或拒绝按投标须知的要求签署合同协议书；

2. 不能或拒绝按投标须知规定提交履约保证金。

只要招标单位指明投标单位出现上述情况的条件，则本银行在接到你方以书面形式的通知要求后，就 支付上述金额之内的任何金额，并不需要招标单位申述和证实其他的要求。

本保函在投标有效期后或招标单位这段时间内延长的招标有效期28天后保持有效，本银行不要求得到延长有效期的通知，但任何索款要求应在有效期内送到银行。

担保银行：×××商业银行北路支行（盖章）

法定代表人或其授权的代表人：支行行长（职务）

×××（姓名）

×××（签字）

二〇〇六年五月六日

投标担保书

致：××× 管理局第一医院

根据本担保书，(投标人名称)(以下简称“投标人”)作为委托人和(担保机构名称)作为担保人(以下简称“担保人”)共同向(招标人名称)(以下简称“招标人”)承担支付(币种，金额，单位)____元(RMB____元)的责任，投标人和担保人均受本担保书的约束。

鉴于投标人于____年____月____日参加招标人的(工程项目名称)的投标，本担保人愿为投标人提供投标担保。

本担保书的条件是，如果投标人在投标有效期内收到你方的中标通知书后：

1. 不能或拒绝按投标须知的要求签署合同协议书。

2. 不能或拒绝按投标须知的规定提交履约保证金。只要你方指明产生上述任何一种情况的条件时，则本担保人在接到你方以书面形式的要求后，即向你方支付上述全部款额，无须你方提出充分证据证明其要求。

本担保人不承担支付下述金额的责任。

1. 大于本担保书规定的金额。

2. 大于投标人投标价与招标人中标价之间的差额的金额。

担保人在此确认，本担保书责任在投标有效期或延长的投标有效期满后28天内有效，若延长投标有效期无须通知本担保人，但任何索款要求应在上述投标有效期内送达本担保人。

担 保 人：____________(盖章)

法定代表人或委托代理人：________(签字或盖章)

地 址：____________

邮政编码：____________

日 期：______年____月____日

建设工程施工项目投标书汇总表

(开标一览表)

投标单位	××× 建筑工程有限责任公司				
地 址	××× 南路 ××× 号				
法定代表人	×××	企业性质	有限责任	企业等级	总承包一级
投标项目	××× 管理局第一医院综合门诊楼翻建工程				
工程概况	框架六层 S=6 030.38 平方米				
承包范围	施工图包括的全部土建、水、电、暖等工程				
报 价					
工 期	2006年5月12日至2006年12月11日共(日历)213天				
质量等级	优良工程				
主要材料耗量	材料名称		单位		数量
	钢 材		吨		
	木 材		立方米		
	水 泥		吨		

投标报价预算汇总表

工程名称：××× 管理局第一医院综合门诊楼翻建工程　　　　单位：元人民币

工程项目	报 价	备 注
土建		
电气		
给排水		
采暖		
⋮		
合 计		

建设工程材差调整表

工程名称：××× 管理局第一医院综合门诊楼翻建工程　　面积：平方米　共　页　第　页

代码	名称	单位	数量	定额单价	调整单价	调整额
aa0010	普通硅酸盐水泥 325#	吨	44.388	289.70	270.00	−874.44
aa0020	普通硅酸盐水泥 425#	吨	458.070	310.10	330.00	9 115.59
aa0030	普通硅酸盐水泥 525#	吨	554.840	340.70	356.00	8 489.05
ab0470	浮石块	立方米	908.347	127.00	135.00	7 266.78
ac0530	中粗砂	立方米	2310.990	16.40	18.00	3 697.58
acl100	毛石	立方米	56.908	41.00	43.00	113.82
ap0310	聚苯乙烯硬泡塑料	立方米	104.305	352.30	124.00	−23 812.83
ca0290	框木材二等	立方米	8.292	1 226.00	1350.00	1 028.21
ca0310	扇木材一等	立方米	9.061	1 506.00	1350.00	−1 413.52
da1870	圆钢 ϕ9	吨	0.002	2 583.00	2789.00	0.41
da1880	圆钢 I 级 ϕ10 以内	吨	128.210	2 634.00	2789.00	19 872.55
da1890	圆钢 I 级 ϕ10 以上	吨	0.358	2 523.00	2738.00	76.97
da2200	螺纹钢 II 级 ϕ10 以上	吨	211.577	2 722.00	2840.00	24 966.09
ae0030	不锈钢全玻地弹门	平方米	61.517	669.60	480.00	−11 663.62
ae0150	铝合金地弹门	平方米	37.061	370.90	225.00	−5 407.20

续表

ae0190	铝合金单开门	平方米	10.491	247.30	150.00	1 020.77
ae0520	铝合金固定窗	平方米	83.339	226.60	128.00	−8 217.23
ae0550	铝合金推拉窗	平方米	875.467	247.30	133.00	−100 065.88
ah0030	玻璃 4 mm	平方米	90.860	14.40	18.40	363.20
	X 光室玻璃	平方米	2.400		80.00	192.00
	雨篷钢架玻璃	项	1.000		10 000.00	10 000.00
	X 光室 M17	樘	1.000		5 000.00	5 000.00
	外墙涂料	平方米	3 073.120	14.71	45.00	93 084.80
	GRC 通风道	平方米	51.200		18.00	921.60
合　计						31 713.16

施工投标文件

工 程 名 称：某管理局第一医院综合门诊楼翻建工程

投标文件内容：第二部分（技术标）

法定代表人或委托代理人：________（签字或盖章）

投标单位：________（盖章）

日　期：____年____月____日

第二部分 投标文件技术标部分目录

一、施工组织设计（略）

1. 工程概况
2. 施工部署
3. 施工准备
4. 施工方法及质量通病防治措施
5. 各项计划
6. 工程技术管理结构及组织措施

二、项目管理机构配备情况表

1. 项目管理班子配备情况表
2. 项目经理简历表
3. 项目技术负责人简历表
4. 项目管理班子配备情况辅助说明资料表

（1）项目管理班子机构设置

（2）各管理人员岗位职责

（3）各管理人员岗位证、职称证、毕业证

（4）特种作业人员岗位证

项目管理班子配备情况表

投标工程名称：××× 管理局第一医院综合门诊楼翻建工程

拟任职务	姓名	资格证明		施工经历（近3年）			
		职称	专业	项目名称	施工年限	结构	面积/平方米
项目经理	×××	工程师	工民建	×××	1998~2000年 1999~2000年 2001年	框剪十二层 框剪六层 砖混六层	23 134 8 300 6 830
项目总工	×××	高级工程师	质量管理	×××	1994~1996年 1998~1999年 2000~2002年	框剪层 框剪 框剪	30 758 24 000 31 000
施工员	×××	工程师	工民建	×××	2000年 2001.6~2001.10 2001.6~2002.10	混合五层 框架三层 框架十四层	3 610 1 876 13 249
质检员	×××	工程师	工民建	×××	2000年 2001.6~2001.10 2001.6~2002.10	混合五层 框架三层 框架十四层	3 610 1 876 13 249
安全员	×××	助理工程师	工民建	×××	2001.3~2001.12 2002.5~2002.10	砖混六层 砖混三层	6 280 3 426
预算员	×××	工程师	工民建	×××	2000年 2001.6~2001.10 2001.6~2002.10	混合五层 框架三层 框架十四层	3 610 1 876 13 249
材料员	×××	助理工程师	工民建	×××	2000.3~2001.4 2001.6~2002.1 0	框架六层 框架十四层	44 390 13 249
会计	×××	经济师	经济	×××	1998.4~2000.5 1999.5~2000.3 2001年	框剪十二层 框剪六层 砖混六层	23 134 8 300 6 830
水暖施工员	×××	助理工程师	工民建	×××	2000年 2001.6~2001.10 2001.6~2002.10	混合五层 框架三层 框架十四层	3 610 1 876 13 249
电气施工员	×××	工程师	工民建	×××	2000年 2001.6~2001.10 2001.6~2002.10	混合五层 框架二层 框架十四层	3 610 1 876 13 249

本工程一旦我单位中标，将实行项目经理负责制，并配备上述项目管理班子。上述填报内容真实，若不真实，愿按有关规定接受处理。

项目经理简历表

姓名	×××	性别	男	年龄	41
职称	工程师		学历	本科	
参加工作时间	1984.9		从事项目经理年限	15 年	
项目经理资格证书编号	×××		资质等级	一级	

近 3 年施工类似工程及其他工程情况

建设单位	项目名称	结构规模、层数	开、竣工日期	工程质量
×××	×××	框剪十一层 23 134 平方米	1998.4~2000.7	优良
×××	×××	框剪六层 8 300 平方米	1999.5~2000.8	优良
×××	×××	砖混六层 6 830 平方米	2001.3~2001.12	优良
×××	×××	框剪十一层 30 758 平方米	1994.7~1996.5	鲁班奖
×××	×××	24 000 平方米	1998.3~1999.1	优良
×××	×××	31 000 平方米	2000.9~2002.7	优良

项目技术负责人简历表

姓名	×××	性别	男	年龄	66
职称	工程师		学历	大专	
参加工作时间			1957.9	从事技术负责人年限	20 年

近 3 年施工类似工程及其他工程情况

建设单位	项目名称	结构规模、层数	开、竣工日期	工程质量
×××	×××	框剪十一层 30 758 平方米	1994.7~1996.5	鲁班奖
×××	×××	24 000 平方米	1998.3~1999.1	优良
×××	×××	31 000 平方米	2000.9~2002.7	优良

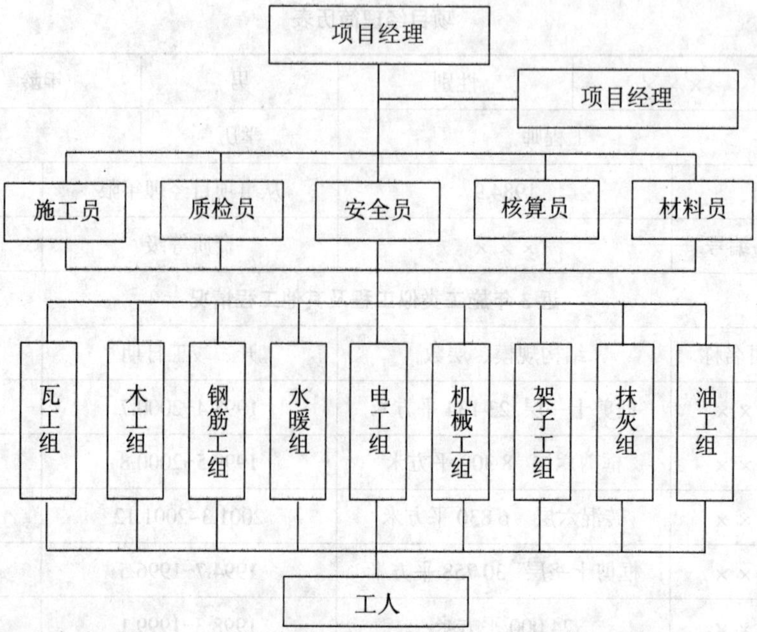

说明：本工程一旦我公司中标，将实行项目经理负责制，并配备上述项目班子。

施工投标文件

工程名称：某管理局第一医院综合门诊楼翻建工程

投标文件内容：第三部分（辅助资料）

法定代表人或委托代理人：__________（签字或盖章）

投标单位：__________（盖章）

日　期：________年______月______日

第三部分　辅助资料目录

一、有关资质及有效证明文件

1. 企业法人营业执照

2. 建筑业企业资质证书

3. 组织机构代码证

4. 税务登记证

5. 项目经理资格证书

6. 2003~2005 年经审计的财务报表

7. 投标人综合业绩资料

（1）企业简介

（2）近 3 年获区、市级样板工程奖证书

（3）近 3 年获区、市级优良工程奖证书

（4）近 3 年获安全文明工地奖证书

（5）近 3 年建筑工程安全无事故证明、服从建筑市场证明

（6）近 3 年项目经理类似工程业绩证书

（7）企业社会荣誉、在建筑业检查评比中获奖证书

（8）获区、市级重合同守信誉证书

（9）安全生产资格证、ISO 9000 体系认证证书

（10）“承包工程履行合同评价”的证明

（11）资信证明

二、附表

1. 投标人一般情况表
2. 年营业额数据表
3. 近 3 年已完工程一览表
4. 在建工程一览表
5. 财务状况表
6. 最近 3 年逐年的实际资产负债表
7. 类似工程经验
8. 关于诉讼和仲裁资料的说明

投标人一般情况表

企业名称	××× 建筑工程有限责任公司				法定代表人：×××		
注册地址	××× 南路 ××× 号				注册日期：1966 年 4 月		
资质等级	房屋建筑施工总承包壹级				企业性质：有限责任		
电　话	×××				传真：×××		
经营范围	房屋建筑施工总承包壹级						
企业职工总数（人）	有职称的管理人员数 / 人				工人 / 人		
	高工	工程师	助工	技术员	高级	中级	初级
	49	189	391	96	1 043	1 358	474
主要施工机械设备	名称	型号		数量	产地		生产日期
	挖掘机	PC 220—6		5	日本		2000 年 5 月
	推土机	T 160—1		6	山东		2001 年 6 月
主要施工机械设备	自卸汽车	CQ 3260		13	重庆		2002 年 4 月
	装载机	WA 300—1		8	济南		2001 年 3 月
	塔吊	QTZ 80A		9	济南		2002 年 2 月
	卷扬机	TK 1		41	济南		2002 年 9 月
	砼搅拌机	JDY 350		36	山东		2000 年 7 月
	砼输送泵	HNJ 5240		8	济南		2001 年 4 月
其他需说明的情况：无							

年营业额数据表　　单位：万元

年　份	营业额（工程收入）	备注
2003 年	12 660	
2004 年	15 177	
2005 年	17 513	

续表

序号	工程名称	合同金额 / 万元	质量标准	竣工日期
1	×××	1 970	优良	2005 年 11 月 20 日
2	×××	2 140	优良	2005 年 8 月 31 日
3	×××	3 701	优良	2005 年 4 月 30 日
4	×××	429	优良	2005 年 6 月 15 日
5	×××	1 035	优良	2005 年 9 月 3 日
6	×××	600	优良	2005 年 11 月 30 日
7	×××	329	优良	2004 年 6 月 20 日
8	×××	1229	优良	2004 年 8 月 20 日
9	×××	512	优良	2004 年 9 月 15 日
10	×××	570	优良	2004 年 7 月 15 日
11	×××	3 320	优良	2004 年 7 月 15 日
12	×××	446	优良	2004 年 10 月 20 日
13	×××	376	优良	2003 年 11 月 30 日
14	×××	2 228	优良	2003 年 10 月 10 日
15	×××	2 160	优良	2003 年 8 月 16 日
16	×××	321	优良	2003 年 9 月 28 日
17	×××	355	优良	2003 年 9 月 27 日
18	×××	355	优良	2003 年 9 月 15 日

在建工程一览表

序号	工程名称	合同金额 / 万元	未完成部分金额 / 万元	竣工日期
1	×××	330	200	2005 年 6 月 20 日
2	×××	231	83	2005 年 5 月 10 日
3	×××	738	101	2005 年 5 月 30 日
4	×××	345	223	2005 年 5 月 31 日
5	×××	307	68	2005 年 6 月 5 日
6	×××	480	240	2005 年 7 月 15 日
7	×××	355	312	2005 年 6 月 8 日
8	×××	525	468	2005 年 7 月 30 日
9	×××	1706	1000	2005 年 8 月 15 日
10	×××	145	69	2005 年 9 月 1 日
11	×××	626	431	2005 年 11 月 30 日

财务状况表

银行	银行名称	××× 商业银行北路支行		
	银行地址	××× 北路 ××× 号		
	电话	×××	联系人及职务	×××
	传真	×××		

最近 3 年逐年的实际资产负债表

财务状况 / 元	2003 年	2004 年	2005 年
1. 总资产	384 979 555.03	413 753 899.13	305 157 742.32
2. 流动资产	287 603 663.65	288 497 074.18	241 272 768.82
3. 总负债	298 539 485.07	330 259 129.67	253 024 816.63
4. 流动负债	140 438 724.93	140 161 231.53	102 930 638.49
5. 税前利润	1 858 666.19	819 636.81	378 010.98
6. 税后利润	1 245 306.35	549 156.66	206 815.97

类似工程经验（2003~2005）

序号	工程名称	建设单位	工程概况	竣工日期	质量标准	合同价 / 元
1	×××	×××	排架 13 777 平方米	2003 年 9 月 10 日	优良	1 8290 000
2	×××	×××	框剪六层 14 189 平方米	2004 年 11 月 20 日	优良	1 9700 000
3	×××	×××	框剪十一层 10 504 平方米	2004 年 11 月 15 日	优良	2 1410 000
4	×××	×××	框剪五层 6 275 平方米	2004 年 11 月 30 日	优良	6 000 000
5	×××	×××	框剪＝层 15 728 平方米	2004 年 8 月 20 日	优良	1 2290 000
6	×××	×××	框剪六层 5 275 平方米	2004 年 9 月 15 日	优良	5 120 000
7	×××	×××	框剪十四层 13 249 平方米	2004 年 10 月 10 日	优良	2 2280 000
8	×××	×××	框架七层 6 263 平方米	2004 年 7 月 15 日	优良	5 700 000
9	×××	×××	框架八层 26 200 平方米	2003 年 6 月 16 日	自治区优质工程	2 8820 000

其他资料

我公司在近3年没有介入过任何诉讼或仲裁。

就业导航

项目＼种类		二级建造师	一级建造师	招标师	造价工程师	监理工程师
职业资格	考证介绍	投标的要求、程序；联合体投标；投标的禁止性规定等	投标的要求、程序；联合体投标；投标的禁止性规定；国际工程投标等	投标文件、投标保证金、投标有效期、联合体投标等	建设项目施工投标程序、投标策略；投标报价；国际工程投标等	投标报价、《招标投标法》关于投标的有关规定
	考证要求	掌握联合体投标；熟悉投标的要求、程序和禁止性规定	掌握联合体投标；熟悉投标的要求、程序和禁止性规定；熟悉国际工程投标报价程序、组成；了解国际工程投标分析方法、技巧和决策影响应诉	熟悉投标文件构成的要求；熟悉投标文件的编写、送达、修改、撤回、投标有效期、投标保证金和联合体投标的要求	熟悉建设项目施工投标程序、投标策略；掌握工程量清单的编制及投标报价；了解国际工程投标	了解工程投标报价的计算；熟悉建设工程投标价格；掌握《招标投标法》关于投标的有关规定
对应职业岗位		施工员、质检员、资料员、项目经理	施工员、质检员、资料员、项目经理	资料员	造价员、预算员、资料员	监理员、质检员、资料员

基础与工程技能训练

基础训练

一、名词解释

建设工程投标　投标保证金　投标报价　不平衡报价法　建设工程投标文件　投标有效期

二、选择题

1. 当一个工程项目总报价基本确定后，通过调整内部各个项目的报价，以期既不提高报价、不影响中标，又能在结算时得到较为理想的经济效益，这种报价技巧叫做（　　）。

A. 根据中标项目的不同特点采用不同报价　B. 多方案报价法

C. 可供选择的项目的报价　D. 不平衡报价法

2. 编制工程施工招标标底时，分部分项工程量的单价为全费用单价。全费用单价综合计算完成分部分项工程所发生的直接费、间接费、利润、税金。工程量清单计价法的单价主要采用此种方法，被称为（　　）。

A. 工料单价法　B. 综合单价法

C. 定额法　D. 其他方法

3. 投标文件一般由以下哪几个部分组成（　　）

A. 投标书附录　B. 法定代表人资格证明书　C. 工程量清单

D. 施工组织设计　E. 投标保证金

4. 下列关于投标文件编制的说法错误的是（　　）。

A. 投标文件必须按照招标文件提供的格式填写

B. 全套招标文件不允许有修改和行间插字之处

C. 编制的投标文件“正本”有一份，“副本”有两份

D. 投标文件应严格按照招标文件的要求进行分包和密封

E. 如招标文件规定投标保证金为合同总价的某百分比时，开具投标保函应不要太早，以防泄露报价

5. 通常情况下，对于下列哪些招标项目，投标人应放弃投标（　　）。

A. 本施工企业主管和兼管能力之外的项目

B. 工程规模、技术要求超过本施工企业技术等级的项目

C. 投标企业生产任务不足、处于窝工状态

D. 招标工程风险较小的项目

E. 本施工企业技术等级、信誉、施工水平明显不如竞争对手的项目

6. 以下哪些是影响投标决策的客观因素（　　）。

A. 投标人的技术实力　B. 发包人的情况　C. 投标风险的大小

D. 法律、法规情况　E. 投标人的经济实力

7. 投标按性质划分可分为（　　）

A. 风险标和盈利标　B. 保险标和保本标

C. 风险标和保险标　D. 盈利标和保险标

8. 关于不平衡报价法下列说法正确的是（　　）。

A. 对能早期结账收回工程款的项目的单价可报以较低价

B. 估计今后工程量可能减少的项目，其单价可降低

C. 图纸内容不明确的，其单价可降低

D. 没有工程量只填报单价的项目其单价宜高

E. 对于暂定项目，其实施的可能性大的项目，可定高价

9. 若业主拟定的合同条件过于苛刻，为使业主修改合同，可准备“两个报价”，并阐明，若按原合同规定，投标报价为某一数值，但倘若合同作某些修改，则投标报价为另一数值，即比前一数值的报价低一定的百分点，以此吸引对方修改合同。但必须先报按招标文件要求估算的价格而不能只报备选方案的价格，否则可能会被当作“废标”来处理，此种报价方法称为（　　）

A. 不平衡报价法　B. 多方案报价法　C. 突然袭击法　D. 低投标价夺标法

10. 通常情况下，下列施工招标项目中应放弃投标的是（　　）。

A. 本施工企业主营和兼营能力之外的项目

B. 工程规模、技术要求超过本施工企业技术等级的项目

C. 本施工企业生产任务饱满，而招标工程的盈利水平较低或风险较大

D. 本施工企业技术等级、信誉、施工水平明显不如竞争对手的项目

E. 本施工企业在类似项目施工中信誉非常好的项目

11. 业主为防止投标者随意撤标或拒签正式合同而设置的保证金为（　　）。

A. 投标保证金　B. 履约保证金　C. 担保保证金

12. 招标过程中投标者的现场考察费用应由（　　）承担。

A. 招标者　B. 投标者　C. 招标者和投标者

三、判断题

1. 投标是承包单位以报标价的形式争取承包建设工程项目的经济活动，是目前承包商取得工程项目的一种最常见的行之有效的活动。（　）

2. 在不平衡报价中，对暂定项目要报高价。（　）

3. 投标决策就是决定要不要投标。（　）

4. 招标预备会的目的在于澄清招标文件中的疑问，解答投标单位对招标文件和勘察现场中所提出的疑问和问题。招标预备会的目的在于澄清投标文件中的疑问。（　）

5. 由于企业的任务并不全依赖于投标获得，所以企业没有必要设立专门的投标班子。（　）

6. 在制作投标报价时，应根据企业的具体情况，在施工预算的基础上确定，而不应该把施工预算作为投标报价。（　）

7. 投标技巧中的不平衡报价是指在总价基本确定的前提下，如何调整内部各个子项的报价，以既不影响总报价，又能在中标后可以获取较好的经济效益，所以在操作中对于能早期结账收回工程款的项目（如土方、基础）其单价应降低。（　）

四、简答题

1. 简述建设工程投标的一般程序。

2. 建设工程投标文件的组成有哪些？

3. 常用的建设工程投标技巧有哪几种？

4. 何为投标决策？具体包括哪些内容？

5. 对于投标人，不平衡报价法的优点是什么？它适用哪些情况？

6. 国际工程投标在程序上和策略上应注意哪些问题？

五、案例分析题

1. 某办公楼施工招标文件的合同条款中规定：预付款数额为合同价的30%，开工后三日内支付，上部结构工程完成一半时一次性全额扣回，工程款按季度支付。

某承包商通过资格预审后对该项目进行投标，经造价工程师估算，总价为9 000万元，总工期为24个月，其中，基础工程估价为1 200万元，工期为6个月；上部结构工程估价为4 800万元，工期为12个月；装饰和安装工程估价为3 000万元，工期为6个月。该承包商为了既不影响中标，又能在中标后取得较好的收益，决定采用不平衡报价法对造价工程师的原估价作适当调整，基础工程调整为1 300万元，结构工程调整为5 000万元，装饰和安装工程调整为2 700万元。

另外，该承包商还考虑到，该工程虽然有预付款，但平时工程款按季度支付不利于资金周转，决定除按上述调整后的数额报价外，还建议业主将支付条件改为：预付款为合同价的5%，工程款按月支付，其余条款不变。该承包商将技术标和商务标分别封装，在封口处加盖本单位公章和法定代表人签字后，在投标截止日期前1天上午将投标文件报送业主。次日（即投标截止日当天）下午，在规定的开标时间前1小时，该承包商又递交了一份补充材料，其中声明将原报价降低4%。但是，招标单位的有关工作人员认为，一个承包商不得递交两份投标文件，因而拒收承包商的补充材料。

开标会由市招标办的工作人员主持，市公证处有关人员到会，各投标单位代表均到场。开标前，市公证处人员对各投标单位的资质进行审查，并对所有投标文件进行审查，确认所有投标文件均有效后，正式开标。主持人宣读投标单位名称、投标价格、投标工期和有关投标文件的重要说明。

问题：

（1）该承包商所运用的不平衡报价法是否恰当？为什么？

（2）除了不平衡报价法，该承包商还运用了哪些报价技巧？运用是否得当？

（3）从所介绍的背景资料来看，在该项目招标程序中存在哪些问题？请分别作简单说明。

2. 某大型水利工程项目中的引水系统由电力部委托某技术进出口公司组织施工公开招标，确定的招标程序如下：①成立招标工作小组；②编制招标文件；③发布招标邀请书；④对报名参加投标者进行资格预审，并将审查结果通知各申请投标者；⑤向合格的投标者分发招标文件及设计图纸、技术资料等；⑥建立评标组织，制定评标定标办法；⑦召开开标会议，审查投标书；⑧组织评标，决定中标单位；⑨发出中标通知书；⑩ 签订承发包合同。参加投标报价的某施工企业需制定投标报价策略。既可以投高标，也可以投低标，其中标概率与效益情况如下表所示。若未中标，需损失投标费用5万元。

问题：

（1）上述招标程序有何不妥之处？请加以指正。

（2）请运用决策树方法为上述施工企业确定投标报价策略。

	中标概率 /%	效果	利润 / 万元	效果概率 /%
高标	0.3	好	300	0.3
		中	100	0.6
		差	−200	0.1
低标	0.6	好	−200	0.3
		中	50	0.5
		差	−300	0.2

工程技能训练

请以5人为一个小组，按照模块2的实训题中编写的招标文件，参照本模块3.6，结合其他有关工程投标案例，编写一份完整的投标文件。

模块4

建设工程开标、评标和定标

模块概述

本模块主要介绍开标、评标、定标的基本概念、程序及注意事项，还有评标的标准、内容以及方法。通过该模块的学习及训练使学生了解工程开标、评标、定标的一般程序及法律相关规定，掌握评标的标准与方法，能够参与实际的工程开标、评标、定标活动。

学习目标

◆ 了解开标、评标、定标基本概念；

◆ 熟悉开标、评标、定标的程序及在决标过程中应该遵守的法律规定；

◆ 掌握评标的标准、内容以及方法。

能力目标

◆ 谙熟开标、评标、定标程序；

◆ 能够参与实际的工程开标、评标活动，从事具体的开标、评标、定标工作。

课时建议

4~6 课时

4.1 建设工程开标

4.1.1 建设工程开标活动

招标投标活动经过招标阶段和投标阶段之后，便进入了开标阶段。开标，是指在投标人提交投标文件的截止日期后，招标人依据招标文件所规定的时间、地点，在有投标人出席的情况下，当众公开开启投标人提交的投标文件，并公开宣布投标人的名称、投标价格以及投标文件中的其他主要内容的活动。

特别是，《招标投标法》第三十四条规定："开标应当在招标文件确定的提交投标文件截止时间的同一时间公开进行；开标地点应当为招标文件中预先确定的地点。"所以，开标应当按招标文件规定的时间、地点和程序，以公开方式进行。

1. 开标时间

①开标时间应当在提供给每一个投标人的招标文件中事先确定，以使每一投标人都能事先知道开标的准确时间，以便届时参加，确保开标过程的公开、透明。

②开标时间应与提交投标文件的截止时间相一致。将开标时间规定为提交投标文件截止时间的同一时间，这样的规定其目的是为了防止投标中的舞弊行为。

当然，出现以下情况时征得建设行政主管部门的同意后，可以暂缓或者推迟开标时间：

a. 招标文件发售后对原招标文件做了更正或者补充。

b. 开标前发现有影响招标公正性的不正当行为。

c. 出现突发事件等。

2. 开标地点

为了使所有投标人都能事先知道开标地点，并能够按时到达，开标地点也应当在招标文件中事先确定，以便使每一个投标人都能事先为参加开标活动做好充分的准备，如根据情况选择适当的交通工具，并提前做好机票、车票的预订工作等。招标人如果确有特殊原因，需要变动开标地点，则应当按照《招标投标法》第二十三条的规定对招标文件做出修改，作为招标文件的补充文件，书面通知每一个提交投标文件的投标人。

3. 开标应当以公开方式进行

开标活动除了时间、地点应当向所有提交投标文件的投标人公开之外，开标程序也应公开。开标的公开进行，是为了保护投标人的合法权益。同时，也是为了更好地体现和维护公开、透明、公平、公正的招标投标原则。

4. 开标的主持人和参加人

开标的主持人可以是招标人，也可以是招标人委托的招标代理机构。开标时，为了保证开标的公开性，除必须邀请所有投标人参加外，也可以邀请招标监督部门、监察部门的有关人员参加，还可以委托公证部门参加。

>>>

技能提示：

开标的时间与投标截止时间一致。

4.1.2 建设工程开标程序

根据《招标投标法》的相关规定，主持人按下列程序进行开标：

1. 投标人出席开标会的代表签到

投标人授权出席开标会的代表本人填写开标会签到表，招标人专人负责核对签到人身份，应与签到的内容一致。

2. 开标会议主持人宣布开标会程序、开标会纪律和当场废标的条件

（1）开标会纪律

①场内严禁吸烟。

②凡与开标无关人员不得进入开标会场。

③参加会议的所有人员应关闭寻呼机、手机等，开标期间不得高声喧哗。

④投标人代表有疑问应举手发言，参加会议人员未经主持人同意不得在场内随意走动。

（2）投标文件有下列情形之一的，招标人不予接收投标文件

①逾期送达的或未送达指定地点的。

②未按招标文件要求密封的。

3. 公布在投标截止时间前递交投标文件的投标人名称，并点名再次确认投标人是否派人到场

4. 主持人介绍主要与会人员

主持人宣布到会的开标人、唱标人、记录人、公证人员及监督人员等有关人员的姓名。

5. 按照投标人须知前附表的规定检查所有投标文件的密封情况

一般而言，主持人会请招标人和投标人的代表共同（或委托公证机关）检查各投标书密封情况，密封不符合招标文件要求的投标文件应当场废标，不得进入评标。

6. 按照投标人须知前附表的规定确定并宣布投标文件的开标顺序

一般按《招标投标法》规定，以投标人递交投标文件的时间先后为顺序开启标书。

7. 设有标底的，公布标底

标底是评标过程中作为衡量投标人报价的参考依据之一。

8. 唱标人依开标顺序依次开标并唱标

由指定的开标人（招标人或招标代理机构的工作人员）在监督人员及与会代表的监督下当众拆封所有投标文件，拆封后应当检查投标文件组成情况并记入开标会记录，开标人应将投标书和投标书附件以及招标文件中可能规定需要唱标的其他文件交唱标人进行唱标。唱标的主要内容一般包括投标报价、工期和质量标准、投标保证金等，在递交投标文件截止时间前收到的投标人对投标文件的补充、修改同时宣布，在递交投标文件截止时间前收到投标人撤回其投标的书面通知的投标文件不再唱标，但须在开标会上说明。

9. 开标会记录签字确认

开标会记录应当如实记录开标过程中的重要事项，包括开标时间、开标地点、出席开标会的各单位及人员、唱标的内容等，招标人代表、招标代理机构代表、投标人的授权代表、记录人及监督人等应当在开标会记录上签字确认，对记录内容有异议的可以注明。

10. 主持人宣布开标会结束，投标文件、开标会记录等送封闭评标区封存

4.2 建设工程评标

所谓评标，是指按照规定的评标标准和方法，对各投标人的投标文件进行评价比较和分析，从中选出最佳投标人的过程。

评标是招标投标活动中十分重要的阶段，评标是否真正做到公平、公正，决定着整个招标投标活动是否公平和公正；评标的质量决定着能否从众多投标竞争者中选出最能满足招标项目各项要求的中标者。所以评标活动应该遵循公平、公正、科学、择优的原则，在严格保密的情况下进行。

4.2.1 评标活动组织及要求

1. 评标活动组织

评标应由招标人依法组建的评标委员会负责，即由招标人按照法律的规定，挑选符合条件的人员组成评标委员会，负责对各投标文件的评审工作。招标人组建的评标委员会应按照招标文件中规定的评标标准和方法进行评标工作，对招标人负责，从投标竞争者中评选出最符合招标文件各项要求的投标者，最大限度地实现招标人的利益。

2. 对评标委员会的要求

（1）评标委员会须由下列人员组成

①招标人的代表。招标人的代表参加评标委员会，是在评标过程中充分表达招标人的意见，与评标委员会的其他成员进行沟通，并对评标的全过程实施必要的监督。

②相关技术方面的专家。由招标项目相关专业的技术专家参加评标委员会，是对投标文件所提方案技术上的可行性、合理性、先进性和质量可靠性等技术指标进行评审比较，以确定在技术和质量方面确能满足招标文件要求的投标。

③经济方面的专家。由经济方面的专家对投标文件所报的投标价格、投标方案的运营成本、投标人的财务状况等投标文件的商务条款进行评审比较，以确定在经济上对招标人最有利的投标。

④其他方面的专家。根据招标项目的不同情况，招标人还可聘请除技术专家和经济专家以外的其他方面的专家参加评标委员会。比如，对一些大型的或国际性的招标采购项目，还可聘请法律方面的专家参加评标委员会，以对投标文件的合法性进行审查把关。

（2）评标委员会成员人数及专家人数要求

评标委员会成员人数须为5人以上单数。评标委员会成员人数不易过少，不利于集思广益，从经济、技术各方面对投标文件进行全面的分析比较。当然，评标委员会成员人数也不宜过多，否则会影响评审工作效率，增加评审费用。要求评审委员会成员人数须为单数，以便于在各成员评审意见不一致时，可按照多数通过的原则产生评标委员会的评审结论，推荐中标候选人或直接确定中标人。

评标委员会成员中，有关技术、经济等方面的专家的人数不得少于成员总数的2/3，以保证各方面专家的人数在评标委员会成员中占绝对多数，充分发挥专家在评标活动中的权威作用，保证评审结论的科学性、合理性。招标人的代表不得超过成员总数的1/3。

（3）评标委员会专家条件要求

参加评标委员会的专家应当同时具备以下条件：

①从事相关领域工作满8年。

②具有高级职称或者具有同等专业水平。

③能够认真、公正、诚实、廉洁地履行职责。

④身体健康能够承担评标工作。

（4）评标委员会专家选择途径规定

①由招标人从国务院有关部门或省、自治区、直辖市人民政府有关部门提供的专家名册或者招标代理机构的专家库内的相关专业的专家名单中确定。

②对于一般招标项目，可以采取随机抽取的方式确定，而对于特殊招标项目，由于其专业要求较高，技术要求复杂，则可以由招标人在相关专业的专家名单中直接确定。

（5）评标委员会职业道德与保密规定

①评标委员会成员应当客观、公正地履行职责，遵守职业道德，对所提出的评审意见承担个人责任。

②评标委员会成员不得与任何投标人或者与招标结果有利害关系的人进行私下接触，不得收受投标人、中介人、其他利害关系人的财务或其他好处。

③与投标人有利害关系的人不得进入相关项目的评标委员会。与投标人有利害关系的人，包括投标人的亲属、与投标人有隶属关系的人员或者中标结果的确定涉及其利益的其他人员。若与投标人有利害关系的人已经进入评标委员会，经审查发现以后，应当按照法律规定更换，评标委员会的成员自己也应当主动退出。

④评标委员会成员的名单在中标结果确定前应当保密，以防止有些投标人对评标委员会成员采取行贿等手段，以谋取中标。

⑤评标委员会成员和参与评标的有关工作人员不得对外透露对投标文件的评审和比较、中标候选人的推荐情况以及与评标有关的其他情况。

4.2.2 评标程序

评标的目的是根据招标文件中确定的标准和方法，对每个投标人的标书进行评价和比较，以评出最佳投标人。评标一般按以下程序进行：

1. 评标准备工作

（1）认真研究招标文件，至少熟悉以下内容

①招标的目标。

②招标工程项目的范围和性质。

③主要技术标准和商务条款，或合同条款。

④评标标准、方法及相关因素。

（2）编制供评标使用的各种表格资料

2. 初步评审（简称初审）

初步评审是指从所有的投标书中筛选出符合最低要求标准的合格投标书，剔除所有无效投标书和严重违法的投标书。初步评标工作比较简单，但却是非常重要的一步。因为通过初评筛选，可以减少详细评审的工作量，保证评审工作的顺利进行。

3. 详细评审（简称终审）

在完成初步评标以后，下一步就进入到详细评定和比较阶段。只有在初评中确定为基本合格的投标文件，才有资格进入详细评定和比较阶段。 在详细评标阶段，评标委员会根据招标文件确定的评标标准和方法对初审合格的投标文件的技术部分与商务部分做进一步的评审和比较。

4. 编写并上报评标报告

除招标人授权直接确定中标人外，评标委员会按照评标后投标人的名次排列，向招标人推荐 1~3 名中标候选人。当然经评审，评标委员会认为所有投标都不符合招标文件要求，它可以否决所有投标，这时强制招标项目应重新进行招标。评标委员会完成评标后，应当向招标人提交书面评标报告，并抄送有关行政监督部门。评标报告应当如实记载以下内容：

①基本情况和数据表。

②评标委员会成员名单。

③开标记录。

④符合要求的投标人一览表。

⑤废标情况说明。

⑥评标标准、评标方法或者评标因素一览表。

⑦经评审的价格或者评分比较一览表。

⑧经评审的投标人排序。

⑨直接确定的中标人或推荐的中标候选人名单与签订合同前要处理的事宜。

⑩澄清、说明、补正事项纪要。

评标报告由评标委员会全体成员签字。对评标结论持有异议的评标委员会成员可以书面方式阐

述其不同意见和理由。评标委员会成员拒绝在评标报告上签字且不陈述其不同意见和理由的，视为同意评标结论。评标委员会应当对此做出书面说明并记录在案。

4.2.3 评标的标准、内容和方法

1. 评标标准

我国招标投标法规定，评标必须以招标文件规定的标准和方法进行，任何未在招标文件中列明的标准和方法，均不得采用，对招标文件中已标明的标准和方法，不得有任何改变。这是保证评标公平、公正的关键，也是国际通行的做法。

一般而言工程评标标准包括价格标准和非价格标准。其中非价格标准主要有工期、质量、资格、信誉、施工人员和管理人员的素质、管理能力、以往的经验等。

2. 评标内容

工程项目的评标主要分两步进行，首先进行初步评审，即对标书的符合性评审；然后进行详细评审，即对标书的商务性评审和技术性评审。其具体的评审内容如下：

（1）初步评审

在正式评标前，评标委员会要对所有投标文件进行符合性审查，判定投标文件是否完整有效以及有无重大偏差的情况，从而在投标文件中筛选出符合基本要求的投标人，投标书只有通过初审方可进入详细评审阶段。初审的主要项目包括以下内容。

①证明文件：

a. 法定代表人签署的授权委托书是否有效。

b. 投标书的签署、附录填写是否符合招标文件要求。

c. 联营体的联营协议是否符合有关法律、法规等的规定。

②合格性检查：

a. 通过资格预审的合法实体、项目经理是否在投标时被更改。

b. 投标人所报标书是否符合投标人须知的各项条款。

③ 投标保证金：

a. 投标保证金是否符合投标人须知的要求。

b. 是银行保函形式提供投标保证金的，其措辞是否符合招标文件所提供的投标保函格式的要求。

c. 投标保证金有无金额小于或期限短于投标人须知中的规定。

d. 联营体投标的保证金是不是按招标文件要求，以联营体各方的名义提供的。

④投标书的完整性：

a. 投标书正本是否有缺页，按招标文件规定应该每页进行小签的是否完成了小签。

b. 投标书中的涂改、行间书写、增加或其他修改是否有投标人或投标书签署人小签。

c. 投标书是否有完整的工程量清单报价。

⑤实质性响应：

a. 对投标人须知中的所有条款是否有明确的承诺。

b. 商务标报价是否超出规定值。

c. 商务要求和技术规格是否有如下重大偏差：要求采用固定价格投标时提出价格调整的；施工的分段与所要求的关键日期或进度标志不一致的；以实质上超出所分包允许的金额和方式进行分包的；拒绝承担招标文件中分配的重要责任和义务，如履约保函和保险范围等；对关键性条款表示异议和保留，如适用法律、税收及争端解决程序等；忽视“投标人须知”出现可导致拒标的其他偏差。

投标书违背上述任何一项规定，评标委员会认定给招标人带来损失，且无法弥补的，将不能通过符合性审查（初审）。

但是在评标过程中投标人标书有可能会出现实质上响应了招标文件，但个别处有细微的偏差，

经补正后不会造成不公平的结果，所以评标委员会可以书面方式要求投标人澄清或补正疑点问题，按要求补正后投标书有效。一般而言，通常有如下几方面细微偏差需澄清或补正：投标文件中含义不明确、对同类问题表述不一致、书写有明显文字错误或计算错误的内容等。

如果投标人对上述问题不能合理说明或拒不按照要求对投标文件进行澄清、说明或者补正的，评标委员会可以否决其投标或在详细评审时可以对细微偏差作不利于该投标人的量化，量化标准应在招标文件中规定。若投标人应评标委员会要求同意对有细微偏差处书面澄清或补正，应注意澄清或补正应以书面形式进行并不得超出投标文件的范围或者改变投标文件的实质性内容；处理投标文件中不一致或错误的原则是：投标文件中的大写金额和小写金额不一致时，以大写金额为准；总价金额与单价金额不一致时，以单价金额为准，但单价金额小数点有明显错误的除外；对不同文字文本投标文件的解释发生异议的，以中文文本为准。

（2）详细评审

经初步评审合格的投标文件，评标委员会应当根据招标文件确定的评标标准和方法，对其商务标和技术标做进一步的评审。其主要内容包括以下几个方面。

①商务性评审。商务性评审其目的在于从成本、财务和经济分析等方面评定投标报价的合理性和可靠性，并估量授标给投标人后的不同经济效果。商务性评审的主要内容如下：

a. 将投标报价与标底进行对比分析，评价该报价是否可靠、合理。

b. 分析投标报价的构成和水平是否合理，有无严重的不平衡报价。

c. 审查所有保函是否被接受。

d. 进一步评审投标人的财务实力和资信程度。

e. 投标人对支付条件有何要求或给予招标人以何种优惠条件。

f. 分析投标人提出的财务和支付方面的建议的合理性。

g. 是否提出与招标文件中的合同条款相背的要求。

②技术性评审。技术性评审的目的在于确认备选的中标人完成本招标项目的技术能力以及其所提方案的可靠性。技术性评审的主要内容包括以下几个方面：

a. 投标文件是否包括了招标文件所要求提交的各项技术文件，这些技术文件是否同招标文件中的技术说明或图纸一致。

b. 企业的施工能力。评审投标人是否满足工程施工的基本条件以及项目部配备的项目经理、主要工程技术人员以及施工员、质量员、安全员、预算员、机械员等五大员的配备数量和资历。

c. 施工方案的可行性。主要评审施工方案是否科学、合理，施工方案、施工工艺流程是否符合国家、行业、地方强制性标准规范或招标文件约定的推荐性标准规范的要求，是否体现了施工作业的特点。

d. 工程质量保证体系和所采取的技术措施。评审投标人质量管理体系是否健全、完善，是否已经取得 ISO 9000 质量体系认证。投标书有无完善、可行的工程质量保证体系和防止质量通病的措施及满足工程要求的质量检测设备等。

e. 施工进度计划及保证措施。评审施工进度安排得是否科学、合理，所报工期是否符合招标文件的要求，施工分段与所要求的关键日期或进度安排标志是否一致，有无可行的进度安排横道图、网络图，有无保证工程进度的具体可行措施。

f. 施工平面图。评审施工平面图布置得是否科学、合理。

g. 劳动力、机具、资金需用计划及主要材料、构配件计划安排。评审有无合理的劳动力组织计划安排和用工平衡表，各工种人员的搭配是否合理；有无满足施工要求的主要施工机具计划，并注明到场施工机具产地、规格、完好率及目前所在地处于什么状态，何时能到场，能否满足要求；施工中所需资金计划及分批、分期所用的主要材料、构配件的计划是否符合进度安排。

h. 评审在本工程中采用的国家、省建设行政主管部门推广的新工艺、新技术、新材料的情况。

i. 合理化建议方面。在本工程上是否有可行的合理化建议，能否节约投资，有无对比计算数额。

j. 文明施工现场及施工安全措施。评审对生活区、生产区的环境有无保护与改善措施以及有无保证施工安全的技术措施及保证体系。

3. 评标方法

建设工程招投标常用的评标办法有两种：经评审的最低投标价法和综合评估法。

（1）经评审的最低投标价法

经评审的最低投标价法是以价格加上其他因素为标准进行评标的方法。以这种方法评标，首先将报价以外的商务部分数量化，并以货币折算成价格，与报价一起计算，形成评标价，然后按价格高低排出次序。评标价是按照招标文件的规定，对投标价进行修整、调整后计算出的标价。在质量标准及工期要求达到招标文件的规定的条件下，经评审的最低评标价的投标人应作为中标人或应该推荐为中标候选人，但是投标价格低于其成本的除外。

经评审的最低投标价法的优点是：

①能最大程度的降低工程造价，节约建设投资。

②符合市场竞争规律，优胜劣汰，更有利于促使施工企业加强管理，注重技术进步和淘汰落后技术。

③可最大程度地减少招标过程中的腐败行为，将人为的干扰降到最低，使招标过程更加公平、公正、公开。

④节省了评标的时间，减少了评标的工作量。

但是利用经评审的最低投标价法进行评标的风险相对比较大。低的工程造价固然可以节省业主的成本，但是有可能造成投标单位在投标时盲目的压价，在施工过程中却没有采取有效的措施降低造价，而是以劣质的材料、低劣的施工技术等方法压低成本，导致工程质量下降，违背了最低报价法的初衷。

总之，经评审的最低投标价法主要适用于具有通用技术、统一的性能标准，并且施工难度不大、招标金额较小或实行清单报价的建设工程施工招标项目。

（2）综合评估法

综合评估法是评标委员会对满足招标文件实质性要求的投标文件，按照规定的评分标准对确定好的评价要素如报价、工期、质量、信誉、三材指标等进行打分，计算总得分，选择综合评分最高的投标人为中标人，但是投标价格低于其成本的除外。一般总计分值为100分，各因素所占比例和具体分值由招标人自行确定，并在招标文件中明确载明。

这种方法的要点有：

①评标委员会根据招标项目的特点和招标文件中规定的需要量化的因素及权重（评分标准），将准备评审的内容进行分类，各类中再细划成小项，并确定各类及小项的评分标准。

②评分标准确定后，每位评标委员会委员独立地对投标书分别打分，各项分数统计之和即为该投标书的得分。

技能提示：

评标过程中各标书的实质性内容要符合招标文件中的实质性内容。在评标过程中，出现以数字表示的金额与以文字表示的金额不一致时，以文字金额为准；在工程量清单任何一行中，当所标的单价乘以该行数量合价金额同该单价不一致时，应以所标的单价为准。除非业主认为该单价有明显的小数点错误，则此时应以该行列出的合价金额为准，并修改此单价。

③综合评分。如报价以标底价为标准，报价低于标底5%范围内为满分（假设为50分），高于标底6%范围内和低于标底8%范围内，比标底每增加1%或比标底每减少1%均扣减2分，报价高于标底6%以上或低于8%以下均为0分计。同样报价以技术价为标准进行类似评分。

综合以上得分情况后，最终以得分的多少排出顺序，作为综合评分的结果。

可见，综合评估法是一种定量的评标办法，在评定因素较多而且繁杂的情况下，可以综合地评定出各投标人的素质情况和综合能力，它主要适用于技术复杂、施工难度较大、设计结构安全的建设工程招标项目。

4.3 建设工程定标

4.3.1 定标的原则

定标是招标人最后决定中标人的行为，在《招标投标法》中规定：中标人的投标文件必须符合下列条件之一：一是能够最大限度地满足招标文件中规定的各项综合评价标准；二是能够满足招标文件各项要求，并经评审的价格最低，但投标价格低于成本的除外。

4.3.2 相关要求

①招标人可以授权评标委员会直接确定中标人，招标人也可根据评标委员会推荐的中标候选人确定中标人，一般而言应选择排名第一的候选人为中标人，若排名第一的中标候选人在自身原因放弃中标或不可抗力不能履行合同或未按招标文件的要求提交履约保证金（或履约保函）的情况下不能与招标人签订合同的，招标人可以确定排名第二的中标候选人为中标人。

②中标人确定后，招标人应当向中标人发出中标通知书，同时将中标结果通知其他未中标投标人，中标通知书其实相当于招标人对中标的投标人所做的承诺，对招标人和中标人具有法律效力，中标后招标人改变中标结果的，或者中标人放弃中标项目，应当依法承担法律责任。

③招标人确定中标人后15日内，应向有关行政监督部门提交招标投标情况的书面报告。建设主管部门自收到招标人提交的招标投标情况的书面报告之日起5日内未通知招标人在招标投标活动中有违法行为的，招标人方可向中标人发出中标通知书。

④招标人和中标人应当在中标通知书发出后的30日以内，按照招标文件和中标人的投标文件订立书面合同，招标人和中标人不得再行订立背离合同实质性内容的其他协议，这项规定是要用法定的形式肯定招标的成果，或者说招标人、中标人双方都必须尊重竞争的结果，不得任意改变。

⑤招标文件要求中标人提交履约保证金的，中标人应当提交，这是采用法律形式促使中标人履行合同义务的一项特定的经济措施，也是保护招标人利益的一种保证措施。

⑥中标人应当按照合同约定履行义务，完成中标项目，中标人不得向他人转让中标项目，也不得将中标项目肢解后分别向他人转让，中标人按照合同约定或者经招标人同意，可以将中标项目的部分非主体、非关键性工作分包给他人完成，但不得再次分包，分包项目由中标人向招标人负责，接受分包的人承担连带责任。这项规定表明，分包是允许的，但是有严格的条件和明确的责任，有分包行为的应当注意这些规定。

4.3.3 建设工程开标、评标与定标附表

1. 签到及投标文件送达时间登记表（表 4.1）

表 4.1 签到及投标文件送达时间登记表

开标地址：× × ×　　　　开标时间：× × 年 × × 月 × × 日 × × 时

投标人	投标文件送达时间	投标人法定代表人或授权委托代理人签字	联系电话	备注

2. 开标记录表（表 4.2）

表 4.2 开标记录表

开标地址：× × ×　　　　开标时间：× × 年 × × 月 × × 日 × × 时

序号	投标人	密封情况	投标保证金	投标报价	质量目标	工期	备注	签名
1								
2								
⋮								

招标人代表：× × ×　　招标代理机构代表：× × ×

记 录 人：× × ×　　监 标 人：× × ×

3. 初步评审记录表（表 4.3）

表 4.3 初步评审记录表

工程名称：× × ×

序号	评审因素	投标人名称及评审意见								
1	投标书证明文件									
2	投标函签字盖章									
3	投标文件完整性									
4	密封格式									
5	投标保证金									
6	投标文件装订编码签字									
	是否通过评审									

评标委员会全体成员签名：× × ×

日期：× × 年 × × 月 × × 日

4. 百分制综合评分表（表 4.4）

表 4.4　百分制综合评分表

招标编号：× × ×　　　　　　　　　　　　　　　　工程名称：× × ×

序号		评标内容	投标单位名称及得分		
商务部分 50分	1	投标报价 50 分（基础 30 分），以下百分之几即表示为几个百分点 本次评标的有效标范围为最低报价不得低于工程成本评标采用公开修正标底的做法，即有效标投标报价的算术平均值为 A 值 $[A=A_1+A_2+\cdots A_n/n]$，n 为有效个数，A_n 为某有效标的投标报价，A 值为评标标底。本次评标计分，保留两位小数计算，第三位小数四舍五入			
	2	凡投标报价实质上响应招标文件要求，为有效标得基础 30 分			
	3	投标报价与评标标底相比，每下浮一个百分点加 2 分，下浮至十个百分点加 20 分，最多加 20 分；投标报价与评标标底相比每上浮一个百分点减 2 分，上浮至十个百分点减 20 分，最多减 20 分			
企业信誉及业绩 20 分	1	质量承诺达到招标文件等级加 2 分			
	2	本工程投标建造师近两年内被评为省级优秀建造师加 1 分，被评为国家级优秀建造师加 2 分			
	3	企业资质：特级资质加 4 分，一级资质加 3 分、二级资质加 2 分、三级资质加 1 分			
	4	投标建造师前两年度施工本专业类似工程（已竣工，以施工合同为准）加 1 分			
	5	企业通过 ISO 9001：2000 质量管理体系系列认证的加 2 分			
	6	企业通过 GB/T 28001—2001 职业健康安全管理体系认证的加 2 分			
	7	企业通过 ISO 14001：2004 环境管理体系系列认证的加 2 分			
	8	投标企业前两年获得省级“重合同、守信誉”加 1 分，获得国家级“重合同、守信誉”加 2 分			
	9	投标企业前两年获得省级“安全文明工地”加 1 分			
	10	投标企业前两年工程质量获省级奖加 1 分，获国家级奖加 2 分			
		注：以上证明材料（资质证书、营业执照、安全生产许可证、建造师证、荣誉证书等）应当真实、有效，以原件为准。遇有弄虚作假者，未携带原件者，投标建造师未到会场的，取消其投标资格。证书每一种均按获得的最高荣誉证书记分，记分时不重复、不累计			

续表 4.4

序号		评标内容	投标单位名称及得分		
技术部分 30 分	1	各分部工程主要施工方案 各专家评委根据各投标单位的施工方案打分（分值为 1 分至 6 分任意打取）			
	2	工程材料进场计划 能满足施工要求并且本企业有生产加工能力的得 3 分；有常年合作单位（以合同为准）的得 2 分；采用其他方式满足生产的得 1 分			
	3	施工平面布置 施工现场平面布置图，包括临时设施、现场交通、现场作业区、施工设备机具、安全通道、消防设施及通道的布置、成品、半成品、原材料的堆放等。布置合理的得 3 分；较合理的得 1 分			
	4	施工进度安排 投标单位应提供初步的施工进度表且响应招标文件的有关违约责任，说明按投标工期进行施工的各个关键日期。初步施工进度表可采用横道图（或关键线路网络图表示）。施工进度计划于招标工期一致的得 1 分；提前 3 天得 2 分；提前 5 天得 3 分			
技术部分 30 分	5	项目管理机构及劳动力组织 项目管理机构至少应包括建造师、施工员、材料员、造价员、质检员、安全员、财务人员；劳动力计划应分工种、级别、人数按工程施工阶段配备劳动力（以证书原件为准否则不得分）。配备合理得 3 分；较合理得 2 分；基本满足得 1 分			
	6	质量、工期保证措施体系 质量、工期保证措施应包括各分部、分项的措施。健全得 3 分；比较健全的得 2 分；基本健全得 1 分			
	7	安全生产施工措施 安全措施合理。应有临街商户及行人安全出行措施、有临时用电防护措施等。措施合理得 3 分；较好的得 2 分；基本满足得 1 分			
	8	文明施工措施合理，封闭围挡，防尘、防噪声、保证现场环境整洁。措施合理得 3 分；较好得 2 分；基本满足得 1 分			
	9	冬雨季施工措施 措施合理得 3 分；较合理得 2 分；基本满足得 1 分			
		合计得分			

评委（签字）：××× ××年××月××日

5. 评标结果汇总表（表 4.5）

表 4.5 评标结果汇总表

工程名称：×××

序号	投标人名称	初步评审		详细评审	备注
		合格	不合格	排序（综合得分由高至低排序）	
1					
2					
⋮					
最终推荐的中标候选人及其排序		第一名：			
		第二名：			
		第三名：			

评标委员会全体成员签名：　　　　日期：　年　月　日

4.4 建设工程施工招标评标案例

某省一企业的综合办公楼工程，进行公开招投标。根据该省关于施工招投标评标细则，业主要求投标单位将技术标和商务标分别装订报送，并且采用综合评估法评审。经招标领导小组研究确定的评标规定如下。

通过符合性审查和响应性检验，即初步评审投标书，按投标报价、主要材料用量、施工能力、施工方案、企业业绩和信誉等以定量方式综合评定。其分值设置为总分 100 分，其中：投标报价 70 分；施工能力 5 分；施工方案 15 分；企业信誉和业绩 10 分。

1. 投标报价 70 分

投标报价在复合标底价 − 6% ~ + 4%（含 + 4%、− 6%）范围内可参加评标，超出此范围者不得参加评标。复合标底价是指开标前由评标委员会负责人当众临时抽签决定的组合值。其设置范围是：标底与投标人有效报价算术平均值的比值，分别为：0.2 : 0.8、0.3 : 0.7、0.4 : 0.6、0.5 : 0.5、0.6 : 0.4、0.7 : 0.3。

评标指标是复合标底价在开标前由评标委员会负责人以当众随机抽取的方式确定浮动点后重新计算的指标价，其浮动点分别为 1%、0.5%、0%、− 0.5%、− 1%、− 1.5%、− 2%。

评标指标 = 复合标底价 /（1+ 浮动点绝对值）

投标报价等于评标指标价时得满分。投标报价与评标指标价相比每向上或向下浮动 0.5% 扣 1 分（高于 0.5%按 1%计，低于 0.5%，按 0.5%计）。

2. 施工能力 5 分

①满足工程施工的基本条件者得 2 分（按工程规模在招标文件中提出要求）

②项目主要管理人员及工程技术人员的配备数量和资历 3 分。其中：项目配备的项目经理资格高于工程要求者得 1 分；项目主要技术负责人具有中级以上技术职称者得 1 分；项目部配备了持证上岗的施工员、质量员、安全员、预算员、机械员者共得 1 分，其中每一员持证得 0.2 分。不满足则该项不得分。

3. 施工方案 15 分

①施工方案的可行性 2 分。主要施工方案科学、合理，能够指导施工，有满足需要的施工程序

及施工大纲者得满分。

②工程质量保证体系和所采取的技术措施3分。投标人质量管理体系健全，自检体系完善。投标书符合招标文件及国家、行业、地方强制性标准规范的要求，并有完善、可行的工程质量保证体系和防止质量通病的措施及满足工程要求的质量检测设备者得满分。

③施工进度计划及保证措施3分。施工进度安排科学、合理，所报工期符合招标文件的要求，施工分段与所要求的关键日期或进度安排标志一致，有可行的进度安排横道图、网络图，有保证工程进度的具体可行措施者得满分。

④施工平面图0.5分。有布置合理的施工平面图者得满分。

⑤劳动力计划安排1分。有合理的劳动力组织计划安排和用工平衡表，各工种人员的搭配合理者得满分。

⑥机具计划1分。有满足施工要求的主要施工机具计划，并注明到场施工机具的产地、规格、完好率及目前所在地处于什么状态，何时能到场，满足要求者得满分。

⑦资金需用计划及主要材料、构配件计划0.5分。施工中所需资金计划及分批、分期所用的主要材料、构配件的计划符合进度安排者得满分。

⑧在本工程中拟采用国家、省建设行政主管部门推广的新工艺、新技术、新材料能保证工程质量或节约投资，并有对比方案者得0.5分。

⑨在本工程上有可行的合理化建议，并能节约投资，有对比计算数额者得0.5分。

⑩文明施工现场措施1分。对生活区、生产区的环境有保护与改善措施者得满分。

⑪ 施工安全措施1分。有保证施工安全的技术措施及保证体系并已取得安全认证者得满分。

⑫ 投标人已经取得ISO 9000质量体系认证者得1分。

4. 企业业绩和信誉10分

（1）投标的项目经理近五年承担过与招标工程同类工程者得0.75分。投标人近五年施工过与招标工程同类工程者得0.25分。

（2）投标的项目经理近三年每获得过一项国家鲁班奖工程者得1.5分；投标人近三年每获得过一项国家鲁班奖工程者得1分。投标的项目经理近两年每获得过一项省飞天奖工程者得1分；投标人近两年每获得过一项飞天奖工程者得0.75分。投标的项目经理上年度以来每获得过一项地（州、市）建设行政主管部门颁发或受地（州、市）建设行政主管部门委托的行业协会颁发的在当地设置的相当于优质工程奖项者得0.5分；投标人上年度以来每获得过一项上述奖项者得0.25分。本项满分8分，记满为止。

项目经理所创鲁班奖、飞天奖、其他质量证书的认证以交易中心备案记录为依据。同一工程按最高奖记分，不得重复计算。

（3）投标人上年度以来在省建设行政主管部门组织或受省建设行政主管部门委托的行业协会组织的质量管理、安全管理、文明施工、建筑市场执法检查中受表彰的，每项（次）加0.2分；受到地（州、市）建设行政主管部门或受地（州、市）建设行政主管部门委托的行业级的上述表彰的，每项（次）加0.1分。受建设行政主管部门委托的由行业协会组织评选的“三优一文明”获奖者（只记投标人）记分同上。上述各项（次）得分按最高级别计算，同项目不得重复计算。上述表彰获奖者为投标人下属二级单位（分公司、项目部、某工地等的，只有该二级单位是投标的具体实施人时方可记分，投标人内部不得通用）记分按上述标准减半计算。本项满分1分，记满为止。

本次招标活动共有七家施工企业投标，项目开标后，他们的报价、工期、质量分别如表4.6所示。标底为3 600万元。

表 4.6　投标单位的报价、工期、质量表

投标单位	A	B	C	D	E	F	G
报价 / 万元	3 500	3 620	3 740	3 800	3 550	3 650	3 680
工期 / 天	300	300	300	300	300	300	300
质量	合格	合格	合格	合格	合格	合格	合格

（1）评标过程如下：

①现场通过随机方式抽取计算符合标底价的权重值为 0.4 : 0.6，复合标底价及投标报价的有效范围计算如下。

复合标底价为：

3 600 × 0.4+(3 500+3 620+3 740+3 800+3 550+3 650+3 680) / 7 × 0.6=3 629 万元；

投标报价的有效范围为：

上限：3629 × (1− 6%)=3411 万元

下限：3629 × (1+ 4%)=3774 万元

即投标报价的有效范围 3 411~3 774 万元。

七家投标单位中，D 单位报价超出有效范围，退出评标，其余单位报价均符合要求。

②现场通过随机方式抽取评标指标的浮动点为 − 0.5%，计算评标指标。

3 629 / (1+ │− 0.5% │)=3 611 万元

③计算各投标单位报价得分值。

A 单位：= − 3.07%，扣 7 分，得 63 分。

同理计算，B、C、E、F、G 单位报价得分分别为 69 分、63 分、65 分、68 分、67 分，见表 4.7。

表 4.7　各投标单位报价得分

投标单位	A	B	C	E	F	G
得分	63	69	63	65	68	67

④施工能力得分。评标委员会通过核对各投标施工单位的投标文件以及职称证、资格证的原始证明文件，分别给出各单位的施工能力得分。表 4.8 所示 A 单位的施工能力的各位专家打分，表 4.9 为各单位的施工能力得分汇总表。

表 4.8　A 投标单位施工能力得分表

评委	1	2	3	4	5	6	7
得分	5	5	5	5	5	5	5
备注	项目经理为一级资质，技术负责人职称为工程师，施工员、质量员、安全员、预算员、机械员证书齐全，满足工程施工的基本条件						

表 4.9　各投标单位施工能力汇总表

投标单位	A	B	C	E	F	G
得分	5	5	4	5	5	5

⑤施工方案评分。评标委员会的各位专家给每个投标单位的施工方案打分。最后去掉一个最高分和一个最低分后，计算算数平均数得出各投标单位的施工方案最后得分。见表 4.10 及表 4.11。

表 4.10　A 投标单位施工方案得分表

评委	1	2	3	4	5	6	7
得分	12.5	13	11.5	12	12.5	13.5	12
平均得分	12.4						
备注	在 2005 年取得 ISO 9000 质量体系认证						

表 4.11　各投标单位施工能力汇总表

投标单位	A	B	C	E	F	G
得分	12.4	11.8	12.0	12.6	12.8	11.2

⑥企业业绩和信誉得分。通过查看各获奖证书的原件，评标委员会按照评标规则得出各投标单位的企业业绩和信誉得分，见表 4.12。

表 4.12　各投标单位业绩和信誉汇总表

投标单位	A	B	C	E	F	G
得分	3.2	2.8	2.5	2.5	3.5	3.0

（2）各投标单位综合得分为：

A：63+5+5+12.4+3.2=88.6

B：69+5+5+11.8+2.8=93.6

C：63+5+4+12.0+2.5=86.5

E：65+5+5+12.6+2.5=90.1

F：68+5+5+12.8+3.5=94.3

G：67+5+5+11.2+3.0=91.2

各投标单位综合得分从高到低顺序依次是 F、B、G、E、A、C。因此，中标候选人依次是 F、B、G。

就业导航

项目＼种类		二级建造师	一级建造师	招标师	造价工程师	监理工程师
职业资格	考证介绍	开标的要求、程序；评标的组织、程序、内容、标准、方法；定标及相关法律规定等	开标的要求、程序；评标的组织、程序、内容、标准、方法；定标及相关法律规定等	开标的要求、程序；评标的组织、程序、内容、标准、方法；定标及相关法律规定等	开标的要求、程序；评标的组织、程序、内容、标准、方法；定标及相关法律规定等	开标的要求、程序；评标的组织、程序、内容、标准、方法；定标及相关法律规定等
	考证要求	掌握开标与评标程序；熟悉评标组织、方法和定标的法律性规定	掌握开标与评标程序；熟悉评标、定标的法律性规定	熟悉开标、评标程序以及注意事项；熟悉评标标准、内容、方法	掌握评标的方法；熟悉开标、评标程序以及注意事项；熟悉定标的法律性规定	了解评标标准、内容、方法；熟悉开标、评标程序以及注意事项；掌握定标的法律性规定
对应职业岗位		施工员、质检员、资料员、项目经理	施工员、质检员、资料员、项目经理	资料员	造价员、预算员、资料员	监理员、质检员、资料员

基础与工程技能训练

基础训练

一、单选题

1. 根据《招标投标法》规定，招标人和中标人应当在中标通知书发出之日起（　　）天内，按照招标文件和中标人的投标文件订立书面合同。

A.20　　B.30　　C.10　　D.15

2. 关于评标，下列不正确的说法是（　　）。

A. 评标委员会成员名单一般应于开标前确定，且该名单在中标结果确定前应当保密

B. 评标委员会必须由技术、经济方面的专家组成，且其人数为5人以上的单数

C. 评标委员会成员应是从事相关专业领域工作满8年并具有高级职称或者同等专业水平

D. 评标委员会成员不得与任何投标人进行私人接触

3. 招标信息公开是相对的，对于一些需要保密的事项是不可以公开的。如（　　）在确定中标结果之前就不可以公开。

A. 评标委员会成员名单　B. 投标邀请书

C. 资格预审公告　D. 招标活动的信息

4. 我国招标投标法规定，开标时间应为（　　）。

A. 提交投标文件截止时间　B. 提交投标文件截止时间的次日

C. 提交投标文件截止时间的7日后　　D. 其他约定时间

5. 我国招标投标法规定，开标地点应为(　　)。

A. 招标人办公地点　　B. 招标文件中预先确定的地点

C. 政府指定的地点　　D. 招标代理机构办公地点

6. 我国招标投标法规定，评标应由(　　)依法组建的评标委员会负责。

A. 地方政府相关行政主管部门　B. 招标代理人　C. 中介机构　D. 招标人

7. 建设工程招标投标是以订立建设工程合同为目的的民事活动。从合同法意义上讲，招标人发出的中标通知书是(　　)。

A. 要约　B. 要约邀请　C. 承诺　D. 承诺要约

8. 确定中标人后(　　)天内，招标人应当向有关行政监督部门提交招标情况的书面报告。

A.15　B.21　C.30　D.35

9. 招标人在中标通知书中写明的中标合同价应是(　　)。

A. 初步设计编制的概算价　B. 施工图设计编制的预算价

C. 投标书中标明的报价　D. 评标委员会算出的评标价

10. 评标委员会由招标人的代表和有关技术、经济方面的专家组成，成员人数为5以上单数，其中招标人以外的专家不得少于成员总数的(　　)。

A. 2/3　B.1/3　C. 1/2　D. 1/4

二、多选题

1. 不能担任评标委员会成员的有(　　)。

A. 投标人或者投标人主要负责人的近亲属

B. 项目主管部门或者行政监督部门的人员

C. 与投标人有经济利益关系，可能影响对投标公正评审的人员

D. 招标代理单位根据规定所设立的专家库的成员

2. 建图书馆项目，评标由依法组建的评标委员会负责，甲、乙、丙、丁、戊五人组成评标委员会，他们的下列做法不符合招标投标法规定的有(　　)。

A. 甲接受某投标单位的请客吃饭

B. 乙为某投标单位的法律顾问，但乙保证秉公评标

C. 丙在学校领导的授意下，向某投标单位泄漏标底

D. 丁拒绝向权威媒体透露关于中标候选人的推荐情况

E. 戊接受某投标单位为其提供的欧洲旅游

3. 某单位就滨海护岸工程项目向社会公开招标，2005年3月1日确定某承包单位为中标人并于当日向其发出中标通知书，则根据招标投标法的有关规定，下列说法正确的有(　　)。

A. 中标通知书就是正式的合同

B. 双方应在2005年3月15日前订立书面合同

C. 双方应在2005年3月30日前订立书面合同

D. 建设单位应在2005年3月30日前向有关行政监督部门提交招标投标情况的书面报告

E. 建设单位应在2005年3月15日前向有关行政监督部门提交招标投标情况的书面报告

4. 按照《招标投标法》的规定，不允许招标人在定标过程中(　　)。

A. 与投标人就投标价格进行谈判

B. 将中标结果通知未中标的投标人

C. 强制中标人接受新的承包条件

D. 在评标委员会推荐备选中标人名单外确定中标人

E. 授权评标委员会确定中标人

5. 有关开标程序和内容说法正确的是（　　）。

A. 开标程序一般包括密封情况检查、折封、唱标及记录存档等

B. 开标时，由招标人或其委托的招标代理机构检查投标文件的密封情况

C. 招标人或者其委托的招标代理机构应当场制作开标记录

D. 开标记录由招标人或其委托的招标代理机构签字确认

E. 开标记录应作为评标报告的组成部分存档备查

三、简答题

1. 建设工程开标的一般程序是什么？

2. 对建设工程评标委员会有哪些基本要求？

3. 何为初步评审？初步评审的内容有哪些？

4. 常用的评标方法有哪些？

5. 简述评标的程序。

6. 何为中标？关于中标有何法律规定要求？

四、案例分析题

某国有资金投资占控股地位的通用建设项目，施工图设计文件已经相关行政主管部门批准，建设单位采用了公开招标方式进行施工招标。

招标过程中部分工作内容如下：

1.2008 年 3 月 1 日发布了该工程项目的施工招标公告，其内容如下：

（1）招标单位的名称和地址。

（2）招标项目的内容、规模、工期、项目经理和质量标准要求。

（3）招标项目的实施地点、资金来源和评标标准。

（4）施工单位应具有二级以上施工总承包企业资质，并且近三年获得两项以上本市优质工程奖。

（5）获得资格预审文件的时间、地点和费用。

2.2008 年 4 月 1 日招标人向通过资格预审的 A、B、C、D、E 5 家施工单位发售了招标文件，各施工单位按招标单位的要求在领取招标文件的同时提交了投标保函，在同一张表格上进行了登记签收，招标文件中的评标标准如下：

（1）给项目的要求工期不超过 18 个月。

（2）对各投标报价进行初审时，若最低报价低于有效标书的次低报价 15% 及以上，视为最低报价低于其成本价。

（3）在详细评审时，对有效标书的各投标单位自报工期比要求工期每提前一个月给业主带来的提前投产效益按 40 万元计算。

（4）经初步评审后确定的有效标书在详细评审时，除报价外，只考虑工期折算为货币，不再考虑其他评审要素。

3. 投标单位的投标情况如下：

A、B、C、D、E 5 家投标单位均在招标文件规定的投标时间前提交了投标文件。在开标会议上招标人宣读了各投标文件的主要内容，各投标单位的报价和工期汇总于下表中。

投标人	基础工程		结构工程		装修工程		结构工程与装修工程的搭接时间 / 月
	报价 / 万元	工期 / 月	报价 / 万元	工期 / 月	报价 / 万元	工期 / 月	
A	420	4	1 000	10	800	6	0
B	390	3	1 080	9	960	6	2
C	420	3	1 100	10	1 000	5	3
D	480	4	1 040	9	1 000	5	1
E	380	4	800	10	800	6	2

问题：

1. 上述招标公告中的各项内容是否妥当？对不妥当之处说明理由。
2. 指出招标人在发售招标文件中的不妥当之处，并说明理由。
3. 根据招标文件中的评标标准和方法，通过列式计算的方式确定2个中标候选人，并排出顺序。
4. 如果排名第一的中标人候选人中标，并与建设单位签订合同，则合同价为多少万元？
5. 依法必须进行招标的项目，在什么情况下招标人可以确定排名第二的中标候选人为中标人？

工程技能训练

某项目通过国际竞争性招标采购起重机，收到7份投标文件，工作人员将简要情况列表报告评标委员会，相关数据见下表。

投标人基本情况表

投标人	国家	报价 / 万美元	备注
A	美	691.5	未按要求在有的页面上签字
B	英	721.8	无其他问题
C	德	679.9	保修期12个月，而要求为15个月
D	法	698.8	技术说明用法文，而要求用英文
E	英	690.5	无其他问题
F	日	692.9	无投标保证金

评标委员会根据投标情况简表的备注所列情况，决定拒绝A、C、D及F。委员会认为B、E符合要求，且E评标价最低，但由于符合要求的投标人不到三家，此项采购应重新招标。

问题：评标委员会的决定合理吗？说明理由。

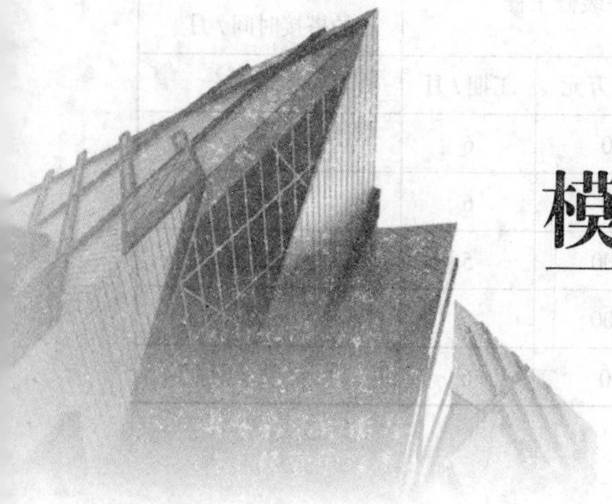

模块5

建设工程合同

模块概述

本模块介绍了国内建设工程合同的概念、特征、类型；着重介绍了我国《建设工程施工合同（示范文本）》（GF—1999—0201）的内容，并对合同双方的一般权利及义务，工程进度、质量、投资控制，违约及合同终止，合同争议的解决等问题进行了详细介绍。最后又对建设工程监理合同的概述、示范文本、双方的权利义务、合同履行进行了简要的论述。

学习目标

◆ 理解建设工程合同的概念与特征、建设工程合同订立和履行中双方的权利和义务及建设工程委托监理合同示范文本内容；

◆ 熟悉施工合同示范文本中的质量条款、价格与支付条款和进度条款。

能力目标

◆ 能运用相关法律法规订立和履行建设工程合同；

◆ 能理解和正确运用施工合同条款分析案例，维护自身合法权益。

课时建议

6~8 课时

5.1 建设工程合同概述

建设工程项目的实施，涉及的建设任务很多，往往需要多个单位共同参与，不同的建设任务往往由不同的单位分别承担，各参与单位与业主之间应该通过合同来明确其承担的任务和责任以及所拥有的权利。

5.1.1 建设工程合同的概念与特征

1. 建设工程合同的概念

《合同法》第十六章第二百六十九条规定，建设工程合同是承包人进行工程建设，发包人支付价款的合同。在建设工程合同中，发包人委托承包人进行建设工程的勘察、设计、施工，承包人接受委托并完成建设工程的勘察、设计、施工任务，发包人为此向承包人支付价款。

2. 建设工程合同的特征

（1）建设工程合同的主体具有特定性

建设工程合同的主体应为具有相应履约能力的法人。发包人应是经过批准进行工程项目建设的法人，要经过国家计划管理部门审批，落实投资来源，并且应当具备相应的组织协调能力。承包人要具备法人资格，而且应当具备相应的勘察、设计、施工等资质，没有营业执照、没有资格证书的，一律不得擅自从事工程勘察、设计业务；资质等级低的，不能越级承包工程。

（2）建设工程合同的标的具有特殊性

建设工程合同的标的是各类建筑产品。而每个建筑产品的地理位置、地基情况、使用功能等都是不尽相同的，唯一且不可替代，所以每个建筑产品都需单独设计和施工，建筑产品单体性生产决定了建设工程合同标的的特殊性。

（3）建设工程合同的形式和程序具有严格性

建设工程合同，履行期限长，工作环节多，涉及面广，按《合同法》第二百七十条规定，建设工程合同应当采用书面形式。双方权利、义务应通过书面合同形式予以确定。此外，由于工程建设对于国家经济发展、公民工作生活有重大影响，国家对建设工程的投资和程序有严格的管理程序。在施工合同的订立、履行、变更、终止全过程中，除了要求合同当事人对合同进行严格的管理外，合同的主管机构（工商行政管理机构）、建设行政主管机构、金融机构等都要对施工合同进行严格的监督。

（4）建设工程合同的履行具有长期性

建设工程由于结构复杂、体积大、建筑材料类型多、工作量大，使得合同履行期限较长。而且，建设工程合同的订立和履行一般都需要较长的准备期，在合同的履行过程中，还可能因为不可抗力、工程变更、材料供应不及时等原因而导致合同期限顺延。这些情况决定了建设工程合同的履行期限具有长期性。

5.1.2 建设工程合同的种类

建设工程项目的实施需要许多单位来共同参与建设，不同的建设任务由不同的单位来承担，建设工程合同按照合同完成的工程任务的内容来进行划分，有勘察合同、设计合同、施工承包合同、物资采购合同、工程监理合同、咨询合同、代理合同等。根据《合同法》，勘察合同、设计合同、施工承包合同属于建设工程合同，工程监理合同、咨询合同等属于委托合同。

1. 建设工程勘察合同

建设工程勘察是指根据建设工程的要求，查明、分析、评价建设场地的地质地理环境特征和岩土工程条件，编制建设工程勘察文件。建设工程勘察合同是指承包方进行工程勘察，委托方支付价款的合同。建设单位或有关单位为委托方，建设工程勘察单位为承包方。

为了保证工程勘察的质量，《建设工程勘察设计管理条例》规定，国家对从事建设工程勘察活动的单位，实行资质管理制度。建设工程勘察单位应当在其资质等级许可的范围内承揽建设工程勘察业务。

建设工程勘察合同的内容主要包括工程概况、发包人应提供的资料、勘察成果的提交、勘察费用的支付、发包人、勘察人责任、违约责任、未尽事宜的约定、其他约定事项、合同争议的解决、合同生效。

2. 建设工程设计合同

建设工程设计是指根据建设工程的要求，对建设工程所需的技术、经济、资源、环境等条件进行综合分析、论证，编制建设工程设计文件。建设工程设计合同是指承包方进行工程设计，委托方支付价款的合同。建设单位或有关单位为委托方，建设工程设计单位为承包方。

为了保证工程设计的质量，《建设工程勘察设计管理条例》规定，国家对从事建设工程设计活动的单位，实行资质管理制度。建设工程设计单位应当在其资质等级许可的范围内承揽建设工程设计业务。

建设工程设计合同的内容主要包括订立合同依据的文件、委托设计任务的范围和内容、发包人应提供的有关资料和文件、设计人应交付的资料和文件、设计费的支付、双方责任、违约责任、其他。

3. 建设工程施工合同

建设工程施工是指根据建设工程设计文件的要求，对建设工程进行新建、扩建、改建的施工活动。建设工程施工合同是指发包方（建设单位、业主或总包单位）和承包方（施工人）为完成商定的建筑安装工程施工任务，为确定双方权利、义务关系而订立的协议。建设工程施工合同的内容包括工程范围、建设工期、中间交工工程的开工和竣工时间、工程质量、工程造价、技术资料交付时间、材料和设备供应责任、拨款和结算、竣工验收、质量保修范围和质量保证期、双方相互协作等条款。

4. 建设工程监理合同

建设工程监理合同是指建设单位（委托人）与监理人签订，委托监理人承担工程监理业务而明确双方权利义务关系的协议。

5. 建设物资采购合同

工程建设过程中的物资包括建筑材料和设备等。建筑材料和设备的供应一般需要经过订货、生产（加工）、运输、储存、使用（安装）等各个环节，经历一个非常复杂的过程。物资采购合同分为建筑材料采购合同和设备采购合同，是指采购方（发包人或者承包人）与供货方（物资供应公司或者生产单位）就建设物资的供应明确双方权利义务关系的协议。

5.2 建设工程施工合同

5.2.1 建设工程施工合同的概念及作用

建设工程施工合同是指发包方（建设单位、业主或总包单位）和承包方（施工人）为完成商定的建筑安装工程施工任务，为明确双方权利义务关系而订立的协议。依照施工合同，施工单位应完成建设单位交给的建筑安装工程施工任务，建设单位应按照规定提供必要条件并支付工程价款。

建设工程施工合同是建设工程合同的主要合同，是建设工程进行质量控制、进度控制、投资控制的主要依据。通过合同关系，可以确定建设市场主体之间的相互权利义务关系，这对规范建筑市场有重要作用。1999 年 3 月 15 日第九届全国人大第二次会议通过《中华人民共和国合同法》对建设工程合同做了专章规定，于 1999 年 10 月 1 日开始实施。《中华人民共和国建筑法》(1997 年 1 月 1 日通过、1998 年 3 月 1 日开始实施)、《中华人民共和国招标投标法》(1999 年 8 月 30 日通过、2000 年

1月1日开始实施）也有许多涉及建设工程施工合同的规定。这些法律是我国建设工程施工合同管理的依据。

5.2.2 建设工程施工合同的订立

根据《合同法》的解释，合同订立是指合同双方在平等、自愿的基础上，就合同的主要条款达成一致。

1. 订立建设工程施工合同应具备的条件

①初步设计已经批准。

②工程项目已经列入年度建设计划。

③有能够满足施工需要的设计文件和有关技术资料。

④建设资金和主要建筑材料设备来源已经落实。

⑤招投标工程，中标通知书已经下达。

2. 订立建设工程施工合同应当遵守的原则

①遵守国家法律、行政法规和国家计划原则。

②平等、自愿、公平的原则。

③诚实信用原则。

④等价有偿原则。

⑤不损害社会公众利益和扰乱社会经济秩序的原则。

3. 订立建设工程施工合同的程序

《合同法》规定，合同的订立必须经过要约和承诺两个阶段。要约是希望与他人订立合同的意思表示；承诺是受要约人接受要约的意思表示。建设工程施工合同作为合同的一种，其订立也应经过要约和承诺两个阶段。其订立方式有两种：直接发包和招标发包。对于必须进行招标的建设项目，招标人通过评标确定中标人，并向投标人发出中标通知书。

中标通知书发出30天内，中标单位应与建设单位依据招标文件、投标书等签订建设工程施工合同。签订合同的承包方必须是中标的施工企业，投标书中已确定的合同条款在签订时不得更改，合同价应与中标价相一致。如果中标施工企业拒绝与建设单位签订合同，则建设单位将不再返还其投标保证金（如果是由银行等金融机构出具投标保函的，则投标保函出具者应当承担相应的保证责任），建设行政主管部门或其授权机构还可给予一定的行政处罚。

5.2.3 《建设工程施工合同（示范文本）》简介

1. 概述

中华人民共和国建设部和国家工商行政管理总局于1999年12月24日颁发了修改的《建设工程施工合同（示范文本）》(GF—1999—0201)（以下称《施工合同文本》），该文本适用于各类公用建筑、民用住宅、工业厂房、交通设施及线路、管道的施工和设备安装等工程。尽管示范文本从法律性质上并不具备强制性，但由于其通用条款较为公平合理地设定了合同双方的权利义务，因此得到了较为广泛的应用。

2.《建设工程施工合同（示范文本）》的组成

《建设工程施工合同（示范文本）》由《协议书》、《通用条款》、《专用条款》三部分组成，并附有三个附件：《承包人承揽工程项目一览表》、《发包人供应材料设备一览表》和《工程质量保修书》。

《协议书》是《施工合同文本》中总纲性的文件。它规定了合同当事人双方最主要的权利义务，规定了组成合同的文件及合同当事人对履行合同义务的承诺，并且合同当事人在这份文件上签字盖章，因此具有很高的法律效力。《协议书》的内容包括工程概况、工程承包范围、合同工期、质量标准、合同价款、组成合同的文件等。

《通用条款》是根据《合同法》、《建筑法》、《建设工程施工合同管理办法》等法律、法规对承发包双方的权利义务作出的规定，除双方协商一致对其中的某些条款作了修改、补充或取消，双方都必须履行。它是将建设工程施工合同中共性的一些内容抽象出来编写的一份完整的合同文件。《通用条款》具有很强的通用性，基本适用于各类建设工程。《通用条款》共由十一部分 47 条组成。这十一部分的内容是：词语定义及合同文件、双方一般权利和义务、施工组织设计和工期、质量与检验、安全施工、合同价款与支付、材料设备供应、工程变更、竣工验收与结算、违约、索赔和争议及其他。

由于建设工程的内容各不相同，工期、造价也随之变动，承包、发包人各自的能力、施工现场的环境和条件也各不相同，针对这些情况必须专门拟定一些条款来对《通用条款》进行修改和补充，《专用条款》就是结合具体工程情况的有针对性的条款，它体现了施工合同的灵活性。这种通用性和灵活性相结合的特点，适应了建设工程施工合同的需要。《专用条款》的条款序号与《通用条款》相一致，也为 47 条，但主要是空格，由当事人根据工程的具体情况予以明确或者对《通用条款》进行修改。

《建设工程施工合同（示范文本）》的附件则是对施工合同当事人的权利义务的进一步明确，并且使得施工合同当事人的有关工作一目了然，便于执行和管理。

3. 施工合同文件的解释顺序

在工程实施过程中，如果发生合同文件含混不清或者不相一致的情形时，通常按照合同文件约定的优先顺序来进行解释。合同文件应能够互相解释、互相说明，除双方另有约定外，合同文件的优先顺序应按《施工合同文本》第二条中的规定确定，即下面排在前面的合同文件更具权威性。

①协议书（包括补充协议）。

②中标通知书。

③投标书及其附件。

④专用合同条款。

⑤通用合同条款。

⑥有关的标准、规范及技术文件。

⑦图纸。

⑧工程量清单。

⑨工程报价单或预算书等。

合同履行中，双方有关工程的洽商、变更等书面协议或文件视为施工合同的组成部分。在不违反法律和行政法规的前提下，当事人可以通过协商变更合同的内容。这些变更的协议或文件的效力高于其他合同文件，且签署在后的协议或文件效力高于签署在前的协议或文件。

5.2.4 建设工程施工合同中双方当事人的权利和义务条款

1. 发包人

发包人应根据专用条款约定的内容和时间完成以下的工作：

①提供具备施工条件的施工现场和施工用地。

②提供其他施工条件，包括将施工所需水、电、电讯线路从施工场地外部接至专用条款约定地点，并保证施工期间的需要，开通施工场地与城乡公共道路的通道，以及专用条款约定的施工场地内的主要道路，满足施工运输的需要，保证施工期间的畅通。

③提供有关水文地质勘探资料和地下管线资料，提供现场测量基准点、基准线和水准点及有关资料，以书面形式交给承包人，并进行现场交验，提供图纸等其他与合同工程有关的资料。

④办理施工许可证及其他施工所需证件、批件和临时用地、停水、停电、中断道路交通、爆破作业等的申请批准手续（证明承包人自身资质的证件除外）。

⑤协调处理施工场地周围地下管线和邻近建筑物、构筑物（包括文物保护建筑）、古树名木的保

护工作，承担有关费用。

⑥组织承包人和设计单位进行图纸会审和设计交底。

⑦按合同规定支付合同价款。

⑧按合同规定及时向承包人提供所需指令、批准等。

⑨按合同规定主持和组织工程的验收。

发包人可以将上述部分工作委托承包人办理，具体内容由双方在专用条款内约定，费用由发包人承担。发包人不按合同约定完成以上义务，应赔偿承包人的有关损失，延误的工期相应顺延。

2. 承包人

承包人按专用条款约定的内容和时间完成以下工作：

①根据发包人委托，在其设计资质等级和业务允许的范围内，完成施工图设计或与工程配套的设计，经工程师确认后使用，发包人承担由此发生的费用。

②按合同要求的质量完成施工任务。

③按合同要求的工期完成并交付工程。

④按专用条款约定的数量和要求，向发包人提供施工场地办公和生活的房屋及设施，发包人承担由此发生的费用。

⑤遵守政府有关主管部门对施工场地交通、施工噪声以及环境保护和安全生产等的管理规定，按规定办理有关手续，并以书面形式通知发包人，发包人承担由此发生的费用，因承包人责任造成的罚款除外。

⑥负责保修期内的工程维修。

⑦接受发包人、工程师或其代表的指令。

⑧负责工地安全，看管进场材料、设备和未交工工程。

⑨负责对分包的管理，并对分包方的行为负责。

⑩按专用条款约定做好施工场地地下管线和邻近建筑物、构筑物（包括文物保护建筑）、古树名木的保护工作。

⑪ 安全施工，保证施工人员的安全和健康。

⑫ 保持现场整洁。

⑬ 按时参加各种检查和验收。

承包人未能履行上述各项义务，造成发包人损失的，承包人赔偿发包人有关损失。

在专用条款中应该写明：按具体工程和实际情况，逐款列出各项工作的名称、内容、完成时间和要求，实际需要而通用条款未列的，要对条款和内容予以补充。本条工作发包人不在签订专用条款时写明，但在施工中提出要求，征得承包人同意后双方订立协议，可作为专用条款的补充，本条还应写明承包人不能按合同要求完成有关工作应赔偿发包人损失的范围和计算方法。

5.2.5 建设工程施工合同中关于质量的条款

工程施工中的质量管理是施工合同履行中的重要环节。施工合同的质量管理涉及许多方面的因素，任何一个方面的缺陷和疏漏，都会使工程质量无法达到预期的标准。《施工合同文本》中的大量条款都与工程质量有关。在施工过程中，承包人要随时接受工程师对材料、设备、中间部位、隐蔽工程和竣工工程等质量的检查、验收与监督。

建筑施工企业的经理，要对本企业的工程质量负责，并建立有效的质量保证体系。施工企业的总工程师和技术负责人要协助经理管好质量工作。施工企业应当逐级建立质量责任制。项目经理（现场负责人）要对本施工现场内所有单位工程的质量负责；施工技术员要对单位工程质量负责；生产班组要对分项工程质量负责。现场施工员、工长、质量检验员和关键工种工人必须经过考核取得岗位证书后，方可上岗。企业内各级职能部门必须按企业规定对各自的工作质量负责。

1. 标准、规范和图纸

《施工合同文本》第三条和第四条规定了标准、规范和图纸的内容。

（1）合同适用标准、规范

按照《标准化法》的规定，为保障人体健康、人身财产安全的标准属于强制性标准。建设工程施工的技术要求和方法即为强制性标准，施工合同当事人必须执行。因此，施工中必须使用国家标准、规范；没有国家标准、规范，但有行业标准、规范的，使用行业标准、规范；使用行业标准、规范的，使用工程所在地的地方标准、规范。发包人应当按照专用条款约定的时间向承包人提供一式两份约定的标准、规范。

国内没有相应的标准、规范时，可以由合同当事人约定工程适用的标准。首先，应由发包人按照约定的时间向承包人提出施工技术要求，承包人按照约定的时间和要求提出施工工艺，经发包人认可后执行；若工程使用国外标准、规范时，发包人应当负责提供中文译本。

因为购买、翻译标准、规范或制定施工工艺的费用，由发包人承担。

（2）图纸

建设工程施工应当按照图纸进行。在施工合同管理中的图纸是指由发包人提供或者由承包人提供经工程师批准、满足承包人施工需要的所有图纸（包括配套说明和有关资料）。按时、按质、按量提供施工所需图纸，也是保证工程施工质量的重要方面。

①发包人提供图纸。

在我国目前的建设工程管理体制中，施工中所需图纸主要由发包人提供（发包人通过设计合同委托设计单位设计）。在对图纸的管理中，发包人应当完成以下工作：

a. 发包人应当按照专用条款约定的日期和套数向承包人提供图纸。

b. 承包人如果需要增加图纸套数，发包人应当代为复制。发包人代为复制意味着发包人应当为图纸的正确性负责。

c. 如果对图纸有保密要求的，应当承担保密措施费用。

对于发包人提供的图纸，承包人应当完成以下工作：

a. 在施工现场保留一套完整图纸，供工程师及其有关人员进行工程检查时使用。

b. 如果专用条款对图纸提出保密要求的，承包人应当在约定的保密期限内承担保密义务。

c. 承包人如果需要增加图纸套数，复制费用由承包人承担。

使用国外或者境外图纸，不能满足施工需要时，双方在专用条款内约定复制、重新绘制、翻译、购买标准图纸等责任及费用承担。

工程师在对图纸进行管理时，重点是按照合同约定按时向承包人提供图纸据图纸检查承包人的工程施工。

②承包人提供图纸。

有些工程，施工图的设计或者与工程配套的设计有可能由承包人完成。如果合同中有这样的约定，则承包人应当在其设计资质允许的范围内，按工程师的要求完成这些设计，经工程师确认后使用，发生的费用由发包人承担。在这种情况下，工程师对图纸的管理重点是审查承包人的设计。

2. 材料设备供应的质量控制

工程建设的材料设备供应的质量控制，是整个工程质量控制的基础。建筑材料、构配件生产及设备供应单位对其生产或者供应的产品质量负责。而材料设备的需方则应根据买卖合同的规定进行质量验收。《施工合同文本》第二十七条和第二十八条对材料设备供应作了规定。

（1）材料设备的质量及其他要求

①材料生产和设备供应单位应具备法定条件。建筑材料、构配件生产及设备供应单位必须具备相应的生产条件、技术装备和质量保证体系，具备必要的检测人员和设备，把好产品看样、定货、储存、运输和核验的质量关。

②材料设备质量应符合要求：

a. 符合国家或者行业现行有关技术标准规定的合格标准和设计要求；

b. 符合在建筑材料、构配件及设备或其包装上注明采用的标准，符合以建筑材料、构配件及设备说明、实物样品等方式表明的质量状况。

③材料设备或者其包装上的标识应符合的要求：

a. 有产品质量检验合格证明。

b. 有中文标明的产品名称、生产厂家厂名和厂址。

c. 产品包装和商标样式符合国家有关规定和标准要求。

d. 设备应有产品详细的使用说明书，电气设备还应附有线路图。

e. 实施生产许可证或使用产品质量认证标志的产品，应有许可证或质量认证的编号、批准日期和有效期限。

（2）发包人供应材料设备时的质量控制

①双方约定发包人供应材料设备的一览表。对于由发包人供应的材料设备，双方应当约定发包人供应材料设备的一览表，作为合同附件。一览表的内容应当包括材料设备种类、规格、型号、数量、单价、质量等级、提供的时间和地点。发包人按照一览表的约定提供材料设备。

②发包人供应材料设备的清点。发包人应当向承包人提供其供应材料设备的产品合格证明，对其质量负责。发包人应在其所供应的材料设备到货前 24 小时，以书面形式通知承包人，由承包人派人与发包人共同清点。

③材料设备清点后的保管。发包人供应的材料设备经双方共同清点后由承包人妥善保管，发包人支付相应的保管费用。发生损坏丢失，由承包人负责赔偿。发包人不按规定通知承包人清点，发生的损坏丢失由发包人负责。

④发包人供应的材料设备与约定不符时的处理。发包人供应的材料设备与约定不符时，应当由发包人承担有关责任，具体按照下列情况进行处理：

a. 材料设备单价与合同约定不符时，由发包人承担所有差价。

b. 材料设备种类、规格、型号、数量、质量等级与合同约定不符时，承包人可以拒绝接收保管，由发包人运出施工场地并重新采购。

c. 发包人供应材料的规格、型号与合同约定不符时，承包人可以代为调剂串换，发包人承担相应的费用。

d. 到货地点与合同约定不符时，发包人负责运至合同约定的地点。

e. 供应数量少于合同约定的数量时，发包人将数量补齐；多于合同约定的数量时，发包人负责将多出部分运出施工场地。

f. 到货时间早于合同约定时间，发包人承担因此发生的保管费用；到货时间迟于合同约定的供应时间，由发包人承担相应的追加合同价款。发生延误，相应顺延工期，发包人赔偿由此给承包方造成的损失。

⑤发包人供应材料设备的重新检验。发包人供应的材料设备进人施工现场后需要重新检验或者试验的，由承包人负责检验或试验，费用由发包人负责。即使在承包人检验通过之后，如果又发现材料设备有质量问题的，发包人仍应承担重新采购及拆除重建的追加合同价款，并相应顺延由此延误的工期。

（3）承包人采购材料设备的质量控制

对于合同约定由承包人采购的材料设备，应当由承包人选择生产厂家或者供应商，发包人不得指定生产厂家或者供应商。

①承包人采购材料设备的清点验收。承包方根据专用条款的约定及设计和有关标准要求采购工程需要的材料设备，产品合格证明，对其质量负责。承包人在材料设备到货前 24 小时通知工程师清点。

②承包人采购的材料设备与要求不符时的处理。承包人采购的材料设备与设计或者标准要求不符时，由承包人按照工程师要求的时间运出施工场地，重新采购符合要求的产品，并承担由此发生的费用，由此延误的工期不予顺延。

工程师不能按时到场清点，事后发现材料设备不符合设计或者标准要求时，仍由承包人负责修复、拆除或者重新采购，并承担发生的费用，由此造成工期延误可以相应顺延。

承包人采购的材料设备在使用前，承包人应按工程师的要求进行检验或试验，不合格的不得使用，检验或试验费用由承包人承担。

③承包人使用代用材料。承包人需要使用代用材料时，须经工程师认可后方可使用方以书面形式议定。

3. 工程验收的质量控制

工程验收是一项以确认工程是否符合施工合同规定为目的的行为，是质量控制最重要的环节。

（1）工程质量标准

工程质量应当达到协议书约定的质量标准，质量标准的评定按国家或者专业的质量检验评定标准。发包人要求部分或者全部工程质量达到优良标准，应支付由此增加的追加合同价款，对工期有影响的应给予相应顺延。这是"优质优价"原则的具体体现。

达不到约定标准的工程部分，工程师一经发现，可要求承包人返工，承包人应当按照工程师的要求返工，直到符合约定标准。因承包人的原因达不到约定标准，由承包人承担返工费用，工期不予顺延。因发包人的原因达不到约定标准，由发包人承担返工的追加合同价款，工期相应顺延。因双方原因达不到约定标准，责任由双方分别承担。按照《建设工程质量管理办法》的规定，对达不到国家标准规定的合格要求的或者合同中规定的相应等级要求的工程，要扣除一定幅度的承包价。

双方对工程质量有争议，由专用条款约定的工程质量监督管理部门鉴定，所需费用及因此造成的损失，由责任方承担。双方均有责任，由双方根据其责任分别承担。

（2）施工过程中的检查和返工（《施工合同文本》第十六条）

在工程施工过程中，工程师及其委派人员对工程的检查检验，是他们一项日常性工作和重要职能。

承包人应认真按照标准、规范和设计要求以及工程师依据合同发出的指令施工，随时接受工程师及其委派人员的检查检验，为检查检验提供便利条件，并按工程师及其委派人员的要求返工、修改，承担由于自身原因导致返工、修改的费用。

检查检验合格后，又发现因承包人引起的质量问题，由承包方承担的责任，赔偿发包人的直接损失，工期相应顺延。

检查检验不应影响施工正常进行，如影响施工正常进行，检查检验不合格时，影响正常施工的费用由承包人承担。除此之外影响正常施工的追加合同价款由发包人承担，相应顺延工期。因工程师指令失误和其他非承包人原因发生的追加合同价款，由发包人承担。

（3）隐蔽工程和中间验收（《施工合同文本》第十七条）

由于隐蔽工程在施工中一旦完成隐蔽，很难再对其进行质量检查（这种检查成本很大），因此必须在隐蔽前进行检查验收。对于中间验收，合同双方应在专用条款中约定需要进行中间验收的单项工程和部位的名称、验收的时间和要求，以及发包人应提供的便利条件。

工程具备隐蔽条件和达到专用条款约定的中间验收部位，承包人进行自检，并在隐蔽和中间验收前 48 小时以书面形式通知工程师验收。通知包括隐蔽和中间验收内容、验收时间和地点。承包人准备验收记录，验收合格，工程师在验收记录上签字后，承包人可进行隐蔽和继续施工。验收不合格，承包人在工程师限定的时间内修改后重新验收。

工程师不能按时参加验收，须在开始验收前 24 小时向承包人提出书面延期要求，延期不能超过 48 小时。工程师未能按以上时间提出延期要求，不参加验收，承包人可自行组织验收，发包人应承认验收记录。

工程质量符合标准、规范和设计图纸等的要求，验收24小时后，工程师不在验收记录上签字，视为工程已经批准，承包人可进行隐蔽或者继续施工。

（4）重新检验（《施工合同文本》第十八条）

无论工程师是否参加验收，当其提出对已经隐蔽的工程重新检验的要求时，承包人应按要求进行剥离或开孔，并在检验后重新覆盖或者修复。检验合格，发包人承担由此发生的全部追加合同价款，赔偿承包人损失，并相应顺延工期。检验不合格，承包人承担发生的全部费用，工期不予顺延。

（5）工程试车（《施工合同文本》第十九条）

①试车的组织责任。对于设备安装工程，应当组织试车。试车内容应与承包人承包的安装范围相一致。

a. 单机无负荷试车。设备安装工程具备单机无负荷试车条件，由承包人组织试车，有单机试运转达到规定要求，才能进行联试。承包人应在试车前48小时书面通知工程师。通知包括试车内容、时间、地点。承包人准备试车记录，发包人为试车提供必要条件。试车通过，工程师在试车记录上签字。

b. 联动无负荷试车。设备安装工程具备无负荷联动试车条件，由发包人组织试车，并在试车前48小时书面通知承包人。通知内容包括试车内容、时间、地点和对承包人的要求，承包人按要求做好准备工作和试车记录。试车通过，双方在试车记录上签字。

c. 投料试车。投料试车，应当在工程竣工验收后由发包人全部负责。如果发包人要求承包人配合或在工程竣工验收前进行时，应当征得承包人同意，另行签订补充协议。

②试车的双方责任：

a. 由于设计原因试车达不到验收要求，发包人应要求设计单位修改设计，承包人按修改后的设计重新安装。发包人承担修改设计、拆除及重新安装全部费用和追加合同价款，工期相应顺延。

b. 由于设备制造原因试车达不到验收要求，由该设备采购一方负责重新购置和修理，承包人负责拆除和重新安装。设备由承包人采购，由承包人承担修理或重新购置、拆除及重新安装的费用，工期不予顺延；设备由发包人采购的，发包人承担上述各项追加合同价款，工期相应顺延。

c. 由于承包人施工原因试车达不到验收要求，工程师提出修改意见。承包人修改后重新试车，承担修改和重新试车的费用，工期不予顺延。

d. 试车费用除已包括在合同价款之内或者专用条款另有约定外，均由发包人承担。

e. 工程师未在规定时间内提出修改意见，或试车合格不在试车记录上签字，试车结束24小时后，记录自行生效，承包人可继续施工或办理竣工手续。

③工程师要求延期试车。工程师不能按时参加试车，须在开始试车前24小时向承包人提出书面延期要求，延期不能超过48小时。工程师未能按以上时间提出延期要求，不参加试车，承包人可自行组织试车，发包人应当承认试车记录。

（6）竣工验收（《施工合同文本》第三十二条）

竣工验收，是全面考核建设工作，检查是否符合设计要求和工程质量的重要环节。

①竣工工程必须符合的基本要求。竣工交付使用的工程必须符合下列基本要求：

a. 完成工程设计和合同中规定的各项工作内容，达到国家规定的竣工条件。

b. 工程质量应符合国家现行有关法律、法规、技术标准、设计文件及合同规定的要求，并经质量监督机构核定为合格或优良。

c. 工程所用的设备和主要建筑材料、构件应具有产品质量出厂检验合格证明和技术标准规定必要的进场试验报告。

d. 具有完整的工程技术档案和竣工图，已办理工程竣工交付使用的有关手续。

e. 已签署工程保修书。

②竣工验收程序。原国家计委《建设项目(工程)竣工验收办法》规定，竣工验收程序为：

a. 根据建设项目(工程)的规模大小和复杂程度，整个建设项目(工程)的验收可分为初步验收和竣工验收两个阶段进行。规模较大、较复杂的建设项目(工程)应先进行初验，然后进行全部建设项目(工程)的竣工验收。规模较小、较简单的项目(工程)，可以一次进行全部项目(工程)的竣工验收。

b. 建设项目(工程)在竣工验收之前，由建设单位组织施工、设计及使用等有关单位进行初验。初验前由施工单位按照国家规定，整理好文件、技术资料，向发包方提交竣工报告。建设单位接到报告后，应及时组织初验。

c. 建设项目(工程)全部完成，经过各单项工程的验收，符合设计要求，并具备竣工图表、竣工决算、工程总结等必要文件资料，由项目(工程)主管部门或建设单位向负责验收的单位提出竣工验收申请报告。

③竣工验收中承发包双方的具体工作程序和责任。工程具备竣工验收条件，承包人按国家工程竣工验收有关规定，向发包人提供完整竣工资料及竣工验收报告。双方约定由承包人提供竣工图，应当在专用条款内约定提供的日期和份数。

发包人收到竣工验收报告后28天内组织有关单位验收，并在验收后14天内给予认可或提出修改意见。承包人按要求修改。由于承包人原因，工程质量达不到约定的质量标准，承包人承担修改费用。

因特殊原因，发包人要求部分单位工程或者工程部位须甩项竣工时，双方另行签订甩项竣工协议，明确各方责任和工程价款的支付办法。

工程未经竣工验收或竣工验收未通过的，不得交付使用。发包人强行使用的，发生的质量问题及其他问题，由发包人承担责任。

4. 保修

建设工程办理交工验收手续后，在规定的期限内，因勘察、设计、施工、材料等原因造成的质量缺陷，应当由施工单位负责维修。所谓质量缺陷是指工程不符合国家或行业现行的有关技术标准、设计文件以及合同中对质量的要求。《建设工程施工合同(示范文本)》第三十四条对质量保修作了规定。

承包人应当在工程竣工验收之前与发包人签订质量保修书，作为合同附件。质量保修书的主要内容包括：质量保修项目内容及范围；质量保修期；质量保修责任；质量保修金的支付方法。

(1) 工程质量保修范围和内容

质量保修范围包括地基基础工程、主体结构工程、屋面防水工程和双方约定的其他土建工程，以及电气管线、上下水管线的安装工程，供热、供冷系统工程等项目。工程质量保修范围是国家强制性的规定，合同当事人不能约定减少国家规定的工程质量保修范围。工程质量保修的内容由当事人在合同中约定。

(2) 质量保修期

质量保修期从工程竣工验收之日算起。分单项竣工验收的工程，按单项工程分别计算质量保修期。其中部分工程的最低质量保修期为：

①基础设施工程、房屋建筑的地基基础工程和主体结构工程，为设计文件规定的该工程合理使用年限。

②屋面防水工程、有防水要求的卫生间、房间和外墙面的防渗漏，为5年。

③供热与供冷系统，为2个采暖期、供冷期。

④电气管线、给排水管道、设备安装和装修工程为2年，其他项目的保修期限由发包方和承包方约定。

（3）质量保修责任

①属于保修范围和内容的项目，承包人应在接到修理通知之日后7天内派人修理。承包人不在约定期限内派人修理，发包人可委托其他人员修理，修理费用从质量保修金内扣除。

②发生须紧急抢修事故（如上水跑水、暖气漏水漏气、燃气漏气等），承包人接到事故通知后，须立即到达事故现场抢修。非承包人施工质量引起的事故，抢修费用由发包人承担。

③在工程合理使用期限内，承包人确保地基基础工程和主体结构的质量。因承包人原因致使工程在合理使用期限内造成人身和财产损害，承包人应承担损害赔偿责任。

5.2.6 建设工程施工合同中关于价格与支付的条款

在一个合同中，涉及经济问题的条款总是双方关心的焦点。合同在履行过程中，项目经理仍然应当做好这方面的管理。其总的目标是降低施工成本，争取应当属于己方的经济利益。特别是后者，站在合同管理的角度，应当由发包人支付的施工合同价款，项目经理应当积极督促有关人员办理有关手续；对于应当追加的合同价款和应当由发包人承担的有关费用，项目经理应当准备好有关的材料，一旦发生争议，能够据理力争，维护己方的合法权益。当然，所有的这些工作都应当在合同规定的程序和时限内进行。

1. 施工合同价款及调整（《施工合同文本》第二十三条）

（1）施工合同价款的约定

施工合同价款，按有关规定和协议条款约定的各种取费标准计算，用以支付发包人按照合同要求完成工程内容的价款总额。这是合同双方关心的核心问题之一，招投标等工作主要是围绕合同价款展开的。合同价款应依据中标通知书中的中标价格和非招标工程的工程预算书确定。合同价款在协议书内约定后，任何一方不得擅自改变，但它通常不是最终的合同结算价格。最终的合同结算价格还包括在施工过程中发生、经工程师确认后追加的合同价款，以及发包方按照合同规定对承包方的扣减款项。

施工合同按计价方式不同可以分为固定总价合同、固定单价合同、可调总价合同、可调单价合同、成本加酬金合同等方式，双方可在专用条款内约定使用其中一种。

①固定总价合同。合同的工程数量、单价及合同总价固定不变，由承包人包干，除非发生合同内容范围和工程设计变更及约定外的风险。这种合同计价方式一般适用于工程规模较小、技术比较简单、工期较短，且核定合同价格时已经具备完整、详细的工程设计文件和必需的施工技术管理条件的工程建设项目。采用该种合同方式，工程承包人承担了大部分风险。双方应当在专用条款中约定合同价款包括的风险费用和承担风险的范围。风险范围以外的合同价款调整方法，应当在专用条款内约定。

②固定单价合同。合同的各分项工程数量是估计值，在合同的履行过程中，将根据实际发生的工程数量进行计算和调整，而各分项工程的单价是固定的。除非发生工程内容范围、数量的大量变更或约定以外的风险，才可以调整工程单价。这种合同计价方式一般适用于核定合同价格时，工程数量难以确定的工程建设项目，工程承包人承担了工程单价风险，工程招标人承担了工程数量的风险。单价合同的极端形式是招标人不提供任何分项工程数量，工程承包双方约定各分项工程的单价，故又称为纯单价合同，这种合同计价方式容易发生争议。

③可调价格合同。可调价格合同又可以分为可调总价合同（工程数量是固定的）和可调单价合同（工程数量是预估可调整的）。两种合同的总价和各分项工程的单价可以按照合同约定的内容范围、条件、方法、因素和依据进行调整。其中，工程的人工、材料和机械等因素的价格变化可以约定依据物价部门或工程造价管理部门公布的价格或指数进行调整。这种合同计价方式一般适用于工程规模较大、技术比较复杂、建设工期较长，且核定合同价格时缺乏充分的工程设计文件和必需的施工技术管理条件的工程建设项目，或者因为工程建设项目的建设工期较长，人工、材料和机械等要素的市场价

格可能发生较大变化，合同双方为合理分担风险而需要调整合同总价或合同单价的工程建设项目。合同双方应当在专用条款内约定合同价款的调整方法。

④成本加酬金合同，也称成本补偿合同。合同价格中的工程成本可以按照实际的发生额进行支付，承包人的酬金可以按照合同双方约定的工程管理服务费、利润的固定额计算，或将工程成本、质量、进度的控制结果与奖惩的浮动比例挂钩进行计算。这种合同计价方式一般适用于核定合同价格时，工程内容、范围和数量不清楚或难以界定的工程建设项目。合同价款包括成本和酬金两部分，合同双方应在专用条款内约定成本构成和酬金的计算方法。这种合同常有以下四种形式：成本加固定酬金合同、成本加固定费率合同、成本加浮动酬金合同和成本加固定最大酬金合同。

（2）可调价格合同中合同价款的调整

①可调价格合同中价格调整的范围。法律、行政法规和国家有关政策变化影响合同价款；工程造价管理部门公布的价格调整；一周内非承包人原因停水、停电、停气造成停工累计超过 8 小时；双方约定的其他因素。

②可调价格合同中价格调整的程序。承包人应当在价款可以调整的情况发生后 14 天内，将调整原因、金额以书面方式通知工程师，工程师确认后作为追加合同价款，与工程款同期支付。工程师收到承包人通知之后 14 天内不予确认也不提出修改意见，视为该项调整已经同意。

2. 工程预付款（《施工合同文本》第二十四条）

工程预付款是在工程开工前发包方承诺预先支付给承包方进行工程准备的一笔款项，主要用于采购建筑材料。预付额度，建筑工程一般不得超过当年建筑（包括水、电、暖、卫等）工程工作量的 30%，大量采用预制构件以及工期在 6 个月以内的工程，可以适当增加；安装工程一般不得超过当年安装工程量的 10%，安装材料用量较大的工程，可以适当增加。

双方应当在专用条款内约定发包人向承包人预付工程款的时间和数额，开工后按约定的时间和比例逐次扣回。预付时间应不迟于约定的开工日期前 7 天。发包人不按约定预付，承包人在约定预付时间 7 天后向发包人发出要求预付的通知，发包人收到通知后仍不能按要求预付，承包人可在发出通知后 7 天停止施工，发包人应从约定应付之日起向承包人支付应付款的贷款利息，并承担违约责任。

3. 工程款（进度款）支付（《施工合同文本》第二十六条）

（1）工程量的确认

对承包人已完成工程量的核实确认，是发包人支付工程款的前提，其具体的确认程序如下：

①承包人向工程师提交已完工程量的报告。承包人应按专用条款约定的时间，向工程师提交已完工程量的报告。该报告应当由《完成工程量报审表》和作为其附件的《完成工程量统计报表》组成。承包人应当写明项目名称、申报工程量及简要说明。

②工程师的计量。工程师接到报告后 7 天内按设计图纸核实已完工程量（以下称计量），并在计量前 24 小时通知承包人，承包人为计量提供便利条件并派人参加。承包人不参加计量，发包人自行进行，计量结果有效，作为工程价款支付的依据。

工程师收到承包人报告后 7 天内未进行计量，从第 8 天起，承包人报告中开列的工程量即视为已被确认，作为工程价款支付的依据。工程师不按约定时间通知承包人，致使承包人未能参加计量，计量结果无效。

工程师对承包人超出设计图纸范围和（或）因自身原因造成返工的工程量，不予计量。

（2）工程款（进度款）结算方式

①按月结算。这种结算办法实行旬末或月中预支，月末结算，竣工后清算的办法。跨年度施工的工程，在年终进行工程盘点，办理年度结算。

②竣工后一次结算。建设项目或单项工程全部建筑安装工程建设期在 12 个月以内，或者建设工程施工合同价值在 100 万元以下，可以实行工程价款每月月中预支，竣工后一次结算。

③分段结算。这种结算方式要求当年开工、当年不能竣工的单项工程或单位工程按照工程形象

进度，划分不同阶段进行结算。分段的划分标准，由各部门和省、自治区、直辖市、计划单列市规定，分段结算可以按月预支工程款。

④其他结算方式。结算双方可以约定采用并经开户建设银行同意的其他结算方式。

（3）工程款（进度款）支付的程序和责任

发包人应在在双方计量确认后14天内，向承包人支付工程款（进度款）。同期用于工程上的发包人供应材料设备的价款，以及按约定时间发包人应按比例扣回的预付款，与工程款（进度款）同期结算。合同价款调整、设计变更调整的合同价款及追加的合同价款，应与工程款（进度款）同期调整支付。

发包人超过约定的支付时间不支付工程款（进度款），承包人可向发包人发出要求付款的通知，发包人在收到承包人通知后仍不能按要求支付，可与承包人协商签订延期付款协议，经承包人同意后可以延期支付。协议须明确延期支付时间和从发包人计量签字后第15天起计算应付款的贷款利息。发包人不按合同约定支付工程款（进度款），双方又未达成延期付款协议，导致施工无法进行，承包人可停止施工，由发包人承担违约责任。

4. 确定变更价款（《施工合同文本》第三十一条）

（1）变更价款的确定程序

设计变更发生后，承包人在工程设计变更确定后14天内，提出变更工程价款的报告，经工程师确认后调整合同价款。承包人在确定变更后14天内不向工程师提出变更工程价款报告时，视为该项设计变更不涉及合同价款的变更。

工程师收到变更工程价款报告之日起14天内，予以确认。工程师无正当理由不确认时，自变更价款报告送达之日起14天后变更工程价款报告自行生效。

工程师不同意承包人提出的变更价款，按照合同约定的争议解决方法处理。

（2）变更价款的确定方法

变更合同价款按照下列方法进行：

①合同中已有适用于变更工程的价格，按合同已有的价格计算、变更合同价款。

②合同中只有类似于变更工程的价格，可以参照此价格确定变更合同价款。

③合同中没有适用或类似于变更工程的价格，由承包人提出适当的变更价格，经工程师确认后执行。

5. 施工中涉及的其他费用

（1）安全施工

承包人按工程质量、安全及消防管理有关规定组织施工，并随时接受行业安全检查人员依法实施的检查，采取必要的安全防护措施，消除事故隐患。由于承包人的安全措施不力造成事故的责任和因此造成安全事故和因此发生的费用，由承包人承担。

发生重大伤亡及其他安全事故，承包人应按有关规定立即上报有关部门并通知工程师，同时按政府有关部门要求处理，发生的费用由事故责任方承担。发包人承包人对事故责任有争议时，应按政府有关部门的认定处理。

承包人在动力设备、输电线路、地下管道、密封防震车间、易燃易爆地段以及临街交通要道附近施工时，施工开始前应向工程师提出安全保护措施，经工程师认可后实施，防护措施费用由发包人承担。

实施爆破作业，在放射、毒害性环境中施工（含储存、运输、使用）及使用毒害性、腐蚀性物品施工时，承包人应在施工前以书面形式通知工程师，并提出相应的安全防护措施，经工程师认可后实施。安全防护措施费用由发包人承担。

（2）专利技术及特殊工艺（《施工合同文本》第四十二条）

发包人要求使用专利技术或特殊工艺，须负责办理相应的申报手续，承担申报、试验、使用等费用承包人按发包人要求使用，并负责试验等有关工作。承包人提出使用专利技术或特殊工艺报工程师认可后实施。承包人负责办理申报手续并承担有关费用。擅自使用专利技术侵犯他人专利权，责任者承担全部后果及所发生的费用。

（3）文物和地下障碍物（《施工合同文本》第四十三条）

在施工中发现古墓、古建筑遗址等文物及化石或其他有考古、地质研究等价值的物品时，承包人应立即保护好现场并于4小时内以书面形式通知工程师，工程师应于收到书面通知后24小时内报告当地文物管理部门，承发包双方按文物管理部门的要求采取妥善保护措施。发包人承担由此发生的费用，延误的工期相应顺延。

如施工中发现古墓、古建筑遗址等文物及化石或其他有考古、地质研究等价值的物品，隐瞒不报的，致使文物遭受破坏，责任方、责任人依法承担相应责任。

施工中发现影响施工的地下障碍物时，承包人应于4小时内以书面形式通知工程师，同时提出处置方案，工程师收到处置方案后胆小时内予以认可或提出修正方案。发包人承担由此发生的费用，延误的工期相应顺延。所发现的地下障碍物有归属单位时，发包人报请有关部门协同处置。

6. 竣工结算（《施工合同文本》第三十三条）

工程竣工验收报告经发包人认可后，承发包双方应当按协议书约定的合同价款及专用条款约定的合同价款调整方式，进行工程竣工结算。

（1）承包人

工程竣工验收报告经发包人认可后28天，承包人向发包人递交竣工结算报告及完整的结算资料。承包人未能向发包人递交竣工结算报告及竣工结算不能正常进行或工程竣工结算价款不能及时支付，发包人要求支付工程的，承包人应当交付；发包人不要求交付工程的，承包人承担保管责任。

发包人收到竣工结算报告及结算资料后28天内进行核实，给予确认或者提出修改意竣工结算价款。发包人确认竣工结算报告后，通知经办银行向承包人支付工程竣工结算价款，承包人收到竣工结算价款后14天内将竣工工程支付发包人。

（2）发包人

发包人收到竣工结算报告及结算资料后28天内无正当理由不支付工程竣工结算价款，从第29天起按承包人同期向银行贷款利率支付拖欠工程价款的利息，并承担违约责任。

发包人收到竣工结算报告及结算资料后28天内不支付工程竣工结算价款，承包人可以催告发包人支付结算价款。发包人在收到竣工结算报告及结算资料后56天内仍不支付的，承包人可以与发包人协议将该工程折价，也可以由承包人申请人民法院将该工程依法拍卖，承包人就该工程折价或者拍卖的价款优先受偿。

7. 质量保修金

（1）质量保修金的支付

保修金由承包人向发包人支付，也可由发包人从应付承包方工程款内预留金的比例及金额由双方约定，但不应超过施工合同价款的3%。

（2）质量保修金的结算与返还质量保修

工程的质量保修期满后，发包人应当及时结算和返还（如有剩余）质量保修金。发包人应当在质量保修期满后14天内，将剩余保修金和按约定利率计算的利息返还承包人。

5.2.7 建设工程施工合同中关于进度的条款

进度控制是施工合同管理的重要组成部分。合同当事人应当在合同规定的工期内完成施工任务，发包人应当按时做好准备工作，承包人应当按照施工进度计划组织施工。为此，项目经理应当落实进度控制部门的人员、具体的控制任务和管理职能分工，并且编制合理的施工进度计划并控制其执行，即在工程进展全过程中，进行计划进度与实际进度的比较，对出现的偏差及时采取措施。

施工合同的进度控制可以分为施工准备阶段、施工阶段和竣工验收阶段的进度控制。

1. 施工准备阶段的进度控制

施工准备阶段的许多工作都对施工的开始和进度有直接的影响，包括双方对合同工期的约定、承包方提交进度计划、设计图纸的提供、材料设备的采购、延期开工的处理等。

（1）合同双方对合同工期的约定

施工合同工期，是指施工的工程从开工起到完成施工合同专用条款双方约定的全部内容，工程达到竣工验收标准所经历的时间。合同工期是施工合同的重要内容之一，故《施工合同文本》要求双方在协议书中作出明确约定。约定的内容包括开工日期、竣工日期和合同工期总日历天数。合同当事人应当在开工日期前做好一切开工的准备工作，承包人则应按约定的开工日期开工。工程竣工验收通过，实际竣工日期为承包人送交竣工验收报告的时期；工程按发包人要求修改后通过验收的，实际竣工日期为承包人修改后提请发包人验收的日期。

我国目前确定合同工期的依据是建设工期定额，它是由国务院有关部门按照不同工程类型分别编制的。所谓建设工程工期定额，是指在平均的建设管理水平和施工装备水平及正常的建设条件（自然的、经济的）下，一个建设项目从设计文件规定的工程正式破土动工，到全部工程建完，验收合格交付使用全过程所需的额定时间。

（2）承包人提交进度计划

承包人应当在专用条款约定的日期，将施工组织设计和工程进度计划提交工程师。群体工程中采取分阶段进行施工的工程，承包人则应按照发包人提供图纸及有关资料的时间，分阶段编制进度计划，分别向工程师提交。

（3）工程师对进度计划予以确认或者提出修改意见

工程师接到承包人提交的进度计划后，应当予以确认或者提出修改意见，时间限制则由双方在专用条款中约定。如果工程师逾期不确认也不提出书面意见，则视为已经同意。

工程师对进度计划予以确认或者提出修改意见，并不免除承包人施工组织设计和工程进度计划本身的缺陷所应承担的责任。工程师对进度计划予以确认的主要目的是为工程师对进度进行控制提供依据。

（4）其他准备工作

在开工前，合同双方还应当做好其他各项准备工作。使施工现场具备施工条件，开通施工现场与公共道路的调配工作。

对于工程师而言，特别需要做好水准点与坐标控制点的交验，按时提供标准、规范。为了能够按时向承包人提供设计图纸，工程师可能还需要做好设计单位的协调工作，按照专用条款的约定组织图纸会审和设计交底。

（5）延期开工

①承包人要求延期开工。如果承包人要求延期开工，则工程师有权批准是否同意延期开工。承包人应当按协议书约定的开工日期开始施工。承包人不能按时开工，应在不迟于协议书约定的开工日期前 7 天，以书面形式向工程师提出延期开工的理由和要求。工程师在接到延期开工申请后的 48 小时内以书面形式答复承包人。工程师在接到延期开工申请后的 48 小时内不答复，视为同意承包人的要求，工期相应顺延。

如果工程师不同意延期要求，工期不予顺延。如果承包人未在规定时间内提出延期开工要求，如在协议书约定的开工日期前 5 天才提出，工期也不予顺延。

②因发包人原因延期开工。因发包人的原因不能按照协议书约定的开工日期开工，工程师以书面形式通知承包人后，可推迟开工日期。承包人对延期开工的通知没有否决权，但发包人应当赔偿承包人因此造成的损失，相应顺延工期。

2. 施工阶段的进度控制

工程开工后，合同履行即进入施工阶段，直至工程竣工控制施工任务在协议书规定的合同工期内完成。

（1）监督进度计划的执行

施工阶段进度控制的任务是开工后承包人必须按照工程师确认的进度计划组织施工，接受工程师对进度的检查、监督。这是工程师进行进度控制的一项日常性工作，检查、监督的依据是已经确认的进度计划。一般情况下，工程师每月检查一次承包人的进度计划执行情况，由承包人提交一份上月进度计划实际执行情况和本月的施工计划。同时，工程师还应进行必要的现场实地检查。

工程实际进度与进度计划不符时，承包人应当按照工程师的要求提出改进措施，经工程师确认后执行。如果采用改进措施后，经过一段时间工程实际进展赶上了进度计划，则仍可按原进度计划执行。如果采用改进措施一段时间后，工程实际进展仍明显与进度计划不符，则工程师可以要求承包人修改原进度计划，并经工程师确认。但是，这种确认并不是工程师对工程延期的批准，而仅仅是要求承包人在合理的状态下施工。因此，如果修改后的进度计划不能按期完工，仍应承担相应的违约责任。

工程师应当随时了解施工进度计划执行过程中所存在的问题，并帮助承包人予以解决，特别是承包人无力解决的内外关系协调问题。

（2）暂停施工（《施工合同文本》第十二条）

在施工过程中，有些情况会导致暂停施工。暂停施工当然会影响工程进度，作为工程师应当尽量避免暂停施工。暂停施工的原因是多方面的，但归纳起来有以下三个方面：

①工程师要求的暂停施工。工程师在主观上是不希望暂停施工的，但有时继续施工会造成更大的损失。工程师认为确有必要时，应当以书面形式要求承包人暂停施工，不论暂停施工的责任在发包人还是在承包人。工程师应当在提出暂停施工要求后48小时内提出书面处理意见。承包人应当按照工程师的要求停止施工，并妥善保护已完工程。承包人实施工程师作出的处理意见后，可提出书面复工要求，工程师应当在48小时内给予答复。工程师未能在规定时间内提出处理意见，或收到承包人复工要求后48小时内未予答复，承包人可以自行复工。

如果停工责任在发包人，由发包人承担所发生的追加合同价款，相应顺延工期；如果停工责任在承包人，由承包人承担发生的费用，工期不予顺延。因为工程师不及时作出答复，导致承包人无法复工，由发包人承担违约责任。

②由于发包人违约，承包人主动暂停施工。当发包人出现某些违约情况时，承包人可以暂停施工。这是承包人保护自己权益的有效措施。如发包人不按合同规定及时向承包方支付工程预付款、发包人不按合同规定及时向承包人支付工程进度款且双方未达成延期付款协议，承包人均可暂停施工。这时，发包人应当承担相应的违约责任。出现这种情况时，工程师应当尽量督促发包人履行合同，以尽量减少双方的损失。

③意外情况导致的暂停施工。在施工过程中出现一些意外情况，如果需要暂停施工则承包人应暂停施工。在这些情况下，工期是否给予顺延应视风险责任的承担确定。如发现有价值的文物、发生不可抗力事件等，风险责任应当由发包人承担，故应给予承包人工期顺延。

（3）工程设计变更（《施工合同文本》第二十九条）

在施工过程中如果发生设计变更，将对施工进度产生很大的影响。如果必须对设计进行变更，必须严格按照国家的规定和合同约定的程序进行。

施工中发包人如果需要对原工程设计进行变更，应不迟于变更前14天以书面形式向承包人发出变更通知。变更超过原设计标准或者批准的建设规模时，须经原规划管理部门和其他有关部门审查批准，并由原设计单位提供变更的相应图纸和说明。承包方应当严格按照图纸施工，不得对原工程设计进行变更。

设计变更事项能够构成设计变更的事项包括以下变更：

①更改有关部分的标高、基线、位置和尺寸。

②增减合同中约定的工程量。

③改变有关工程的施工时间和顺序。

④其他有关工程变更需要的附加工作。

由于发包人对原设计进行变更，以及经工程师同意的、承包人要求进行的设计变更，导致合同价款的增减及造成的承包方损失，由发包人承担，延误的工期相应顺延。

（4）工期延误（《施工合同文本》第十三条）

承包人应当按照合同约定完成工程施工，如果由于其自身的原因造成工期延误，应当承担违约责任。但是，在有些情况下工期延误后，竣工日期可以相应顺延。

①工期可以顺延的工期延误。因以下原因造成工期延误，经工程师确认，工期相应顺延。

a. 发包人不能按专用条款的约定提供开工条件。

b. 发包人不能按约定日期支付工程预付款、进度款，致使施工不能正常进行。

c. 工程师未按合同约定提供所需指令、批准、图纸等，致使施工不能正常进行。

d. 设计变更和工程量增加。

e. 一周内非承包人原因停水、停电、停气造成停工累计超过 8 小时。

f. 不可抗力。

g. 专用条款中约定或工程师同意工期顺延的其他情况。

这些情况工期可以顺延的根本原因在于这些情况属于发包人违约或者是应当由发包方承担的风险。

②工期顺延的确认程序。承包人在工期可以顺延的情况发生后 14 天内，就将延误的内容和因此发生的追加合同价款向工程师提出书面报告。工程师在收到报告后 14 天内予以确认，逾期不予确认也不提出修改意见，视为同意工期顺延。

当然，工程师确认的工期顺延期限应当是事件造成的合理延误，由工程师根据发生事件的具体情况和工期定额、合同等的规定确认。经工程师确认的顺延的工期应纳入合同工期，作为合同工期的一部分。如果承包人不同意工程师的确认结果，则按合同规定的争议解决方式处理。

3. 竣工验收阶段的进度控制

竣工验收是发包人对工程的全面检验，是保修期外的最后阶段。在竣工验收阶段，项目经理进度控制的任务是督促完成工程扫尾工作，协调竣工验收中的各方关系，参加竣工验收。

（1）竣工验收的程序

工程应当按期竣工。工程按期竣工有两种情况：承包人按照协议书约定的竣工日期或者工程师同意顺延的工期竣工。工程如果不能按期竣工，承包人应当承担违约责任。

①承包人提交竣工验收报告。当工程按合同要求全部完成后，工程具备了竣工验收条件，承包人按国家工程竣工验收的有关规定并按专用条款要求的日期和份数，向发包人提供完整的竣工资料和竣工验收报告，并向发包人提交竣工图。

②发包人组织验收。发包人在收到竣工验收报告后 28 天内组织有关部门验收，并在验收 14 天内给予认可或者提出修改意见。竣工日期为承包方送交竣工验收报告日期。需修改后才能达到验收要求的，竣工日期为承包人修改后提请发包人验收日期。

③发包人不按时组织验收的后果。发包人收到承包方送交的竣工验收报告后 28 天内不组织验收，或者在验收后 14 天内不提出修改意见，则视为竣工验收报告已经被认可。发包人收到承包人送交的竣工验收报告后 28 天内不组织验收，从第 29 天起承担工程保管及一切意外责任。

（2）发包人要求提前竣工

在施工中，发包人如果要求提前竣工，发包人应当与承包人进行协商，协商一致后应签订提前竣工协议。发包人应为赶工提供方便条件。提前竣工协议应包括以下几方面的内容：

①提前的时间。

②承包人采取的赶工措施。

③发包人为赶工提供的条件。

④赶工措施的经济支出。

⑤提前竣工的收益分享。

5.3 建设工程监理合同

《建筑法》第三十条规定："国家推行建筑工程监理制度。"第三十一条规定："实行监理的建筑工程，由建设单位委托具有相应资质条件的工程监理单位监理。建设单位与其委托的工程监理单位应当订立书面委托监理合同。"《合同法》第二百七十六条规定："建设工程实行监理的，发包人应当与监理人采用书面形式订立委托监理合同。发包人与监理人的权利和义务以及法律责任，应当依照本法委托合同以及其他有关法律、行政法规的规定。"

5.3.1 建设工程监理合同概述

建设工程监理合同的全称叫建设工程委托监理合同，也简称为监理合同，是指工程建设单位聘请监理单位代其对工程项目进行管理，明确双方权利、义务的协议。建设单位称委托人、监理单位称受托人。

监理合同是委托合同的一种，除具有委托合同的共同特点外，还具有以下特点：

①监理合同的当事人双方应当是具有民事权力能力和民事行为能力、取得法人资格的企事业单位、其他社会组织，个人在法律允许的范围内也可以成为合同当事人。

委托人必须是具有国家批准的建设项目，落实投资计划的企事业单位、其他社会组织及个人，作为受托人必须是依法成立具有法人资格的监理企业，并且所承担的工程监理业务应与企业资质等级和业务范围相符合。

②监理合同委托的工作内容必须符合工程项目建设程序，遵守有关法律、行政法规。监理合同是以对建设工程项目实施控制和管理为主要内容，因此监理合同必须符合建设工程项目的程序，符合国家和建设行政主管部门颁发的有关建设工程的法律、行政法规、部门规章和各种标准、规范要求。

③委托监理合同的标的是服务。建设工程实施阶段所签订的其他合同，如勘察设计合同、施工承包合同、物资采购合同、加工承揽合同的标的物是产生新的物质成果或信息成果，而监理合同的标的是服务，即监理工程师凭据自己的知识、经验、技能受业主委托为其所签订其他合同的履行实施监督和管理。

5.3.2 《建设工程委托监理合同（示范文本）》简介

建设工程监理合同有广义和狭义之分，广义的合同是指包括合同文本、中标人的监理投标书、中标通知书以及合同实施过程中双方签署的合同补充或修改文件等关系到双方权利义务的承诺和约定；狭义的合同是指合同文本，即合同协议书、合同标准条件、合同专用条件。中华人民共和国住房和城乡建设部和中华人民共和国国家工商行政管理总局于2012年3月颁布了《建设工程委托监理合同（示范文本）》(GF—2012—0202)，由协议书、通用条件、专用条件三部分组成。

1. 协议书

建设工程委托监理合同协议书是合同文件的正文，是合同双方签章的部分，是整个监理合同文件的核心。协议书中明确了当事人双方确定的委托监理工程的概况（工程名称、地点、工程规模、总投资）；词语限定；组成本合同的文件；总监理工程师；签约酬金；监理期限；合同签订的时间、地点；双方履约的承诺。

2. 通用条件

建设工程委托监理合同的通用条件着重阐明双方一般性的权利和义务，适用于各类建设工程项目监理。在正常情况下合同双方原则上应当遵守，在签约和履约过程中，一般不作改动。通用条件的内容包括词语定义与解释；监理人的义务；委托人的义务；违约责任；支付；合同生效、变更、暂停、解除与终止；争议解决；以及其他一些情况。

3. 专用条件

建设工程委托监理合同专用条件是合同双方根据具体工程项目的特点对合同条款的一种完善和补充，如工程中的具体内容，例如工程规模、监理项目、工程造价、监理合同期、监理费用、特殊检测项目及费用、奖励条件等都应在专用条款中写明，由合同双方协商一致后填写。合同专用条款的编号与合同标准条件的编号是一致的，顺序也是相同的。若双方认为需要，可在其中增加约定的补充条款、修正条款以及附加条款。

5.3.3 建设工程委托监理合同双方的权利和义务

1 委托人的义务

（1）告知

委托人应在委托人与承包人签订的合同中明确监理人、总监理工程师和授予项目监理机构的权限。如有变更，应及时通知承包人。

（2）提供资料

委托人应按照附录 B 约定，无偿向监理人提供工程有关的资料。在本合同履行过程中，委托人应及时向监理人提供最新的与工程有关的资料。

（3）提供工作条件

委托人应为监理人完成监理与相关服务提供必要的条件。

①委托人应按照附录 B 约定，派遣相应的人员，提供房屋、设备，供监理人无偿使用。

②委托人应负责协调工程建设中所有外部关系，为监理人履行本合同提供必要的外部条件。

（4）委托人代表

委托人应授权一名熟悉工程情况的代表，负责与监理人联系。委托人应在双方签订本合同后 7 天内，将委托人代表的姓名和职责书面告知监理人。当委托人更换委托人代表时，应提前 7 天通知监理人。

（5）委托人意见或要求

在本合同约定的监理与相关服务工作范围内，委托人对承包人的任何意见或要求应通知监理人，由监理人向承包人发出相应指令。

（6）答复

委托人应在专用条件约定的时间内，对监理人以书面形式提交并要求作出决定的事宜，给予书面答复。逾期未答复的，视为委托人认可。

（7）支付

委托人应按本合同约定，向监理人支付酬金。

2．监理人的义务

（1）监理的范围和工作内容

监理范围在专用条件中约定。相关服务的范围和内容在附录 A 中约定。除专用条件另有约定外，监理工作内容包括：

①收到工程设计文件后编制监理规划，并在第一次工地会议7天前报委托人。根据有关规定和监理工作需要，编制监理实施细则。

②熟悉工程设计文件，并参加由委托人主持的图纸会审和设计交底会议。

③参加由委托人主持的第一次工地会议；主持监理例会并根据工程需要主持或参加专题会议。

④审查施工承包人提交的施工组织设计，重点审查其中的质量安全技术措施、专项施工方案与工程建设强制性标准的符合性。

⑤检查施工承包人工程质量、安全生产管理制度及组织机构和人员资格。

⑥检查施工承包人专职安全生产管理人员的配备情况。

⑦审查施工承包人提交的施工进度计划，核查承包人对施工进度计划的调整。

⑧检查施工承包人的试验室。

⑨审核施工分包人资质条件。

⑩查验施工承包人的施工测量放线成果。

⑪ 审查工程开工条件，对条件具备的签发开工令。

⑫ 审查施工承包人报送的工程材料、构配件、设备质量证明文件的有效性和符合性，并按规定对用于工程的材料采取平行检验或见证取样方式进行抽检。

⑬ 审核施工承包人提交的工程款支付申请，签发或出具工程款支付证书，并报委托人审核、批准。

⑭ 在巡视、旁站和检验过程中，发现工程质量、施工安全存在事故隐患的，要求施工承包人整改并报委托人。

⑮ 经委托人同意，签发工程暂停令和复工令。

⑯ 审查施工承包人提交的采用新材料、新工艺、新技术、新设备的论证材料及相关验收标准。

⑰ 验收隐蔽工程、分部分项工程。

⑱ 审查施工承包人提交的工程变更申请，协调处理施工进度调整、费用索赔、合同争议等事项。

⑲ 审查施工承包人提交的竣工验收申请，编写工程质量评估报告。

⑳ 参加工程竣工验收，签署竣工验收意见。

㉑ 审查施工承包人提交的竣工结算申请并报委托人。

㉒ 编制、整理工程监理归档文件并报委托人。

（2）监理与相关服务依据

①监理依据包括：

a. 适用的法律、行政法规及部门规章。

b. 与工程有关的标准。

c. 工程设计及有关文件。

d. 本合同及委托人与第三方签订的与实施工程有关的其他合同。

双方根据工程的行业和地域特点，在专用条件中具体约定监理依据。

②相关服务依据在专用条款中约定。

（3）项目监理机构和人员

①监理人应组建满足工作需要的项目监理机构，配备必要的检测设备。项目监理机构的主要人员应具有相应的资格条件。

②本合同履行过程中，总监理工程师及重要岗位监理人员应保持相对稳定，以保证监理工作正常进行。

③监理人可根据工程进展和工作需要调整项目监理机构人员。监理人更换总监理工程师时，应提前7天向委托人书面报告，经委托人同意后方可更换；监理人更换项目监理机构其他监理人员，应

以相当资格与能力的人员替换，并通知委托人。

④监理人应及时更换有下列情形之一的监理人员：

a. 有严重过失行为的。

b. 有违法行为不能履行职责的。

c. 涉嫌犯罪的。

d. 不能胜任岗位职责的。

e. 严重违反职业道德的。

f. 专用条件约定的其他情形。

⑤委托人可要求监理人更换不能胜任本职工作的项目监理机构人员。

（4）履行职责

监理人应遵循职业道德准则和行为规范，严格按照法律法规、工程建设有关标准及本合同履行职责。

①在监理与相关服务范围内，委托人和承包人提出的意见和要求，监理人应及时提出处置意见。当委托人与承包人之间发生合同争议时，监理人应协助委托人、承包人协商解决。

②当委托人与承包人之间的合同争议提交仲裁机构仲裁或人民法院审理时，监理人应提供必要的证明资料。

③监理人应在专用条件约定的授权范围内，处理委托人与承包人所签订合同的变更事宜。如果变更超过授权范围，应以书面形式报委托人批准。

在紧急情况下，为了保护财产和人身安全，监理人所发出的指令未能事先报委托人批准时，应在发出指令后的 24 小时内以书面形式报委托人。

④除专用条件另有约定外，监理人发现承包人的人员不能胜任本职工作的，有权要求承包人予以调换。

（5）提交报告

监理人应按专用条件约定的种类、时间和份数向委托人提交监理与相关服务的报告。

（6）文件资料

在本合同履行期内，监理人应在现场保留工作所用的图纸、报告及记录监理工作的相关文件。工程竣工后，应当按照档案管理规定将监理有关文件归档。

（7）使用委托人的财产

监理人无偿使用附录 B 中由委托人派遣的人员和提供的房屋、资料、设备。除专用条件另有约定外，委托人提供的房屋、设备属于委托人的财产，监理人应妥善使用和保管，在本合同终止时将这些房屋、设备的清单提交委托人，并按专用条件约定的时间和方式移交。

5.3.4 建设工程委托监理合同的履行

1. 监理人应完成的监理工作

监理工作包括正常工作、附加工作和额外工作。

（1）正常工作

"正常工作"是指本合同订立时通用条件和专用条件中约定的监理人的工作。

（2）附加工作

"附加工作"是指本合同约定的正常工作以外监理人的工作。可能包括：

①由于委托人、第三方原因，使监理工作受到阻碍或延误，以致增加了工作量或延续时间。

②增加监理工作的范围和内容等。如由于委托人或承包人的原因，承包合同不能按期竣工而必须延长的监理工作时间。又如委托人要求监理人就施工中采用新工艺施工部分编制质量检测合格标准等都属于附加监理工作。

（4）额外工作

“额外工作”是指正常工作和附加工作以外的工作，即非监理人自己的原因而暂停或终止监理业务，其善后工作及恢复监理业务前不超过42天的准备工作时间。

如合同履行过程中发生不可抗力，承包人的施工被迫中断，监理工程师应完成的确认灾害发生前承包人已完成工程的合格和不合格部分、指示承包人采取应急措施等，以及灾害消失后恢复施工前必要的监理准备工作。

由于附加工作和额外工作是委托正常工作之外要求监理人必须履行的义务，因此委托人在其完成工作后应另行支付附加监理工作报告酬金和额外监理工作酬金，但酬金的计算办法应在专用条款内予以约定。

2. 合同有效期

尽管双方签订《建设工程委托监理合同》中注明“本合同自 × 年 × 月 × 日开始实施，至 × 年 × 月 × 日完成”，但此期限仅指完成正常监理工作预定的时间，并不就一定是监理合同的有效期。监理合同的有效期即监理人的责任期，不是用约定的日历天数为准，而是以监理人是否完成了包括附加和额外工作的义务来判定。因此通用条款规定，监理合同的有效期为双方签订合同后，工程准备工作开始，到监理人向委托人办理完竣工验收或工程移交手续，承包人和委托人已签订工程保修责任书，监理收到监理报酬尾款，监理合同才终止。如果保修期间仍需监理人执行相应的监理工作，双方应在专用条款中另行约定。

3. 违约责任

（1）监理人的违约责任

监理人未履行本合同义务的，应承担相应的责任。

①因监理人违反本合同约定给委托人造成损失的，监理人应当赔偿委托人损失。赔偿金额的确定方法在专用条件中约定。监理人承担部分赔偿责任的，其承担赔偿金额由双方协商确定。

②监理人向委托人的索赔不成立时，监理人应赔偿委托人由此发生的费用。

（2）委托人的违约责任

委托人未履行本合同义务的，应承担相应的责任。

①委托人违反本合同约定造成监理人损失的，委托人应予以赔偿。

②委托人向监理人的索赔不成立时，应赔偿监理人由此引起的费用。

③委托人未能按期支付酬金超过28天，应按专用条件约定支付逾期付款利息。

（3）除外责任

因非监理人的原因，且监理人无过错，发生工程质量事故、安全事故、工期延误等造成的损失，监理人不承担赔偿责任。

因不可抗力导致本合同全部或部分不能履行时，双方各自承担其因此而造成的损失、损害。

4. 监理合同的酬金

（1）正常监理工作的酬金

正常的监理酬金的构成，是监理单位在工程项目监理中所需的全部成本，再加上合理的利润和税金。具体应包括：

①直接成本：

a. 监理人员和监理辅助人员的工资，包括津贴、附加工资、奖金等。

b. 用于该项工程监理人员的其他专项开支，包括差旅费、补助费等。

c. 监理期间使用与监理工作相关的计算机和其他检测仪器、设备的摊销费用。

d. 所需的其他外部协作费用。

②间接成本，包括全部业务经营开支和非工程项目的特定开支。

a. 管理人员、行政人员、后勤服务人员的工资。

b. 经营业务费，包括为招揽业务而支出的广告费等。

c. 办公费，包括文具、纸张、账表、报刊、文印费用等。

d. 交通费、差旅费、办公设施费（公司使用的水、电、气、环卫、治安等费用）。

e. 固定资产及常用工器具、设备的使用费。

f. 业务培训费、图书资料购置费。

g. 其他行政活动经费。

③税金，指按照国家规定，工程监理企业应缴纳的各种税金总额，如营业税、所得税、印花税等。

④利润，指工程监理企业的监理活动收入扣除直接成本、间接成本和各种税金之后的余额。

我国现行的监理费计算方法主要有四种：

a. 按建设工程投资的百分比计算法。这种方法是按照工程规模的大小和所委托的监理工作的繁简，以建设工程投资的一定百分比来计算。一般情况下，工程规模越大，建设投资越多，计算监理费的百分比越小。这种方法比较简便，业主和工程监理企业均容易接受，也是国家制定监理取费标准的主要形式。采用这种方法的关键是确定计算监理费的基数和监理费用百分比。新建、改建、扩建工程及较大型的技术改造工程所编制的工程的概（预）算就是初始计算监理费的基数。工程结算时，再按实际工程投资进行调整。当然，作为计算监理费基数的工程概（预）算仅限于委托监理的工程部分。

b. 工资加一定比例的其他费用计算法。这种方法是以项目监理机构监理人员的实际工资为基数乘上一个系数而计算出来的。这个系数包括了应有的间接成本和税金、利润等。除了监理人员的工资之外，其他各项直接费用等均由业主另行支付。一般情况下，较少采用这种方法，因为在核定监理人员数量和监理人员的实际工资方面，业主与工程监理企业之间难以取得完全一致的意见。

c. 按时计算法。这种方法是根据委托监理合同约定的服务时间（计算时间的单位可以是小时，也可以是工作日或月），按照单位时间监理服务费来计算监理费的总额。单位时间的监理服务费一般是以工程监理企业员工的基本工资为基础，加上一定的管理费和利润（税前利润）。采用这种方法时，监理人员的差旅费、工作函电费、资料费以及试验和检验费、交通费等均由业主另行支付。按时计算方法主要适用于临时性的、短期的监理业务，或者不宜按工程概（预）算的百分比等其他方法计算监理费的监理业务。由于这种方法在一定程度上限制了工程监理企业潜在效益的增加，因而，单位时间内监理费的标准比工程监理企业内部实际的标准要高得多。

d. 固定价格计算法。这种方法是指在明确监理工作内容的基础上，业主与监理企业协商一致确定的固定监理费，或监理企业在投标中以固定价格报价并中标而形成的监理合同价格。当工作量有所增减时，一般也不调整监理费。这种方法适用于监理内容比较明确的中小型工程监理费的计算，业主和工程监理企业都不会承担较大的风险。如住宅工程的监理费，可以按单位建筑面积的监理费乘以建筑面积确定监理总价。采用固定价格计算法，业主和监理单位都不会承担较大的风险，在实际工程中采用较多。

（2）附加监理工作的酬金

①增加监理工作时间的补偿酬金。按照增加工作的天数计算，即：

报酬 = 附加工作天数 × 合同约定的报酬 / 合同中预定的监理服务天数

②增加监理工作内容的补偿酬金。增加监理工作的范围或内容属于监理合同的变更，双方应另行签订补充协议，并具体商定报酬额或报酬的计算方法。

（3）额外监理工作的酬金

额外监理工作酬金按实际增加工作的天数计算补偿金额，可参照上式计算。

（4）奖金

监理人在监理过程中提出的合理化建议使委托人得到了经济效益，有权按专用条款的约定获得经济奖励。奖金的计算办法是：

奖励金额 = 工程费用节省额 × 报酬比率

（5）支付

①在监理合同实施中，监理酬金支付方式可以根据工程的具体情况双方协商确定。一般采取首期支付多少，以后每月（季）等额支付，工程竣工验收后结算尾款。

②支付过程中，如果委托人对监理人提交的支付申请书有异议时，应当在收到监理人提交的支付申请书后 7 天内，以书面形式向监理人发出异议通知。无异议部分的款项应按期支付。

③当委托人在议定的支付期限内未予支付的，自规定之日起向监理人补偿应支付酬金的利息。利息按规定支付期限最后 1 日银行贷款利息率乘以拖欠酬金时间计算。

5. 协调双方关系条款

委托监理合同中对合同履行期间甲乙双方的有关联系、工作程序都作了严格周密的规定，便于双方协调有序地履行合同。这些条款集中在“合同生效、变更、暂停、解除与终止”、“其他”和“争议解决”几节当中。主要内容是：

（1）合同生效、变更、暂停、解除与终止

①生效。除法律另有规定或者专用条件另有约定外，委托人和监理人的法定代表人或其授权代理人在协议书上签字并盖单位章后本合同生效。

②变更：

a. 任何一方提出变更请求时，双方经协商一致后可进行变更。

b. 除不可抗力外，因非监理人原因导致监理人履行合同期限延长、内容增加时，监理人应当将此情况与可能产生的影响及时通知委托人。增加的监理工作时间、工作内容应视为附加工作。附加工作酬金的确定方法在专用条件中约定。

c. 合同生效后，如果实际情况发生变化使得监理人不能完成全部或部分工作时，监理人应立即通知委托人。除不可抗力外，其善后工作以及恢复服务的准备工作应为附加工作，附加工作酬金的确定方法在专用条件中约定。监理人用于恢复服务的准备时间不应超过 28 天。

d. 合同签订后，遇有与工程相关的法律法规、标准颁布或修订的，双方应遵照执行。由此引起监理与相关服务的范围、时间、酬金变化的，双方应通过协商进行相应调整。

e. 因非监理人原因造成工程概算投资额或建筑安装工程费增加时，正常工作酬金应作相应调整。调整方法在专用条件中约定。

f. 因工程规模、监理范围的变化导致监理人的正常工作量减少时，正常工作酬金应作相应调整。调整方法在专用条件中约定。

③暂停与解除。除双方协商一致可以解除本合同外，当一方无正当理由未履行本合同约定的义务时，另一方可以根据本合同约定暂停履行本合同直至解除本合同。

a. 在本合同有效期内，由于双方无法预见和控制的原因导致本合同全部或部分无法继续履行或继续履行已无意义，经双方协商一致，可以解除本合同或监理人的部分义务。在解除之前，监理人应作出合理安排，使开支减至最小。

因解除本合同或解除监理人的部分义务导致监理人遭受的损失，除依法可以免除责任的情况外，应由委托人予以补偿，补偿金额由双方协商确定。

解除本合同的协议必须采取书面形式，协议未达成之前，本合同仍然有效。

b. 在本合同有效期内，因非监理人的原因导致工程施工全部或部分暂停，委托人可通知监理人要求暂停全部或部分工作。监理人应立即安排停止工作，并将开支减至最小。除不可抗力外，由此导致监理人遭受的损失应由委托人予以补偿。

暂停部分监理与相关服务时间超过 182 天，监理人可发出解除本合同约定的该部分义务的通知；暂停全部工作时间超过 182 天，监理人可发出解除本合同的通知，本合同自通知到达委托人时解除。委托人应将监理与相关服务的酬金支付至本合同解除日，且应承担委托人的违约责任条款所约定的责任。

c. 当监理人无正当理由未履行本合同约定的义务时，委托人应通知监理人限期改正。若委托人在监理人接到通知后的 7 天内未收到监理人书面形式的合理解释，则可在 7 天内发出解除本合同的通知，自通知到达监理人时本合同解除。委托人应将监理与相关服务的酬金支付至限期改正通知到达监理人之日，但监理人应承担监理人的违约责任条款中约定的责任。

d. 监理人在专用条件支付酬金条款中约定的支付之日起 28 天后仍未收到委托人按本合同约定应付的款项，可向委托人发出催付通知。委托人接到通知 14 天后仍未支付或未提出监理人可以接受的延期支付安排，监理人可向委托人发出暂停工作的通知并可自行暂停全部或部分工作。暂停工作后 14 天内监理人仍未获得委托人应付酬金或委托人的合理答复，监理人可向委托人发出解除本合同的通知，自通知到达委托人时本合同解除。委托人未能按期支付酬金超过 28 天，应按专用条件约定支付逾期付款利息。

e. 因不可抗力致使本合同部分或全部不能履行时，一方应立即通知另一方，可暂停或解除本合同。

f. 本合同解除后，本合同约定的有关结算、清理、争议解决方式的条件仍然有效。

④终止。以下条件全部满足时，本合同即告终止：

a. 监理人完成本合同约定的全部工作。

b. 委托人与监理人结清并支付全部酬金。

（2）争议的解决

①协商。双方应本着诚信原则协商解决彼此间的争议。

②调解。如果双方不能在 14 天内或双方商定的其他时间内解决本合同争议，可以将其提交给专用条件约定的或事后达成协议的调解人进行调解。

③仲裁或诉讼。双方均有权不经调解直接向专用条件约定的仲裁机构申请仲裁或向有管辖权的人民法院提起诉讼。

就业导航

项目 \ 种类		二级建造师	一级建造师	招标师	监理工程师	造价工程师
职业资格	考证介绍	1.《建设工程施工合同》（示范文本） 2. 建设工程施工合同中双方当事人权利和义务条款 3. 建设工程施工合同中关于质量、价格与支付、进度的条款	1.《建设工程施工合同》（示范文本） 2. 建设工程施工合同中双方当事人权利和义务条款 3. 建设工程施工合同中关于质量、价格与支付、进度的条款	1. 工程建设项目合同类型、适用范围， 2. 工程施工合同、监理合同的要点及示范文本的应用。	1.《建设工程委托监理合同》（示范文本） 2. 建设工程委托监理合同双方的权利和义务 3. 建设工程委托监理合同的履行	1.《建设工程施工合同》（示范文本） 2. 建设工程施工合同中双方当事人权利和义务条款 3. 建设工程施工合同中关于质量、价格与支付、进度的条款

续表

项目＼种类		二级建造师	一级建造师	招标师	监理工程师	造价工程师
职业资格	考证要求	掌握单价合同、总价合同的运用；了解成本加酬金合同的运用；掌握施工单位的质量责任和义务；掌握建设工程质量保修制度；掌握要约、承诺、合同的形式	掌握建设工程合同的订立、履行；工程变更价款的确定程序、方法单价、总价、成本加酬金合同的运用；熟悉建设工程监理的工作性质、任务、方法	熟悉工程建设项目合同类型、适用范围；掌握工程施工合同、监理合同的要点及示范文本的应用	熟悉施工合同文件、工期和合同价款、设计变更管理、不可抗力、竣工验收和工程保修；掌握发包人和承包人的工作、施工进度控制、施工质量控制、支付和结算管理	掌握建设工程施工合同的主要条款及合同价款的确定、工程变更和合同价款的调整；熟悉工程价款的结算
对应职业岗位		施工员、质检员、资料员、项目经理	施工员、质检员、资料员、项目经理	资料员	造价员、预算员、资料员	监理员、质检员、资料员

基础与工程技能训练

基础训练

一、单选题

1. 根据《建设工程施工合同（示范文本）》，“以书面形式提供有关水文地质勘探资料和地下管线资料，提供现场测量基准点，基准线和水准点有关资料，并进行现场交验”是（　　）的责任和义务。

A. 发包人　　B. 设计单位　　C. 承包人　　D. 监理人

2. 某设备安装工程已具备单机无负荷试车条件，应当由（　　）组织试车。

A. 发包人　　B. 工程师　　C. 设备供应商　　D. 承包人

3. 固定单价合同适用于（　　）的项目

A. 工期长，工程量变化幅度很大　　B. 工期长，工程量变化幅度不太大

C. 工期短，工程量变化幅度不太大　　D. 工期短，工程量变化幅度很大

4. 某工程项目施工过程中，由于工程师未能按约定提供图纸，导致施工暂停，根据施工合同示范文本，对这事件的处理应（　　）。

A. 由承包人承担发生的费用，工期不予顺延

B. 由承包人承担发生的费用，工期相应顺延

C. 由工程师承担发生的费用，工期相应顺延

D. 由发包人承担发生的费用，工期相应顺延

5. 某工程项目施工过程中，发包人与承包人对混凝土质量产生争议，双方同意由某工程质量检测机构对质量进行鉴定，则所需要的费用应由（　　）承担。

A. 发包人　　B. 工程师　　C. 责任方　　D. 承包人

6. 监理工程师在履行合同义务时工作失误，给施工单位造成损失，施工单位应当要求（　　）赔偿损失。

A. 建设单位　　B. 监理单位　　C. 监理工程师　　D. 建设单位和监理单位共同

7. 由于承包商的原因使监理单位增加了监理服务时间，此项工作应属于（　　）。

A. 正常工作　　B. 附加工作　　C. 额外工作　　D. 善后工作

二、多选题

1. 根据《中华人民共和国合同法》，下列合同中属于建设工程合同的有（　　）。

A. 勘察合同　　B. 设计合同　　C. 施工承包合同

D. 工程监理合同　　E. 咨询合同

2. 根据《建设工程施工合同（示范文本）》（GF—1999—0201），关于合同文件的优先解释顺序，正确的有（　　）。

A. 投标书优先于合同专用条款　　B. 合同专用条款优先于标准、规范

C. 标准、规范优先于图纸　　D. 工程量清单优先于图纸

E. 工程量清单优先于工程报价单

3. 根据《建设工程施工合同（示范文本）》，下列工作内容中，属于承包人义务的有（　　）。

A. 支付施工现场邻近的古树保护费　　B. 办理夜间施工许可证　　C. 照管未交付工程

D. 办理施工许可证　　E. 办理施工现场爆破作业申请

4. 工程合同的付款分为（　　）阶段进行。

A. 预付款　　B. 工程进度款　　C. 最终付款　　D. 退还保留金　　E. 滞纳金

5. 根据《建设工程施工合同（示范文本）》，下列工作内容中，属于承包人义务的有（　　）。

A. 支付施工现场邻近的古树保护费用　　B. 办理夜间施工许可证

C. 照管未交付工程　　D. 办理施工许可证

E. 办理施工现场爆破作业申请

三、简答题

1. 建设工程合同具有哪些特征？
2. 建设工程施工合同的解释顺序是什么？
3. 建设工程施工合同有哪些种类？
4. 通用合同条款的主要内容有哪些？
5. 我国现行的监理费计算方法有哪些？

四、案例分析题

某住宅楼工程在施工图设计完成一部分后，业主通过招投标选择了一家总承包单位承包该工程的施工任务。由于设计工作尚未全部完成，承包范围内待实施的工程虽然性质明确，但工程量还难以确定，双方确定拟采用总价合同形式签订施工合同，以减少双方的风险。双方签订的施工合同条款部分摘录如下：

一、协议书中的部分条款

（一）工程概况

工程名称：某住宅楼

工程地点：某市

工程内容：建筑面积为 4 000 平方米的砖混结构住宅楼

(二)工程承包范围

承包范围:某建筑设计研究院设计的施工图所包括的土建、装饰、水暖电工程。

(三)合同工期

开工日期:2012年2月21日

竣工日期:2012年9月30日

合同工期总日历天数:220天(扣除5月1~3日)

(四)质量标准

工程质量标准:达到甲方要求的质量标准。

(五)合同价款

合同总价为:肆佰叁拾陆万捌仟元人民币(¥436.8万元)

……

(八)乙方承诺的质量保修

质量保修期一年。

(九)甲方承诺的合同价款支付期限与方式

1. 工程预付款:于开工之日起支付合同总价的10%作为预付款。预付款不予扣回,直接抵作工程进度款。

2. 工程进度款:基础工程完工后,支付合同总价的10%;主体结构三层完成后,支付合同总价的20%;主体结构全部封顶后,支付合同总价的20%;工程基本竣工后,支付合同总价的30%。为确保如期竣工,一方不得因甲方资金的暂时不到位而停工和拖延工期。

二、补充协议条款

1. 甲方向乙方提供施工现场的工程地质和地下管线资料,仅供乙方参考使用。

2. 未经甲方批准,乙方不得将工程转包,但允许分包,也允许分包单位将分包的工程再次分包给其他施工单位。

3. 乙方按业主代表批准的施工组织设计组织施工,乙方不应承担因此引起的工期延误和费用增加的责任。

问题:

(1)什么是施工合同?施工合同示范文本由哪些部分组成?

(2)该项工程合同中业主与施工单位选择总价合同形式是否妥当?

(3)建设工程施工合同按计价方式不同,主要包括哪几种合同?

(4)假如在施工招标文件中,按工期定额计算出的工期为200天,那么该工程的合同工期应为多少天?

(5)该合同拟定的条款有哪些不妥当之处?为什么?

(6)合同价款变更的原则与程序包括哪些内容?

(7)合同争议应该如何解决?

工程技能训练

某施工单位根据领取的某2 000平方米两层厂房工程项目招标文件和全套的施工图纸,采用低报价策略编制了投标文件,并获得中标。该施工单位(乙方)于某年某月某日与建设单位(甲方)签订了该工程项目的固定总价合同。合同工期为8个月。甲方在乙方进入施工现场后,因资金紧缺,无法如期支付工程款,口头要求乙方暂停施工一个月。乙方也口头答应。工程按合同规定期限验收时,甲方发现工程质量有问题,要求返工。两个月后,返工完毕。结算时甲方认为乙方延迟交付工程,应按合同约定偿付逾期违约金。乙方认为临时停工是甲方要求的,乙方为抢工期,加快施工进度才出现了质量问题，因此延迟交付的责任不在乙方。甲方认为临时停工和工期不顺延是当时乙方答应的，乙方应履行承诺，承担违约责任。

问题：(1) 该工程采用固定总价合同是否合适，理由是什么？

(2) 该施工合同的变更形式是否得当？为什么？

模块6

建设工程施工合同管理

模块概述

建设工程施工合同管理的实际应用贯穿于施工项目从拟建至竣工验收全过程，在工程建设和建筑企业管理中具有十分重要的地位，其意义在于实现项目投资、进度、质量目标而进行的全过程、全方位的规划组织、控制和协调工作。本模块主要介绍了建设工程施工合同签约、履约、档案管理，招投标文件分析及合同风险对策，合同分析的总体策划，实施控制的程序和内容。

学习目标

◆ 了解施工合同管理的特点；

◆ 熟悉施工合同管理的工作内容，工程招标投标阶段合同管理；

◆ 掌握工程施工合同分析，合同的实施控制。

能力目标

◆ 能对招标文件进行分析，预防风险的发生；

◆ 能对施工合同履行过程中合同分析的内容和方法，合同实施过程中的控制，合同变更管理等进行系统的分析。

课时建议

8~10 课时

6.1 建设工程施工合同管理概述

建设工程施工合同的管理，是指各级工商行政管理机关、建设行政主管机关和金融机构，以及工程发包单位、监理单位、承包单位依据法律和行政法规、规章制度，采取法律的、行政的手段，对建设工程施工合同关系进行组织、指导、协调及监督，保护合同当事人的合法权益，调解合同纠纷，防止和制裁或减少合同违法、违约行为，保证施工合同的贯彻实施等一系列活动。

可将这些监督管理划分为以下两个层次：第一层次为国家机关及金融机构对建设工程施工合同的管理；第二层次为合同当事人及监理单位对建设工程施工合同的管理。各级工商行政管理机关、建设行政主管机关对合同的管理侧重于宏观的依法监督，而发包单位、监理单位、承包单位对合同的管理则是具体的管理，也是合同管理的出发点和落脚点。发包单位、监理单位、承包单位对建设工程施工合同的管理体现在合同从订立到履行的全过程中。

6.1.1 建设工程施工合同管理的特点和工作内容

1. 建设工程施工合同管理的特点

①施工合同管理周期长。

②施工合同管理与效益风险密切相关。

③施工合同的管理变量多。

④施工合同管理是综合性、全面性、高层次的管理工作。

2. 施工合同管理的工作内容

（1）建设行政主管部门在施工合同管理中的主要工作

建设行政主管部门主要对建设工程施工合同进行以下监管：

①合同主体资格的确认。

②招投标资格的合法性、有效性的确认。

③施工合同签订过程中，国家制定的《建设工程施工合同（示范文本）》的应用。

④合同实施过程中合同当事人合同行为的合法性的确认。

⑤合同当事人违法违规行为及处罚。

（2）业主及监理工程师在施工合同管理中的主要工作

①业主的主要工作：对合同进行总体策划和总体控制，对授标及合同的签订进行决策，为承包商的合同实施提供必要的条件，委托监理工程师负责监督承包商履行合同。

②监理工程师的主要工作：招投标阶段和施工实施结算的进度管理、质量管理、投资管理和组织协调的全部或部分管理。

（3）承包商在施工合同管理中的主要工作

承包商在施工合同管理中的主要工作有确定工程项目合同管理组织，对合同文件、资料的管理以及建立合同管理系统。

6.1.2 建设工程施工合同的签约管理

1. 建设工程施工承包合同最后文本的签约应注意的问题

（1）合同风险评估

在签订合同之前，承包人应对合同的合法性、完备性，合同双方的责任、权益以及合同风险进行评审、认定和评价。

（2）合同文件内容

建设工程施工承包合同文件的构成：合同协议书；工程量及价格；合同条件，包括合同一般条件和合同特殊条件；投标文件；合同技术条件（含图纸）；中标通知书；双方代表共同签署的合同补遗（有时是合同谈判会议纪要形式）；招标文件；其他双方认为应该作为合同组成部分的文件。对所有在招标投标及谈判前后各方发出的文件、文字说明、解释性资料进行清理。对凡是与上述合同构成内容有矛盾的文件，应宣布作废。可以在双方签署的《合同补遗》中，对此做出排除性质的声明。

（3）关于合同协议的补遗

在合同谈判阶段双方谈判的结果一般以《合同补遗》的形式，有时也可以以《合同谈判纪要》的形式，形成书面文件。同时应该注意的是，建设工程施工承包合同必须遵守法律。对于违反法律的条款，即使由合同双方达成协议并签了字，也不受法律保障。

（4）签订合同

对方在合同谈判结束后，应按上述内容和形式形成一个完整的合同文本草案，经双方代表认可后形成正式文件。双方核对无误后，由双方代表草签，至此合同谈判阶段即告结束。此时，承包人应及时准备和递交履约保函，准备正式签署施工承包合同。

2. 加强和完善建设工程施工合同的签约、履约管理是市场对建筑企业提高经营管理水平的必然要求

①市场经济就是法制经济，依法签订、履行合同，直接体现企业的经营管理水平。合同是平等主体的自然人、法人、其他组织之间设立、变更、终止民事权利义务关系的协议。合同是在自愿、平等基础之上所确立的一种权利与义务关系，这种权利与义务关系的确立必须遵守法律、行政法规，尊重社会公德，不得扰乱社会经济秩序，不得损害社会公共利益。依法签订的合同，对双方当事人就产生了法律上的约束力，并且受到法律的保护。建设工程施工合同签约、履约的前提应建立在依法签约、依法履约的基础上，在此前提下，良好的签约、履约管理又是实现合同目的的保障。建设工程施工合同是建筑企业联系市场的纽带，全部的经营成果都离不开合同，加强和完善建设工程施工合同的签约、履约管理，是避免纠纷，预防和减少纠纷的有效手段，对维护自身合法权益，实现利润最大化，提高经营管理水平，具有重大意义。

②建设工程施工合同签约、履约管理，是以市场为中心不断提高经营管理水平的过程。市场总是在不断变化着的，竞争十分激烈，建筑市场僧多粥少，形成了发包方占主动地位的市场，承包方讨价还价的能力，明显较差。在这种情况下，承包方签订合同，往往享受着一种不公平的待遇，形成了低价中标、垫资的结局，稍有不慎，搞不好就变成了一个死合同。承包方想以一个较高的合同价格中标，也许是不可能的，但是，通过加强和完善建设工程施工合同的签约、履约管理，以一个较高的价格结算，提高合同的效益，将是大有可观的。客观上，建设工程施工合同的签约、履约中，发包方先进后退，承包方先退后进，是符合低中标、勤签证、高结算国际惯例的。承包方如何先退后进，依法、依约实现其自身合法权益，最终不是一个结果，而是一个不断提高经营管理水平的过程。

3. 加强签约管理，提高签约质量

建设工程施工合同签订的目的，是为了履行，签订合同是履行合同的前提和基础，签订一个有效、条款完备的合同，将有利于合同的履行和目的的实现。

（1）在具体签订合同的过程中，有必要收集签订合同所需资料及信息，为签订合同做好准备

一切的决策都是建立在大量事实和资料之上的，实践证明，掌握了解的资料和信息越多，决策的准确性就越高。收集涉及整个合同发包方工程项目的各种基础资料和背景资料，如：合同发包方资信状况、履约能力、工程项目的来由、土地使用情况、资金来源组成等。

（2）审查发包方有无签订合同的主体资格及资信状况

审查发包方有无法人资格、资质，是否为该工程项目的合法主体，是否对拟建项目持有立项批文、建设工程规划许可证、建设用地规划许可证、土地使用证等证件；审查发包方是否有足够的履约能力，资金来源是如何组成的，是自有资金还是银行贷款或其他来源，是否会出现垫资和拖欠工程款

的严重情形，风险到底有多大。

（3）审查合同的效力

合同的效力是合同依法成立所具有的约束力。我国《合同法》规定，依法成立的合同，自成立时生效，法律、行政法规规定应当办理批准、登记手续生效的，依照其规定。

对建设工程施工合同的效力进行审查，是签订合同时必须考虑的重要问题，因无效合同不受法律的保护，权利难以实现。

（4）审查合同的组成文件及主要条款是否完备

建设工程施工合同有其自身的特点，合同的标的物较为特殊、履行期限周期长、金额大、合同条款内容多、涉及方方面面的问题。合同的组成文件一般包括：合同协议书；中标通知书；投标书及其附件；合同专用条款；合同通用条款；标准、规范及有关技术文件；图纸；工程量清单；工程报价书或预算书。一般合同的主要条款包括：工程范围、建设工期、中间交工工程的开工和竣工时间、工程质量、工程造价、技术资料交付的时间、材料和设备供应责任、拨款和结算、竣工验收、质量保修范围和质量保修期、双方相互协助等条款。针对建设工程施工合同经常容易发生纠纷的三大核心问题：工程造价、工期、质量问题，应在合同做出更为明确、具体的约定。工程造价条款是建设工程施工合同的必备和关键性条款，约定不明或者计算方法不确定，都会导致将来履行中产生纠纷，一旦协商不成，往往会形成诉讼，而法院审理此类案件，一般都会对工程进行造价鉴定，且鉴定的准确性对双方来说都是难以把握或极其不利的，并且诉讼的期限将旷日持久。关于工期条款的确定，作为承包方应结合整个工程的实际情况来考虑，因工期问题也较容易产生纠纷，工期过短，劳动的强度无形增加了，为了赶工期，工程质量很难以保证，工期如果过长，相对成本就越高，能否确定合理的工期，在约定的期间内完成承包任务，是一个关键问题。工程质量条款的约定，也应引起高度重视，有时，约定不明，导致纠纷，质量纠纷会变成责任纠纷。

6.1.3 建设工程施工合同的履约管理

1. 合同履约概念

合同履约是指工程建设项目的发包方和承包方根据合同规定的时间、地点、方式、内容及标准等要求，各自完成合同义务的行为。根据当事人履行合同义务的程度，合同履行可分为全部履行、部分履行和不履行。

2. 建设工程施工合同履行原则

（1）实际履行原则

任何一方违约时，不能以支付违约金或赔偿损失的方式来代替合同的履行，守约一方要求继续履行的，应当继续履行。

（2）全面履行原则

当事人应当严格按合同约定的数量、质量、标准、价格、方式、地点、期限等完成合同义务。

（3）协作履行原则

合同当事人各方在履行合同过程中，应当互谅、互助，尽可能为对方履行合同义务提供相应的便利条件。

（4）诚实信用原则

诚实信用原则既是制定合同的基本原则，也是履行合同应该遵循的基本原则。

3. 建设工程施工合同履约过程中的管理

变更是合同履约中的基本特征，是《合同法》规范调整的重要内容。《合同法》中涉及的合同变更有广义和狭义之分，广义的合同变更包括合同内容的变更和合同主体的变更；狭义的合同变更仅指合同内容的变更，合同的变更原则上面向将来发生效力。未变更的权利义务继续有效，已经履行的债务不因合同的变更而丧失法律依据。

建设工程施工合同履约过程中，同样存在大量的工程变更。既有传统的以工程变更指令形式产生的工程变更，也包括由业主违约和不可抗力等因素被动形成的工程变更。国内的研究学者通常更习惯于将后一部分工程变更视为工程索赔的内容。FIDIC施工合同条件中的变更通常包括以下内容：

①合同中包括的任何工作内容的数量的改变。

②任何工作内容的质量或其他特性的改变。

③任何部分工程的标高、位置和（或）尺寸的改变。

④任何工作的删减，但要交他人实施的工作除外。

⑤永久工程所需的任何附加工作、生产设备、材料或服务，包括任何有关的竣工试验，钻孔及其他试验和勘探工作。

⑥实施工程的顺序或时间安排的改变。

（1）工程变更的分类

①设计变更。设计变更是指建设工程施工合同履约过程中，由工程不同参与方提出，最终由设计单位以设计变更或设计补充文件形式发出的工程变更指令。设计变更包含的内容十分广泛，是工程变更的主体内容，约占工程变更总量的70%以上。常见的设计变更有：因设计计算错误或图示错误发出的设计变更，因设计遗漏或设计深度不够出现的设计补充变更，以及应业主、承包商或监理方请求对设计所作的优化调整等。

②施工方案变更。施工方案变更是指在施工过程中承包方因工程地质条件变化、施工环境或施工条件的改变等因素影响，向监理工程师和业主提出的改变原施工措施方案的过程。施工措施方案的变更应经监理工程师和业主审查同意后实施，否则引起的费用增加和工期延误将由承包方自行承担。重大施工措施方案的变更还应征询设计单位意见。在建设工程施工合同履约过程中，施工方案变更存在于工程施工的全过程，如人工挖孔桩桩孔开挖过程中出现地下流砂层或淤泥层，需采取特殊支护措施，方可继续施工；公路或市政道路工程路基开挖过程中发现地下文物，需停工采取特殊保护措施。

③条件变更。条件变更是指施工过程中，因业主未能按合同约定提供必须的施工条件以及不可抗力发生导致工程无法按预定计划实施。如业主承诺交付的工程后续施工图纸未到，致使工程中途停顿，业主提供的施工临时用电因社会电网紧张而断电导致施工生产无法正常进行；特大暴雨或山体滑坡导致工程停工。这类因业主原因或不可抗力所发生的工程变更统称为条件变更。

④计划变更。计划变更是指施工过程中，业主因上级指令、技术因素或经营需要，调整原定施工进度计划，改变施工顺序和时间安排。如小区群体工程施工中，根据销售进展情况，部分房屋需提前竣工，另一部分房屋适当延迟交付，这类变更就是典型的计划变更。

⑤新增工程。新增工程是指施工过程中，业主动用暂定金额，扩大建设规模，增加原招标工程量清单之外的建设内容。

（2）工程变更程序

在合同履行过程中，监理工程师发出变更指示包括下列三种情形：

①监理工程师认为可能要发生变更的情形。在合同履行过程中，可能发生变更情形的，监理工程师可向承包商发出变更意向书。变更意向书应说明变更具体内容和发包人对变更的时间要求，并附必要的图纸和相关资料。变更意向书应要求承包商提交包括拟实施变更工作的计划、措施和竣工时间等内容的实施方案。发包人同意承包人根据变更意向书要求提交变更实施方案的，由监理工程师发出变更指示。若承包人收到监理工程师的变更意向书后认为难以实施此项变更，应立即通知监理工程师，说明原因并附有详细依据。监理工程师与承包人和发包人协商后确定撤销、改变或不改变原变更意向书。

②监理工程师认为发生了变更的情形。在合同履行过程中，发生合同约定的变更情形的，监理工程师应向承包商发出变更指示。变更指示应说明变更的目的、范围、变更的内容以及变更的工程量及其进度和技术要求，并附有关图纸和文件。承包人收到变更指示后，应按变更指示进行变更工作。

③承包人认为可能要发生变更的情形。承包人收到监理工程师按合同约定发出的图纸和文件，经检查认为其中存在变更情形的，可向监理工程师提出书面变更建议。变更建议应说明变更的依据，并附必要的图纸和相关资料。监理工程师收到承包人书面变更建议后，应与发包人共同研究，确认存在变更的，应在收到承包人书面建议后的 14 天内做出变更指示。经研究后不同意变更的，应由监理工程师书面答复承包人。

6.2 建设工程招标投标阶段的合同管理

6.2.1 招标投标阶段合同的总体策划

1. 建筑工程合同策划概述

（1）合同策划及要考虑的问题

在建筑工程项目的初始阶段必须进行相关合同的策划，策划的目标是通过合同保证工程项目总目标的实现，必须反映建筑工程项目战略和企业战略，反映企业的经营指导方针和根本利益。

合同策划需考虑的主要问题有：项目应分解成几个独立合同及每个合同的工程范围；采用何种委托方式和承包方式；合同的种类、形式和条件；合同重要条款的确定；合同签订和实施时重大问题的决策；各个合同的内容、组织、技术、时间上的协调。

（2）合同策划的意义

合同的策划决定着项目的组织结构及管理体制，决定合同各方面责任、权力和工作的划分，所以对整个项目管理产生根本性的影响。业主通过合同委托项目任务，并通过合同实现对项目的目标控制。

合同是实施工程项目的手段，通过策划确定各方面的重大关系，无论对业主还是对承包商，完善的合同策划可以保证合同圆满地履行，克服关系的不协调，减少矛盾和争议，顺利地实现工程项目总目标。

（3）合同策划的依据

①业主方面：业主的资信、资金供应能力、管理水平和具有的管理力量，业主的目标以及目标的确定性，期望对工程管理的介入深度，业主对工程师和承包商的信任程度，业主的管理风格，业主对工程的质量和工期要求等。

②承包商方面：承包商的能力、资信、企业规模、管理风格和水平、在本项目中的目标与动机、目前经营状况、过去同类工程经验、企业经营战略、长期动机、承受和抗御风险的能力等。

③工程方面：工程的类型、规模、特点，技术复杂程度、工程技术设计准确程度、工程质量要求和工程范围的确定性、计划程度，招标时间和工期的限制，项目的盈利性，工程风险程序，工程资源（如资金、材料、设备等）供应及限制条件等。

④环境方面：工程所处的法律环境，建筑市场竞争激烈程度，物价的稳定性，地质、气候、自然、现场条件的确定性，资源供应的保证程度，获得额外资源的可能性。

（4）合同策划的程序

①研究企业战略和项目战略，确定企业及项目对合同的要求。

②确定合同的总体原则和目标。

③分层次、分对象对合同的一些重大问题进行研究，列出各种可能的选择，按照上述策划的依据，综合分析各种选择的利弊得失。

④对合同的各个重大问题做出决策和安排，提出履行合同的措施。在合同策划中有时要采用各种预测、决策方法，风险分析方法，技术经济分析方法。

⑤在开始准备每一个合同招标和准备签订每一份合同时都应对合同策划再作一次评价。

2. 业主的建筑工程合同策划

(1) 承包方式的选择

业主在招标前需要做出决定，将一个完整的工程项目分为几个合同承包，采用分散平行发包还是总承包的形式。

①分散平行发包。业主将工程设计、设备采购、土建施工、电气安装、机械设备安装、装饰工程等分别委托给不同的承包商。各承包商分别与业主签订合同，各承包商之间没有合同关系。其特点是：

a. 业主有大量的管理工作，有许多次招标，需作比较精细的计划及控制，因此项目前期需要比较充裕的时间。

b. 业主负责各承包商之间的协调工作，对各承包商由于互相干扰所造成的问题承担责任。由于不确定性因素的影响及协调难度大，因而这种承包方式的合同争执较多，工期长、索赔多。

c. 该承包方式要求业主管理和控制较细，业主必须具备较强的项目管理能力。

d. 对于大型工程项目，该承包方式使业主面对众多承包商，管理跨度大，协调困难，易造成混乱和失控，且业主管理费用增加，导致总投资增加和工期延长。

e. 采用这种承包方式，业主可以分阶段进行招标，可以通过协调和项目管理加强对工程的干预。同时承包商之间存在着一定的制衡。

f. 采用这种承包方式，项目的计划和设计必须周全、准确、细致。这样各承包商的工程范围容易确定，责任界限比较清楚。

采用分散平行发包，通常情况下，如果业主方没有相应的项目管理能力，或没有聘请得力的咨询（监理）工程师进行全过程、全方位的项目管理，则不能将项目分解得太细，承包商的数量不能太多。否则，业主面对自己并不专长的项目管理、协调困难、决策不宜，很容易造成工程建设秩序混乱，最终导致总投资的增加和工期的延长。

②整体发包合同（又称统包，一揽子承包，设计–建造及交钥匙工程），即由一个承包商承包建筑工程项目的全部工作，并向业主承担全部工程责任，包括设计、材料采购、各专业工程的施工，甚至包括项目前期筹划、方案选择、可行性研究和项目建设后的运营管理。该承包方式的特点是：

a. 减少业主面对的承包商数量和事务性管理工作。业主提出工程总体要求，进行宏观控制、验收成果，通常不干涉承包商的工作，因而合同纠纷和索赔较少。

b. 方便协调和控制，减少大量的重复性的管理工作，信息沟通方便、快捷、准确。有利于施工现场管理，减少中间环节，从而可减少费用和缩短工期。

c. 业主的责任体系完备，避免各种干扰，对业主和承包商都有利，工程整体效益高。

d. 业主必须选择资信度高、实力强，适宜全方位工作的承包商，他不仅需具备各专业工程的施工力量，而且尚需很强的设计、管理、供应，乃至项目策划和融资能力。

(2) 招标方式的选择

根据我国《招标投标法》规定，招标分为公开招标和邀请招标。招标方式的特点及其适用范围详见模块 2 内容。

(3) 合同种类的选择

合同的计价方式有很多种，不同种类的合同，有不同的应用条件、不同的权力和责任分配、不同的付款方式，同时合同双方的风险也不同，应依具体情况选择合同类型。建筑工程施工承包合同的计价方式主要有三种，即单价合同、总价合同和成本加酬金合同。

①单价合同。这是最常见的合同种类，适用范围广。我国的建设工程施工合同也主要是这一类合同。在这种合同中，承包商仅按合同规定承担报价的风险，即对报价（主要为单价）的正确性和适宜性承担责任；而工程量变化的风险由业主承担。由于风险分配比较合理，能够适应大多数工程，能

调动承包商和业主双方的管理积极性。

单价合同的特点是单价优先，例如FIDIC土木工程施工合同中，业主给出的工程量清单表中的工程量是参考数字，而实际合同价款按实际完成的工程量和承包商所报的单价计算。虽然在投标报价、评标、签订合同中，人们常常注重合同总价格，但在工程款结算中单价优先，所以单价是不能错的。对于投标书中明显的数字计算的错误，业主有权先作修改再评标。单价合同又分为固定单价合同和可调单价合同两种形式。

a. 固定单价合同。这也是经常采用的合同形式。特别是在设计或其他建设条件（地质条件）还不太明确的情况下（但技术条件应明确），而以后又需增加工程内容或工程量时，可以按单价适当追加合同内容。在每月（或每阶段）工程结算时，根据实际完成的工程量结算。在工程全部完成时以竣工图的工程量最终结算工程总价款。

固定单价合同适用于工期较短、工程量变化幅度不会太大的工程。

b. 可调单价合同。合同单价可调，一般是在工程招标文件中规定。在合同签订的单价，根据合同约定的条款，如在工程实施过程中物价发生变化等，可作调整。有的工程在招标或签约时，因某些不确定性因素而在合同中暂定某些分部分项工程的单价，再根据实际情况和合同约定对合同单价进行调整，确定实际结算单价。

②总价合同。总价合同是指在合同中确定一个完成项目的总价，承包人据此完成项目全部内容的合同。这种合同类型能够使发包人在评标时易于确定报价最低的承包人、易于进行支付计算。但这类合同仅适用于工程量不大且能精确计算、工期较短、技术不太复杂、风险不大的项目。因而采用这种合同类型要求发包人必须准备详细而全面地设计图纸（一般要求施工详图）和各项说明，使承包人能准确计算工程量。总价合同又分为固定总价合同和可调总价合同两种形式。

a. 固定总价合同。这种合同以一次包死的总价委托，价格不因环境的变化和工程量增减而变化，所以在这类合同中承包商承担了全部的工作量和价格风险。除了设计有重大变更，一般不允许调整合同价格。在现代工程中，特别是在合资项目中，业主喜欢采用这种合同形式，因为工程中双方结算方式较为简单。在固定总价合同的执行中，承包商的索赔机会较少（但不能根除索赔）。通常可以免除业主由于要追加合同价款、追加投资带来的需上级，如董事会，甚至股东大会审批的麻烦。

但由于承包商承担了全部风险，报价中不可预见风险费用较高。承包商报价的确定必须考虑施工期间物价变化以及工程量变化带来的影响。在这种合同的实施中，由于业主没有风险，所以他干预工程的权力较小，只管总的目标和要求。

采用固定总价合同，双方结算比较简单，但是由于承包商承担了较大的风险，因此报价中不可避免地要增加一笔较高的不可预见风险费。承包商的风险主要有两个方面：一是价格风险，二是工作量风险。价格风险有报价计算错误、漏报项目、物价和人工费上涨等；工作量风险有工程量计算错误、工程范围不确定、工程变更或者由于设计深度不够所造成的误差等。

固定总价合同适用于以下情况：工程范围必须清楚明确，报价的工程量应准确而不是估计数字，对此承包商必须认真复核；工程设计较细，图纸完整、详细、清楚；工程量小、工期短，估计在工程过程中环境因素（特别是物价）变化小，工程条件稳定并合理；工程结构、技术简单，风险小，报价估算方便；工程投标期相对宽裕，承包商可以作详细的现场调查、复核工作量、分析招标文件、拟定计划，合同条件完备，双方的权利和义务十分清楚。

b. 可调总价合同。又称为变动总价合同，合同价格是以图纸及规定、规范为基础，按照时价进行计算，得到包括全部工程任务和内容的暂定合同价格。它是一种相对固定的价格，在合同执行过程中，由于通货膨胀等原因而使所使用的工、料成本增加时，可以按照合同约定对合同总价进行相应的调整。在《建设工程施工合同（示范文本）》（GF—99—0201）中，合同双方可以约定，在以下条件下可以对合同价款进行调整：法律、行政法规和国家有关政策变化影响合同价款；工程造价管理部门公布的价格调整；一周内非承包人原因停水、停电、停气造成停工累计超过8小时；双方约定的其他因素。

③成本加酬金合同。这是与固定总价合同截然相反的合同类型。工程最终合同价格按承包商的实际成本加一定比率的酬金（间接费）计算。在合同签订时不能确定一个具体的合同价格，只能确定酬金的比率。由于合同价格按承包商的实际成本结算，所以在这类合同中，承包商不承担任何风险，而业主承担了全部工作量和价格风险，所以承包商在工程中没有成本控制的积极性，常常不仅不愿意压缩成本，相反期望提高成本以提高他自己的工程经济效益，这样会损害工程的整体效益。所以这类合同的使用应受到严格限制，通常应用于如下情况：

a. 投标阶段依据不准，工程的范围无法界定，无法准确估价，缺少工程的详细说明。

b. 工程特别复杂，工程技术、结构方案不能预先确定。

c. 时间特别紧急，要求尽快开工。如抢救、抢险工程，人们无法详细地计划和商谈。

为了克服该种合同的缺点，调动承包商成本控制的积极性，可对上述合同予以改进：事先确定目标成本，实际成本在目标成本范围内按比例支付酬金，超过目标成本部分不再增加酬金；若实际成本低于目标成本，则除支付合同规定的酬金外，另给承包商一定比例的奖励；成本加固定额度的酬金，不随实际成本数量的变化而变化。因此，成本加酬金合同可分为成本加固定费用合同、成本加固定比例费用合同、成本加奖金合同、成本加最大酬金合同。

3. 承包商的合同策划

承包商的合同策划服从于承包商的基本目标和企业经营战略。

（1）投标的选择

承包商在建筑市场中获得许多工程招标信息，承包商就是否投标做出战略决策，其决策取决于市场以及自身的情况，其主要依据有：

①承包市场状况及竞争的形势。

②该工程竞争者的数量以及竞争对手状况，以确定自己投标的竞争力和中标的可能性。

③工程及业主状况。包括工程的技术难度，施工所需的工艺、技术和设备，对施工工期的要求及工程的影响程度；业主对承包方式、合同种类、招标方式、合同的主要条款等的规定和要求；业主的资信情况，是否有不守信用、不付款的历史，业主建设资金的准备情况和企业经营状况。

④承包商自身状况。包括公司的优势和劣势、技术水平、施工力量、资金状况、同类工程的经验、现有工程数量等。

承包商投标方向的确定要最大限度地发挥自身的优势，符合其经营战略，不要企图承包超过自己施工技术水平、管理能力和财务能力的工程及没有竞争力的工程。

（2）合同风险的评价

对承包商来说，通常若工程存在下述问题，则工程风险大。

①工程规模大，工期长，而业主要求采用固定总价合同形式。

②业主仅给出初步设计文件，图纸不详细、不完备，工程量不准确、范围不清楚，或合同中的工程变更赔偿条款对承包商很不利，但业主要求采用固定总价合同。

③业主将投标期压缩得很短，承包商没有时间详细分析招标文件。

④工程环境不确定性因素多，且业主要求采用固定价格合同。

（3）承包方式的选择

任何一个承包商都不可能独立完成全部工程，不仅是能力所限，还由于这样做也不经济。在总承包投标前，他就必须考虑与其他承包商的合作方式，以便充分发挥各自在技术、管理和财力上的优势，并共担风险。

①分包。分包的原因主要有以下几点：

a. 技术上需要。总承包商不可能，也不必具备总承包合同工程范围内的所有专业工程的施工能力。通过分包的形式可以弥补总承包商技术、人力、设备、资金等方面的不足。同时总承包商又可通过这种形式扩大经营范围，承接自己不能独立承担的工程。

b. 经济上的目的。对有些分项工程，如果总承包商自己承担会亏本，而将它分包出去，让报价低同时又有能力的分包商承担，总承包商不仅可以避免损失，而且可以取得一定的经济效益。

c. 转嫁或减少风险。通过分包，可以将总包合同的风险部分地转嫁给分包商。这样，大家共同承担总承包合同风险，提高工程经济效益。

d. 业主的要求。业主指令总承包商将一些分项工程分包出去。通常有如下两种情况：一种是对于某些特殊专业或需要特殊技能的分项工程，业主仅对某专业承包商信任和放心，可要求或建议总承包商将这些工程分包给该专业承包商，即业主指定分包商。另一种是在国际工程中，一些国家规定，外国总承包商承接工程后必须将一定量的工程分包给本国承包商；或工程只能由本国承包商承接，外国承包商只能分包。这是对本国企业的一种保护措施。

②联营承包。联营承包是指两家或两家以上的承包商（最常见的为设计承包商、设备供应商、工程施工承包商）联合投标，共同承接工程。其优点是：

a. 承包商可通过联营进行联合，以承接工程量大、技术复杂、风险大、难以独家承揽的工程，使经营范围扩大。

b. 在投标中发挥联营各方技术和经济的优势，珠联璧合，使报价有竞争力。而且联营通常都以全包的形式承接工程，各联营成员具有法律上的连带责任，业主比较欢迎和放心，容易中标。

c. 在国际工程中，国外的承包商如果与当地的承包商联营投标，可以获得价格上的优惠。这样更能增加报价的竞争力。

d. 在合同实施中，联营各方互相支持，取长补短，进行技术和经济的总合作。这样可以减少工程风险，增强承包商的应变能力，能取得较好的工程经济效果。

e. 通常联营仅在某一工程中进行，该工程结束，联营体解散，无其他牵挂。如果愿意，各方还可以继续寻求新的合作机会。所以它比合营、合资有更大的灵活性。合资成立一个具有法人地位的新公司通常费用较高，运行形式复杂，母公司仅承担有限责任，业主不信任。

（4）合同执行战略

合同执行战略是承包商按企业和工程具体情况确定的执行合同的基本方针。

①企业必须考虑该工程在企业同期许多工程中的地位、重要性，确定优先等级。对重要的、有重大影响的工程，如对企业信誉有重大影响的创口碑工程，大型、特大型工程，对企业准备发展业务的地区的工程，必须全力保证，在人力、物力、财力上优先考虑。

②承包商必须以积极合作的态度热情圆满地履行合同。在工程中，特别是在遇到重大问题时积极与业主合作，以赢得业主的信赖，赢得信誉。待干扰事件结束后，继续履行合同。这样不仅保住了合同，取得了利润，而且赢得了信誉。

③对明显导致亏损的工程，特别是企业难以承受的亏损，或业主资信不好，难以继续合作，有时不惜以撕毁合同来解决问题。有时承包商主动地中止合同，比继续执行一份合同的损失要小。特别是当承包商已跌入“陷阱”中，合同不利，而且风险已经发生时。

④在工程施工中，由于非承包商责任引起承包商费用增加和工期拖延，承包商提出合理的索赔要求，但业主不予解决。承包商在合同执行中可以通过控制进度，通过直接或间接地表达履约热情和积极性，向业主施加压力和影响以求得合理的解决。

6.2.2 招投标文件分析

1. 招标文件分析

招标文件是招标人根据施工招标项目的特点和需要来编制的，招标文件一般包括：投标须知前附表、投标须知、合同主要条款、合同文件格式、工程量清单、技术规范、设计图纸、评标标准和方法、投标文件的格式等。招标文件分析主要包括以下几方面内容：

①招标范围。

②工期。

③工程质量。

④投标有效期。

⑤合同权利义务。

⑥工程量清单。

⑦技术标准和要求。

⑧评标方法和标准。

⑨其他特殊规定。

2. 投标文件分析

投标文件分析的过程中，必须重视以下五个方面：

(1)“投标须知”不能弄错

“投标须知”是招标人提醒投标者在投标书中务必全面、正确回答的具体注意事项的书面说明，可以说是投标书的“五脏”(喻指投标书的“心脏”、“肝脏”、“肾脏”等)。因此，投标人在制作标书时，必须对“投标须知”进行反复学习、理解，直至弄懂弄通，否则，就会将“投标须知”理解错，导致投标书成为无效标。例如，某“投标须知”要求投标人在投标书中提供近三年开发某项大型数据率的成功交易业务记录，而某投标者将“近三年”，理解为“近年”。将“成功交易业务记录”理解为“内部机构成功开发记录”，以至于使形成的投标书违背了“投标须知”，成为废纸一张。

(2)“实质要求”，不能遗漏

《政府采购法》、《招标投标法》、《政府采购货物和服务招标投标管理办法》等法律法规都规定：投标文件应当对招标文件提出的实质性要求和条件做出响应。这意味着投标者只要对招标文件中的某一条实质性要求遗漏，未做出响应，都将成为无效标。如某招标文件规定，投标者须具备五个方面的条件。若投标者遗漏了对“招标货物有经营许可证要求的，投标人必须具有该货物的经营许可证”这一要求做出的响应；投标者在投标书中遗漏了对“投标人必须取得对所投设备生产企业的授权文件”这一要求做出的响应，则投标者和投标者，都将因“遗漏”而被淘汰。投标方的有效营业执照，资质等级证书，财务状况，固定资产等一系列资料都应该公开于业主方。

(3)“重要的部分”，也不能忽视

“标函”、“项目实施方案”、“技术措施”、“售后服务承诺”等都是投标书的重要部分，也是体现投标者是否具有竞争实力的具体表现。倘若投标者对这些“重要部分”不重视，不进行认真、详尽、完美的表述，就会使投标者在商务标、技术标、信誉标等方面失分，以至于最后落榜。例如，投标者不重视写好“标函”，在“标函”中就不能全面反映本公司的“身价”，不能充分表述本公司的业绩，甚至将获得的重要奖项(鲁班奖、省优、市优等)，承建的大型重要项目等在“标函”中没有详细说明，从而不能完全表达本公司对此招标项目的重视程度和诚意。再如，一些投标者对“技术措施”不重视，忽视对拟派出的项目负责人与主要技术人员简历、业绩和拟用于本项目精良设备名称的详细介绍，以至于因在这些方面得分不高而出局。

(4)“细小环节”也绝对不能大意

在制作投标书的时候，有一些项目很细小，也很容易做，但稍一粗心大意，就会影响全局，导致全盘皆输。这些细小项目主要是：

①投标书未按照招标文件的有关要求密封标志的。

②未全部加盖法人或委托授权人印签的，如未在所有重要汇总标价旁签字盖章，或未将委托授权书放在投标书中。

③投标者单位名称或法人姓名与登记执照不符的。

④未在投标书上填写法定注册地址的。

⑤投标保证金未在规定的时间内缴纳的。

⑥投标书的附件资料不全，如设计图纸漏页，有关表格填写漏项等。

⑦投标书字迹不清晰，无法辨认的。

⑧投标书装订不整齐，或投标书上没有目录，没有页码，或文件资料装订前后颠倒的等。

（5）还有一个特殊的情况就是“联合制作”

在实际招标采购中，有时会发生两个或两个以上的供应商组成一个投标联合体，以一个投标人的身份投标。这样，投标书就需要几家供应商一起合作。参加联合制作的任何一方都不能轻视，如果大家都持不重视态度，编写标书不认真，以至于形成无效标的情形。例如，在一次大型工程招标中，有4个供应商组成联合体投标。由于大家都不重视投标书制作，制作前也没有哪一方询问其他方是否符合《管理办法》第三十四条所规定的“联合体各方均应当符合政府采购法第二十二条第一款规定的条件”，即：“具有独立承担民事责任的能力”。结果，投标书发出后，被人举报查实，其中有一方不具有独立承担民事责任的能力，其法人资格证书是租的，以至于使这份联合制成的投标书成为无效标，所以，联合体各方千万不可轻视投标书的联合制作，务必做到制作时首先要验证各方是否具备投标资格，并且当采购人根据采购项目的特殊要求规定投标人特定条件的，联合体各方中至少有一方符合采购人规定的特定条件；其次，联合体各方应当签订共同投标协议，明确约定联合体各方承担的工作和相应的责任，尤其不能缺少出了问题，责任人应当承担多大经济责任的内容；再次，投标书制成后除牵头方认真汇总校对外，还要明确一到两方进行复核，且不能忘记将共同投标协议作为投标书附件一并提交招标采购单位。

6.2.3 施工合同风险分析及对策

随着科技创新的迅速发展，新材料、新工艺、新技术不断地被应用到建筑领域，使得现代工程的规模越来越大，使用功能高且多样化。参加建设的单位及专业也越来越多，而且工期要求越来越短。还有不可摆脱的自然环境，现场条件及社会因素的影响。因此几乎没有不存在风险因素的工程。承包工程是一项具有风险性的行业。由于工程项目建设关系的多元性、复杂性、多变性、履约周期长等特征及金额大、市场竞争激烈等构成了项目承包合同的风险性。因此，慎重分析研究各种风险因素，在签订合同中尽量避免承担风险的条款，在履行合同中采取有效措施，防范风险发生是十分重要的。

1. 合同中的风险

在实际建设工程中，由于合同人员素质不高或由于市场竞争激烈，承包商急于拿下此工程而做出一些不适当的让步等原因，导致签订的合同存在风险，主要表现在以下几个方面：

（1）合同中已明确规定乙方承担的风险

大量的承包工程合同中都有对乙方承担风险的条款规定。例如，某工程合同协议条款中，规定该工程变更的费用总额当超过合同总价15%以上时，甲方对超过的部分应给予补偿。显然，乙方若遇到变更较多的工程，至少要先损失合同总价的15%。反之，当该工程变更较少时，乙方将会有较高的盈利。又如，某合同中规定，乙方采购运进场地的工程材料，必须经甲方工地代表认可后方能用于工程。在这里“认可”没有明确的标准，甲方代表可能会以此条款要求提高材料的档次，使乙方支付较高的材料费。

（2）合同条文不完整，隐含潜在的风险

某合同中规定每月20日支付上个月的工程进度款，但因甲方资金筹措受阻，连续三个月拖欠工程款。乙方为了工程的进度不受影响，垫入了大笔资金。但由于合同中没有具体写入拖欠工程进度款的处罚规定，导致乙方向甲方对垫支资金利息的索赔失败，蒙受了较大的经济损失。类似情况在当前合同中并不少见，有的合同中只规定了甲方提供施工场地的时间，但没有规定出具体范围和违约（没有按时提供）的处罚条款。

（3）合同中仅对一方规定了约束性条款的不利合同风险

某工程合同中规定，从甲方全部提供施工场地之日起15日开工，并按实际开工日计算工期，而后乙方应负延期一切责任。该工程合同开工日为2007年4月25日，由于场地搬迁碰到难题，到2007年6月30日才具备开工条件。基础工程因地下室面积大，正赶上雨季施工，投入了大量人力、物力，进度缓慢。当乙方想起应提出索赔延期时，因合同签订的条款对乙方十分不利而致使索赔无力，乙方只好自费赶工，避免拖期受罚。

2. 签订有利的合同

①合同风险属于不确定事件，可能发生，也可能不发生。但任何承包工程的乙方都愿意签订一个对自己有利的合同，减少工程施工中的风险损失，获得更多的利润。对于承包工程的乙方来说，对自己有利的合同，可以从以下几个方面进行定性的评价：合同的条款、内容要完整、全面。对自己比较有利或比较优惠的条款都已明确表达，不会使对方发生误解。

②合同价格较高，如在正常管理状态下，施工应有较好的盈利。

③合同双方责权利关系比较平衡，没有苛刻一方的单方面约束条款。

④合同内容条理清楚、责权分明、前后一致、概念准确，在执行中不易产生争执。合同风险较少，甲方承担的风险较多或对某些风险明确了乙方承担的责任等。

但由于合同是甲乙双方共同协商达成一致的协议，许多对自己单方面的意愿在合同谈判中并非都能够实现。所以要签订一个有利合同，必须从制定投标报价、深入了解工程情况开始，尽可能掌握签订合同的主动权。安排精明强悍有经验的合同人员进行具体谈判，分析合同条款中各种可能情况下的不利因素。采取对特殊问题单独谈判的方法，逐步达到签订对自己有利合同的目标。

3. 处理合同风险的对策

合同中的问题和风险总是存在的，不可能绝对的完美和均衡。有利合同的签订，不可能完全杜绝风险的发生。合同一经签订，即使对自己非常不利的条文也是不可能单方面进行修改。因此，合同管理人员在合同实施中，首先是发现合同中的风险，然后是根据工程实际分析风险发生的可能性，采取技术上、经济上和管理上的措施，尽可能避免风险发生，降低风险损失。

（1）采取组织措施

对风险较大的工程项目应派一名得力的项目负责人，配备能力较强的工程技术人员及合同管理人员，组建精明强干的项目管理班子。对风险较大的某一项工程，应成立专门的指挥管理组织，配调经验丰富的专家组织攻关。

（2）采取技术措施

对工程设计变更及费用调整较大的合同款应采取技术措施为主的对策。如设计变更较多且费用调整受限制的工程，应召集有丰富经验的工程技术人员，全面分析可能变更的各种问题，提出甲方能够接受的，且乙方便于施工、费用少调或不调的合理化建议，从而减少乙方增加施工成本而得不到补偿的变更，或提出合理建议后甲方能主动提出修改设计，使问题脱离对乙方有风险的合同条款限制。

方便于施工、费用少调或不调的合理化建议，从而减少乙方增加施工成本而得不到补偿的变更，或提出合理建议后甲方能主动提出修改设计，使问题脱离对乙方有风险的合同条款限制。

（3）采取经济措施

对工程风险较大的某一部分工作，为避免违约承担风险，可相应的采取经济措施减少风险损失。在工程中常见的情况有：在雨季施工前抢施地下室及基础工程；在冬季施工前抢施结构及湿作业工程；在竣工交用前大幅度增加人员，增加工作班次以保证工期。所有采取的这些抢施工程无非是增加了机械设备，增加施工及管理人员，增加工资、奖金或加班费用。但这些支出使乙方保证了施工进度，保持了信誉，避免了风险。从经济观点上说，所采取的经济措施费用比承担风险实际损失要合算得多。

（4）加强索赔管理

在工程施工中加强索赔管理，用索赔和反索赔来弥补或减少损失，是施工单位广泛采用的风险对策。认真分析合同，详细划清双方责任，注意合同实施中每一事件的详细过程，寻找索赔机会，通过索赔和反索赔提高合同总价。争取总价的调整，达到风险损失补偿的目的。

（5）组建联合体，共担风险

在一些大型工程项目中，由于专业技术、工程经验和处理工程风险能力的不同，乙方应注意发挥自己的长处，避免自己的弱项，与其他专业工程单位组建联合体，共同分担风险。由于专业公司具有各种情况下的施工经验，都具有较强的处理合同风险的能力。

（6）争取对风险化解的机会

合同中必然存在的风险条款是合同双方中一方对另一方的制约条件。在合同实施中，当双方都能认真执行合同、履行自己的责任、合作满意时，双方都可能在不影响总目标的情况下，不甚计较个别条款的严格程度。乙方有时可利用这种友好的气氛，对一些隐含风险的条款进行有利于自己的解释，并作为合同的补充文件形成资料。使一些本来对自己不利的条款得到化解，使风险分担比较合理。

采取上述措施的效果取决于每一工程的实际情况，针对某一风险可以同时采取多方面的措施，但关键问题是管理人员的实际工程管理经验和对合同风险分析能力及应变能力。

4. 风险跟踪，实行动态管理

找出合同中的风险条款，确定了相应的对策，并不意味着风险问题的解决。在工程合同实施错综复杂的变化中，只有进行风险跟踪，才能更好地解决合同风险问题。风险跟踪可以起到以下作用：

①进行风险跟踪，可以及时掌握风险发生、发展的各种情况。当发现与事先预料有较大出入时，可及早采取新的对策，调整工程安排，以控制风险的发展。

②进行风险跟踪，及时对风险损失情况及采取的对策效果进行评价。对风险发展趋势和结果有一个清醒的认识，以便采取果断措施。

③在合同风险跟踪过程中，可能会发现新的索赔机会，为反索赔作准备工作。

④进行风险跟踪，可以积累大量的防止或减少风险的实际资料，为制定新的风险对策，签订对自己有利的合同提供宝贵的经验。

6.3 建设工程施工合同分析

合同分析是指从执行的角度分析、补充、解释合同，将合同目标和合同规定落实到合同实施的具体问题和具体时间上，用以指导具体工作，使合同能符合日常工程管理的需要。

承包商在合同实施过程中的基本任务是使自己圆满地完成合同责任。整个合同责任的完成是在一段段时间内，完成一项项工程和一个个工程活动实现的，所以合同目标和责任必须贯彻落实在合同实施的具体问题上和各工程小组以及各分包商的具体工程活动中。承包商的各职能人员和各工程小组都必须熟练地掌握合同，用合同指导工程实施和工作，以合同作为行为准则。

6.3.1 合同分析的必要性和作用

1. 合同分析的必要性

进行合同分析是基于以下原因：

①合同条文繁杂，内涵意义深刻，法律语言不容易理解。

②同在一个工程中，往往几份、十几份甚至几十份合同交织在一起，有十分复杂的关系。

③合同文件和工程活动的具体要求（如工期、质量、费用等）的衔接处理。

④许多工程小组、项目管理职能人员等所涉及的活动和问题不是合同文件的全部，而仅为合同的部分内容，如何全面理解合同对合同的实施将会产生重大影响。

⑤合同中存在问题和风险，包括合同审查时已经发现的风险和还可能隐藏着的尚未发现的

风险。

⑥合同中的任务需要分解和落实。

⑦在合同实施过程中，合同双方将会产生的争议。

2. 合同分析的作用

合同分析的目的和作用主要体现在以下几个方面：

（1）分析合同中的漏洞，解释有争议的内容

在合同起草和谈判过程中，双方都会力争完善，但仍然难免会有所疏漏，通过合同分析，找出漏洞，可以作为履行合同的依据。

在合同执行过程中，合同双方有时也会发生争议，往往是由于对合同条款的理解不一致所造成的，通过分析，就合同条文达成一致理解，从而解决争议。在遇到索赔事件后，合同分析也可以为索赔提供理由和根据。

（2）分析合同风险，制定风险对策

不同的工程合同，其风险的来源和风险量的大小都不同，要根据合同进行分析，并采用相应的对策。

（3）合同任务分解、落实

在实际工程中，合同任务需要分解落实到具体的工程小组或部门、人员，要将合同中的任务进行分解，将合同中与各部分任务相对应的具体要求明确，然后落实到具体的工程小组或部门、人员身上，以便于实施与检查。

6.3.2 合同总体分析

1. 合同总体分析对象

合同总体分析的主要对象是合同协议书和合同条件等。通过合同总体分析，将合同条款和合同规定落实到一些带有全局性的具体问题上。它通常在如下两种情况下进行：

①在合同签订后实施前，承包商首先必须作合同总体分析。这种分析的重点是：承包商的主要合同责任、工程范围，业主（包括工程师）的主要责任和权力，合同价格、计价方法和价格补偿条件，工期要求和顺延条件，工程受干扰的法律后果，合同双方的违约责任，合同变更方式、程序和工程验收方法，争执的解决等。

合同总体分析的结果是工程施工总的指导性文件，应将它以最简单的形式和最简洁的语言表达出来，交于项目经理、各职能人员，并进行合同交底。

②在重大的争执处理过程中，例如在重大的或一揽子索赔处理中，必须作合同总体分析。

这里总体分析的重点是合同文本中与索赔有关的条款。对不同的干扰事件，则有不同的分析对象和重点。它对整个索赔工作起如下作用：

a. 提供索赔（反索赔）的理由和根据。

b. 合同总体分析的结果直接作为索赔报告的一部分。

c. 作为索赔事件责任分析的依据。

d. 提供索赔值计算方式和计算基础的规定。

e. 索赔谈判中的主要攻守武器。

2. 合同分析的内容

合同分析在不同时期，为了不同的目的，有不同的内容，通常有以下几方面。

（1）合同的法律基础

分析订立合同所依据的法律、法规，通过分析，承包人了解适用于合同的法律的基本情况（范围、特点等），用以指导整个合同实施和索赔工作。对合同中明示的法律应重点分析。

（2）承包人的主要任务

①明确承包人的总任务，即合同标的。承包人在设计、采购、生产、试验、运输、土建、安装、验收、试生产、缺陷责任期维修等方面的主要责任，施工现场的管理，给发包人的管理人员提供生活和工作条件等责任。

②工作范围。明确合同中的工程量清单、图纸、工程说明、技术规范的定义。工程范围的界限应很清楚，否则会影响工程变更和索赔，特别是对固定总价合同。

在合同实施中，如果工程师指令的工程变更属于合同规定的工程范围，则承包人必须无条件执行；如果工程变更超过承包人应承担的风险范围，则可向发包人提出工程变更的补偿要求。

③关于工程变更的规定。明确工程变更的补偿范围，通常以合同金额一定的百分比表示。通常这个百分比越大，承包人的风险越大。

明确工程变更的索赔有效期，由合同具体规定，一般为28天，也有14天的。一般这个时间越短，对承包人管理水平的要求越高，对承包人越不利。

（3）发包人责任

①发包人雇用工程师并委托他全权履行发包人的合同责任。

②发包人和工程师有责任对平行的各承包人和供应商之间的责任界限做出划分，对这方面的争执做出裁决，对他们的工作进行协调，并承担管理和协调失误造成的损失。

③及时做出承包人履行合同所必需的决策，如下达指令、履行各种批准手续、做出认可、答复请示、完成各种检查和验收手续等。

④提供施工条件，如及时提供设计资料、图纸、施工场地、道路等。

⑤按合同规定及时支付工程款，及时接收已完工程等。

（4）合同价格

对合同价格主要分析以下几个方面的内容：

①合同所采用的计价方法及合同价格所包括的范围。

②工程计量程序，工程款结算（包括进度付款、竣工结算、最终结算）方法和程序。

③合同价格的调整，即费用索赔的条件、价格调整方法、计价依据、索赔有效期规定。

④拖欠工程款的合同责任。

（5）施工工期

在实际工程中，工期拖延极为常见和频繁，而且对合同实施和索赔的影响很大，所以要特别重视。

（6）违约责任

如果合同一方未遵守合同规定，造成对方损失，应受到相应的合同处罚。承包人不能按合同规定工期完成工程的违约金或承担发包人损失的条款；由于管理上的疏忽造成对方人员和财产损失的赔偿条款；由于预谋或故意行为造成对方损失的处罚和赔偿条款等；由于承包人不履行或不能正确地履行合同责任，或出现严重违约时的处理规定；由于发包人不履行或不能正确地履行合同责任，或出现严重违约时的处理规定，特别是对发包人不及时支付工程款的处理规定。

(7) 验收、移交和保修

验收包括许多内容，如材料和机械设备的现场验收、隐蔽工程验收、单项工程验收、全部工程竣工验收等。

在合同分析中，应对重要的验收要求、时间、程序以及验收所带来的法律后果加以说明。竣工验收合格即办理移交。移交作为一个重要的合同事件，同时又是一个重要的法律概念，它表示发包人认可并接收工程，承包人工程施工任务的完结；工程所有权的转让；承包人工程照管责任的结束和发包人工程照管责任的开始；保修责任的开始；合同规定的工程款支付条款有效。

（8）索赔程序和争执的解决

这里要分析索赔的程序、争执的解决方式和程序；仲裁条款，包括仲裁所依据的法律、仲裁地点、方式和程序、仲裁结果的约束力等。

6.3.3 合同详细分析

承包合同的实施由许多具体的工程活动和合同双方的其他经济活动构成。这些活动也都是为了实现合同目的，履行合同责任，也必须受合同的制约和控制。这些工程活动所确定的状态常常又被称为合同事件。对一个确定的承包合同，承包商的工程范围，合同责任是一定的，则相关的合同事件和工程活动也应是一定的。通常在一个工程中，这样的事件可能有几百，甚至几千件。在工程中，合同事件之间存在一定的技术上的、时间上的和空间上的逻辑关系，形成网络，所以又被称为合同事件网络。

合同事件分析的对象是合同协议书、合同条件、规范、图纸、工作量表。它主要通过合同事件表、网络图、横道图等定义各工程活动。合同详细分析的结果最重要的部分是合同事件表（表 6.1）。

表 6.1　合同事件表

子项目	编码	日期变更
事件名称和简要说明		
事件内容说明		
前提条件		
本事件的主要活动		
负责人（单位）		
费用 计划： 实际：	参加者：	工期 计划： 实际：

1. 编码

为了计算机数据处理的需要，对事件的各种数据处理都靠编码识别。所以编码要能反映这事件的各种特性，如所属的项目、单项工程、单位工程、专业性质、空间位置等。通常它应与网络事件（或活动）的编码有一致性。

2. 事件名称和简要说明

对发生的事件做简要的说明。

3. 变更次数和最近一次的变更日期

它记载着与本事件相关的工程变更。在接到变更指令后，应落实变更，修改相应栏目的内容。

最近一次的变更日期表示，从这一天以来的变更尚未考虑到。这样可以检查每个变更指令落实情况，既防止重复，又防止遗漏。

4. 事件的内容说明

这里主要为该事件的目标，如某一分项工程的数量、质量、技术要求以及其他方面的要求。这由合同的工程量清单、工程说明、图纸、规范等定义，是承包商应完成的任务。

5. 前提条件

它记录着本事件的前导事件或活动，即本事件开始前应具备的准备工作或条件。它不仅确定事件之间的逻辑关系，是构成网络计划的基础，而且确定了各参加者之间的责任界限。

6. 本事件的主要活动

即完成该事件的一些主要活动和它们的实施方法、技术、组织措施。这完全从施工过程的角度进行分析。这些活动组成该事件的子网络，例如上述设备安装由现场准备，施工设备进场、安装，基础找平、定位，设备就位，吊装，固定，施工设备拆卸、出场等活动组成。

7. 责任人

即负责该事件实施的工程小组负责人或分包商。

8. 成本（或费用）

这里包括计划成本和实际成本。有如下两种情况：

①若该事件由分包商承担，则计划费用为分包合同价格。如果在总包和分包之间有索赔，则应修改这个值。而相应的实际费用为最终实际结算账单金额总和。

②若该事件由承包商的工程小组承担，则计划成本可由成本计划得到，一般为直接费成本。而实际成本为会计核算的结果，在该事件完成后填写。

9. 计划和实际的工期

计划工期由网络分析得到。这里有计划开始时间、结束时间和持续时间。实际工期按实际情况，在该事件结束后填写。

10. 其他参加人

即对该事件的实施提供帮助的其他人员。

从上述内容可见，合同事件表从各个方面定义了合同事件。合同详细分析是承包商的合同执行计划，它包容了工程施工前的整个计划工作。

①工程项目的结构分解，即工程活动的分解和工程活动逻辑关系的安排。

②技术会审工作。

③工程实施方案，总体计划和施工组织计划。在投标书中已包括这些内容，但在施工前，应进一步细化，作详细的安排。

④工程的成本计划。

⑤合同详细分析不仅针对承包合同，而且包括与承包合同同级的各个合同的协调，包括各个分合同的工作安排和各分合同之间的协调。

所以合同详细分析是整个项目组的工作，应由合同管理人员、工程技术人员、造价人员共同完成。合同事件表对项目的目标分解，任务的委托（分包），合同交底，落实责任，安排工作，进行合同监督、跟踪、分析，处理索赔（反索赔）非常重要。

6.4 建设工程施工合同的实施控制

工程施工过程是承包合同的实施过程。要使合同顺利实施，合同双方必须共同完成各自的合同责任。在这一阶段承包商的根本任务就是按合同圆满地施工。一个不利的合同，如条款苛刻、权利和义务不平衡、风险大，确定了承包商在合同实施中的不利地位和败势。这使得合同实施和合同管理很为艰难。但通过有力的合同管理可以减轻损失或避免更大的损失。一个有利的合同，如果在合同实施过程中管理不善，同样也不会有好的工程经济效益。这已经被许多经验教训所证明：中标难，实施合同更难。

在我国，许多承包企业常常将合同作为一份保密文件，签约后将它锁入抽屉，打入“冷宫”，不作分析和研究，疏于实施阶段的合同管理工作，特别是施工现场的合同管理工作，所以经常出现工程管理失误，经常失去索赔机会或经常反为对方索赔，造成合同有利，而工程却亏本的现象。而国外有经验的承包商十分注重工程实施中的合同管理，通过合同实施控制不仅可以圆满地完成合同任务，而且可以挽回合同签订中的损失，改变自己的不利地位，通过索赔等手段增加工程利润。所以在工作中“天天念合同经”，天天分析和对照合同，虽然合同不利，而工程却可盈利。应该看到，合同所确定的承包商在工程中的地位和权利必须通过有效的合同管理，甚至通过抗争才能得到保护。双方只有通过互相制约才能达到圆满的合作。如果承包商不积极争取，甚至放弃自己的合同权利，例如承包商合同权益受到侵犯，按合同规定业主应该赔偿，但承包商不提出要求（如不会索赔，不敢索赔，超过索赔有效期，没有书面证据等），则承包商权利得不到合同和法律的保护，索赔无效。

6.4.1 合同实施控制的主要工作

合同管理人员在这一阶段的主要工作有如下几个方面：

①建立合同实施的保证体系，以保证合同实施过程中的一切日常事务性工作有秩序地进行，使工程项目的全部合同事件处于控制中，保证合同目标的实现。

②监督承包商的工程小组和分包商按合同施工，并做好各分合同的协调和管理工作。承包商应以积极合作的态度完成自己的合同责任，努力做好自我监督。同时也应督促和协助业主和工程师完成他们的合同责任，以保证工程顺利进行。

③对合同实施情况进行跟踪。收集合同实施的信息，收集各种工程资料，并做出相应的信息处理；将合同实施情况与合同分析资料进行对比分析，找出其中的偏离，对合同履行情况做出诊断；向项目经理及时通报合同实施情况及问题，提出合同实施方面的意见、建议，甚至警告。

④进行合同变更管理。这里主要包括参与变更谈判，对合同变更进行事务性处理；落实变更措施，修改变更相关的资料，检查变更措施落实情况。

⑤进行日常的索赔和反索赔。这里包括两个方面：与业主之间的索赔和反索赔，与分包商及其他方面之间的索赔和反索赔。

6.4.2 合同实施的保证体系

现代工程的特点，使得施工中的合同管理极为困难和复杂，日常的事务性工作极多。为了使工作有秩序、有计划地进行，必须建立工程承包合同实施的保证体系。作“合同交底”，落实合同责任，实行目标管理，合同和合同分析的资料是工程实施管理的依据。合同分析后，应向各层次管理者作“合同交底”，把合同责任具体地落实到各责任人和合同实施的具体工作上。

1. 作“合同交底”，落实合同责任，实行目标管理

对项目管理人员和各工程小组负责人进行“合同交底”，组织大家学习合同和合同总体分析结果，对合同的主要内容做出解释和说明，使大家熟悉合同中的主要内容、各种规定、管理程序，了解承包商的合同责任和工程范围，各种行为的法律后果等。使大家都树立全局观念，工作协调一致，避免在执行中的违约行为。

在我国传统的施工项目管理系统中，人们十分注重“图纸交底”工作，但却没有“合同交底”工作，所以项目组和各工程小组对项目的合同体系、合同基本内容不甚了解。我国工程管理者和技术人员有十分牢固的“按图施工”的观念，这并不错，但在现代市场经济中必须转变到“按合同施工”上来。特别在工程使用非标准的合同文本或项目组不熟悉的合同文本时，这个“合同交底”工作就显得更为重要。

2. 定期和不定期的协商会办制度

在工程过程中，业主、工程师和各承包商之间，承包商和分包商之间以及承包商的项目管理职能人员和各工程小组负责人之间都应有定期的协商会办。通过会办可以解决以下问题：

①检查合同实施进度和各种计划落实情况。

②协调各方面的工作，对后期工作作安排。

③讨论和解决目前已经发生的和以后可能发生的各种问题，并做出相应的决议。

④讨论合同变更问题，做出合同变更决议，落实变更措施，决定合同变更的工期和费用补偿数量等。

承包商与业主，总包和分包之间会谈中的重大议题和决议，应用会谈纪要的形式确定下来。各方签署的会谈纪要，作为有约束力的合同变更，是合同的一部分。合同管理人员负责会议资料的准备，提出会议的议题，起草各种文件，提出对问题解决的意见或建议，组织会议；会后起草会谈纪要（有时，会谈纪要由业主的工程师起草），对会谈纪要进行合同法律方面的检查。

对工程中出现的特殊问题可不定期地召开特别会议讨论解决方法。这样保证合同实施一直得到很好的协调和控制。

3. 建立一些特殊工作程序

对于一些经常性工作应订立工作程序，使大家有章可循，合同管理人员也不必进行经常性的解释和指导，如图纸批准程序，工程变更程序，分包商的索赔程序，分包商的账单审查程序，材料、设备、隐蔽工程、已完工程的检查验收程序，工程进度付款账单的审查批准程序，工程问题的请示报告程序等。

这些程序在合同中一般都有总体规定，在这里必须细化、具体化。在程序上更为详细，并落实到具体人员。

在合同实施中，承包商的合同管理人员、成本、质量（技术）、进度、安全，信息管理人员都必须亲临现场，他们之间应进行经常性的沟通。

4. 建立文档系统

合同管理人员负责各种合同资料和工程资料的收集、整理和保存工作。这项工作非常繁琐和复杂，要花费大量的时间和精力。工程的原始资料在合同实施过程中产生，它必须由各职能人员、工程小组负责人、分包商提供。应将责任明确地落实下去。

①各种数据、资料的标准化，如各种文件、报表、单据等应有规定的格式和规定的数据结构要求。

②将原始资料收集整理的责任落实到人，由他对资料负责。资料的收集工作必须落实到工程现场，必须对工程小组负责人和分包商提出具体的要求。

③各种资料的提供时间。

④准确性要求。

⑤建立工程资料的文档系统等。

5. 工程过程中严格的检查验收制度

合同管理人员应主动地抓好工程和工作质量，协助做好全面质量管理工作，建立一整套质量检查和验收制度，例如，每道工序结束应有严格的检查和验收；工序之间、工程小组之间应有交接制度；材料进场和使用应有一定的检验措施等。

防止由于承包商自己的工程质量问题造成被工程师检查验收不合格，试生产失败而承担违约责任。在工程中，由此引起的返工、窝工损失，工期的拖延应由承包商自己负责，得不到赔偿。

6. 建立报告和行文制度

承包商和业主、监理工程师、分包商之间的沟通都应以书面形式进行，或以书面形式作为最终依据。这是合同的要求，也是法律的要求，也是工程管理的需要。在实际工作中这项工作特别容易被忽略。报告和行文制度包括如下几方面内容：

①定期的工程实施情况报告，如日报、周报、旬报、月报等。应规定报告内容、格式、报告方式、时间以及负责人。

②工程过程中发生的特殊情况及其处理的书面文件，如特殊的气候条件、工程环境的变化等，应有书面记录，并由监理工程师签署。对在工程中合同双方的任何协商、意见、请示、指示等都应落实在纸上，尽管天天见面，也应养成书面文字交往的习惯，相信“一字千金”，切不可相信“一诺千金”。

在工程中，业主、承包商和工程师之间要保持经常联系，出现问题应经常向工程师请示、汇报。

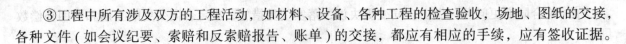

③工程中所有涉及双方的工程活动，如材料、设备、各种工程的检查验收，场地、图纸的交接，各种文件（如会议纪要、索赔和反索赔报告、账单）的交接，都应有相应的手续，应有签收证据。

6.4.3 合同实施控制的程序与内容

在工程实施的过程中要对合同的履行情况进行跟踪与控制，并加强工程变更管理，保证合同的顺利履行。

1. 合同跟踪

合同签订以后，合同中各项任务的执行要落实到具体的项目经理或具体的项目参与人员身上，承包单位作为履行合同义务的主体，必须对合同执行者（项目经理部或项目参与人员）的履行情况进行跟踪、监督和控制，确保合同义务的完全履行。

施工合同跟踪有两个方面的含义。一是承包单位的合同管理职能部门对合同执行者（项目经理部或项目参与人员）的履行情况进行跟踪、监督和检查；二是合同履行者（项目经理部或项目参与人员）本身对合同计划的执行情况进行的跟踪、检查和对比。在合同实施过程中二者缺一不可。

对合同执行者而言，应该掌握合同跟踪的以下方面内容。

（1）合同跟踪的依据

合同跟踪的重要依据是合同以及依据合同而编制的各种计划文件；其次还要依据各种实际工程文件，如原始记录、报表、验收报告等。另外，还要依据管理人员对现场情况的直接了解，如现场巡视、交谈、会议、质量检查等。

（2）合同跟踪的对象

①承包的任务：

a. 工程施工的质量，包括材料、构件、制品和设备等质量，以及施工或安装质量，是否符合合同要求等。

b. 工程进度，是否在预定期限内施工，工期有无延长，延长原因是什么等。

c. 工程数量，是否按合同要求完成全部施工任务，有无合同规定以外的施工任务等。

d. 成本的增加和减少。

②工程小组或分包人的工程和工作。可以将工程施工任务分解交由不同的工程小组或发包给专业分包完成，工程承包人必须对这些工程小组或分包人及其所负责的工程进行跟踪检查、协调关系，提出意见、建议或警告，保证工程总体质量和进度。

对专业分包人的工作和负责的工程，总承包上负有协调和管理的责任，并承担由此造成的损失，所以专业分包人的工作和负责的工程必须纳入总承包工程计划和控制中，防止因分包人工程管理失误而影响全局。

③业主和其委托的工程师的工作：

a. 业主是否及时、完整地提供了工程施工的实施条件，如场地、图纸、资料等。

b. 业主和工程师是否及时给予了指令、答复和确认等。

c. 业主是否及时并足额地支付了应付的工程款项。

2. 合同实施的偏差分析

通过合同跟踪，可能会发现合同实施中存在着偏差，即工程实施实际情况偏离了工程计划和工程目标，应该及时分析原因，采取措施，纠正偏差，避免损失。

合同实施偏差分析的内容包括以下几个方面。

（1）产生偏差的原因分析

通过合同执行实际情况与实施计划的对比分析，不仅可以发现合同实施的偏差，而且可以探索引起差异的原因。原因分析可以采用鱼刺图、因果分析图、成本量差、价差、效率差分析等方法定性或定量地进行。

（2）合同实施偏差的责任分析

即分析产生偏差的原因是谁引起的，应该由谁承担责任。合同实施偏差的责任分析必须以合同为依据，按合同规定落实双方的责任。

（3）合同实施趋势分析

针对合同实施偏差情况，可以采取不同的措施，应分析在不同措施下合同执行的结果与趋势，包括：

①最终的工程状况，包括总工期的延误、总成本的超支、质量标准、所能达到的生产能力（或功能要求）等。

②承包商将承担什么样的后果，如被罚款、被清算，甚至被起诉，对承包商资信、企业形象、经营战略的影响等。

③最终工程经济效益水平。

3. 合同实施偏差处理

根据合同实施情况偏差分析的结果，承包商应采取相应的调整措施。调整措施有：

①组织措施。如增加人员投入，调整人员安排，调整工作流程和工作计划等。

②技术措施。如变更技术方案，采用新的高效率的施工方案等。

③经济措施。如增加投入，对工作人员进行经济激励措施等。

④合同措施。如进行合同变更、签订附加协议、备忘录，采取索赔手段等。

6.4.4 工程变更管理

工程变更一般是指在工程施工过程中，根据合同约定对施工的程序、工程内容、数量、质量要求及标准等做出的变更。

1. 工程变更的原因

工程变更一般主要有以下几个方面的原因。

①业主新的变更指令，对建筑的新要求。如业主有新的意图，业主修改项目计划、削减项目预算等。

②由于设计人员、监理方人员、承包商事先没有很好地理解业主的意图，或设计的错误，导致图纸修改。

③工程环境的变化，预定的工程条件不准确，要求实施方案或实施计划变更。

④由于产生新技术和知识，有必要改变原设计、原实施方案或实施计划，或由于业主指令及业主责任的原因造成承包商施工方案的改变。

⑤政府部门对工程新的要求，如国家计划变化、环境保护要求、城市规划变动等。

⑥由于合同实施出现问题，必须调整合同目标或修改合同条款。

2. 变更范围和内容

根据国家发展和改革委员会等九部委联合编制的《标准施工招标文件》中的通用合同条款的规定，除专用合同条款另有约定外，在履行合同中发生以下情形之一，应按照本条规定进行变更。

①取消合同中任何一项工作，但被取消的工作不能转由发包人或其他人实施。

②改变合同中任何一项工作的质量或其他特性。

③改变合同工程的基线、标高、位置或尺寸。

④改变合同中任何一项工作的施工时间或改变已批准的施工工艺或顺序。

⑤为完成工程需要追加的额外工作。

3. 变更权

根据九部委《标准施工招标文件》中通用合同条款的规定，在履行合同过程中，经发包人同意，监理人可按合同约定的变更程序向承包人做出变更指示，承包人应遵照执行。没有监理人的变更指示，承包人不得擅自变更。

4. 工程变更的程序

①变更的提出。承包商、业主方、设计方都可以提出工程变更。

②变更指示。变更指示只能由监理人发出。变更指示应说明变更的目的、范围、变更内容以及变更的工程量及其进度和技术要求，并附有关图纸和文件。承包人收到变更指示后，应按变更指示进行变更工作。

变更指示的发出有两种形式：书面形式和口头形式。一般情况下要求用书面形式发布变更指示，如果由于情况紧急而来不及发出变更指示，承包人应该根据合同规定要求工程师书面认可。

5. 变更估价

①承包人应在收到变更指示或变更意向书后的 14 天内，向监理人提交变更报价书，报价内容应根据估价原则，详细开列变更工作的价格组成及其依据，并附必要的施工方法说明和有关图纸。

②变更工作影响工期的，承包人应提出调整工期的具体细节。监理人认为有必要时，可要求承包人提交要求提前或延长工期的施工进度计划及相应施工措施等详细资料。

③监理人收到承包人变更报价书后的 14 天内，根据约定的估价原则，商定或确定变更价格。

6. 估价原则

根据我国施工合同示范文本所确定的价格调整按照以下约定处理。

①合同中已有适用于变更工程的价格，按合同已有的价格变更合同价款。

②合同中只有类似于变更工程的价格，可以参照类似价格变更合同价款。

③合同中没有适用或类似于变更工程的价格，由承包人提出适当的变更价格，经工程师确认后执行。

工程师确认增加的工程变更价款作为追加合同价款，与工程款同期支付。因承包人自身原因导致的工程变更，承包人无权要求追加合同价款。

6.5 建设工程施工合同案例分析

【案例一】

背景资料：某厂房建设场地原为农田，按设计要求在厂房建造时，厂房地坪范围内的耕植土应清除，基础必须埋在老土层下 2 米处。为此，业主在“三通一平”阶段就委托土方施工公司清除了耕植土产，用好土回填压实至一定设计标高，故在施工招标文件中指出，施工单位无需再考虑清除耕植土问题。然而，开工后，施工单位在开挖基坑（槽）时发现，相当一部分基础开挖深度虽已在设计标高，但未见老土，且在基础和场地范围内仍有一部分深层的耕植土和池塘淤泥等必须清除。

问题：

（1）在工程中遇到地基条件与原设计所依据的地质资料不符时，承包人应该怎么办？

（2）根据修改的设计图纸，基础开挖要加深加大，为此，承包人提出了变更工程价格和延长工期的要求。请问承包人的要求是否合理，为什么？

（3）对于工程施工中出现变更工程价款和工期的事件后，发、承包双方需要注意哪些时效性问题？

（4）对合同中未规定的承包商义务，合同实施过程又必须进行的工作，你认为应如何处理？

分析：

（1）发生这种情况时，承包人可采取下列办法：

第一步，根据《建设工程施工合同（示范文本）》的规定，在工程中遇到地基条件与原设计所依据的土质资料不符时，承包人应及时通知甲方，要求对原设计进行变更。

第二步，在《建设工程施工合同（示范文本）》规定的时限内，向发包人提出设计变更价款和工期顺延的要求。发包人如确认则调整合同；如不同意，应由发包人在合同规定的时限内，通知承包人就变更价格协商，协商一致后，修改合同。若协商不一致，按工程承包合同纠纷处理方式解决。

（2）承包人的要求合理。因为工程地质条件的变化，不是一个有经验的承包人能够合理预见的，属于业主风险。基础开挖加深加大必然增加费用和延长工期。

（3）在出现变更工程价款和工期事件之后，主要应注意以下问题：

①承包人提出变更工程价款和工期的时间。

②发包人确认的时间。

③双方对变更工程价款和工期不能达成一致意见时的解决办法和时间。

（4）一般情况下，可按工程变更处理，其处理程序参见问题（1）答案的第二步，也可以另行委托施工。

【案例二】

背景资料：某工程项目，经有关部门批准采取公开招标的方式确定了中标单位并签订合同。

（1）该工程合同条款中的部分规定：

①由于设计未完成，承包范围内待实施的工程虽然性质明确，但工程量还难以确定，双方商定拟采用总价合同形式签定施工合同，以减少双方的风险。

②施工单位按建设单位代表批准施工组织设计（或施工方案）组织施工，施工单位不承担因此引起的工期延误和费用增加的责任。

③甲方向施工单位提供场地的工程地质和地下主要管网线路资料，供施工单位参考使用。

④建设单位不能将工程转包，但允许分包，也允许分包单位将分包的工程再次分包给其他施工单位。

（2）工期规定：按相关定额计算，该工程工期为573天。但在施工合同中，双方约定：开工日期为2005年12月15日，竣工日期为2007年7月25日，日历天数为586天。

（3）在工程实际实施过程中，出现了以下情况。

①工程进行到第6个月时，国务院有关部门发出通知，指令压缩国家基建投资，要求某些建设项目暂停施工。该工程项目属于按指令暂停施工项目，因此发包人向承包商提出暂时中止合同实施的通知。承包商按要求暂停施工。

②复工后在工程后期，工地遭遇当地百年罕见的台风袭击，工程被迫暂停施工，部分已完工程受损，现场场地遭到破坏，最终使工期拖延2个月。

问题：

（1）该工程合同条款中约定的总价合同形式是否恰当？并说明原因。

（2）该工程合同条款中除合同价形式的约定外，有哪些条款存在不妥之处？请指出并说明理由。

（3）本工程的合同工期应为多少天，为什么？

（4）在工程实施过程中，国务院通知和台风袭击引起的暂停施工问题应如何处理？

分析：

（1）该工程合同条款中约定采用总价合同形式不恰当。

原因：因为项目工程量难以确定，双方风险较大，故不应采用总价合同。

（2）该合同条款中存在的不妥之处和理由如下。

①不妥之处：建设单位向施工单位提供场地的工程地质和地下主要管网线路资料供施工单位参考使用。

理由：建设单位向施工单位提供保证资料真实、准确的工程地质和地下主要管网线路资料，作为施工单位现场施工的依据。

②不妥之处：允许分包单位将分包的工程再次分包给其他施工单位。

理由：我国《招标投标法》规定，禁止分包单位将分包的工程再次分包。

（3）本工程的合同期应为586天。

原因：根据施工合同文件的解释顺序，协议条款应先于招标文件来解释施工中的矛盾。

（4）对国务院指令暂时停工的处理。

由于国家指令性计划有重大修改或政策上的原因强制工程停工，造成合同的执行暂时中止，属于法律上、事实上不能履行合同的除外责任，这不属于业主违约和单方面中止合同，故业主不承担违约责任和经济损失赔偿责任。对不可抗力的暂时停工的处理：承包商因遭遇不可抗力被迫停工，根据《合同法》规定可以不向业主承担工期拖延的经济责任，业主应给予工期顺延。

【案例三】

背景资料：某工程，施工总承包单位依据施工合同约定，与甲安装单位签订了安装分包合同。基础工程完成后，由于项目用途发生变化，建设单位要求设计单位编制设计变更文件，并授权项目监理机构就设计变更引起的有关问题与总承包单位进行协商。项目监理机构在收到经相关部门重新审查批准的设计变更文件后，经研究对其今后工作安排如下：

①由总监理工程师负责与总承包单位进行质量、费用和工期等问题的协商工作。

②要求总承包单位调整施工组织设计，并报建设单位同意后实施。

③由总监理工程师代表主持修订监理规划。

④由负责合同管理的专业监理工程师全权处理合同争议。

⑤安排一名监理员主持整理工程监理资料。

在协商变更单价过程中，项目监理机构未能与总承包单位达成一致意见，总监理工程师决定以双方提出的变更单价的均值作为最终的结算单价。项目监理机构认为甲安装分包单位不能胜任变更后的安装工程，要求更换安装分包单位。总承包单位认为项目监理机构无权提出该要求，但仍表示愿意接受，随即提出由乙安装单位分包。甲安装单位依据原定的安装分包合同已采购的材料，因设计变更需要退货，向项目监理机构提出了申请，要求补偿因材料退货造成的费用损失。

问题：

（1）逐项指出项目监理机构对其今后工作的安排是否妥当，不妥之处，写出正确做法。

（2）指出在协商变更单价过程中项目监理机构做法的不妥之处，并按《建设工程监理规范》写出正确做法。

（3）总承包单位认为项目监理机构无权提出更换甲安装分包单位的意见是否正确？为什么？写出项目监理机构对乙安装单位分包资格的审批程序。

（4）指出甲安装单位要求补偿材料退货造成费用损失申请程序的不妥之处，写出正确做法。该费用损失应由谁承担？

分析：

（1）①妥当。

②不妥。正确做法：调整后的施工组织设计应经项目监理机构（或总监理工程师）审核、签认。

③不妥。正确做法：由总监理工程师主持修订监理规划。

④不妥。正确做法：由总监理工程师负责处理合同争议。

⑤不妥。正确做法：由总监理工程师主持整理工程监理资料。

（2）不妥之处：以双方提出的变更费用价格的均值作为最终的结算单价。

正确做法：项目监理机构（或总监理工程师）提出一个暂定价格，作为临时支付工程进度款的依据。变更费用价格在工程最终结算时以建设单位与总承包单位达成的协议为依据。

（3）不正确。

理由：依据有关规定，项目监理机构对工程分包单位有认可权。

程序：项目监理机构（或专业监理工程师）审查总承包单位报送的分包单位资格报审表和分包单

位的有关资料；符合有关规定后，由总监理工程师予以签认。

（4）不妥之处：由甲安装分包单位向项目监理机构提出申请。

正确做法：甲安装分包单位向总承包单位提出，再由总承包单位向项目监理机构提出。

费用损失由建设单位承担。

【案例四】

背景资料：A 房地产开发公司投资开发了一项花园工程。由 B 建筑安装工程总公司负责施工，由 C 建材公司供应 D 水泥厂生产的水泥。1995 年 9 月 15 日，建材公司提供 20 吨水泥进入工地，B 建筑安装工程总公司送检测试，结论为合格水泥。之后，C 建材公司陆续组织水泥进场，共计 680 吨。同年 10 月 11 日，B 公司从 C 公司供应的水泥中再次抽样送检，经检验确认为废品水泥。此时水泥已用去 613 吨，分别浇筑在花园工程 A 楼的第 12~15 层。经有关部门检测，第 12~15 层的混凝土强度不符合设计要求，市建设工程质量监督总站决定对第 12~15 层推倒重浇。A 公司于是向人民法院起诉 B 公司、C 公司和 D 厂，要求三被告赔偿经济损失。

问题：

（1）如施工合同明确约定水泥由甲方供应，责任应如何区分？

（2）如施工合同明确约定水泥由乙方供应，责任应如何区分？

（3）对第二种情况，监理单位是否应承担责任？

分析：

（1）如施工合同明确约定水泥由甲方供应，则应看乙方 (B 建筑安装工程总公司) 是否知道 C 建材公司供应的水泥是分批的，如不知，则 B 建筑安装工程总公司无责任，应由 D 水泥厂承担赔偿责任，C 公司承担连带责任。如果乙方知道供应的水泥是分批的，则应由 B、C 公司共同承担连带责任。

（2）如施工合同明确约定水泥由乙方供应，则由 B 公司承担赔偿责任。

（3）对第二种情况，监理单位应承担监理失当的责任。监理单位根据监理合同的约定承担责任。

就业导航

项目	种类	二级建造师	一级建造师	招标师	监理工程师	造价工程师
职业资格	考证介绍	单价合同、总价合同、成本加酬金合同施工合同管理；施工合同执行过程的管理	合同计价方式；建设工程施工合同的实施	建设项目合同管理	建设工程合同管理	建设项目招投标与合同价的签订；建设项目施工阶段工程造价的计价与控制
职业资格	考证要求	掌握单价合同、总价合同的运用；施工合同跟踪与控制；施工合同变更管理了解成本加酬金合同的运用	掌握单价合同、总价合同的运用；建设工程施工合同分析的任务；合同交底的目的和任务；施工合同实施的控制熟悉成本加酬金合同的运用	掌握建设项目合同管理的内容、方法、措施和程序以及合同纠纷解决的方式和程序	熟悉合同文件，施工准备、合同管理；施工合同工期、价款、变更管理	掌握建设工程施工合同的主要条款及合同价款的确定；工程变更和合同价款的调整
对应职业岗位		施工员、质检员、资料员、项目经理	施工员、质检员、资料员、项目经理	资料员	造价员、预算员、资料员	监理员、质检员、资料员

基础与工程技能训练

基础训练

一、选择题

1. 在工程实施过程中发生索赔事件后，或承包人发现索赔机会，首先要(　　)。

A. 提出索赔意向　B. 提出索赔金额　C. 提出索赔时间　D. 提出索赔报告

2. 我国建设工程施工合同示范文本规定，承包人必须在发出索赔意向通知后的(　　)天内向工程师提交一份详细的索赔文件和有关资料。

A.7　B.14　C.28　D.30

3. 如果干扰事件对工程的影响持续时间很短，承包人按工程师要求的合理间隔提交中间索赔报告的时间一般为(　　)天。

A.7　B.14　C. 21　D.28

4. 对于承包人向发包人的索赔请求，索赔文件首先应该交由(　　)审核。

A. 业主　B. 工程师　C. 项目经理　D. 律师

5. 根据我国《施工合同(示范文本)》，不属于设计变更范围的是(　　)。

A. 更改工程有关部分的标高、基准、位置或尺寸　B. 改变工程质量等级

C. 增减合同中约定的工程量　D. 改变施工时间或顺序

6. 固定单价合同适用于(　　)的项目。

A. 工期长，工程量变化幅度很大　B. 工期长，工程量变化幅度不太大

C. 工期短，工程量变化幅度不太大　D. 工期短，工程量变化幅度很大

7. 承包人应在收到变更指示或变更意向书后的(　　)天内，向监理人提交变更报价书。

A.14　B.28　C.15　D.30

二、简答题

1. 合同履约的概念是什么?
2. 建设工程施工合同履行原则是什么？
3. 合同策划及要考虑的问题有哪些?
4. 合同分析的作用是什么?
5. 招标文件分析主要分析哪些内容?
6. 建筑工程合同分析的内容有哪些?
7. 工程变更的原因有哪些?

三、案例分析题

背景资料：某房地产开发公司投资建造一座高档写字楼，钢筋混凝土结构，设计项目已明确，功能布局及工程范围都已确定，业主为缩短建设周期，尽快获得投资收益，施工图设计未完成时就进行了招标，确定了某建筑工程公司为总承包单位。

业主与承包方在签订施工合同时，由于设计未完成，工程性质已明确但工程量还难以确定，双方通过多次协商，拟采用总价合同形式签订施工合同，以减少双方的风险。

合同条款中有下列规定：

（1）工程合同额为 1 200 万元，总工期为 10 个月。

（2）本工程采用固定价格合同，乙方在报价时已考虑了工程施工需要的各种措施费用与各种材料涨价等因素。

（3）甲方向乙方提供现场的工程地质与地下主要管网资料，供乙方参考使用。

（4）乙方不能将工程转包，但为加快工程进度，允许分包，也允许分包单位将分包的工程再次分包给其他单位。

在工程实施过程中，出现了下列问题：

（1）钢材价格从报价时的 2 800 元 / 吨上涨到 3 500 元 / 吨，承包方向业主要求追加因钢材涨价增加的工程款。

（2）工程遭到百年罕见的暴风雨袭击，被迫暂停施工，部分已完工程受损，施工场地与临时设施遭到破坏，工期延长了 2 个月。业主要求承包商承担拖延工期所造成的经济损失。

问题：

（1）工程施工合同按承包工程计价方式不同分为哪几类？

（2）在总承包合同中，业主与施工单位选择总价合同是否妥当？为什么？

（3）你认为可以选择何种计价形式的合同？为什么？

（4）合同条款中有哪些不妥之处？应如何修改？

（5）对本工程合同执行过程中出现的问题应如何处理？

工程技能训练

【案例一】背景资料：某住宅楼工程地下 1 层，地上 18 层，建筑面积 22 800 平方米。通过招标投标程序，某施工单位（总承包方）与某房地产开发公司（发包方）按照《建设工程施工合同（示范文本）》(GF—1999—0201) 签订了施工合同。合同总价款 5 244 万元，采用固定总价一次性包死，合同工期 400 天。

施工中发生了以下事件：

事件一：发包方未与总承包方协商便发出书面通知，要求本工程必须提前 60 天竣工。

事件二：总承包方与没有劳务施工作业资质的包工头签订了主体结构施工的劳务合同。总承包方按月足额向包工头支付了劳务费，但包工头却拖欠作业班组两个月的工资。

事件三：发包方指令将住宅楼南面外露阳台全部封闭，并及时办理了合法变更手续，总承包方施工三个月后工程竣工。总承包方在工程竣工结算时追加阳台封闭的设计变更增加费用 43 万元，发包方以固定总价包死为由拒绝签认。

事件四：在工程即将竣工前，当地遭遇了龙卷风袭击，本工程外窗玻璃部分破碎，现场临时装配式活动板房损坏。总承包方报送了玻璃实际修复费用 51 840 元，临时设施及停窝工损失费 178 000 元的索赔资料，但发包方拒绝签认。

问题：

（1）事件一中，发包方以通知书形式要求提前工期是否合法？说明理由。

（2）事件二中，总承包的做法是否正确？说明理由。

（3）事件三中，发包方拒绝签认设计变更增加费是否正确？说明理由。

（4）事件四中，总承包方提出的各项请求是否符合约定？分别说明理由。

【案例二】背景资料：某单位为解决职工住房问题，新建一座住宅楼，地上 20 层地下 2 层，钢筋混凝土剪力墙结构，业主与施工单位、监理单位分别签订了施工合同、监理合同。施工单位（总包单位）将土方开挖、外墙涂料与防水工程分别分包给专业性公司，并签订了分包合同。

施工合同中说明：建筑面积25 586平方米，建设工期450天，2010年9月1日开工，2011年12月26日竣工，工程造价3 165万元。专用条款约定结算方法：合同价款调整范围为业主认定的工程量增减、设计变更和洽商；外墙涂料、防水工程的材料费，调整依据为本地区工程造价管理部门公布的价格调整文件。

问题：

（1）总包单位于8月25日进场，进行开工前的准备工作。原订9月1日开工，因业主办理伐树手续而延误至9月6日才开工。总包单位要求工期顺延5天。此项要求是否成立？根据是什么？

（2）土方公司在基础开挖中遇有地下文物，采取了必要的保护措施。为此，总包单位要土方公司直接向业主提出索赔，对否？为什么？

（3）在基础回填过程中，总包单位已按规定取土样，试验合格。监理工程师对填土质量表示异议，责成总包单位再次取样复验，结果合格。总包单位要求监理单位支付试验费。对否，为什么？

（4）总包单位对混凝土搅拌设备的加水计量器进行改进研究，在本公司试验室内进行试验，改进成功并用于本工程。总包单位要求此项试验费由业主支付。监理工程师是否批准？为什么？

（5）结构施工期间，总包单位经总监理工程师同意更换了项目经理，但现场组织管理一度失调，导致封顶时间延误8天。总包单位以总监理工程师同意为由，要求给予适当工期补偿。你认为工程延期是否可以批准？为什么？

（6）在进行结算时，总包单位根据投标书，要求外墙涂料费用按发票价计取，业主认为应按合同条件中约定计取，为此发生争议。你支持哪种意见？为什么？

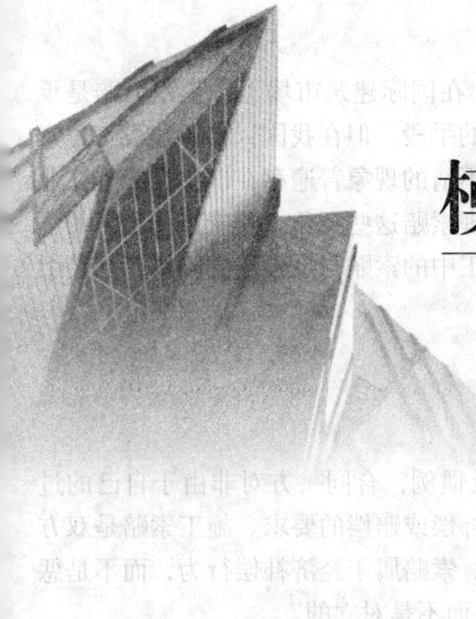

模块7 建设工程施工索赔

模块概述

本模块主要讲述索赔的基本概念、分类和作用，以及索赔的程序和计算方法，监理工程师的索赔处理，以及业主的反索赔，最后还附有案例分析。在整个项目管理中，索赔管理是高层次的综合管理工作，在实际应用中，索赔解决程序和方法是承包商经营策略的一部分，监理工程师对索赔的管理以及业主反索赔是保证合同实施，保护自己合法权利的有效途径，在工程建设中能够使合同顺利实施，取得很好的经济效益，有很重要的实践意义。

学习目标

◆ 了解索赔的概念，索赔计算的一般方法，业主反索赔的意义及内容；
◆ 熟悉索赔产生的原因，索赔的作用，索赔的分类，索赔证据的分类及收集；
◆ 掌握索赔的程序，索赔解决的方法，监理工程师对索赔的管理。

能力目标

◆ 了解有关索赔的概念、起因和作用；
◆ 掌握施工索赔程序，能够独立编写索赔报告，进行索赔分析和计算。

课时建议

6~8 课时

7.1 建设工程施工索赔概述

在一个完善的建筑市场中，工程索赔是一个很正常的现象。在国际建筑市场上，工程索赔是承包商保护自身权益、弥补工程损失、提高经济效益的重要和有效的手段。但在我国，由于建设工程索赔处于起步阶段，合同各方忌讳索赔、索赔意识不强、处理程序不清的现象普遍存在。主要表现在业主不让索赔，承包商不敢索赔，也不懂索赔，监理工程师不会处理索赔这些现象。随着市场经济的不断发展、法律的不断完善以及国际竞争市场的需要，建设工程施工中的索赔与反索赔的问题，已经引起了工程管理者们的高度重视。

7.1.1 施工索赔的概念与特征

1. 索赔的概念

索赔是指在合同的实施过程中，根据法律法规、合同规定及惯例，合同一方对非由于自己的过错，而是合同对方造成的，且实际发生了损失，向对方提出给予补偿或赔偿的要求。施工索赔是双方面的，既包括承包方向业主的索赔，也包括业主向承包商的索赔。索赔属于经济补偿行为，而不是惩罚；是合法的权利，而不是无理争利；索赔时双方是合作的方式，而不是对立的。

在承包工程中，最常见、最有代表性、处理比较困难的是承包商向业主的索赔，所以人们通常将它作为索赔管理的重点和主要对象。只要不是承包商自身的责任，而是由于业主违约，未履行合同责任，或其他原因，如外界干扰造成工期延长和成本增加，都有可能提出索赔。

2. 索赔的特征

索赔具有以下基本特征：

①索赔是双向的，不仅承包人可以向发包人索赔，发包人同样也可以向承包人索赔。由于实践中发包人向承包人索赔发生的频率较低，而且在索赔处理中，发包人始终处于主动和有利地位，对承包人的违约行为可以直接从应付款中扣抵、扣留保留金或通过履约保函向银行索赔来实现自己的索赔要求。因此，在工程实践中大量发生的、处理比较困难的是承包人向发包人的索赔，也是工程师进行合同管理的重点内容之一。承包人的索赔范围非常广泛，一般只要因非承包人自身责任造成其工期延长或成本增加，都有可能向发包人提出索赔。有时发包人违反合同，如未及时交付施工图纸、合格施工现场、决策错误等造成工程修改、停工、返工、窝工，未按工程规定支付工程款等，承包人向发包人提出赔偿要求；也可能由于发包人应承担风险的原因，如恶劣气候条件影响、国家法规修改等造成承包人损失或损害时，也会向发包人提出补偿要求。

②只有实际发生了经济损失或权利损害，一方才能向对方索赔。经济损失是指因对方因素造成合同外的额外支出，如人工费、材料费、机械费、管理费等额外开支；权利损害是指虽然没有经济上的损失，但造成了一方权利上的损害，如由于恶劣气候条件对工程进度的不利影响，承包人有权要求工期延长等。因此，发生了实际的经济损失或权利损害，应是一方索赔的一个基本前提条件。有时上述两者同时存在，如发包人未及时交付合格的施工现场，既造成了承包人的经济损失，又侵犯了承包人的工期权利，因此承包人既要求经济赔偿，又要求工期延长；有时两者则可单独存在，如恶劣气候条件影响、不可抗力事件等，承包人根据合同规定或国际惯例则只能要求工期延长，不应要求经济补偿。

③索赔是一种未经对方确认的单方行为。它与我们通常所说的工程签证不同。在施工过程中签证是承发包双方就额外费用补偿或工期延长等达成一致的书面证明材料和补充协议，它可以直接作为工程款结算或最终增减工程造价的依据，而索赔则是单方行为，对对方尚未形成约束力，这种索赔要求能否得到最终实现，必须要通过双方确认（如双方协商、谈判、调解、仲裁或诉讼）后才能实现。

7.1.2 施工索赔的原因

1. 索赔的原因

索赔常常起因于非承包商的责任引起的干扰事件。在现代承包工程中，特别是在国际承包工程中，索赔经常发生，而且索赔额很大。

实际工程中常见的索赔原因见表7.1。

表7.1 实际工程中常见的索赔原因

索赔原因	常见的干扰事件
业主违约	1. 没有按合同规定提供设计资料、图纸，未及时下达指令、答复请示，使工程延期 2. 未按合同规定的时期交付施工现场、道路，提供水电 3. 应由业主提供的材料和设备未及时提供，使工程不能及时开工或造成工程中断 4. 未按合同规定按时支付工程款 5. 业主处于破产境地或不能再继续履行合同或业主要求采取加速措施，业主希望提前交付工程等 6. 业主要求承包商完成合同规定以外的义务或工作
合同文件缺陷	1. 合同缺陷，不周的合同条款和不足之处；如合同条文不全、不具体、措辞不当、说明不清楚、有二义性、错误，合同条文间有矛盾 2. 由于合同文件复杂，分析困难，双方的立场、角度不同，造成对合同权利和义务的范围、界限的划定理解不一致，合同双方对合同理解的差异造成工程实施中行为的失调，造成工程管理失误 3. 各承包单位责任界面划分不明确，造成管理上的失误，殃及其他合作者，影响整个工程实施
设计、地质资料不准或错误	1. 现场条件与设计图纸不符合，给定的基准点、基准线、标高错误，造成工程报废、返工、窝工 2. 设计图纸与工程量清单不符或纯粹的工程量错误 3. 地质条件的变化：工程地质与合同规定不一致，出现异常情况，如未标明管线、古墓或其他文物等
计划不周或不当的指令	1. 各承包单位技术和经济关系错综复杂，互相影响 2. 下达错误的指令，提供错误的信息 3. 业主或监理工程师指令增加、减少工程量，增加新的附加工程，提高设计、施工材料的标准，不适当决定及苛刻检查 4. 非承包商原因，业主或监理工程师指令中止工程施工 5. 在工程施工或保修期间，由于非承包商原因造成未完成或已完工程的损坏 6. 业主要求修改施工方案，打乱施工次序 7. 非承包商责任的工程拖延
不利的自然灾害和不可抗力因素	1. 特别反常的气候条件或自然灾害，如超标准洪水、地下水，地震 2. 经济封锁、战争、动乱、空中飞行物坠落 3. 建筑市场和建材市场的变化，材料价格和工资大幅度上涨 4. 国家法令的修改、城市建设部门和环境保护部门对工程新的建议、要求或干涉 5. 货币贬值，外汇汇率变化 6. 其他非业主责任造成的爆炸、火灾等形成对工程实施的内外部干扰

干扰事件是承包商的索赔机会。索赔管理人员是否能及时、全面地发现潜在的索赔机会；是否具有较强的索赔意识；是否善于研究合同文件和实际工程事件；索赔要求是否符合合同的规定等是成功索赔的基础。在实际工程中，相同的干扰事件，有时会导致不同的，甚至完全相悖的解决结果。为了使索赔成功，就必须对干扰事件的影响进行分析，其目的在于定量地确定干扰事件对各施工过程、各项费用、各项活动的持续时间及对总工期的影响，进而准确地计算索赔值。

2. 索赔的作用

①保障合同的正确实施，维护市场正常秩序。合同一经签订，合同双方即产生权益和义务关系。这种权益受法律保护，这种义务受法律制约。索赔是合同法律效力的具体体现，并且是由合同的性质决定的。如果没有索赔和关于索赔的法律规定，则合同形同虚设，对双方都难以形成约束，这样合同的实施得不到保证，就不会有正常的社会秩序。索赔能对违约者起警戒作用，使他考虑到违约的后果，以尽量避免违约事件发生；索赔有利于促进合同双方加强内部管理，有助于双方提高管理素质。

②索赔是落实和调整合同双方经济责权利关系的有效手段，索赔是最终的工程造价合理确定的基础。有权利，有利益，同时就应承担相应的经济责任。谁未履行责任，构成违约行为，造成对方损失，侵害对方权利，则应接受相应的合同处罚，予以赔偿。离开索赔，合同责任就不能体现，合同双方的责权利关系就不平衡。

③索赔是合同和法律赋予施工合同当事人的权利。对承包商来说，索赔是一种保护自己、维护自己正当权益、避免损失、增加利润的手段。如果承包商不能进行有效的索赔，不精通索赔业务，往往会使损失得不到合理的、及时的补偿，从而不能进行正常的生产经营，甚至会破产。

④索赔有助于我国建筑业从业人员更快地熟悉国际惯例，掌握索赔和处理索赔的方法与技巧，有助于对外开放和对外工程承包的开展。由于索赔的根本目的在于保护自身利益，追回损失（报价低也是一种损失），避免亏本，因此，索赔事件的处理必须坚持客观性、合法性、合理性的原则。不能为追逐利润，滥用索赔，或违反商业道德，采用不正当手段或非法手段搞索赔；不能多估冒算，漫天要价；不能以索赔作为取得利润的基本手段；尤其不应预先寄希望于索赔，例如在投标中有意压低报价，获得工程，指望通过索赔弥补损失。

7.1.3 施工索赔的分类

工程施工过程中发生索赔所涉及的内容是广泛的，施工索赔分类的方法很多，在承包工程中，索赔从不同的角度，按不同的方法和标准，有许多种分类的方法。

常见的索赔分类见表 7.2。

表 7.2 索赔分类

类别	分类	内　　容
按索赔要求分类	工期索赔（要求延长合同工期）	施工合同中都有工期拖延的罚款条款。如果工程拖延是由承包商管理不善造成的，则他必须接受合同规定的处罚。而对非承包商引起的工期拖延，承包商可以通过索赔，要求延长合同工期，免去对他的合同处罚
	费用索赔（要求经济赔偿）	由于非承包商自身责任造成工程成本增加，承包商可以根据合同规定提出费用赔偿要求
按干扰事件的性质分类	工期拖延索赔	业主未能按合同规定提供施工条件，如未及时交付图纸、技术资料、场地、道路等；非承包商原因业主指令停止工程施工；其他不可抗力因素作用等原因
	不可预见的外部障碍或条件索赔	承包商在现场遇到一个有经验的承包商通常不能预见的外界障碍或条件，例如，地质与预计的（业主提供的资料）不同，出现未预见的岩石、淤泥或地下水等
	工程变更索赔	由于业主或工程师指令修改设计、增加或减少工程量，增加或删除部分工程，修改实施计划，变更施工次序等，造成工期延长和费用增加
	工程终止索赔	由于某种原因，如不可抗力因素影响，业主违约，使工程被迫在竣工前停止实施，使承包商蒙受经济损失
	其他索赔	如货币贬值，汇率变化，物价、工资上涨，政策法令变化，业主推迟支付工程款等原因引起的索赔

续表 7.2

类别	分类	内容
按索赔的起因划分	业主违约	包括业主和监理工程师没有履行合同责任，不按合同支付工程款；没有正确地行使合同赋予的权利，工程管理失误等
	合同错误	如合同条文不全、错误、矛盾、有二义性，设计图纸、技术规范错误
	合同变更	如双方签订新的变更协议、备忘录、修正案，业主下达工程变更指令
	工程环境变化	包括法律、市场物价、货币兑换率、自然条件的变化等
	不可抗力因素	如恶劣的气候条件、地震、洪水、战争、禁运等
按索赔的处理方式划分	单项索赔	是针对某一干扰事件提出的。索赔的处理是在合同实施过程中，干扰事件发生时或发生后立即进行，在合同规定的索赔有效期内向监理工程师提交索赔意向书和索赔报告，由工程师审核后交业主，再由业主作答复
	总索赔（又叫一揽子索赔或综合索赔）	国际工程中经常采用的索赔处理和解决办法。一般在工程竣工前，承包商将工程过程中未解决的单项索赔集中起来，提出一份总索赔报告。合同双方在工程交付前或交付后进行最终谈判，以一揽子方案解决索赔问题

7.2 施工索赔的处理

7.2.1 施工索赔的工作程序

当合同当事人一方向另一方提出索赔时，要有正当的索赔理由，且有索赔事件发生时的有效证据。发包人未能按合同约定履行自己的各项义务或发生错误以及第三方原因，给承包人造成延期支付合同价款、延误工期或其他经济损失，包括不可抗力延误的工期。《建设工程施工合同（示范文本）》规定的工程索赔程序为：

①承包人提出索赔申请。索赔事件发生 28 天内，向工程师发出索赔意向通知。

②发出索赔意向通知后 28 天内，向工程师提出补偿经济损失和（或）延长工期的索赔报告及有关资料。

③工程师审核承包人的索赔申请。工程师在收到承包人送交的索赔报告和有关资料后，于 28 天内给予答复，或要求承包人进一步补充索赔理由和证据。工程师在 28 天内未予答复或未对承包人作进一步要求，视为该项索赔已经认可。

④当该索赔事件持续进行时，承包人应当阶段性地向工程师发出索赔意向，在索赔事件终了后 28 天内，向工程师提供索赔的有关资料和最终索赔报告。

⑤工程师与承包人谈判达不成共识时，工程师有权确定一个他认为合理的单价或价格作为最终的处理意见报送业主并相应通知承包人。

⑥发包人审批工程师的索赔处理证明。

⑦承包人是否接受最终的索赔决定。

承包人未能按合同约定履行自己的各项义务和发生错误给发包人造成损失的，发包人也可按上述时限向承包人提出索赔。

《建设工程施工合同（示范文本）》规定，承包人未能按合同约定履行自己的各项义务或发生错误而给发包人造成损失时，发包人也应按合同约定向承包人提出索赔。

7.2.2 施工索赔证据

索赔证据是在合同签订和合同实施过程中产生的用来支持其索赔成立或与索赔有关的证明文件和资料。合同资料、日常的工程资料和合同双方信息沟通资料等索赔证据作为索赔文件的一部分，关系到索赔的成败。证据不足或没有证据，索赔不成立。证据又是对方反索赔攻击的重点之一。

一般有效的索赔证据具有以下特征：

①及时性。干扰事件已发生，又意识到需要索赔，就应在有效的时间内收集证据并提出索赔意向。如果拖延太久，将增加索赔工作难度。

②真实性。索赔证据必须是在实际工作过程中产生，完全反映实际情况，能经得住对方的推敲。

③全面性。所提供的证据应能说明事件的全过程。索赔报告中所涉及的干扰事件、索赔理由、影响、索赔值等都应有相应的证据，不能零乱或支离破碎，否则业主将退回索赔报告，要求重新补充证据。

④关联性。索赔的证据应当与索赔事件有必然联系，并能够互相说明，符合逻辑，不能互相矛盾。

⑤有效性。索赔证据必须有法律证明效力，特别是在双方意见分歧、争执不下时，更要注意这一点。具有法律证明效力的证据应是当时的书面文件。合同变更协议应由双方签署，或以会谈纪要的形式确定。

索赔证据是关系索赔成败的重要文件之一。在合同实施过程中，资料很多，面很广。索赔管理人员需要考虑监理工程师、业主、调解人和仲裁人需要哪些证据，哪些证据最能说明问题，具有说服力。如果拿不出索赔证据或证据不充分，索赔要求往往难以成功或大打折扣；或者拿出的证据漏洞百出，前后自相矛盾，经不起对方的推敲和置疑，不仅不能促进索赔要求的成功，反而会被对方作为反索赔的证据，使承包商在索赔问题上处于极为不利的地位。因此，收集有效的证据是做好索赔管理工作不可忽视的一部分。

在工程过程中常见的索赔证据见表 7.3。

表 7.3 索赔证据的分类

分类	内　容
合同文件、设计文件、计划	招标文件、合同文件及附件，其他的各种签约（备忘录、修正案等）；业主认可的工程实施计划，各种工程图纸（包括图纸修改指令），技术规范等；承包商的报价文件，各种工程预算和其他作为报价依据的资料，如环境调查资料、标前会议和澄清会议资料等
来往信件、会谈纪要	如业主的变更指令、来往信件、通知、对承包商问题的答复信及会谈纪要经各方签署做出决议或决定
施工进度计划和实际施工进度记录	总进度计划；开工后业主的工程师批准的详细的进度计划、每月进度修改计划、实际施工进度记录、月进度报表等；工程的施工顺序、各工序的持续时间；劳动力、管理人员、施工机械设备、现场设施的安排计划和实际情况；材料的采购订货、运输、使用计划和实际情况等
施工现场的工程文件	施工记录、施工备忘录、施工日报、工长或检查员的工作日记、监理工程师填写的施工记录和各种签证等；劳动力数量与分布、设备数量与使用情况、进度、质量、特殊情况及处理；各种工程统计资料，如周报、旬报、月报；本期中及至本期末的工程实际和计划进度对比、实际和计划成本对比和质量分析报告、合同履行情况评价；工地的交接记录（应注明交接日期，场地平整情况，水、电、路情况等）；图纸和各种资料交接记录；工程中送停电、送停水、道路开通和封闭的记录和证明；建筑材料和设备的采购、订货、运输、进场、使用方面的记录、凭证和报表等
工程照片	表示工程进度的照片、隐蔽工程覆盖前的照片、业主责任造成返工和工程损坏的照片等

续表 7.3

分类	内　容
气候报告	如恶劣的天气
验收报告、鉴定报告	工程水文地质勘探报告、土质分析报告；文物和化石的发现记录；地基承载力试验报告、隐蔽工程验收报告；材料试验报告、材料设备开箱验收报告；工程验收报告等
市场行情资料	市场价格，官方的物价指数、工资指数，中央银行的外汇比率等公布材料；税收制度变化如工资税增加，利率变化，收费标准提高
会计核算资料	工资单、工资报表、工程款账单，各种收付款原始凭证，如银行付款延误；总分类账、管理费用报表，计工单，工程成本报表等

7.3 施工索赔的计算

7.3.1 工期索赔的计算

工期索赔的目的是取得发包人对于合理延长工期的合法性的确认。在工期索赔中，首先要确定索赔事件发生对施工活动的影响及引起的变化，其次应分析施工活动变化对总工期的影响。常用的计算工期索赔的方法有如下四种。

1. 网络图分析法

网络图分析法是利用进度计划的网络图，分析其关键线路，如果延误的工作为关键工作，则延误的时间为索赔的工期；如果延误的工作为非关键工作，当该工作由于延误超过时差限制而成为关键工作时，可以索赔延误时间与时差的差值；若该工作延误后仍为非关键工作，则不存在工期索赔的问题。可以看出，网络图分析法要求承包人切实使用网络技术进行进度控制，才能依据网络计划提出工期索赔。这是一种科学合理的计算方法，容易得到认可，适用于各类工期索赔。

2. 对比分析法

对比分析法比较简单，适用于索赔事件仅影响单位工程或分部分项工程的工期，需由此而计算对总工期的影响。计算公式为：

$$总索赔工期=\frac{原合同总工期\times 额外或新增工程量价格}{原合同价格}$$

3. 劳动生产率降低计算法

在索赔事件干扰正常施工导致劳动生产率降低，而使工期拖延时，可按下式计算：

$$索赔工期=\frac{计划工期\times(预期劳动生产-实际劳动生产率)}{预期劳动生产率}$$

4. 简单累加法

在施工过程中，由于恶劣气候、停电、停水及意外风险造成全面停工而导致工期拖延，可以一一列举各种原因引起的停工天数，累加结果，即可作为索赔天数。应该注意的是由多项索赔事件引起的总工期索赔，最好用网络图分析法计算索赔工期。

7.3.2 费用索赔计算

1. 费用损失索赔及其费用项目构成

费用损失索赔是施工索赔的主要内容。承包人通过费用损失索赔，要求发包人对索赔事件引起的直接损失和间接损失给予合理的经济补偿。费用项目构成、计算方法与合同报价中基本相同，但具体的费用构成内容却因索赔事件性质不同而有所不同。

2. 费用损失的计算方法

（1）总费用法和修正的总费用法

总费用法又称总成本法，就是计算出该项工程的总费用，再从这个已实际开支的总费用中减去投标报价时的成本费用，即为要求补偿的索赔费用额。

总费用法并不十分科学，但仍被经常采用，原因是对于某些索赔事件，难于精确地确定它们导致的各项费用增加额。

一般认为在具备以下条件时采用总费用法是合理的：

①已开支的实际总费用经过审核，认为是比较合理的。

②承包人的原始报价是比较合理的。

③费用的增加是由于对方原因造成的，其中没有承包人管理不善的责任。

④由于该项索赔事件的性质和现场记录的不足，难以采用更精确的计算方法。

修正总费用是指对难于用实际总费用进行审核的，可以考虑是否能计算出与索赔事项有关的单项工程的实际总费用和该单项工程的投标报价。若可行，可按其单项工程的实际总费用与报价的差值来计算其索赔的金额。

（2）分项法

分项法是将索赔的损失费用分项进行计算，费用损失索赔内容如下：

①人工费。人工费包括增加工作内容的人工费，停工损失费和工作效率降低的损失费等累计，但不能简单地用计日工费计算。

②设备费。采用机械台班费、机械折旧费、设备租赁费等几种形式。

③材料费。材料消耗量增加费用、材料价格上涨、材料运杂费和储存费增加等累计。

④保函手续费。工程延期时，保函手续费相应增加。

⑤贷款利息。

⑥保险费。

⑦利润。

⑧管理费。此项可分为现场管理费和公司管理费两部分。

3. 费用损失索赔额的计算

（1）人工费索赔额的计算

由增加或损失工时计算索赔额：

额外劳动人员雇用、加班人工费索赔额 = 增加工时 × 投标时人工单价

闲置人员人工费索赔额 = 闲置工时 × 投标时人工单价 × 折扣系数

由劳动生产率降低额外支出人工费的索赔，可按实际成本和预算成本比较法及正常施工期与受影响施工期比较法计算。

（2）材料费索赔额计算

材料费索赔主要包括材料消耗量和材料价格的增加而增加的费用。追加额外工作、变更工程性质、改变施工方案等，都可能造成材料用量的增加或使用不同的材料。材料价格增加的原因包括材料价格上涨、手续费增加；运输费用增加可能是运距加长、二次倒运等原因；仓储费增加可能是工作延误，使材料储存的时间延长导致费用增加。

（3）施工机械费索赔额计算

对承包商自有的设备，通常按有关的标准手册中关于设备工作效率、折旧、大修、保养及保险等定额标准进行计算，有时也可用台班费计价。闲置损失可按折旧费计算，只要租赁价格合理，就可按租赁价格计算。对于新购设备，要计算其采购费、运输费、运转费等，增加的数额甚大，要慎重考虑，必须得到工程师或业主的正式批准。

（4）现场管理费索赔

现场管理费包括工地的临时设施费、通信费、办公费、现场管理人员和服务人员的工资等。

现场管理费索赔计算的一般公式为：

$$现场管理费索赔值 = 索赔的直接成本费用 \times 现场管理费率$$

（5）公司管理费索赔

公司管理费是承包人的上级部门提取的管理费，如公司总部办公楼折旧费、总部职员工资、交通差旅费、通信费、广告费等。公司管理费是无法直接计入某具体合同或某项具体工作中，只能按一定比例进行分摊的费用。

公司管理费与现场管理费相比，数额较为固定。一般仅在工期延期和工程范围变更时才允许索赔公司管理费。目前在国外应用最多的公司管理费索赔的计算方法是埃尺利（Eichealy）公式。该公式可分为两种形式，一是用于延期索赔计算的日费率分摊法，二是用于工作范围索赔的工程总直接费用分摊法。

埃尺利公式最适用的情况是：承包人应首先证明由于索赔事件出现确实引起管理费用的增加。在工程停工期间，确实无其他工程可干；对于工作范围索赔的额外工作的费用不包括管理费，只计算直接成本费。如果停工时间短，时间不长，工程变更的索赔费用中已包括了管理费，埃尺利公式将不再适用。

（6）融资成本、利润与机会利润损失的索赔

融资成本又称资金成本，即取得和使用资金所付出的代价，其中最主要的是支付资金供应者利息。

由于承包人只有在索赔事件处理完结以后一段时间内才能得到其索赔费用，所以承包人不得不从银行贷款或自有资金垫付，这就产生了融资成本问题主要表现在额外贷款利息的支付和自有资金的机会的利润损失，可以索赔利息的有以下两种情况：

①发包人推迟支付工程款和保留金，这种金额的利息通常以合同中约定的利率计算。

②承包人借款或动用自有资金来弥补合法索赔事项所引起的现金流量缺口。在这种情况下，可以参照有关金融机构的利率标准，或者假定把这些资金用于其他工程承包可得到的收益来计算机会利润损失。

利润是完成一定工程量的报酬，因此在工程量增加时可索赔利润。不同的国家和地区对利润理解和规定不同，有的将利润归入公司管理费中，则不能单独索赔利润。

利润损失，指承包商由于事件影响所失去的而按原合同应得到的那部分利润。通常指下述三种情况：

①业主违约导致终止合同，则未完成部分合同的利润损失。

②由于业主方原因而大量削减原合同的工程量的利润损失。

③业主方原因而引起的合同延期，导致承包商这部分的施工力量因工期延长而丧失了投入其他工程的机会而引起的利润损失。

4. 一些不可索赔的费用

部分与索赔事件有关的费用，按国际惯例是不可索赔的，它们包括：

①承包商为进行索赔所支出的费用。

②因事件影响而使承包商调整施工计划，或修改分包合同等而支出的费用。

③因承包商的不当行为或未能尽最大努力而扩大的部分损失。

④除确有证据证明业主或工程师有意拖延处理时间外，索赔金额在索赔处理期间的利息。

7.4 施工索赔的解决方法

争执的解决有各种途径，包括和解、调解、仲裁和诉讼。这完全由合同双方决定。索赔的解决

方法一般受争执的额度、事态的发展情况、双方的索赔要求、实际的期望值、期望的满足程度、双方在处理索赔问题上的策略（灵活性）等因素影响。

1. 和解

和解即双方私了。合同双方在互谅的基础上，按照合同规定自行协商，通过摆事实讲道理，弄清责任，共同商讨，互作让步，使争执得到解决。

和解是解决任何争执首先采用的最基本的，也是最常见的、最有效的方法。其特点是简单，时间短，针对性强，能避免问题的扩大化和复杂化，避免当事人把大量的精力、人力、物力放在诉讼活动中，有利于双方的团结协作，便于协议的执行。由承包商向监理工程师递交索赔报告，对业主提出的反驳、不认可或双方存在的分歧，可以通过谈判的方式弄清干扰事件的实情，按合同条文辨明是非，确定各自责任，经过友好磋商、互作让步，最终解决索赔问题。这种解决办法通常对双方都有利，为将来进一步友好合作创造条件。

和解必须坚持合法、自愿、平等和互谅互让的原则进行。在和解过程中，即要认真分清责任，分清争执产生的真正原因，又要互相谅解，以诚相待；既要坚持原则，杜绝假公济私，又要注意把握和解的技巧，争取及时解决，以免争执的扩大化。

2. 调解

调解是指在合同争执发生后，在第三人的参加和主持下，对双方当事人进行说服、协调和疏导工作，使双方当事人互相谅解并按照法律的规定及合同的有关约定达成解决合同争执或协议。

如果合同双方经过协商谈判不能就索赔的解决达成一致，则可以邀请中间人进行调解。调解人可以是监理工程师、工程专家、法律专家，或双方信任和认可的人，也可以是由合同管理机关、工商管理部门、业务主管部门等作为调解人，还可以通过仲裁或司法进行调解（在仲裁或诉讼过程中，首先提出调解，双方就合同争执平等协商，自愿达成调解协议）。

调解在自愿的基础上进行，其结果无法律约束力。调解必须按公正、合理、合法的原则进行。当事人不愿和解、调解或者和解、调解不成的，双方可以用下面的方式解决争议。

3. 仲裁或诉讼

①合同双方达成仲裁协议的，向约定的仲裁委员会申请仲裁。在我国，仲裁实行一裁终局制度。裁决做出后，当事人若就同一争执再申请仲裁，或向人民法院起诉，则不再予以受理。

②向有管辖权的人民法院起诉。

7.5 （业主）监理工程师对索赔的管理

7.5.1 监理工程师对索赔的管理

1. 监理工程师的索赔管理任务

索赔管理是监理工程师工作中的主要任务之一，即通过有力的合同管理防止干扰事件的发生，也即防止了索赔事件的发生根源。其基本目标是：从工程的整体效益角度出发，尽量减少索赔事件的发生，降低损失，公平合理地解决索赔问题。

具体来说，监理工程师的索赔管理任务包括以下几点：

①预测导致索赔的原因和可能性。

②通过有效的合同管理减少干扰事件的发生。

③公正地处理索赔事件。

2. 监理工程师索赔管理的主要工作

监理工程师在索赔管理中的主要任务是针对业主或监理工程师原因引起的索赔，如业主未按时提供施工图纸，未解决征地迁拆、支付工程款，施工过程中出现的工程变更、工程暂停等，其具体可以采取以下措施。

①项目开始前，按程序办事，做好充分的准备工作。避免由于业主方项目准备不充分，违反招标程序，在资金不到位、设计未完成、征地、拆迁等问题未解决的情况下匆忙开工而导致承包商的停工、窝工及机械设备的闲置等损失，而被承包商索赔。

②起草周密完备的招标文件。招标文件是承包商投标报价的依据。如果招标文件中有不完善的地方，就可能会造成干扰事件的发生。所以，监理工程师在起草招标文件时，应当保证资料齐全准确，合同条件的内容完备详细，合同条款和技术文件正确清晰，各方权利、责任和风险划分公平合理。

③为承包商确定合同状态提供帮助。承包商在获取招标文件后，监理工程师应当积极加强与承包商之间的沟通，让承包商充分了解工程环境、业主要求，以编制合理可靠的投标文件，对承包商提出的疑问及时予以详细的解答，对招标文件中出现的问题、错误及时发出指令予以纠正，以消灭今后工作中的索赔事件的隐患。

④恰当地选择承发包模式和划分标段。

⑤完善承包合同条款。在不违反公平原则的条件下，可以通过附加条款对合同某些条款进行补充。

⑥加强合同管理和质量管理，减少承包商之间的施工干扰，保证承包合同正常履行；正确理解合同，正确行使自己的权利，减少合同纠纷；加强对干扰事件的控制；公平、合理地处理索赔。监理工程师在施工中应强化质量跟踪，预防、避免或减少由于抽样检查或工程复查引起的索赔。做好监理记录，发现索赔问题及时处理。

⑦不断提高自身业务素质，减少工作中的错误指示，增强工作责任心，提高管理工作水平。

对由非业主（或监理工程师）原因引起的索赔，如一个有经验的承包商无法预见的外界障碍、不可抗力等不以人的意志为转移引起的索赔，一般情况下监理工程师或业主应主要抓善后处理、补偿和赔偿等工作。

7.5.2 监理工程师对索赔的审查

1. 加强对承包商索赔报告的审查

（1）审查承包商索赔的有效性

业主或监理工程师首先应当检查承包商是否按照合同规定，在规定的期限的提交索赔意向通知，是否在规定的期限内提交正式的索赔报告。如果承包商未能在规定的期限内递交索赔文件，业主或监理工程师有权对承包商的索赔加以拒绝。

（2）审查承包商提交的索赔证据

业主或监理工程师对索赔报告的审查，首先是判断承包商的索赔要求是否有理有据。所谓有理，是指索赔要求与合同条款或有关法律法规相吻合，受到的损失承包商是否应承担一定的责任。有据，是指提供的证据能够使索赔要求成立。承包商必须提供足够的证据材料（包括施工方面和财务方面），才能使索赔具有说服力。如果承包商提供的证据不充分，监理工程师有权要求其进一步提交证据材料，甚至驳回索赔要求。

（3）审查工期顺延要求

首先，监理工程师要针对每一项导致工期延误的干扰事件进行认真分析，明确划分进度拖延责任，只有非承包商责任的原因引起的施工延误，工期才能够顺延。对双方均有责任的延误，必须认真分析各自应承担的责任，以及各方干扰对工期造成的影响，分清责任比例，保证索赔客观合理。

（4）审查费用索赔要求

与审查工期索赔要求一样，监理工程师应当正确划分责任原因。除此之外，还要审查承包商提出的索赔费用项目构成是否合理，索赔工期是否准确，费用索赔值计算是否科学。

2. 反驳承包商的不合理索赔

监理工程师在对索赔报告进行详细审查后，对承包商依据不清或者证据不充分的索赔报告，要求承包商进一步予以澄清；同时，对不合理的索赔，或者索赔报告中的不合理部分进行反驳，加以拒绝。

这就需要监理工程师随时掌握工程实施动态，保存好与工程实施有关的全部文件资料，特别是应当有自己独立收集的工程监理资料，从而对承包商的索赔要求做出正确评估，拒绝其不合理的索赔，确定其合理部分，使得承包商得到合理补偿。

3. 督促业主认可承包商的合理索赔

对于经过审核认为合理的索赔，监理工程师应做出索赔处理意见，提交给业主，并对业主做出详细说明，在保证业主不增加不合理的额外支付的前提下，说服业主批准经监理工程师审核的承包商的索赔报告，并在工程进度款中及时加以支付，以显示其在监理工作中的公正性。

4. 协调双方的关系

根据监理工程师的处理意见，业主审查、批准承包商的索赔报告。但业主也可能会否定或者部分否定承包商的索赔要求，从而产生争执。此时，监理工程师应当做好双方矛盾的协调工作，耐心向业主陈述自己处理承包商索赔要求的原则及其依据，同时要求承包商做出进一步的解释和补充有关证据。三方就索赔的解决进行磋商，对能够达成一致意见的，承包商可以在工程进度款中获得支付；对存在较大分歧，且双方均不肯做出让步的，可以按照合同约定的争执的处理办法解决，监理工程师应当作为项目参加者，提供真实客观的证据材料，以保证争执能够得到及时公正的解决。

7.5.3 业主反索赔

1. 反索赔概述

业主反索赔是指业主向承包商所提出的索赔，由于承包商不履行或不完全履行约定的义务，或是由于承包商的行为使业主受到损失时，业主为了维护自己的利益，向承包商提出的索赔。业主对承包商的反索赔还包括对承包商提出的索赔要求进行分析、评价和修正，否定其不合理的要求。

反索赔的内容包括防止对方索赔和反击对方索赔。防止对方索赔，首先要防止自己违约，要按合同办事。当干扰事件一经发生，就着手研究，收集证据，一方面做出索赔处理，另一方面准备反击对方的索赔。反击对方索赔就是要找出对方索赔事件的薄弱点，收集证据进行反击。

最常见的反击对方索赔的措施有以下两种。

①用索赔对抗索赔，使最终解决双方都做出让步，互不支付。

②反驳对方的索赔报告，找出理由和证据，证明对方的索赔报告不符合事实情况、不符合合同规定、没有根据、计算不准确，以推卸或减轻自己的赔偿责任，使自己不受或少受损失。

在实际工程中，这两种措施都很重要，常常同时使用。索赔和反索赔同时进行，即索赔报告中既有索赔，也有反索赔；反索赔报告中既有反索赔，也有索赔。攻守手段并用会达到很好的索赔效果。

反索赔的基本原则必须以事实为根据，以合同为准绳，实事求是地认可合理地索赔要求，反驳、拒绝不合理的索赔要求，按合同法原则公平合理地解决索赔问题。

FIDIC《施工合同条件》中，业主的反索赔主要限于施工质量缺陷和拖延工期等违约行为导致的业主损失，合同内规定业主可以反索赔的条款涉及以下几方面，见表 7.4。

表 7.4 合同内规定业主可以索赔的条款

序号	条款号	内　容
1	7.5	拒收不合格的材料和工程
2	7.6	承包人未能按照工程师的指示完成缺陷补救工作
3	8.6	由于承包人的原因修改进度计划导致业主有额外投入
4	8.7	拖期违约补偿
5	2.5	业主为承包人提供的电、气、水等应收款项
6	9.4	未能通过竣工检验

续表 7.4

序号	条款号	内　容
7	11.3	缺陷通知期延长
8	11.4	未能补救缺陷
9	15.4	承包人违约终止合同后的支付
10	18.2	承包人办理保险未能获得补偿的部分

7.6 施工索赔案例

【案例 1】

背景资料：发包人为某市房地产开发公司，发出公开招标书，对该市一幢商住楼建设进行招标。按照公开招标的程序，通过严格的资格审查以及公开招标、评标后，某省建工集团第三工程公司被选中确定为该商住楼的承包人，同时进行了公证。随后双方签订了“建设工程施工合同”。合同约定建筑工程面积为 6 000 平方米，总造价 370 万元，签订变动总价合同，今后有关费用的变动，如由于设计变更、工程量变化和其他工程条件变化所引起的费用变化等可以进行调整；同时还约定了竣工期及工程款支付办法等款项。合同签订后，承包人按发包人提供的经规划部门批准的平面施工位置放线后，发现拟建工程南端应拆除的构筑物（水塔）影响正常施工。发包人查看现场后便做出将总平面进行修改的决定，通知承包人将平面位置向北平移 4 米后开工。正当承包人按平移后的位置挖完基槽时，规划监督工作人员进行检查发现了问题当即向发包人开具了 6 万元人民币罚款单，并要求仍按原位施工。承包人接到发包人仍按原平面位置施工后的书面通知后提出索赔如下：

×× 房地产开发公司工程部：

接到贵方仍按原平面图位置进行施工的通知后，我方将立即组织施工，但因平移 4 米使原已挖好的所有横墙及部分纵横基槽作废，需要用土夯填并重新开挖新基槽，所发生的此类费用及停工损失应由贵方承担。

①所有横墙基槽回填夯实费用 4.5 万元。

②重新开挖新的横墙基槽费用 6.5 万元。

③重新开挖新的纵墙基槽费用 1.4 万元。

④ 90 人停工 25 天损失费 3.2 万元。

⑤租赁机械工具费 1.8 万元。

⑥其他应由发包人承担的费用 0.6 万元。

以上六项费用合计：18.00 万元。

⑦顺延工期 25 天。

×× 建工集团第三工程公司 ×× 年 × 月 × 日

问题：

（1）建设工程施工合同按照承包工程计价方式不同分为哪几类？

（2）承包人向发包人提出的费用和工期索赔的要求是否成立？为什么？

分析：

（1）建设工程施工合同按照承包工程计价方式不同分为总价合同（又分为固定总价合同和变动总价合同两种）、单价合同和成本加酬金合同三类。

（2）成立。因为本工程采用的是变动总价合同，这种合同的特点是，可调总价合同，在合同执行过程中，由于发包人修改总平面位置所发生的费用及停工损失应由发包人承担。因此承包人向发包人请求费用及工期索赔的理由是成立的，发包人审核后批准了承包人的索赔。

此案是法制观念淡泊在建设工程方面的体现。许多人明明知道政府对建筑工程规划管理的要求，也清楚已经批准的位置不得随意改变，但执行中仍是我行我素，目无规章，此案中，发包人如按报批的平面位置提前拆除水塔，创造施工条件，或按保留水塔方案去报规划争取批准，都能避免 24 万元（其中规划部门罚款 6 万元，承包人索赔 18 万元）的损失。

【案例 2】

背景资料：某施工单位承担了某综合办公楼的施工任务，并与建设单位签订了该项目建设工程施工合同，合同价 4 600 万元人民币，合同工期 10 个月。工程未进行投保保险。

在工程施工过程中，遭受暴风雨不可抗拒的袭击，造成了相应的损失。施工单位及时地向建设单位提出索赔要求，并附索赔相关材料和证据。索赔报告中的基本要求如下：

（1）遭暴风雨袭击系非施工单位造成的损失，故应由建设单位承担赔偿责任。

（2）给已建部分工程造成破坏，损失 28 万元，应由建设单位承担赔偿责任。

（3）因灾害使施工单位 6 人受伤，处理伤病医疗费用和补偿金总计 3 万元，建设单位应给予补偿。

（4）施工单位进场后使用的机械、设备受到损坏，造成损失 4 万元。由于现场停工造成机械台班费损失 2 万元，工人窝工费 3.8 万元，建设单位应承担修复和停工的经济责任。

（5）因灾害造成现场停工 6 天，要求合同工期顺延 6 天。

（6）由于工程被破坏，清理现场需费用 2.5 万元，应由建设单位支付。

问题：

（1）以上索赔是否合理？为什么？

（2）不可抗力发生风险承担的原则是什么？

问题（1）：

①经济损失由双方分别承担，工期顺延。

②工程修复、重建 28 万元工程款由建设单位支付。

③ 3 万元索赔不成立，由施工单位承担。

④ 4 万元、2 万元、3.8 万元索赔不成立，由施工单位承担。

⑤现场停工 6 天，顺延合同工期 6 天。

⑥清理现场 2.5 万元索赔成立，由建设单位承担。

问题（2）：因不可抗力事件导致的费用及延误的工期由双方按以下方法分别承担：

①工程本身的损害、因工程损害导致第三方人员伤亡和财产损失以及运至施工场地用于施工的材料和待安装的设备的损害，由发包人承担。

②发包人、承包人人员伤亡由其所在单位负责，并承担相应费用。

③承包人机械设备损坏及停工损失，由承包人承担。

④停工期间，承包人应工程师要求留在施工场地的必要的管理人员及保卫人员的费用由发包人承担。

⑤工程所需清理、修复费用，由发包人承担。

⑥延误的工期相应顺延。

就业导航

项目＼种类		二级建造师	一级建造师	招标师	造价工程师	监理工程师
职业资格	考证介绍	索赔概念，分类，索赔依据和证据，以及索赔程序	索赔概念，分类，索赔依据和证据，以及索赔程序	无	索赔依据、证据、程序以及计算	索赔分类，索赔程序，以及工程师对索赔的管理
	考证要求	掌握施工合同索赔的依据、证据、程序	掌握建设工程索赔的依据、方法；熟悉费用、工期索赔的计算	无	掌握工程索赔计算	了解施工索赔的分类；熟悉索赔程序；掌握工程师对索赔的管理
对应职业岗位		施工员、合同员、资料员、项目经理	施工员、合同员、资料员、项目经理	无	预算员、造价员、资料员	监理员、资料员

基础与工程技能训练

基础训练

一、选择题

1. 在承包工程中，最常见、最有代表性、处理起来比较困难的是(　　)向(　　)的索赔，所以人们通常将它作为索赔管理的重点和主要对象。

A. 业主　承包商　　B. 承包商　业主　　C. 设计单位　业主　　D. 业主　监理单位

2.(　　)是解决任何争执首先采用的最基本的，也是最常见、最有效的方法。

A. 和解　　B. 调解　　C. 仲裁　　D. 诉讼

3. 建设工程反索赔的概念通常主要是指(　　)。

A. 发包人向承包人的索赔　　B. 承包人向发包人的索赔

C. 分包人向承包人的索赔　　D. 发包人向分包人的索赔

4. 按索赔的要求分类分为工期索赔和(　　)。

A . 单项索赔　　B. 变更索赔　　C . 综合索赔　　D. 费用索赔

5. 在工程索赔中，一般以(　　)作为最终的解决方法。

A. 和解　　B. 调解　　C. 仲裁　　D. 诉讼

二、简答题

1. 何为索赔？
2. 索赔的特征是什么？
3. 索赔的证据有哪些？
4. 索赔的解决方法有哪些？
5. 索赔报告的一般格式有哪些？

三、案例分析题

某省某个投资项目，采用工程量清单招标，在工程施工招投标、签订合同以及施工工程中，发生以下情况：

①基础混凝土浇筑前，由于场地狭小，基坑周边堆放了不少材料，恰恰逢一场大雨，造成了土体塌方，承包人要求延长工期，增加清理点工。

②投标截止日前20天，省建设工程造价管理总站发布了工程所在地的定额人工费调整文件，按调整文件与之前发布的工程项目所在地的定额人工费调整文件计算工程造价差有1.8万元。

以上费用与工期是否合理，怎样解决？

工程技能训练

背景资料：承包人为某省建工集团第五工程公司（乙方），于2010年10月10日与某城建职业技术学院（甲方）签订了新建建筑面积20 000平方米综合教学楼的施工合同。乙方编制的施工方案和进度计划已获监理工程师的批准。该工程的基坑施工方案规定：土方工程采用租赁两台斗容量为1立方米的反铲挖掘机的施工。甲乙双方合同约定2010年11月6日开工，2012年7月6日竣工。在实际施工中发生如下几项事件：

（1）2010年11月10日，因租赁的两台挖掘机大修，致使承包人停工10天。承包人提出停工损失人工费、机械闲置费等3.6万元。

（2）2011年5月9日，因发包人提供的钢材经检验不合格，承包人等待钢材更换，使部分工程停工20天。承包人提出停工损失人工费、机械闲置费等7.2万元。

（3）2011年7月10日，因发包人提出对原设计局部修改引起部分工程停工13天，承包人提出停工损失费6.3万元。

（4）2011年11月21日，承包人书面通知发包人于当月24日组织主体结构验收。因发包人接收通知人员外出开会，主体结构验收的组织推迟到当月30日才进行，也没有事先通知承包人。承包人提出装饰人员停工等待6天的费用损失2.6万元。

（5）2012年7月28日，该工程竣工验收通过。工程结算时，发包人提出反索赔。应扣除承包人延误工期22天的罚金。按该合同"每提前或推后工期1天，奖励或扣罚6 000元"的条款规定，延误工期罚金共计13.2万元人民币。

问题：

（1）简述工程施工索赔的程序。

（2）承包人对上述哪些事件可以向发包人要求索赔？哪些事件不可以要求索赔？发包人对上述哪些事件可以向承包人提出反索赔？说明原因。

（3）每项事件工期索赔和费用索赔各是多少？

（4）本案例给人的启示意义是什么？

模块8

FIDIC土木工程施工合同条件

模块概述

在国际工程承发包中，业主和承包商在订立合同时，常常会参考一些国际性知名专业组织编制的标准合同条件，本模块主要介绍了国际工程常用的国际咨询工程师联合会（FIDIC）编制的施工合同条件，也就是FIDIC土木工程施工合同。国际金融组织（世界银行、亚洲开发银行和非洲开发银行等）贷款的工程项目均采用FIDIC合同条件，熟悉FIDIC合同条件、懂得FIDIC合同管理，对于在国际市场上取得双赢的工程项目十分必要。

学习目标

- ◆ 掌握FIDIC土木工程施工合同条件的构成、组成及优先次序；
- ◆ 熟悉FIDIC土木工程施工合同条件中的业主、承包商和工程师的权利与义务；
- ◆ 掌握FIDIC土木工程施工合同条件中涉及的费用管理、进度控制、质量控制的条款。

能力目标

- ◆ 会应用FIDIC土木工程施工合同条件中的费用、进度、质量的条款解决实际工程中出现的问题。

课时建议

4~6课时

8.1 FIDIC 土木工程施工合同条件简介

8.1.1 FIDIC 合同条件的发展

FIDIC 是“国际咨询工程师联合会”（Federaion Internationale Des Inginieurs Conseils）的法文缩写。FIDIC 创建于 1913 年，是国际上最具权威性的咨询工程师组织。我国已于 1996 年 10 月正式加入该组织。该组织在每个国家或地区只吸收一个独立的咨询工程师协会作为团体会员，至今已有 60 多个发达国家和发展中国家或地区的成员。FIDIC 专业委员会编制了一系列规范性合同条件，不仅世界银行、亚洲开发银行、非洲开发银行等国际金融组织的贷款项目采用这些合同条件，一些国家的国际工程项目也常常采用 FIDIC 合同条件。

FIDIC 下设多个专业委员会，如“业主—咨询工程师关系委员会”（CCRC）、“土木工程合同委员会”（CECC）、“电气机械委员会”（EMCC）、“职业责任委员会”（PCC）。各专业委员会编制了许多规范性的文件，其中最常用于国际工程承包模式的合同条件文本是经过 1999 年重大修改的《施工合同条件》（Conditions of Construction，简称“新红皮书”），《永久设备和设计—建造合同条件》（Conditions of Contract for Plant and Design—Build，简称“新黄皮书”）、《EPC／交钥匙项目合同条件》（Conditions of Contract EPC / Projects 简称“银皮书”）、《合同简短格式》（Short Form of Contract，简称“绿皮书”）。

8.1.2 FIDIC 合同条件的构成

FIDIC 合同条件由通用条件和专用条件两部分组成，且附有保证格式、投标函、合同协议书、争端裁决协议书格式。

1. FIDIC 通用合同条件

FIDIC 通用合同条件是固定不变的，工程建设项目只要是属于房屋建筑或者工程的施工，如工业与民用建筑工程、水电工程、路桥工程、港口工程等建设项目都适用。通用条件包括一般规定，业主，工程师，承包商，指定分包商，职员和劳工，永久设备、材料和工艺，开工、延误和暂停，竣工检验，雇主的接收，缺陷责任，测量和估价，变更和调整，合同价格和支付，业主提出终止，承包商提出暂停和终止，风险和责任，保险，不可抗力，索赔、争端和仲裁 20 个方面的问题。

2. FIDIC 专用合同条件

FIDIC 在编写合同条件时，有许多条款是普遍适用的，但也有一些条款必须根据特定合同的具体情况需要变动而设置了 FIDIC 专用合同条件。在使用中可利用专用条件对通用条件的内容进行修改和补充，以满足各类项目和不同需要。通用条件和专用条件共同构成了制约合同各方权利和义务的条件。对于每一份具体的合同，都必须编制专用条件，并且必须考虑到通用条件中提到的专用条件中的条款。

8.1.3 FIDIC 合同条件的具体应用

FIDIC 合同条件在应用时对工程类别、合同性质、前提条件等都有一定的要求。

1. FIDIC 合同条件适用的工程类别

FIDIC 合同条件适用于房屋建筑工程、水电工程、路桥工程、港口工程、土壤改善工程等各种工程。

2. FIDIC 合同条件适用的合同性质

FIDIC 合同条件在传统上主要适用于国际工程，但对于 FIDIC 合同条件进行适当的修改后，同样也适用于国内合同。

3. FIDIC 合同条件适用的前提条件

FIDIC 合同条件注重业主、承包商和工程师三方的关系协调，强调工程师在项目管理中的作用。在土木工程施工中应用 FIDIC 合同条件应具备的前提条件包括：

①通过竞争性招标确定承包商。

②委托工程师对工程施工进行监理。

③按照单价合同编制招标文件。

8.1.4 FIDIC 合同条件下合同文件的组成及优先次序

构成合同的各个文件应被视作互为说明、解释的，各文件的优先次序为：合同协议书、中标函、投标函、专用条件、通用条件、规范、图纸、资料表以及其他构成合同一部分的文件。如果在合同文件中发现任何含混或矛盾之处，工程师应负责解释、澄清或指示。

8.2 FIDIC 土木工程合同条件 Ⅱ

8.2.1 FIDIC 合同条件中涉及权利与义务的条款

1. 业主

业主是指在协议中约定的工程施工发包的当事人及其合法继承人。在合同履行过程中享有大量的权利并承担相应的义务。

（1）进入现场的权利

业主应在投标函附录中注明的时间（或各时间段）内给予承包商进入和占用现场所有部分的权利。此类进入和占用权可不为承包商独享。

（2）许可、执照和批准

业主应根据承包商的请求，为以下事宜向承包商提供合理的协助（如果他的地位能够做到）以帮助承包商：获得与合同有关的但不易取得的工程所在国的法律的文本，以及申请法律所要求的许可、执照或批准。

（3）业主的人员

业主有责任保证现场的业主的人员和业主的其他承包商为承包商的工作提供合作。

（4）业主的资金安排

在接到承包商的请求后，业主应在 28 天内提供合理的证据，表明他已作出了资金安排，并将一直坚持实施这种安排。如果业主欲对其资金安排做出任何实质性变更，雇主应向承包商发出通知并提供详细资料。

（5）业主的索赔

如果业主认为按照任何合同条件或其他与合同有关的条款规定他有权获得支付和（或）缺陷通知期的延长，则业主或工程师应向承包商发出通知并说明细节。当业主意识到某事件或情况可能导致索赔时应尽快地发出通知。涉及任何延期的通知应在相关缺陷通知期期满前发出。

2. 工程师

工程师是指业主为合同之目的指定作为工程师工作并在投标函附录中指明的人员，或由业主按照规定随时指定并通知承包商的其他人员。

（1）工程师的职责和权力

业主应任命工程师，该工程师应履行合同中赋予他的职责。工程师的人员包括有恰当资格的工程师以及其他有能力履行上述职责的专业人员。工程师无权修改合同。工程师可行使合同中明确规定的或必然隐含的赋予他的权力。如果要求工程师在行使其规定权力之前需获得业主的批准，则此类要求应在合同专用条件中注明。业主不能对工程师的权力加以进一步限制，除非与承包商达成一致。然而，每当工程师行使某种需经业主批准的权力时，则被认为他已从业主处得到任何必要的批准（为合同之目的）。

除非合同条件中另有说明，否则当履行职责或行使合同中明确规定的或必然隐含的权力时，均认为工程师为业主工作；工程师无权解除任何一方依照合同具有的任何职责、义务或责任，以及工程师的任何批准、审查、证书、同意、审核、检查、指示、通知、建议、请求、检验或类似行为（包括没有否定），不能解除承包商依照合同应具有的任何责任，包括对其错误、漏项、误差以及未能遵守合同的责任。

（2）工程师的授权

工程师可以随时将他的职责和权力委托给助理，并可撤回此类委托或授权。这些助理包括现场工程师和（或）指定的对设备和（或）材料进行检查和（或）检验的独立检查人员。此类委托、授权或撤回应是书面的并且在合同双方接到副本之前不能生效。但是工程师不能授予其按照规定决定任何事项的权力，除非合同双方另有协议。助理必须是合适的合格人员，有能力履行这些职责以及行使这种权力，并且能够流利地使用规定的语言进行交流。被委托职责或授予权力的每个助理只有权力在其被授权范围内对承包商发布指示。由助理按照授权做出的任何批准、审查、证书、同意、审核、检查、指示、通知、建议、请求、检验或类似行为，应与工程师做出的行为具有同等的效力。

（3）工程师的指示

工程师可以按照合同的规定（在任何时候）向承包商发出指示以及为实施工程和修补缺陷所必需的附加的或修改的图纸。承包商只能从工程师以及按照本条款授权的助理处接受指示。如果某一指示构成了变更，则适用于合同的变更和调整内容。承包商必须遵守工程师或授权助理对有关合同的某些问题所发出的指示。这些指示均应是书面的。如果工程师或授权助理发出口头指示，应在发出口头指示后 2 个工作日内，从承包商（或承包商授权的他人）处接到指示的书面确认；以及在接到确认后 2 个工作日内未颁发书面拒绝和（或）指示作为回复，则此确认构成工程师或授权助理的书面指示（视情况而定）。

（4）工程师的撤换

如果业主准备撤换工程师，则必须在期望撤换日期 42 天以前向承包商发出通知说明拟替换的工程师的名称、地址及相关经历。如果承包商对替换人选向业主发出了拒绝通知，并附具体的证明资料，则业主不能撤换工程师。

（5）决定

每当合同条件要求工程师按照规定对某一事项做出商定或决定时，工程师应与合同双方协商并尽力达成一致。如果未能达成一致，工程师应按照合同规定在适当考虑到所有有关情况后做出公正的决定。

3. 承包商

（1）承包商的一般义务

承包商应按照合同的规定以及工程师的指示（在合同规定的范围内）对工程进行设计、施工和竣工，并修补其任何缺陷。

承包商应为工程的设计、施工、竣工以及修补缺陷提供所需的临时性或永久性的永久设备、合同中注明的承包商的文件、所有承包商的人员、货物、消耗品以及其他物品或服务。

承包商应对所有现场作业和施工方法的完备性、稳定性和安全性负责。除合同中规定的范围，承包商应对所有承包商的文件、临时工程和按照合同规定对每项永久设备和材料的所作的设计负责；但对永久工程的设计或规范不负责任。

在工程师的要求下，承包商应提交为实施工程拟采用的方法以及所作安排的详细说明。在事先未通知工程师的情况下，不得对此类安排和方法进行重大修改。

如果合同中明确规定由承包商设计部分永久工程，除非专用条件中另有规定，否则承包商应按照合同中说明的程序向工程师提交该部分工程的承包商的文件；承包商的文件必须符合规范和图纸；承包商应对该部分工程负责，并且该部分工程完工后应适合于合同中规定的工程的预期目的；以及在开始竣工检验之前，承包商应按照规范规定向工程师提交竣工文件以及操作和维修手册，且应足够详细，以使业主能够操作、维修、拆卸、重新安装、调整和修理该部分工程。

（2）履约保证

承包商应（自费）取得一份保证其恰当履约的履约保证，保证的金额和货币种类应与投标函附录中的规定一致。如果投标函附录中未说明金额，则本款不适用。

承包商应在收到中标函后 28 天内将此履约保证提交给业主，并向工程师提交一份副本。该保证应在业主批准的实体和国家（或其他管辖区）管辖范围内颁发，并采用专用条件附件中规定的格式或业主批准的其他格式。

在承包商完成工程和竣工并修补任何缺陷之前，承包商应保证履约保证的有效期将持续有效。如果该保证的条款明确说明了其期满日期，而且承包商在此期满日期前第 28 天还无权收回此履约保证，则承包商应相应延长履约保证的有效期，直至工程竣工并修补了缺陷。

业主应保障并使承包商免于因为业主按照履约保证对无权索赔的情况提出索赔的后果而遭受损害、损失和开支（包括法律费用和开支）。

业主应在接到履约证书副本后 21 天内将履约保证退还给承包商。

（3）承包商的代表

承包商应任命承包商的代表，并授予他在按照合同代表承包商工作时所必需的一切权力。

除非合同中已注明承包商的代表的姓名，否则承包商应在开工日期前将其准备任命的代表姓名及详细情况提交工程师，以取得同意。如果同意被扣压或随后撤销，或该指定人员无法担任承包商的代表，则承包商应同样地提交另一合适人选的姓名及详细情况以获批准。

没有工程师的事先同意，承包商不得撤销对承包商的代表的任命或对其进行更换。

承包商的代表应以其全部时间协助承包商履行合同。如果承包商的代表在工程实施过程中暂离现场，则在工程师的事先同意下可以任命一名合适的替代人员，随后通知工程师。

（4）分包商

承包商不得将整个工程分包出去。

承包商应将分包商、分包商的代理人或雇员的行为或违约视为承包商自己的行为或违约，并为之负全部责任。除非专用条件中另有说明，否则承包商在选择材料供应商或向合同中已注明的分包商进行分包时，无需征得同意；其他拟雇用的分包商须得到工程师的事先同意；承包商应至少提前 28 天将每位分包商的工程预期开工日期以及现场开工日期通知工程师。

（5）指定分包商

①指定分包商的概念。通用条件规定，业主有权将部分工程项目的施工任务或涉及提供材料、设备、服务等工作内容发包给指定分包商实施。所谓“指定分包商”是由业主（或工程师）指定、选定、完成某项特定工作内容并与承包商签订分包合同的特殊分包商。

合同内规定有承担施工任务的指定分包商，大多因业主在招标阶段划分合同包时，考虑到某部分施工的工作内容有较强的专业技术要求，一般承包单位不具备相应的技术能力，但如果以一个单独的合同对待又限于现场的施工条件，工程师无法合理地进行协调管理，为避免各独立承包商之间的施工干扰，则只能将这部分工作发包给指定分包商实施。由于指定分包商是与承包商签订分包合同，因而在合同关系和管理关系方面与一般分包商处于同等地位，对其施工过程中的监督、协调工作纳入承包商的管理之中。指定分包工作内容可能包括部分工程的施工，供应工程所需的货物、材料、设备，设计，提供技术服务等。

②指定分包商的特点。虽然指定分包商与一般分包商处于相同的合同地位，但二者并不完全一致，主要差异体现在以下几个方面：

a. 选择分包单位的权利不同。承担指定分包工作任务的单位由业主或工程师选定，而一般分包商则由承包商选择。

b. 分包合同的工作内容不同。指定分包工作属于承包商无力完成，不在合同约定应由承包商必须完成范围之内的工作，即承包商投标报价时没有摊入间接费、管理费、利润、税金的工作，因此不损害承包商的合法权益。而一般分包商的工作则为承包商承包工作范围的一部分。

c. 工程款的支付开支项目不同。为了不损害承包商的利益，给指定分包商的付款应从暂定金额内开支。而对一般分包商的付款，则从工程量清单中相应工作内容项内支付。由于业主选定的指定分包商要与承包商签订分包合同，并需指派专职人员负责施工过程中的监督、协调、管理工作，因此也应在分包合同内具体约定双方的权利和义务，明确收取分包管理费的标准和方法。

d. 业主对指定分包商利益的保护不同。尽管指定分包商与承包商签订分包合同后，按照权利义务关系而直接对承包商负责，但由于指定分包商终究是业主选定的，而且其工程款的支付从暂定金额内开支，因此在合同条件内列有保护指定分包商的条款。通用条件规定，承包商在每个月末报送工程进度款支付报表时，工程师有权要求他出示以前已按指定分包合同给指定分包商付款的证明。如果承包商没有合法理由而扣押了指定分包商上个月应得工程款的话，业主有权按工程师出具的证明从本月应得款内扣除这笔金额直接付给指定分包商。对于一般分包商则无此类规定，业主和工程师不介入一般分包合同履行的监督。

e. 承包商对分包商违约行为承担责任的范围不同。除非由于承包商向指定分包商发布了错误的指示要承担责任外，指定分包商在任何违约行为给业主或第三者造成损害而导致索赔或诉讼时，承包商不承担责任；如果一般分包商有违约行为，业主将其视为承包商的违约行为，按照总包合同的规定追究承包商的责任。

（6）放线

承包商应根据合同中规定的或工程师通知的原始基准点、基准线和参照标高对工程进行放线。承包商应对工程各部分的正确定位负责，并且矫正工程的位置、标高或尺寸或准线中出现的任何差错。业主应对此类给定的或通知的参照项目的任何差错负责，但承包商在使用这些参照项目前应付出合理的努力去证实其准确性。

（7）安全措施

承包商应该遵守所有适用的安全规章；注意有权进入现场的所有人员的安全；付出合理的努力清理现场和工程不必要的障碍，以避免对这些人员造成伤害；提供工程的围栏、照明、防护及看守，直至竣工进行移交，以及提供因工程实施，为邻近地区的所有者和占有者以及公众提供便利和保护所必需的任何临时工程（包括道路、人行道、防护及围栏）。

（8）质量保证

承包商应按照合同的要求建立一套质量保证体系，以保证符合合同要求。该体系应符合合同中规定的细节。工程师有权审查质量保证体系的任何方面。

8.2.2 FIDIC 合同条件中涉及费用管理的条款

1. 预付款

预付款分为动员预付款和预付材料款两部分。

（1）动员预付款

业主为了解决承包商进行施工前期工作时资金短缺，从未来的工程款中提前支付一笔款项。通用条件对动员预付款没有做出明确规定，因此业主同意给动员预付款时，须在专用条件中详细列明支付和扣还的有关事项。

①动员预付款的支付。动员预付款的数额由承包商在投标书内确认，一般在合同价的10%~15%范围内。承包商须首先将银行出具的预付款保函交给业主并通知工程师，在14天内工程师应签发“动员预付款支付证书”，业主按合同约定的数额和外币比例支付动员预付款。预付款保函金额始终保持与预付款等额，即随着承包商对预付款的偿还逐渐递减保函金额。

②动员预付款的扣还。自承包商获得工程进度款累计总额达到合同总价20%时，当月起扣，到规定竣工日期前3个月扣清，在此期间每个月按等值从应得工程进度款内扣留。若某月承包商应得工程进度款较少，不足以扣除应扣预付款时，其余额计入下月应扣款内。

（2）预付材料款

由于合同条件是针对包工包料承包的单价合同编制，因此条款规定由承包商自筹资金去订购其应负责采购的材料和设备，只有当材料和设备用于永久工程后，才能将这部分费用计入工程进度款内支付。

①预付材料款的支付。为了帮助承包商解决订购大宗主要材料和设备的资金周转，订购物资运抵施工现场经工程师确认合格后，按发票价值乘以合同约定的百分比（60%~90%）作为预付材料款，包括在当月应支付的工程进度款内。

②预付材料款的扣还。对扣还方式FIDIC没有明确规定，通常在专用条件约定的方式有，在约定的后续月内每月按平均值扣还或从已计量支付的工程量内扣除其中的材料费等方法。工程完工时，累计支付的材料预付款应与逐月扣还的总额相等。

2. 工程进度款的支付

（1）工程量计量

工程量清单中所列的工程量仅是对工程的估算量，不能作为承包商完成合同规定施工义务的结算依据。每次支付工程进度款前，均需通过测量来核实实际完成的工程量，以计量值作为支付的依据。

（2）支付工程进度款

①承包商提供报表。每个月的月末，承包商应按工程师规定的格式提交一式6份本月支付报表。其内容包括以下几个方面：本月实施的永久工程价值；工程量清单中列有的，包括临时工程、计日工费等任何项目应得款；预付材料款；按合同约定方法计算的，因物价浮动而需增加的调价款；按合同有关条款约定，承包商有权获得的补偿款。

②工程师签证。工程师接到报表后，要审查款项内容的合理性和计算的正确性。在核实承包商本月应得款的基础上，再扣除保留金、动员预付款、预付材料款，以及所有承包商责任而应扣减的款项后，据此签发中期支付的临时支付证书。如果本月承包商应获得支付的金额小于投标书附件中规定的中期支付最小金额时，工程师可不签发本月进度款的支付证书，这笔款接转下月一并支付。工程师的审查和签证工作，应在收到承包商报表后的28天内完成。

③业主支付。承包商的报表经过工程师认可并签发工程进度款的支付证书后，业主应在接到证书的28天内给承包商付款。如果逾期支付，将按投标书附录约定的利率计算延期付款利息。

3. 竣工结算

颁发工程移交证书后的84天内，承包商应按工程师规定的格式报送竣工报表。报表内容包括：到工程移交证书中指明的竣工日止，根据合同完成全部工作的最终价值；承包商认为应该获得的其他款项，如要求的索赔款、应退还的部分保留金等；承包商认为根据合同应支付给他的估算总额。工程师接到竣工报表后，应对照竣工图进行工程量详细核算，对其他支付要求进行审查，然后再依据检查结果签署竣工结算的支付证书。此项签证工作，工程师也应在收到竣工报表后28天内完成。业主依据工程师的签证予以支付。

4. 保留金

保留金是按合同约定从承包商应得工程款中相应扣减的一笔金额保留在业主手中，作为约束承包商严格履行合同义务的措施之一，当承包商有一般违约行为使业主受到损失时，可从该项金额内直接扣除损害赔偿费。例如，承包商未能在工程师规定的时间内修复缺陷工程部位，业主雇用其他人完成后，这笔费用可从保留金内扣除。

①保留金的扣留。从首次支付工程进度款开始，用该月承包商有权获得的所有款项中减去调价款后的金额。乘以合同约定保留金的百分比作为本次支付时应扣留的保留金（通常为10%）。逐月累计扣到合同约定的保留金最高限额为止（通常为合同总价的5%）。

②保留金的返还。颁发工程移交证书后，退还承包商一半保留金。如果颁发的是部分工程移交证书，也应退还该部分永久工程占合同工程相应比例保留金的一半。颁发解除缺陷责任证书后，退还剩余的全部保留金。在业主同意的前提下，承包商可以提交与保留金一半等额的维修期保函代换缺陷责任期内的保留金，在颁发移交证书后业主将全部保留金退还承包商。

5. 最终决算

最终决算是指颁发解除缺陷责任证书后，对承包商完成全部工作价值的详细结算，以及根据合同条件对应付给承包商的其他费用进行核实，确定合同的最终价格。

颁发解除缺陷责任证书后的56天内，承包商应向工程师提交最终报表草案，以及工程师要求提交的有关资料。最终报表草案要详细说明根据合同完成的全部工程价值和承包商依据合同认为还应支付给他的任何进一步款项，如剩余的保留金及缺陷责任期内发生的索赔费用等。

工程师审核后与承包商协商，对最终报表草案进行适当的补充或修改后形成最终报表。承包商将最终报表送交工程师的同时，还需向业主提交一份“结清单”进一步证实最终报表中的支付总额，作为同意与业主终止合同关系的书面文件。工程师在接到最终报表和结清单附件后的28天内签发最终支付证书，业主应在收到证书后的56天内支付。只有当业主按照最终支付证书的金额予以支付并退还履约保函后，结清单才生效，承包商的索赔权也即行终止。

8.2.3 FIDIC合同条件中涉及进度控制的条款

1. 工程开工

工程师应至少提前7天通知承包商开工日期。除非专用条件中另有说明，开工日期应在承包商接到中标函后的42天内。

承包商应在开工日期后合理可行的情况下尽快开始实施工程，随后应迅速且毫不拖延地进行施工。

2. 暂停施工的责任

工程师有权视工程进展的实际情况，针对整个工程或部分工程的施工发布暂停施工指示。施工的中止必然会影响承包商按计划组织的施工工作，但并非工程师发布暂停施工令后承包商就可以此指令作为索赔的合理依据，而要根据指令发布的原因划分合同责任。合同条件规定，除了以下四种情况外，暂停施工令发布后均应给承包商以补偿。这四种情况是：

①在合同中有规定。

②因承包商的违约行为或应由他承担风险事件影响的必要停工。

③由于现场不利气候条件而导致的必要停工。

④为了工程合理施工及整体工程或部分工程安全必要的停工。

3. 超过84天的暂停施工

出现非承包商应负责原因的暂停施工已持续84天工程师仍未发布复工指示，承包商可以通知工程师要求在28天内允许继续施工。如果仍得不到批准，承包商有权通知工程师认为被停工的工程属于按合同规定被删减的工程，不再承担继续施工义务。若是整个合同工程被暂停，此项停工可视为业主违约终止合同，宣布解除合同关系。如果承包商还愿意继续实施这部分工程，也可以不发这一通知而等待复工指示。

4. 追赶施工进度

工程师认为整个工程或部分工程的施工进度滞后于合同内竣工要求的时间时，可以下达赶工指示。承包商应立即采取经工程师同意的必要措施加快施工进度。发生这种情况时，也要根据赶工指令的发布原因，决定承包商的赶工措施是否应该给予补偿。在承包商没有合理理由延长工期的情况下，他不仅无权要求补偿赶工费用，而且在他的赶工措施中若包括有夜间或当地公认的休息日加班工作时，还承担工程师因增加附加工作所需补偿的监理费用。虽然这笔费用按责任划分应由承包商负担，但不能由他直接支付给工程师，而由业主支付后从承包商应得款内扣回。

5. 竣工检验

承包商在根据规定提交文件后，对工程进行竣工检验。承包商应提前21天将某一确定日期通知工程师，说明在该日期后他将准备好进行竣工检验。除非另有商定，此类检验应在该日期后14天内于工程师指示的某日或数日内进行。在考虑竣工检验结果时，工程师应考虑到因业主对工程的任何使用而对工程的性能或其他特性所产生的影响。一旦工程或某一区段通过了竣工检验，承包商应向工程师提交一份有关此类检验结果并经证明的报告。

如果承包商无故延误竣工检验，工程师可通知承包商要求他在收到该通知后21天内进行此类检验。承包商应在该期限内他可能确定的某日或数日内进行检验，并将此日期通知工程师。若承包商未能在21天的期限内进行竣工检验，业主的人员可着手进行此类检验，其风险和费用均由承包商承担。此类竣工检验应被视为是在承包商在场的情况下进行的且检验结果应被认为是准确的。

如果工程或某区段未能通过竣工检验，工程师或承包商可要求按相应条款或条件，重复进行此类未通过的检验以及对任何相关工作的竣工检验。

当整个工程或某区段未能通过重复竣工检验时，工程师应有权再进行一次重复的竣工检验。

6. 工程接收证书的颁发

在整个工程已实质上竣工，并已合格地通过合同规定的任何竣工检验时，承包人可就此向工程师发出通知并抄报业主，同时应附上一份在缺陷责任期间内以规定的速度完成任何未完工作的书面保证。此项通知和保证应视为承包人要求工程师发给本工程接收证书的申请。工程师应于该通知收到之日起的21天内，或给承包人发出一份接收证书，其中写明工程师认为工程已按合同规定实质上完工的日期，同时给业主一份副本；或给承包人书面指示，说明工程师认为在发给接收证书前，承包人尚需完成的所有工作。工程师还应将发出该书面指示之后及证书颁发之前可能出现的，影响该工程实质上完工的任何工程缺陷通知承包人。承包人在完成上述各项工作及修复好所指出的工程缺陷，并使工程师满意后有权在21天内得到工程接收证书。

如果合同约定不同区段或部分有不同的竣工日期时，每完成一个区段或部分应按照上述程序颁发工程接收证书。

如果永久工程的任何部分或区段已经实质上竣工并合格地通过了合同规定的任何竣工检验，则工程师可于整个工程完工之前就该部分发给接收证书，而且一经发给这类证书后，承包人即应被视为已承担在缺陷责任期内以预定速度完成该部分永久性工程的任何未完工作。

7. 缺陷责任期

在合同条款中，缺陷责任期是指自工程师颁发工程接收证书中写明的竣工日期，至工程师颁发履约证书为止的日历天数。尽管工程移交前进行了竣工检验，但只是证明承包商的施工工艺达到了合同规定的标准，设置缺陷责任期的目的是考验工程在动态运行条件下是否达到了合同中技术规范的要求。因此，从开工之日起至颁发解除缺陷责任证书日止，承包商要对工程的施工质量负责。合同工程的缺陷责任期及分阶段移交工程的缺陷责任期，应在专用条件内具体约定。次要部位工程通常为半年；主要工程及设备大多为一年；个别重要设备也可以约定为一年半。

为了在缺陷责任期满时或在缺陷责任期满后的尽量短的期间内，将工程以合同所要求的条件（合理的磨损和消耗除外），并使工程师满意的状态移交给业主，承包人应该在发给证书的竣工之日尚遗留有任何未完工作，尽快予以完成；在缺陷责任期内或缺陷责任期终止后14天内，承包人应根据工程师或其代表在缺陷责任期终止之前的检查结果发出的指示，进行修补、重建，修复缺陷、变形及其他不合格之处。

8. 履约证书

只有在工程师向承包商颁发了履约证书，说明承包商已依据合同履行其义务的日期之后，承包商的义务的履行才被认为已完成。

工程师应在最后一个缺陷通知期期满后 28 天内颁发履约证书，或在承包商已提供了全部承包商的文件并完成和检验了所有工程，包括修补了所有缺陷的日期之后尽快颁发。还应向雇主提交一份履约证书的副本。只有履约证书才应被视为构成对工程的接受。

8.2.4 FIDIC 合同条件中涉及质量控制的条款

1. 对工程质量的检查和试验

为了确保工程质量，工程师可以根据工程施工的进展情况和工程部位的重要性进行合同没有规定的必要检查或试验。有权要求对承包商采购的材料进行额外的物理、化学等试验；对已覆盖的工程进行重新剥露检查；对已完成的工程进行穿孔检查。合同条件规定属于额外的检验包括：

①合同内没有指明或规定的检验。

②采用与合同规定不同方法进行检验。

③在承包商有权控制的场所之外进行的检验（包括合同内规定的检验情况），如在工程师指定的检验机构进行。

2. 检验不合格的处理

进行合同没有规定的额外检验属于承包商投标阶段不能合理预见的事件，如果检验合格，应根据具体情况给承包商以相应的费用和工期损失补偿。若检验不合格，承包商必须修复缺陷后在相同条件下进行重复检验，直到合格为止并由其承担额外检验费用。但对于承包商未通知工程师检查而自行隐蔽的任何工程部位，工程师要求进行剥露或穿孔检查时，不论检验结果表明质量是否合格，均由承包商承担全部费用。

3. 承包商应执行工程师发布的与质量有关指令

除了法律或客观上不可能实现的情况以外，承包商应认真执行工程师对有关工程质量发布的指示，而不论指示的内容在合同内是否写明。例如，工程师为了探查地基覆盖层情况，要求承包商进行地质钻探或挖探坑。如果工程量清单中没有包括这项工作，则应按变更工作对待，承包商完成工作后有权获得相应补偿。

4. 调查缺陷原因

在缺陷责任期满前的任何时候，承包商都有义务根据工程师的指示调查工程中出现的任何缺陷、收缩或其他不合格之处的原因，将调查报告报送工程师，并抄送业主。调查费用由造成质量缺陷的责任方承担。

①施工期间，承包商应自费进行此类调查。除非缺陷原因属于业主应承担的风险、业主采购的材料不合格、其他承包商施工造成的损害等，应由业主负责调查费用。

②缺陷责任期内，只要不属于承包商使用有缺陷材料或设备、施工工艺不合格以及其他违约行为引起的缺陷责任，调查费用应由业主承担。

6. 工程照管责任

从工程开工日期起直到颁发接收证书的日期为止，承包商应对工程的照管负全部责任。此后，照管工程的责任移交给业主。如果就工程的某区段或部分颁发了接收证书（或认为已颁发），则该区段或部分工程的照管责任即移交给业主。

在责任相应地移交给业主后，承包商仍有责任照管任何在接收证书上注明的日期内应完成而尚未完成的工作，直至此类扫尾工作已经完成。

在承包商负责照管期间，如果工程、货物或承包商的文件发生的任何损失或损害不是由于雇主的风险所致，则承包商应自担风险和费用弥补此类损失或修补损害，以使工程、货物或承包商的文件符合合同的要求。

承包商还应为在接收证书颁发后由于他的任何行为导致的任何损失或损害负责。同时，对于接收证书颁发后出现，并且是由于在此之前承包商的责任而导致的任何损失或损害，承包商也应负有责任。

8.2.5 FIDIC 合同条件中涉及法规性的条款

1. 合同使用的法律和语言条款

合同应受投标函附录中规定的国家（或其他管辖区域）的法律的制约。如果合同的任何部分使用一种以上语言编写，从而构成了不同的版本，则以投标函附录中规定的主导语言编写的版本优先。往来信函应使用投标函附录中规定的语言。如果投标函附录中没有规定，则往来信函应使用编写合同（或大部分合同）的语言。

2. 争端和仲裁

（1）争端

工程师能够按规定作出仲裁之前的决定，在鼓励合同双方随工程进展就争议事件达成协议的同时，允许双方将此类争议事件提交给一个行为公正的争端裁决委员会（“DAB”）裁决。

（2）争端裁决委员会的委任

争端裁决委员会是根据投标书附录中的规定有合同双方共同设立的，由 1 人或者 3 人组成，具体情况按投标书附录中的规定，如果投标书附录中没有注明成员的数目，且合同双方没有其他协议，则争端裁决委员会应包括 3 名成员。如争端裁决委员会成员为 3 人，则有合同双方各提名 1 名成员供对方认可，双方共同确定第三位成员作为主席。如果合同中有争端裁决委员会成员的意向性名单，则必须从该名单中进行选择，除非被选择的成员不能或不愿意接受争端裁决委员会的委任。

（3）争端和仲裁

如果业主与承包人之间发生了争端，这些争端无论是与合同或工程施工有关的或由其产生的，无论是在施工过程中或工程完成后，无论是在放弃合同、终止合同之前或之后，包括对工程师的意见、指令、决定、证书或估价有争议的问题，首先应书面通知工程师及抄送另一方。通知应说明是根据本款规定作出的。在收到通知 84 天内，工程师应将其决定通知业主及承包人，其决定也应说明是据本款作出的。

除合同已被放弃或被终止外，承包人应在任何情况下以全力进行工程施工。在工程师的决定按下文规定通过友好解决或仲裁裁决修改之前，承包人及业主应对工程师的决定付诸实施。如果业主或承包人任何一方对工程师的任何决定不满意，或工程师在收到通知后的 84 天内未能作出决定，业主或承包人在收到决定后的 70 天或在此之前或根据具体情况在上述 84 天到期后的第 70 天或在此之前，通知对方及抄送工程师供其参考，要求根据相关规定通知争端开始仲裁的意向，该通知将确立提出仲裁该争端的一方按以下规定开始仲裁的权利。如无此通知，仲裁不能开始。

如果工程师已将争端事项的决定向业主及承包人发出了通知，而在接到工程师就此事的通知后 70 天内，承包人和业主均未发出要求开始仲裁的意向通知，则所说的工程师的决定应是最终的、对业主及承包人双方均有约束力。

发出开始仲裁的意向通知后，只有在双方就争端不能首先设法友好解决时，仲裁方能开始。除非双方另有协议，无论争端是否曾设法予以友好解决，仲裁可以在收到要求仲裁通知书的第 56 天或以后开始。

仲裁可以在竣工之前或竣工之后进行，但业主、工程师和承包人的义务不得因在工程实施期间进行仲裁而有所改变。

就业导航

项目＼种类		二级建造师	一级建造师	招标师	造价工程师	监理工程师
职业资格	考证介绍	FIDIC合同条件简介	FIDIC合同条件简介	FIDIC主要土木工程施工合同特点、适用范围	FIDIC合同条件下工程价款的结算	FIDIC土木工程施工合同文件的组成；涉及费用、进度、质量等条款
	考证要求	了解FIDIC合同条件简介	了解FIDIC合同条件简介	熟悉FIDIC主要标准示范合同的类型、特点、适用范围	了解FIDIC合同条件下工程价款的结算	了解FIDIC土木工程施工合同文件的组成；解决合同争议的方式；指定分包商；熟悉FIDIC土木工程施工合同履行涉及的若干期限；掌握FIDIC土木工程施工合同风险责任的划分；施工进度管理；施工质量管理；进度款的支付管理；竣工验收管理
对应职业岗位		施工员、质检员、资料员、项目经理	施工员、质检员、资料员、项目经理	资料员	造价员、预算员、资料员	监理员、质检员、资料员

基础与工程技能训练

基础训练

一、选择题

1. 在FIDIC合同条件下，有权将部分工程项目的施工任务发包给指定分包商的是（　　）。

A. 总包单位　　B. 承包商　　C. 业主　　D. 设计单位

2. FIDIC合同规定，工程师在接到最终报表和结清单附件后的28天内签发最终支付证书，业主应在收到证书后的（　　）天内支付工程款。

A. 28　　B. 56　　C. 70　　D. 84

3. FIDIC合同条件中规定颁发（　　）后，退还承包商一半保留金。

A. 工程移交证书　　B. 履约证书　　C. 缺陷责任证书　　D. 临时支付证书

4. FIDIC合同条件中，在颁发整个工程的（　　）后的84天内，承包商应按工程师规定的格式报送竣工报表。

A. 工程移交证书　　B. 结算证书　　C. 最终证书　　D. 合格证书

5. 在FIDIC合同条件下，（　　）有权将工程的部分项目的实施发包给指定的分包商。

A. 设计单位　　B. 分包商　　C. 承包商　　D. 业主

6. 在FIDIC合同条款中，缺陷责任期是指自工程师颁发工程接收证书中写明的竣工日期，至工程师颁发（　　）为止的日历天数。

A. 工程移交证书　　B. 缺陷责任证书　　C. 结算证书　　D. 履约证书

7. 在 FIDIC 合同条款中，承包商的报表经过工程师认可并签发工程进度款的支付证书后，业主应在接到证书的（　　）天内给承包商付款。

A. 28　　B. 56　　C. 70　　D. 84

8. 在 FIDIC 合同条款中，如果业主准备撤换工程师，则必须在期望撤换日期（　）天以前向承包商发出通知说明拟替换的工程师的名称、地址及相关经历。

A. 28　　B. 42　　C. 56　　D. 84

9. 在 FIDIC 合同条款中业主应在接到履约证书副本后（　　）天内将履约保证退还给承包商。

A. 21　　B. 28　　C. 42　　D. 58

10. 在 FIDIC 合同条件下，按照（　　）合同编制招标文件。

A. 可调总价　　B. 不可调总价　　C. 单价　　D. 成本加酬金

二、简答题

1. FIDIC 土木工程施工合同文件由哪几部分组成？各组成部分的解释顺序是什么？

2. FIDIC 土木工程施工合同文件中对工程质量控制有哪些规定？

3. FIDIC 土木工程施工合同文件中对工程进度控制有哪些规定？

4. FIDIC 土木工程施工合同文件中对工程费用管理有哪些规定？

5. FIDIC 土木工程施工合同文件中业主的权利与义务有哪些？

6. FIDIC 土木工程施工合同文件中承包商的权利与义务有哪些？

三、案例分析题

某工程项目按 FIDIC 施工合同条件签订了施工合同。施工过程中，承包商未向工程师事先提供材料的样品和有关资料，就将采购的材料用于工程，后经工程师检验，发现该批材料存在质量问题，工程师禁止使用这批材料。经业主和工程师商定，经该工程的装饰分部工程指定分包给一家分包商。但承包商证明该分包商没有能力承担该分部工程的施工，不同意使用业主和工程师指定的分包商。

问题：

（1）承包商采购和使用材料的做法是否合理？为什么？

（2）承包商不雇用工程师和业主指定的分包商是否合理？为什么？

工程技能训练

某高速公路项目采用 FIDIC 施工合同条件，该工程施工过程中，陆续发生如下索赔事件（索赔工期和费用的数据均符合实际值）。

（1）施工期间，由于业主设计变更造成工程停工 20 天。承包商提出索赔工期 20 天和费用补偿 2 万元的要求。

（2）施工过程中，现场周围居民称承包商施工噪声对他们有干扰，阻止承包商的混凝土浇注工作。承包商提出工期延长 5 天与费用补偿 1 万元的要求。

（3）由于某段路基基地是淤泥，需进行换填，在招标文件中已提供了地质的技术材料。承包商原计划使用隧道出渣作为材料换填，但施工中发现隧道出渣不符合要求，需进一步破碎以达到要求，承包商认为施工费用高出合同价格，需给予工期延长 20 天与费用补偿 10 万元。

问题：针对承包商的上述要求，工程师应如何分别处理？

附录 1

中华人民共和国招标投标法

第九届全国人民代表大会常务委员会第十一次会议通过 中华人民共和国主席令第二十一号

第一章 总 则

第一条 为了规范招标投标活动，保护国家利益、社会公共利益和招标投标活动当事人的合法权益，提高经济效益，保证项目质量，制定本法。

第二条 在中华人民共和国境内进行招标投标活动，适用本法。

第三条 在中华人民共和国境内进行下列工程建设项目包括项目的勘察、设计、施工、监理以及与工程建设有关的重要设备、材料等的采购，必须进行招标：

（一）大型基础设施、公用事业等关系社会公共利益、公众安全的项目；

（二）全部或者部分使用国有资金投资或者国家融资的项目；

（三）使用国际组织或者外国政府贷款、援助资金的项目。

前款所列项目的具体范围和规模标准，由国务院发展计划部门会同国务院有关部门制订，报国务院批准。

法律或者国务院对必须进行招标的其他项目的范围有规定的，依照其规定。

第四条 任何单位和个人不得将依法必须进行招标的项目化整为零或者以其他任何方式规避招标。

第五条 招标投标活动应当遵循公开、公平、公正和诚实信用的原则。

第六条 依法必须进行招标的项目，其招标投标活动不受地区或者部门的限制。任何单位和个人不得违法限制或者排斥本地区、本系统以外的法人或者其他组织参加投标，不得以任何方式非法干涉招标投标活动。

第七条 招标投标活动及其当事人应当接受依法实施的监督。

有关行政监督部门依法对招标投标活动实施监督，依法查处招标投标活动中的违法行为。

对招标投标活动的行政监督及有关部门的具体职权划分，由国务院规定。

第二章 招 标

第八条 招标人是依照本法规定提出招标项目、进行招标的法人或者其他组织。

第九条 招标项目按照国家有关规定需要履行项目审批手续的，应当先履行审批手续，取得批准。

招标人应当有进行招标项目的相应资金或者资金来源已经落实，并应当在招标文件中如实载明。

第十条 招标分为公开招标和邀请招标。

公开招标，是指招标人以招标公告的方式邀请不特定的法人或者其他组织投标。

邀请招标，是指招标人以投标邀请书的方式邀请特定的法人或者其他组织投标。

第十一条 国务院发展计划部门确定的国家重点项目和省、自治区、直辖市人民政府确定的地方重点项目不适宜公开招标的，经国务院发展计划部门或者省、自治区、直辖市人民政府批准，可以进行邀请招标。

第十二条 招标人有权自行选择招标代理机构，委托其办理招标事宜。任何单位和个人不得以任何方式为招标人指定招标代理机构。

招标人具有编制招标文件和组织评标能力的，可以自行办理招标事宜。任何单位和个人不得强制其委托招标代理机构办理招标事宜。

依法必须进行招标的项目，招标人自行办理招标事宜的，应当向有关行政监督部门备案。

第十三条　招标代理机构是依法设立、从事招标代理业务并提供相关服务的社会中介组织。

招标代理机构应当具备下列条件：

（一）有从事招标代理业务的营业场所和相应资金；

（二）有能够编制招标文件和组织评标的相应专业力量；

（三）有符合本法第三十七条第三款规定条件、可以作为评标委员会成员人选的技术、经济等方面的专家库。

第十四条　从事工程建设项目招标代理业务的招标代理机构，其资格由国务院或者省、自治区、直辖市人民政府的建设行政主管部门认定。具体办法由国务院建设行政主管部门会同国务院有关部门制定。从事其他招标代理业务的招标代理机构，其资格认定的主管部门由国务院规定。

招标代理机构与行政机关和其他国家机关不得存在隶属关系或者其他利益关系。

第十五条　招标代理机构应当在招标人委托的范围内办理招标事宜，并遵守本法关于招标人的规定。

第十六条　招标人采用公开招标方式的，应当发布招标公告。依法必须进行招标的项目的招标公告，应当通过国家指定的报刊、信息网络或者其他媒介发布。

招标公告应当载明招标人的名称和地址、招标项目的性质、数量、实施地点和时间以及获取招标文件的办法等事项。

第十七条　招标人采用邀请招标方式的，应当向三个以上具备承担招标项目的能力、资信良好的特定的法人或者其他组织发出投标邀请书。

投标邀请书应当载明本法第十六条第二款规定的事项。

第十八条　招标人可以根据招标项目本身的要求，在招标公告或者投标邀请书中，要求潜在投标人提供有关资质证明文件和业绩情况，并对潜在投标人进行资格审查；国家对投标人的资格条件有规定的，依照其规定。

招标人不得以不合理的条件限制或者排斥潜在投标人，不得对潜在投标人实行歧视待遇。

第十九条　招标人应当根据招标项目的特点和需要编制招标文件。招标文件应当包括招标项目的技术要求、对投标人资格审查的标准、投标报价要求和评标标准等所有实质性要求和条件以及拟签订合同的主要条款。

国家对招标项目的技术、标准有规定的，招标人应当按照其规定在招标文件中提出相应要求。

招标项目需要划分标段、确定工期的，招标人应当合理划分标段、确定工期，并在招标文件中载明。

第二十条　招标文件不得要求或者标明特定的生产供应者以及含有倾向或者排斥潜在投标人的其他内容。

第二十一条　招标人根据招标项目的具体情况，可以组织潜在投标人踏勘项目现场。

第二十二条　招标人不得向他人透露已获取招标文件的潜在投标人的名称、数量以及可能影响公平竞争的有关招标投标的其他情况。

招标人设有标底的，标底必须保密。

第二十三条　招标人对已发出的招标文件进行必要的澄清或者修改的，应当在招标文件要求提交投标文件截止时间至少十五日前，以书面形式通知所有招标文件收受人。该澄清或者修改的内容为招标文件的组成部分。

第二十四条　招标人应当确定投标人编制投标文件所需要的合理时间；但是，依法必须进行招标的项目，自招标文件开始发出之日起至投标人提交投标文件截止之日止，最短不得少于二十日。

第三章 投 标

第二十五条　投标人是响应招标、参加投标竞争的法人或者其他组织。

依法招标的科研项目允许个人参加投标的，投标的个人适用本法有关投标人的规定。

第二十六条　投标人应当具备承担招标项目的能力；国家有关规定对投标人资格条件或者招标文件对投标人资格条件有规定的，投标人应当具备规定的资格条件。

第二十七条　投标人应当按照招标文件的要求编制投标文件。投标文件应当对招标文件提出的实质性要求和条件作出响应。

招标项目属于建设施工的，投标文件的内容应当包括拟派出的项目负责人与主要技术人员的简历、业绩和拟用于完成招标项目的机械设备等。

第二十八条　投标人应当在招标文件要求提交投标文件的截止时间前，将投标文件送达投标地点。招标人收到投标文件后，应当签收保存，不得开启。投标人少于三个的，招标人应当依照本法重新招标。

在招标文件要求提交投标文件的截止时间后送达的投标文件，招标人应当拒收。

第二十九条　投标人在招标文件要求提交投标文件的截止时间前，可以补充、修改或者撤回已提交的投标文件，并书面通知招标人。补充、修改的内容为投标文件的组成部分。

第三十条　投标人根据招标文件载明的项目实际情况，拟在中标后将中标项目的部分非主体、非关键性工作进行分包的，应当在投标文件中载明。

第三十一条　两个以上法人或者其他组织可以组成一个联合体，以一个投标人的身份共同投标。

联合体各方均应当具备承担招标项目的相应能力；国家有关规定或者招标文件对投标人资格条件有规定的，联合体各方均应当具备规定的相应资格条件。由同一专业的单位组成的联合体，按照资质等级较低的单位确定资质等级。

联合体各方应当签订共同投标协议，明确约定各方拟承担的工作和责任，并将共同投标协议连同投标文件一并提交招标人。联合体中标的，联合体各方应当共同与招标人签订合同，就中标项目向招标人承担连带责任。

招标人不得强制投标人组成联合体共同投标，不得限制投标人之间的竞争。

第三十二条　投标人不得相互串通投标报价，不得排挤其他投标人的公平竞争，损害招标人或者其他投标人的合法权益。

投标人不得与招标人串通投标，损害国家利益、社会公共利益或者他人的合法权益。

禁止投标人以向招标人或者评标委员会成员行贿的手段谋取中标。

第三十三条　投标人不得以低于成本的报价竞标，也不得以他人名义投标或者以其他方式弄虚作假，骗取中标。

第四章　开标、评标和中标

第三十四条　开标应当在招标文件确定的提交投标文件截止时间的同一时间公开进行；开标地点应当为招标文件中预先确定的地点。

第三十五条　开标由招标人主持，邀请所有投标人参加。

第三十六条　开标时，由投标人或者其推选的代表检查投标文件的密封情况，也可以由招标人委托的公证机构检查并公证；经确认无误后，由工作人员当众拆封，宣读投标人名称、投标价格和投标文件的其他主要内容。

招标人在招标文件要求提交投标文件的截止时间前收到的所有投标文件，开标时都应当当众予以拆封、宣读。

开标过程应当记录，并存档备查。

第三十七条　评标由招标人依法组建的评标委员会负责。

依法必须进行招标的项目，其评标委员会由招标人的代表和有关技术、经济等方面的专家组成，成员人数为五人以上单数，其中技术、经济等方面的专家不得少于成员总数的三分之二。

前款专家应当从事相关领域工作满八年并具有高级职称或者具有同等专业水平，由招标人从国务院有关部门或者省、自治区、直辖市人民政府有关部门提供的专家名册或者招标代理机构的专家库内的相关专业的专家名单中确定；一般招标项目可以采取随机抽取方式，特殊招标项目可以由招标人直接确定。

与投标人有利害关系的人不得进入相关项目的评标委员会；已经进入的应当更换。

评标委员会成员的名单在中标结果确定前应当保密。

第三十八条 招标人应当采取必要的措施，保证评标在严格保密的情况下进行。

任何单位和个人不得非法干预、影响评标的过程和结果。

第三十九条 评标委员会可以要求投标人对投标文件中含义不明确的内容作必要的澄清或者说明，但是澄清或者说明不得超出投标文件的范围或者改变投标文件的实质性内容。

第四十条 评标委员会应当按照招标文件确定的评标标准和方法，对投标文件进行评审和比较；设有标底的，应当参考标底。评标委员会完成评标后，应当向招标人提出书面评标报告，并推荐合格的中标候选人。

招标人根据评标委员会提出的书面评标报告和推荐的中标候选人确定中标人。招标人也可以授权评标委员会直接确定中标人。

国务院对特定招标项目的评标有特别规定的，从其规定。

第四十一条 中标人的投标应当符合下列条件之一：

（一）能够最大限度地满足招标文件中规定的各项综合评价标准；

（二）能够满足招标文件的实质性要求，并且经评审的投标价格最低；但是投标价格低于成本的除外。

第四十二条 评标委员会经评审，认为所有投标都不符合招标文件要求的，可以否决所有投标。

依法必须进行招标的项目的所有投标被否决的，招标人应当依照本法重新招标。

第四十三条 在确定中标人前，招标人不得与投标人就投标价格、投标方案等实质性内容进行谈判。

第四十四条 评标委员会成员应当客观、公正地履行职务，遵守职业道德，对所提出的评审意见承担个人责任。

评标委员会成员不得私下接触投标人，不得收受投标人的财物或者其他好处。

评标委员会成员和参与评标的有关工作人员不得透露对投标文件的评审和比较、中标候选人的推荐情况以及与评标有关的其他情况。

第四十五条 中标人确定后，招标人应当向中标人发出中标通知书，并同时将中标结果通知所有未中标的投标人。

中标通知书对招标人和中标人具有法律效力。中标通知书发出后，招标人改变中标结果的，或者中标人放弃中标项目的，应当依法承担法律责任。

第四十六条 招标人和中标人应当自中标通知书发出之日起三十日内，按照招标文件和中标人的投标文件订立书面合同。招标人和中标人不得再行订立背离合同实质性内容的其他协议。

招标文件要求中标人提交履约保证金的，中标人应当提交。

第四十七条 依法必须进行招标的项目，招标人应当自确定中标人之日起十五日内，向有关行政监督部门提交招标投标情况的书面报告。

第四十八条 中标人应当按照合同约定履行义务，完成中标项目。中标人不得向他人转让中标项目，也不得将中标项目肢解后分别向他人转让。

中标人按照合同约定或者经招标人同意，可以将中标项目的部分非主体、非关键性工作分包给他人完成。接受分包的人应当具备相应的资格条件，并不得再次分包。

中标人应当就分包项目向招标人负责，接受分包的人就分包项目承担连带责任。

第五章 法律责任

第四十九条 违反本法规定，必须进行招标的项目而不招标的，将必须进行招标的项目化整为零或者以其他任何方式规避招标的，责令限期改正，可以处项目合同金额千分之五以上千分之十以下的罚款；对全部或者部分使用国有资金的项目，可以暂停项目执行或者暂停资金拨付；对单位直接负责的主管人员和其他直接责任人员依法给予处分。

第五十条 招标代理机构违反本法规定，泄露应当保密的与招标投标活动有关的情况和资料的，或者与招标人、投标人串通损害国家利益、社会公共利益或者他人合法权益的，处五万元以上二十五万元以下的罚款，对单位直接负责的主管人员和其他直接责任人员处单位罚款数额百分之五以上百分之十以下的罚款；有违法所得的，并处没收违法所得；情节严重的，暂停直至取消招标代理资格；构成犯罪的，依法追究刑事责任。给他人造成损失的，依法承担赔偿责任。

前款所列行为影响中标结果的，中标无效。

第五十一条 招标人以不合理的条件限制或者排斥潜在投标人的，对潜在投标人实行歧视待遇的，强制要求投标人组成联合体共同投标的，或者限制投标人之间竞争的，责令改正，可以处一万元以上五万元以下的罚款。

第五十二条 依法必须进行招标的项目的招标人向他人透露已获取招标文件的潜在投标人的名称、数量或者可能影响公平竞争的有关招标投标的其他情况的，或者泄露标底的，给予警告，可以并处一万元以上十万元以下的罚款；对单位直接负责的主管人员和其他直接责任人员依法给予处分；构成犯罪的，依法追究刑事责任。

前款所列行为影响中标结果的，中标无效。

第五十三条 投标人相互串通投标或者与招标人串通投标的，投标人以向招标人或者评标委员会成员行贿的手段谋取中标的，中标无效，处中标项目金额千分之五以上千分之十以下的罚款，对单位直接负责的主管人员和其他直接责任人员处单位罚款数额百分之五以上百分之十以下的罚款；有违法所得的，并处没收违法所得；情节严重的，取消其一年至二年内参加依法必须进行招标的项目的投标资格并予以公告，直至由工商行政管理机关吊销营业执照；构成犯罪的，依法追究刑事责任。给他人造成损失的，依法承担赔偿责任。

第五十四条 投标人以他人名义投标或者以其他方式弄虚作假，骗取中标的，中标无效，给招标人造成损失的，依法承担赔偿责任；构成犯罪的，依法追究刑事责任。

依法必须进行招标的项目的投标人有前款所列行为尚未构成犯罪的，处中标项目金额千分之五以上千分之十以下的罚款，对单位直接负责的主管人员和其他直接责任人员处单位罚款数额百分之五以上百分之十以下的罚款；有违法所得的，并处没收违法所得；情节严重的，取消其一年至三年内参加依法必须进行招标的项目的投标资格并予以公告，直至由工商行政管理机关吊销营业执照。

第五十五条 依法必须进行招标的项目，招标人违反本法规定，与投标人就投标价格、投标方案等实质性内容进行谈判的，给予警告，对单位直接负责的主管人员和其他直接责任人员依法给予处分。

前款所列行为影响中标结果的，中标无效。

第五十六条 评标委员会成员收受投标人的财物或者其他好处的，评标委员会成员或者参加评标的有关工作人员向他人透露对投标文件的评审和比较、中标候选人的推荐以及与评标有关的其他情况的，给予警告，没收收受的财物，可以并处三千元以上五万元以下的罚款，对有所列违法行为的评标委员会成员取消担任评标委员会成员的资格，不得再参加任何依法必须进行招标的项目的评标；构成犯罪的，依法追究刑事责任。

第五十七条 招标人在评标委员会依法推荐的中标候选人以外确定中标人的，依法必须进行招标的项目在所有投标被评标委员会否决后自行确定中标人的，中标无效。责令改正，可以处中标项目金额千分之五以上千分之十以下的罚款；对单位直接负责的主管人员和其他直接责任人员依法给予处分。

第五十八条　中标人将中标项目转让给他人的，将中标项目肢解后分别转让给他人的，违反本法规定将中标项目的部分主体、关键性工作分包给他人的，或者分包人再次分包的，转让、分包无效，处转让、分包项目金额千分之五以上千分之十以下的罚款；有违法所得的，并处没收违法所得；可以责令停业整顿；情节严重的，由工商行政管理机关吊销营业执照。

第五十九条　招标人与中标人不按照招标文件和中标人的投标文件订立合同的，或者招标人、中标人订立背离合同实质性内容的协议的，责令改正；可以处中标项目金额千分之五以上千分之十以下的罚款。

第六十条　中标人不履行与招标人订立的合同的，履约保证金不予退还，给招标人造成的损失超过履约保证金数额的，还应当对超过部分予以赔偿；没有提交履约保证金的，应当对招标人的损失承担赔偿责任。

中标人不按照与招标人订立的合同履行义务，情节严重的，取消其二年至五年内参加依法必须进行招标的项目的投标资格并予以公告，直至由工商行政管理机关吊销营业执照。

因不可抗力不能履行合同的，不适用前两款规定。

第六十一条　本章规定的行政处罚，由国务院规定的有关行政监督部门决定。本法已对实施行政处罚的机关作出规定的除外。

第六十二条　任何单位违反本法规定，限制或者排斥本地区、本系统以外的法人或者其他组织参加投标的，为招标人指定招标代理机构的，强制招标人委托招标代理机构办理招标事宜的，或者以其他方式干涉招标投标活动的，责令改正；对单位直接负责的主管人员和其他直接责任人员依法给予警告、记过、记大过的处分，情节较重的，依法给予降级、撤职、开除的处分。

个人利用职权进行前款违法行为的，依照前款规定追究责任。

第六十三条　对招标投标活动依法负有行政监督职责的国家机关工作人员徇私舞弊、滥用职权或者玩忽职守，构成犯罪的，依法追究刑事责任；不构成犯罪的，依法给予行政处分。

第六十四条　依法必须进行招标的项目违反本法规定，中标无效的，应当依照本法规定的中标条件从其余投标人中重新确定中标人或者依照本法重新进行招标。

第六章　附　则

第六十五条　投标人和其他利害关系人认为招标投标活动不符合本法有关规定的，有权向招标人提出异议或者依法向有关行政监督部门投诉。

第六十六条　涉及国家安全、国家秘密、抢险救灾或者属于利用扶贫资金实行以工代赈、需要使用农民工等特殊情况，不适宜进行招标的项目，按照国家有关规定可以不进行招标。

第六十七条　使用国际组织或者外国政府贷款、援助资金的项目进行招标，贷款方、资金提供方对招标投标的具体条件和程序有不同规定的，可以适用其规定，但违背中华人民共和国的社会公共利益的除外。

第六十八条　本法自 2000 年 1 月 1 日起施行。

附录 2

工程建设项目施工招标投标办法

中华人民共和国国家发展计划委员会
中华人民共和国建设部
中华人民共和国铁道部
中华人民共和国交通部
中华人民共和国信息产业部
中华人民共和国水利部
中国民用航空总局
（第 30 号）

为了规范工程建设项目施工招标投标活动，根据《中华人民共和国招标投标法》和国务院有关部门的职责分工，国家计委、建设部、铁道部、交通部、信息产业部、水利部、中国民用航空总局审议通过了《工程建设项目施工招标投标办法》，现予发布，自 2003 年 5 月 1 日起施行。

国家发展计划委员会主任：曾培炎
建设部部长：汪光焘
铁道部部长：傅志寰
交通部部长：张春贤
信息产业部部长：吴基传
水利部部长：汪恕诚
中国民用航空总局局长：杨元元
（二〇〇三年三月八日）

第一章 总 则

第一条 为规范工程建设项目施工（以下简称工程施工）招标投标活动，根据《中华人民共和国招标投标法》和国务院有关部门的职责分工，制定本办法。

第二条 在中华人民共和国境内进行工程施工招标投标活动，适用本办法。

第三条 工程建设项目符合《工程建设项目招标范围和规模标准规定》（国家计委令第 3 号）规定的范围和标准的，必须通过招标选择施工单位。

任何单位和个人不得将依法必须进行招标的项目化整为零或者以其他任何方式规避招标。

第四条 工程施工招标投标活动应当遵循公开、公平、公正和诚实信用的原则。

第五条 工程施工招标投标活动，依法由招标人负责。任何单位和个人不得以任何方式非法干涉工程施工招标投标活动。

施工招标投标活动不受地区或者部门的限制。

第六条 各级发展计划、经贸、建设、铁道、交通、信息产业、水利、外经贸、民航等部门依照《国务院办公厅印发国务院有关部门实施招标投标活动行政监督的职责分工意见的通知》（国办发[2000]34 号）和各地规定的职责分工，对工程施工招标投标活动实施监督，依法查处工程施工招标投标活动中的违法行为。

第二章 招 标

第七条 工程施工招标人是依法提出施工招标项目、进行招标的法人或者其他组织。

第八条 依法必须招标的工程建设项目，应当具备下列条件才能进行施工招标：

（一）招标人已经依法成立；

（二）初步设计及概算应当履行审批手续的，已经批准；

（三）招标范围、招标方式和招标组织形式等应当履行核准手续的，已经核准；

（四）有相应资金或资金来源已经落实；

（五）有招标所需的设计图纸及技术资料。

第九条 工程施工招标分为公开招标和邀请招标。

第十条 依法必须进行施工招标的工程建设项目，按工程建设项目审批管理规定，凡应报送项目审批部门审批的，招标人必须在报送的可行性研究报告中将招标范围、招标方式、招标组织形式等有关招标内容报项目审批部门核准。

第十一条 国务院发展计划部门确定的国家重点建设项目和各省、自治区、直辖市人民政府确定的地方重点建设项目，以及全部使用国有资金投资或者国有资金投资占控股或者主导地位的工程建设项目，应当公开招标；有下列情形之一的，经批准可以进行邀请招标：

（一）项目技术复杂或有特殊要求，只有少量几家潜在投标人可供选择的；

（二）受自然地域环境限制的；

（三）涉及国家安全、国家秘密或者抢险救灾，适宜招标但不宜公开招标的；

（四）拟公开招标的费用与项目的价值相比，不值得的；

（五）法律、法规规定不宜公开招标的。

国家重点建设项目的邀请招标，应当经国务院发展计划部门批准；地方重点建设项目的邀请招标，应当经各省、自治区、直辖市人民政府批准。

全部使用国有资金投资或者国有资金投资占控股或者主导地位的并需要审批的工程建设项目的邀请招标，应当经项目审批部门批准，但项目审批部门只审批立项的，由有关行政监督部门批准。

第十二条 需要审批的工程建设项目，有下列情形之一的，由本办法第十一条规定的审批部门批准，可以不进行施工招标：

（一）涉及国家安全、国家秘密或者抢险救灾而不适宜招标的；

（二）属于利用扶贫资金实行以工代赈需要使用农民工的；

（三）施工主要技术采用特定的专利或者专有技术的；

（四）施工企业自建自用的工程，且该施工企业资质等级符合工程要求的；

（五）在建工程追加的附属小型工程或者主体加层工程，原中标人仍具备承包能力的；

（六）法律、行政法规规定的其他情形。

不需要审批但依法必须招标的工程建设项目，有前款规定情形之一的，可以不进行施工招标。

第十三条 采用公开招标方式的，招标人应当发布招标公告，邀请不特定的法人或者其他组织投标。依法必须进行施工招标项目的招标公告，应当在国家指定的报刊和信息网络上发布。

采用邀请招标方式的，招标人应当向三家以上具备承担施工招标项目的能力、资信良好的特定的法人或者其他组织发出投标邀请书。

第十四条 招标公告或者投标邀请书应当至少载明下列内容：

（一）招标人的名称和地址；

（二）招标项目的内容、规模、资金来源；

（三）招标项目的实施地点和工期；

（四）获取招标文件或者资格预审文件的地点和时间；

（五）对招标文件或者资格预审文件收取的费用；

（六）对招标人的资质等级的要求。

第十五条 招标人应当按招标公告或者投标邀请书规定的时间、地点出售招标文件或资格预审文件。自招标文件或者资格预审文件出售之日起至停止出售之日止，最短不得少于五个工作日。

招标人可以通过信息网络或者其他媒介发布招标文件，通过信息网络或者其他媒介发布的招标文件与书面招标文件具有同等法律效力，但出现不一致时以书面招标文件为准。招标人应当保持书面招标文件原始正本的完好。

对招标文件或者资格预审文件的收费应当合理，不得以营利为目的。对于所附的设计文件，招标人可以向投标人酌收押金；对于开标后投标人退还设计文件的，招标人应当向投标人退还押金。

招标文件或者资格预审文件售出后，不予退还。招标人在发布招标公告、发出投标邀请书后或者售出招标文件或资格预审文件后不得擅自终止招标。

第十六条　招标人可以根据招标项目本身的特点和需要，要求潜在投标人或者投标人提供满足其资格要求的文件，对潜在投标人或者投标人进行资格审查；法律、行政法规对潜在投标人或者投标人的资格条件有规定的，依照其规定。

第十七条　资格审查分为资格预审和资格后审。

资格预审，是指在投标前对潜在投标人进行的资格审查。

资格后审，是指在开标后对投标人进行的资格审查。

进行资格预审的，一般不再进行资格后审，但招标文件另有规定的除外。

第十八条　采取资格预审的，招标人可以发布资格预审公告。资格预审公告适用本办法第十三条、第十四条有关招标公告的规定。

采取资格预审的，招标人应当在资格预审文件中载明资格预审的条件、标准和方法；采取资格后审的，招标人应当在招标文件中载明对投标人资格要求的条件、标准和方法。

招标人不得改变载明的资格条件或者以没有载明的资格条件对潜在投标人或者投标人进行资格审查。

第十九条　经资格预审后，招标人应当向资格预审合格的潜在投标人发出资格预审合格通知书，告知获取招标文件的时间、地点和方法，并同时向资格预审不合格的潜在投标人告知资格预审结果。资格预审不合格的潜在投标人不得参加投标。

经资格后审不合格的投标人的投标应作废标处理。

第二十条　资格审查应主要审查潜在投标人或者投标人是否符合下列条件：

（一）具有独立订立合同的权利；

（二）具有履行合同的能力，包括专业、技术资格和能力，资金、设备和其他物质设施状况，管理能力，经验、信誉和相应的从业人员；

（三）没有处于被责令停业，投标资格被取消，财产被接管、冻结，破产状态；

（四）在最近三年内没有骗取中标和严重违约及重大工程质量问题；

（五）法律、行政法规规定的其他资格条件。

资格审查时，招标人不得以不合理的条件限制、排斥潜在投标人或者投标人，不得对潜在投标人或者投标人实行歧视待遇。任何单位和个人不得以行政手段或者其他不合理方式限制投标人的数量。

第二十一条　招标人符合法律规定的自行招标条件的，可以自行办理招标事宜。任何单位和个人不得强制其委托招标代理机构办理招标事宜。

第二十二条　招标代理机构应当在招标人委托的范围内承担招标事宜。招标代理机构可以在其资格等级范围内承担下列招标事宜：

（一）拟订招标方案，编制和出售招标文件、资格预审文件；

（二）审查投标人资格；

（三）编制标底；

（四）组织投标人踏勘现场；

（五）组织开标、评标，协助招标人定标；

（六）草拟合同；

（七）招标人委托的其他事项。

招标代理机构不得无权代理、越权代理，不得明知委托事项违法而进行代理。

招标代理机构不得接受同一招标项目的投标代理和投标咨询业务；未经招标人同意，不得转让招标代理业务。

第二十三条 工程招标代理机构与招标人应当签订书面委托合同，并按双方约定的标准收取代理费；国家对收费标准有规定的，依照其规定。

第二十四条 招标人根据施工招标项目的特点和需要编制招标文件。招标文件一般包括下列内容：

（一）投标邀请书；

（二）投标人须知；

（三）合同主要条款；

（四）投标文件格式；

（五）采用工程量清单招标的，应当提供工程量清单；

（六）技术条款；

（七）设计图纸；

（八）评标标准和方法；

（九）投标辅助材料。

招标人应当在招标文件中规定实质性要求和条件，并用醒目的方式标明。

第二十五条 招标人可以要求投标人在提交符合招标文件规定要求的投标文件外，提交备选投标方案，但应当在招标文件中做出说明，并提出相应的评审和比较办法。

第二十六条 招标文件规定的各项技术标准应符合国家强制性标准。

招标文件中规定的各项技术标准均不得要求或标明某一特定的专利、商标、名称、设计、原产地或生产供应者，不得含有倾向或者排斥潜在投标人的其他内容。如果必须引用某一生产供应者的技术标准才能准确或清楚地说明拟招标项目的技术标准时，则应当在参照后面加上“或相当于”的字样。

第二十七条 施工招标项目需要划分标段、确定工期的，招标人应当合理划分标段、确定工期，并在招标文件中载明。对工程技术上紧密相连、不可分割的单位工程不得分割标段。

招标人不得以不合理的标段或工期限制或者排斥潜在投标人或者投标人。

第二十八条 招标文件应当明确规定评标时除价格以外的所有评标因素，以及如何将这些因素量化或者据以进行评估。

在评标过程中，不得改变招标文件中规定的评标标准、方法和中标条件。

第二十九条 招标文件应当规定一个适当的投标有效期，以保证招标人有足够的时间完成评标和与中标人签订合同。投标有效期从投标人提交投标文件截止之日起计算。

在原投标有效期结束前，出现特殊情况的，招标人可以书面形式要求所有投标人延长投标有效期。投标人同意延长的，不得要求或被允许修改其投标文件的实质性内容，但应当相应延长其投标保证金的有效期；投标人拒绝延长的，其投标失效，但投标人有权收回其投标保证金。因延长投标有效期造成投标人损失的，招标人应当给予补偿，但因不可抗力需要延长投标有效期的除外。

第三十条 施工招标项目工期超过十二个月的，招标文件中可以规定工程造价指数体系、价格调整因素和调整方法。

第三十一条 招标人应当确定投标人编制投标文件所需要的合理时间；但是，依法必须进行招标的项目，自招标文件开始发出之日起至投标人提交投标文件截止之日止，最短不得少于二十日。

第三十二条 招标人根据招标项目的具体情况，可以组织潜在投标人踏勘项目现场，向其介绍工程场地和相关环境的有关情况。潜在投标人依据招标人介绍情况作出的判断和决策，由投标人自行负责。

招标人不得单独或者分别组织任何一个投标人进行现场踏勘。

第三十三条 对于潜在投标人在阅读招标文件和现场踏勘中提出的疑问，招标人可以书面形式或召开投标预备会的方式解答，但需同时将解答以书面方式通知所有购买招标文件的潜在投标人。该解答的内容为招标文件的组成部分。

第三十四条　招标人可根据项目特点决定是否编制标底。编制标底的，标底编制过程和标底必须保密。

招标项目编制标底的，应根据批准的初步设计、投资概算，依据有关计价办法，参照有关工程定额，结合市场供求状况，综合考虑投资、工期和质量等方面的因素合理确定。

标底由招标人自行编制或委托中介机构编制。一个工程只能编制一个标底。

任何单位和个人不得强制招标人编制或报审标底，或干预其确定标底。

招标项目可以不设标底，进行无标底招标。

第三章　投　标

第三十五条　投标人是响应招标、参加投标竞争的法人或者其他组织。招标人的任何不具独立法人资格的附属机构（单位），或者为招标项目的前期准备或者监理工作提供设计、咨询服务的任何法人及其任何附属机构（单位），都无资格参加该招标项目的投标。

第三十六条　投标人应当按照招标文件的要求编制投标文件。投标文件应当对招标文件提出的实质性要求和条件作出响应。

投标文件一般包括下列内容：

（一）投标函；

（二）投标报价；

（三）施工组织设计；

（四）商务和技术偏差表。

投标人根据招标文件载明的项目实际情况，拟在中标后将中标项目的部分非主体、非关键性工作进行分包的，应当在投标文件中载明。

第三十七条　招标人可以在招标文件中要求投标人提交投标保证金。投标保证金除现金外，可以是银行出具的银行保函、保兑支票、银行汇票或现金支票。

投标保证金一般不得超过投标总价的百分之二，但最高不得超过八十万元人民币。投标保证金有效期应当超出投标有效期三十天。

投标人应当按照招标文件要求的方式和金额，将投标保证金随投标文件提交给招标人。

投标人不按招标文件要求提交投标保证金的，该投标文件将被拒绝，作废标处理。

第三十八条　投标人应当在招标文件要求提交投标文件的截止时间前，将投标文件密封送达投标地点。招标人收到投标文件后，应当向投标人出具标明签收人和签收时间的凭证，在开标前任何单位和个人不得开启投标文件。

在招标文件要求提交投标文件的截止时间后送达的投标文件，为无效的投标文件，招标人应当拒收。

提交投标文件的投标人少于三个的，招标人应当依法重新招标。重新招标后投标人仍少于三个的，属于必须审批的工程建设项目，报经原审批部门批准后可以不再进行招标；其他工程建设项目，招标人可自行决定不再进行招标。

第三十九条　投标人在招标文件要求提交投标文件的截止时间前，可以补充、修改、替代或者撤回已提交的投标文件，并书面通知招标人。补充、修改的内容为投标文件的组成部分。

第四十条　在提交投标文件截止时间后到招标文件规定的投标有效期终止之前，投标人不得补充、修改、替代或者撤回其投标文件。投标人补充、修改、替代投标文件的，招标人不予接受；投标人撤回投标文件的，其投标保证金将被没收。

第四十一条　在开标前，招标人应妥善保管好已接收的投标文件、修改或撤回通知、备选投标方案等投标资料。

第四十二条　两个以上法人或者其他组织可以组成一个联合体，以一个投标人的身份共同投标。

联合体各方签订共同投标协议后，不得再以自己名义单独投标，也不得组成新的联合体或参加其他联合体在同一项目中投标。

第四十三条　联合体参加资格预审并获通过的，其组成的任何变化都必须在提交投标文件截止之日前征得招标人的同意。如果变化后的联合体削弱了竞争，含有事先未经过资格预审或者资格预审不合格的法人或者其他组织，或者使联合体的资质降到资格预审文件中规定的最低标准以下，招标人有权拒绝。

第四十四条　联合体各方必须指定牵头人，授权其代表所有联合体成员负责投标和合同实施阶段的主办、协调工作，并应当向招标人提交由所有联合体成员法定代表人签署的授权书。

第四十五条　联合体投标的，应当以联合体各方或者联合体中牵头人的名义提交投标保证金。以联合体中牵头人名义提交的投标保证金，对联合体各成员具有约束力。

第四十六条　下列行为均属投标人串通投标报价：

（一）投标人之间相互约定抬高或压低投标报价；

（二）投标人之间相互约定，在招标项目中分别以高、中、低价位报价；

（三）投标人之间先进行内部竞价，内定中标人，然后再参加投标；

（四）投标人之间其他串通投标报价的行为。

第四十七条　下列行为均属招标人与投标人串通投标：

（一）招标人在开标前开启招标文件，并将投标情况告知其他投标人，或者协助投标人撤换投标文件，更改报价；

（二）招标人向投标人泄露标底；

（三）招标人与投标人商定，投标时压低或抬高标价，中标后再给投标人或招标人额外补偿；

（四）招标人预先内定中标人；

（五）其他串通投标行为。

第四十八条　投标人不得以他人名义投标。

前款所称以他人名义投标，指投标人挂靠其他施工单位，或从其他单位通过转让或租借的方式获取资格或资质证书，或者由其他单位及其法定代表人在自己编制的投标文件上加盖印章和签字等行为。

第四章　开标、评标和定标

第四十九条　开标应当在招标文件确定的提交投标文件截止时间的同一时间公开进行；开标地点应当为招标文件中确定的地点。

第五十条　投标文件有下列情形之一的，招标人不予受理：

（一）逾期送达的或者未送达指定地点的；

（二）未按招标文件要求密封的。

投标文件有下列情形之一的，由评标委员会初审后按废标处理：

（一）无单位盖章并无法定代表人或法定代表人授权的代理人签字或盖章的；

（二）未按规定的格式填写，内容不全或关键字迹模糊、无法辨认的；

（三）投标人递交两份或多份内容不同的投标文件，或在一份投标文件中对同一招标项目报有两个或多个报价，且未声明哪一个有效，按招标文件规定提交备选投标方案的除外；

（四）投标人名称或组织结构与资格预审时不一致的；

（五）未按招标文件要求提交投标保证金的；

（六）联合体投标未附联合体各方共同投标协议的。

第五十一条　评标委员会可以书面方式要求投标人对投标文件中含义不明确、对同类问题表述不一致或者有明显文字和计算错误的内容作必要的澄清、说明或补正。评标委员会不得向投标人提出带有暗示性或诱导性的问题，或向其明确投标文件中的遗漏和错误。

第五十二条　投标文件不响应招标文件的实质性要求和条件的，招标人应当拒绝，并不允许投标人通过修正或撤销其不符合要求的差异或保留，使之成为具有响应性的投标。

第五十三条　评标委员会在对实质上响应招标文件要求的投标进行报价评估时，除招标文件另有约定外，应当按下述原则进行修正：

（一）用数字表示的数额与用文字表示的数额不一致时，以文字数额为准；

（二）单价与工程量的乘积与总价之间不一致时，以单价为准。若单价有明显的小数点错位，应以总价为准，并修改单价。

按前款规定调整后的报价经投标人确认后产生约束力。

投标文件中没有列入的价格和优惠条件在评标时不予考虑。

第五十四条　对于投标人提交的优越于招标文件中技术标准的备选投标方案所产生的附加收益，不得考虑进评标价中。符合招标文件的基本技术要求且评标价最低或综合评分最高的投标人，其所提交的备选方案方可予以考虑

第五十五条　招标人设有标底的，标底在评标中应当作为参考，但不得作为评标的唯一依据。

第五十六条　评标委员会完成评标后，应向招标人提出书面评标报告。评标报告由评标委员会全体成员签字。

评标委员会提出书面评标报告后，招标人一般应当在十五日内确定中标人，但最迟应当在投标有效期结束日三十个工作日前确定。

中标通知书由招标人发出。

第五十七条　评标委员会推荐的中标候选人应当限定在一至三人，并标明排列顺序。招标人应当接受评标委员会推荐的中标候选人，不得在评标委员会推荐的中标候选人之外确定中标人。

第五十八条　依法必须进行招标的项目，招标人应当确定排名第一的中标候选人为中标人。排名第一的中标候选人放弃中标、因不可抗力提出不能履行合同，或者招标文件规定应当提交履约保证金而在规定的期限内未能提交的，招标人可以确定排名第二的中标候选人为中标人。

排名第二的中标候选人因前款规定的同样原因不能签订合同的，招标人可以确定排名第三的中标候选人为中标人。

招标人可以授权评标委员会直接确定中标人。

国务院对中标人的确定另有规定的，从其规定。

第五十九条　招标人不得向中标人提出压低报价、增加工作量、缩短工期或其他违背中标人意愿的要求，以此作为发出中标通知书和签订合同的条件。

第六十条　中标通知书对招标人和中标人具有法律效力。中标通知书发出后，招标人改变中标结果的，或者中标人放弃中标项目的，应当依法承担法律责任。

第六十一条　招标人全部或者部分使用非中标单位投标文件中的技术成果或技术方案时，需征得其书面同意，并给予一定的经济补偿。

第六十二条　招标人和中标人应当自中标通知书发出之日起三十日内，按照招标文件和中标人的投标文件订立书面合同。招标人和中标人不得再行订立背离合同实质性内容的其他协议。

招标文件要求中标人提交履约保证金或者其他形式履约担保的，中标人应当提交；拒绝提交的，视为放弃中标项目。招标人要求中标人提供履约保证金或其他形式履约担保的，招标人应当同时向中标人提供工程款支付担保。

招标人不得擅自提高履约保证金，不得强制要求中标人垫付中标项目建设资金。

第六十三条　招标人与中标人签订合同后五个工作日内，应当向未中标的投标人退还投标保证金。

第六十四条　合同中确定的建设规模、建设标准、建设内容、合同价格应当控制在批准的初步设计及概算文件范围内；确需超出规定范围的，应当在中标合同签订前，报原项目审批部门审查同意。凡应报经审查而未报的，在初步设计及概算调整时，原项目审批部门一律不予承认。

第六十五条　依法必须进行施工招标的项目，招标人应当自发出中标通知书之日起十五日内，向有关行政监督部门提交招标投标情况的书面报告。

前款所称书面报告至少应包括下列内容：

（一）招标范围；

（二）招标方式和发布招标公告的媒介；

（三）招标文件中投标人须知、技术条款、评标标准和方法、合同主要条款等内容；

（四）评标委员会的组成和评标报告；

（五）中标结果。

第六十六条　招标人不得直接指定分包人。

第六十七条　对于不具备分包条件或者不符合分包规定的，招标人有权在签订合同或者中标人提出分包要求时予以拒绝。发现中标人转包或违法分包时，可要求其改正；拒不改正的，可终止合同，并报请有关行政监督部门查处。

监理人员和有关行政部门发现中标人违反合同约定进行转包或违法分包的，应当要求中标人改正，或者告知招标人要求其改正；对于拒不改正的，应当报请有关行政监督部门查处。

第五章　法律责任

第六十八条　依法必须进行招标的项目而不招标的，将必须进行招标的项目化整为零或者以其他任何方式规避招标的，有关行政监督部门责令限期改正，可以处项目合同金额千分之五以上千分之十以下的罚款；对全部或者部分使用国有资金的项目，项目审批部门可以暂停项目执行或者暂停资金拨付；对单位直接负责的主管人员和其他直接责任人员依法给予处分。

第六十九条　招标代理机构违法泄露应当保密的与招标投标活动有关的情况和资料的，或者与招标人、投标人串通损害国家利益、社会公共利益或者他人合法权益的，由有关行政监督部门处五万元以上二十五万元以下罚款，对单位直接负责的主管人员和其他直接责任人员处单位罚款数额百分之五以上百分之十以下罚款；有违法所得的，并处没收违法所得；情节严重的，有关行政监督部门可停止其一定时期内参与相关领域的招标代理业务，资格认定部门可暂停直至取消招标代理资格；构成犯罪的，由司法部门依法追究刑事责任。给他人造成损失的，依法承担赔偿责任。

前款所列行为影响中标结果，并且中标人为前款所列行为的受益人的，中标无效。

第七十条　招标人以不合理的条件限制或者排斥潜在投标人的，对潜在投标人实行歧视待遇的，强制要求投标人组成联合体共同投标的，或者限制投标人之间竞争的，有关行政监督部门责令改正，可处一万元以上五万元以下罚款。

第七十一条　依法必须进行招标项目的招标人向他人透露已获取招标文件的潜在投标人的名称、数量或者可能影响公平竞争的有关招标投标的其他情况的，或者泄露标底的，有关行政监督部门给予警告，可以并处一万元以上十万元以下的罚款；对单位直接负责的主管人员和其他直接责任人员依法给予处分；构成犯罪的，依法追究刑事责任。

前款所列行为影响中标结果，并且中标人为前款所列行为的受益人的，中标无效。

第七十二条　招标人在发布招标公告、发出投标邀请书或者售出招标文件或资格预审文件后终止招标的，除有正当理由外，有关行政监督部门给予警告，根据情节可处三万元以下的罚款；给潜在投标人或者投标人造成损失的，并应当赔偿损失。

第七十三条　招标人或者招标代理机构有下列情形之一的，有关行政监督部门责令其限期改正，根据情节可处三万元以下的罚款；情节严重的，招标无效：

（一）未在指定的媒介发布招标公告的；

（二）邀请招标不依法发出投标邀请书的；

（三）自招标文件或资格预审文件出售之日起至停止出售之日止，少于五个工作日的；

（四）依法必须招标的项目，自招标文件开始发出之日起至提交投标文件截止之日止，少于二十日的；

（五）应当公开招标而不公开招标的；

（六）不具备招标条件而进行招标的；

（七）应当履行核准手续而未履行的；

（八）不按项目审批部门核准内容进行招标的；

（九）在提交投标文件截止时间后接收投标文件的；

（十）投标人数量不符合法定要求不重新招标的。

被认定为招标无效的，应当重新招标。

第七十四条　投标人相互串通投标或者与招标人串通投标的，投标人以向招标人或者评标委员会成员行贿的手段谋取中标的，中标无效，由有关行政监督部门处中标项目金额千分之五以上千分之十以下的罚款，对单位直接负责的主管人员和其他直接责任人员处单位罚款数额百分之五以上百分之十以下的罚款；有违法所得的，并处没收违法所得；情节严重的，取消其一至二年的投标资格，并予以公告，直至由工商行政管理机关吊销营业执照；构成犯罪的，依法追究刑事责任。给他人造成损失的，依法承担赔偿责任。

第七十五条　投标人以他人名义投标或者以其他方式弄虚作假，骗取中标的，中标无效，给招标人造成损失的，依法承担赔偿责任；构成犯罪的，依法追究刑事责任。

依法必须进行招标项目的投标人有前款所列行为尚未构成犯罪的，有关行政监督部门处中标项目金额千分之五以上千分之十以下的罚款，对单位直接负责的主管人员和其他直接责任人员处单位罚款数额百分之五以上百分之十以下的罚款；有违法所得的，并处没收违法所得；情节严重的，取消其一至三年投标资格，并予以公告，直至由工商行政管理机关吊销营业执照。

第七十六条　依法必须进行招标的项目，招标人违法与投标人就投标价格、投标方案等实质性内容进行谈判的，有关行政监督部门给予警告，对单位直接负责的主管人员和其他直接责任人员依法给予处分。

前款所列行为影响中标结果的，中标无效。

第七十七条　评标委员会成员收受投标人的财物或者其他好处的，评标委员会成员或者参加评标的有关工作人员向他人透露对投标文件的评审和比较、中标候选人的推荐以及与评标有关的其他情况的，有关行政监督部门给予警告，没收收受的财物，可以并处三千元以上五万元以下的罚款，对有所列违法行为的评标委员会成员取消担任评标委员会成员的资格并予以公告，不得再参加任何招标项目的评标；构成犯罪的，依法追究刑事责任。

第七十八条　评标委员会成员在评标过程中擅离职守，影响评标程序正常进行，或者在评标过程中不能客观公正地履行职责的，有关行政监督部门给予警告；情节严重的，取消担任评标委员会成员的资格，不得再参加任何招标项目的评标，并处一万元以下的罚款。

第七十九条　评标过程有下列情况之一的，评标无效，应当依法重新进行评标或者重新进行招标，有关行政监督部门可处三万元以下的罚款：

（一）使用招标文件没有确定的评标标准和方法的；

（二）评标标准和方法含有倾向或者排斥投标人的内容，妨碍或者限制投标人之间竞争，且影响评标结果的；

（三）应当回避担任评标委员会成员的人参与评标的；

（四）评标委员会的组建及人员组成不符合法定要求的；

（五）评标委员会及其成员在评标过程中有违法行为，且影响评标结果的。

第八十条　招标人在评标委员会依法推荐的中标候选人以外确定中标人的，依法必须进行招标的项目在所有投标被评标委员会否决后自行确定中标人的，中标无效。有关行政监督部门责令改正，可以处中标项目金额千分之五以上千分之十以下的罚款；对单位直接负责的主管人员和其他直接责任人员依法给予处分。

第八十一条　招标人不按规定期限确定中标人的，或者中标通知书发出后，改变中标结果的，无正当理由不与中标人签订合同的，或者在签订合同时向中标人提出附加条件或者更改合同实质性内容的，有关行政监督部门给予警告，责令改正，根据情节可处三万元以下的罚款；造成中标人损失的，并应当赔偿损失。

中标通知书发出后，中标人放弃中标项目的，无正当理由不与招标人签订合同的，在签订合同时向招标人提出附加条件或者更改合同实质性内容的，或者拒不提交所要求的履约保证金的，招标人可取消其中标资格，并没收其投标保证金；给招标人的损失超过投标保证金数额的，中标人应当对超过部分予以赔偿；没有提交投标保证金的，应当对招标人的损失承担赔偿责任。

第八十二条　中标人将中标项目转让给他人的，将中标项目肢解后分别转让给他人的，违法将中标项目的部分主体、关键性工作分包给他人的，或者分包人再次分包的，转让、分包无效，有关行政监督部门处转让、分包项目金额千分之五以上千分之十以下的罚款；有违法所得的，并处没收违法所得；可以责令停业整顿；情节严重的，由工商行政管理机关吊销营业执照。

第八十三条　招标人与中标人不按照招标文件和中标人的投标文件订立合同的，招标人、中标人订立背离合同实质性内容的协议的，或者招标人擅自提高履约保证金或强制要求中标人垫付中标项目建设资金的，有关行政监督部门责令改正；可以处中标项目金额千分之五以上千分之十以下的罚款。

第八十四条　中标人不履行与招标人订立的合同的，履约保证金不予退还，给招标人造成的损失超过履约保证金数额的，还应当对超过部分予以赔偿；没有提交履约保证金的，应当对招标人的损失承担赔偿责任。

中标人不按照与招标人订立的合同履行义务，情节严重的，有关行政监督部门取消其二至五年参加招标项目的投标资格并予以公告，直至由工商行政管理机关吊销营业执照。

因不可抗力不能履行合同的，不适用前两款规定。

第八十五条　招标人不履行与中标人订立的合同的，应当双倍返还中标人的履约保证金；给中标人造成的损失超过返还的履约保证金的，还应当对超过部分予以赔偿；没有提交履约保证金的，应当对中标人的损失承担赔偿责任。

因不可抗力不能履行合同的，不适用前款规定。

第八十六条　依法必须进行施工招标的项目违反法律规定，中标无效的，应当依照法律规定的中标条件从其余投标人中重新确定中标人或者依法重新进行招标。

中标无效的，发出的中标通知书和签订的合同自始没有法律约束力，但不影响合同中独立存在的有关解决争议方法的条款的效力。

第八十七条　任何单位违法限制或者排斥本地区、本系统以外的法人或者其他组织参加投标的，为招标人指定招标代理机构的，强制招标人委托招标代理机构办理招标事宜的，或者以其他方式干涉招标投标活动的，有关行政监督部门责令改正；对单位直接负责的主管人员和其他直接责任人员依法给予警告、记过、记大过的处分，情节较重的，依法给予降级、撤职、开除的处分。

个人利用职权进行前款违法行为的，依照前款规定追究责任。

第八十八条　对招标投标活动依法负有行政监督职责的国家机关工作人员徇私舞弊、滥用职权或者玩忽职守，构成犯罪的，依法追究刑事责任；不构成犯罪的，依法给予行政处分。

第八十九条　任何单位和个人对工程建设项目施工招标投标过程中发生的违法行为，有权向项目审批部门或者有关行政监督部门投诉或举报。

第六章　附　则

第九十条　使用国际组织或者外国政府贷款、援助资金的项目进行招标，贷款方、资金提供方对工程施工招标投标活动的条件和程序有不同规定的，可以适用其规定，但违背中华人民共和国社会公共利益的除外。

第九十一条　本办法由国家发展计划委员会会同有关部门负责解释。

第九十二条　本办法自 2003 年 5 月 1 日起施行。

附录 3

建设工程施工合同

（示范文本）

（GF—1999—0201）

中华人民共和国建设部
国家工商行政管理局　制定
一九九九年十二月

第一部分 协议书

发包人（全称）：________________________

承包人（全称）：________________________

依照《中华人民共和国合同法》、《中华人民共和国建筑法》及其他有关法律、行政法规、遵循平等、自愿、公平和诚实信用的原则，双方就本建设工程施工项协商一致，订立本合同。

第一条 工程概况

工程名称：________________________

工程地点：________________________

工程内容：________________________

群体工程应附承包人承揽工程项目一览表（附件 1）

工程立项批准文号：________________________

资金来源：________________________

第二条 工程承包范围

承包范围：________________________

第三条 合同工期

开工日期：________________________

竣工日期：________________________

合同工期总日历天数________天

第四条 质量标准

工程质量标准：________________________

第五条 合同价款

金额（大写）：________________元（人民币）￥：________________元。

第六条 组成合同的文件

组成本合同的文件包括：

1. 本合同协议书
2. 中标通知书
3. 投标书及其附件
4. 本合同专用条款
5. 本合同通用条款
6. 标准、规范及有关技术文件
7. 图纸
8. 工程量清单
9. 工程报价单或预算书

双方有关工程的洽商、变更等书面协议或文件视为本合同的组成部分。

第七条 本协议书中有关词语含义本合同第二部分《通用条款》中分别赋予它们的定义相同。

第八条 承包人向发包人承诺按照合同约定进行施工、竣工并在质量保修期内承担工程质量保修责任。

第九条 发包人向承包人承诺按照合同约定的期限和方式支付合同价款及其他应当支付的款项。

第十条 合同生效

合同订立时间：________年________月________日

合同订立地点：________________________

本合同双方约定________________________后生效。

发 包 人:(公章): 承 包 人:(公章)
住 所: 住 所:
法定代表人: 法定代表人:
委托代表人: 委托代表人:
电 话: 电 话:
传 真: 传 真:
开 户 银 行: 开 户 银 行:
账 号: 账 号:
邮 政 编 码: 邮 政 编 码:

第二部分 通用条款

一、词语定义及合同文件

1. 词语定义

下列词语除专用条款另有约定外，应具有本条所赋予的定义：

1.1 通用条款：是根据法律、行政法规规定及建设工程施工的需要订立，通用于建设工程施工的条款。

1.2 专用条款：是发包人与承包人根据法律、行政法规规定，结合具体工程实际，经协商达成一致意见的条款，是对通用条款的具体化、补充或修改。

1.3 发包人：指在协议书中约定，具有工程发包主体资格和支付工程价款能力的当事人以及取得该当事人资格的合法继承人。

1.4 承包人：指在协议书中约定，被发包人接受的具有工程施工承包主体资格的当事人以及取得该当事人资格的合法继承人。

1.5 项目经理：指承包人在专用条款中指定的负责施工管理和合同履行的代表。

1.6 设计单位：指发包人委托的负责本工程设计并取得相应工程设计资质等级证书的单位。

1.7 监理单位：指发包人委托的负责本工程监理并取得相应工程监理资质等级证书的单位。

1.8 工程师：指本工程监理单位委派的总监理工程师或发包人指定的履行本合同的代表，其具体身份和职权由发包人承包人在专用条款中约定。

1.9 工程造价管理部门：指国务院有关部门、县级以上人民政府建设行政主管部门或其委托的工程造价管理机构。

1.10 工程：指发包人承包人在协议书中约定的承包范围内的工程。

1.11 合同价款：指发包人承包人在协议书中约定，发包人用以支付承包人按照合同约定完成承包范围内全部工程并承担质量保修责任的款项。

1.12 追加合同价款：指在合同履行中发生需要增加合同价款的情况，经发包人确认后按计算合同价款的方法增加的合同价款。

1.13 费用：指不包含在合同价款之内的应当由发包人或承包人承担的经济支出。

1.14 工期：指发包人承包人在协议书中约定，按总日历天数（包括法定节假日）计算的承包天数。

1.15 开工日期：指发包人承包人在协议书中约定，承包人开始施工的绝对或相对的日期。

1.16 竣工日期：指发包人承包人在协议书约定，承包人完成承包范围内工程的绝对或相对的日期。

1.17 图纸：指由发包人提供或由承包人提供并经发包人批准，满足承包人施工需要的所有图纸（包括配套说明和有关资料）。

1.18 施工场地：指由发包人提供的用于工程施工的场所以及发包人在图纸中具体指定的供施工使

用的任何其他场所。

1.19 书面形式：指合同书、信件和数据电文（包括电报、电传、传真、电子数据交换和电子邮件）等可以有形地表现所载内容的形式。

1.20 违约责任：指合同一方不履行合同义务或履行合同义务不符合约定所应承担的责任。

1.21 索赔：指在合同履行过程中，对于并非自己的过错，而是应由对方承担责任的情况造成的实际损失，向对方提出经济补偿和（或）工期顺延的要求。

1.22 不可抗力：指不能预见、不能避免并不能克服的客观情况。

1.23 小时或天：本合同中规定按小时计算时间的，从事件有效开始时计算（不扣除休息时间）；规定按天计算时间的，开始当天不计入，从次日开始计算。时限的最后一天是休息日或者其他法定节假日的，以节假日次日为时限的最后一天，但竣工日期除外。时限的最后一天的截止时间为当日 24 时。

2. 合同文件及解释顺序

2.1 合同文件应能相互解释，互为说明。除专用条款另有约定外，组成本合同的文件及优先解释顺序如下：

（1）本合同协议书

（2）中标通知书

（3）投标书及其附件

（4）本合同专用条款

（5）本合同通用条款

（6）标准、规范及有关技术文件

（7）图纸

（8）工程量清单

（9）工程报价单或预算书

合同履行中，发包人承包人有关工程的洽商、变更等书面协议或文件视为本合同的组成部分。

2.2 当合同文件内容含糊不清或不相一致时，在不影响工程正常进行的情况下，由发包人承包人协商解决。双方也可以提请负责监理的工程师作出解释。双方协商不成或不同意负责监理的工程师作出解释。双方协商不成或不同意负责监理的工程师的解释时，按本通用条款第 37 条关于争议的约定处理。

3. 语言文字和适用法律、标准及规范

3.1 语言文字

本合同文件使用汉语语言文字书写、解释和说明。如专用条款约定使用两种以上（含两种）语言文字时，汉语应为解释和说明本合同的标准语言文字。

在少数民族地区，双方可以约定使用少数民族语言文字书写和解释、说明本合同。

3.2 适用法律和法规

本合同文件适用国家的法律和行政法规。需要明示的法律、行政法规，由双方在专用条款中约定。

3.3 适用标准、规范

双方在专用条款内约定适用国家标准、规范的名称；没有国家标准、规范但有行业标准、规范的，约定适用行业标准、规范的名称；没有国家和行业标准、规范的，约定适用工程所在地地方标准、规范的名称。发包人应按专用条款约定的时间向承包人提供一式两份约定的标准、规范。

国内没有相应标准、规范的，由发包人按专用条款约定的时间向承包人提出施工技术要求，承包人按约定的时间和要求提出施工工艺，经发包人认可后执行。发包人要求使用国外标准、规范的，应负责提供中文译本。

本条所发生的购买、翻译标准、规范或制定施工工艺的费用，由发包人承担。

4. 图纸

4.1 发包人应按专用条款约定的日期和套数，向承包人提供图纸。承包人需要增加图纸套数的，发包人应代为复制，复制费用由承包人承担。发包人对工程有保密要求的，应在专用条款中提出保密要求，保密措施费用由发包人承担，承包人在约定保密期限内履行保密义务。

4.2 承包人未经发包人同意，不得将本工程图纸转给第三人。工程质量保修期满后，除承包人存档需要的图纸外，应将全部图纸退还给发包人。

4.3 承包人应在施工现场保留一套完整图纸，供工程师及有关人员进行工程检查时使用。

二、双方一般权利和义务

5. 工程师

5.1 实行工程监理的，发包人应在实施监理前将委托的监理单位名称、监理内容及监理权限以书面形式通知承包人。

5.2 监理单位委派的总监理工程师在本合同中称工程师，其姓名、职务、职权由发包人承包人在专用条款内写明。工程师按合同约定行使职权，发包人在专用条款内要求工程师在行使某些职权前需要征得发包人批准的，工程师应征得发包人批准。

5.3 发包人派驻施工场地履行合同的代表在本合同中也称工程师，其姓名、职务、职权由发包人在专用条款内写明，但职权不得与监理单位委派的总监理工程师职权相互交叉。双方职权发生交叉或不明确时，由发包人予以明确，并以书面形式通知承包人。

5.4 合同履行中，发生影响发包人承包人双方权利或义务的事件时，负责监理的工程师应依据合同在其职权范围内客观公正地进行处理。一方对工程师的处理有异议时，按本通用条款第 37 条关于争议的约定处理。

5.5 除合同内有明确约定或经发包人同意外，负责监理的工程师无权解除本合同约定的承包人的任何权利与义务。

5.6 不实行工程监理的，本合同中工程师专指发包人派驻施工场地履行合同的代表，其具体职权由发包人在专用条款内写明。

6. 工程师的委派和指令

6.1 工程师可委派工程师代表，行使合同约定的自己的职权，并可在认为必要时撤回委派。委派和撤回均应提前 7 天以书面形式通知承包人，负责监理的工程师还应将委派和撤回通知发包人。委派书和撤回通知作为本合同附件。

工程师代表在工程师授权范围内向承包人发出的任何书面形式的函件，与工程师发出的函件具有同等效力。承包人对工程师代表向其发出的任何书面形式的函件有疑问时，可将此函件提交工程师，工程师应进行确认。工程师代表发出指令有失误时，工程师应进行纠正。

除工程师或工程师代表外，发包人派驻工地的其他人员均无权向承包人发出任何指令。

6.2 工程师的指令、通知由其本人签字后，以书面形式交给项目经理，项目经理在回执上签署姓名和收到时间后生效。确有必要时，工程师可发出口头指令，并在 48 小时内给予书面确认，承包人对工程师的指令应予执行。工程师不能及时给予书面确认的，承包人应于工程师发出口头指令后 7 天内提出书面确认要求。工程师在承包人提出确认要求后 48 小时内不予答复的，视为口头指令已被确认。

承包人认为工程师指令不合理，应在收到指令后 24 小时内向工程师提出修改指令的书面报告，工程师在收到承包人报告后 24 小时内作出修改指令或继续执行原指令的决定，并以书面形式通知承包人。紧急情况下，工程师要求承包人立即执行的指令或承包人虽有异议，但工程师决定仍继续执行的指令，承包人应予执行。因指令错误发生的追加合同价款和给承包人造成的损失由发包人承担，延误的工期相应顺延。

本款规定同样适用于由工程师代表发出的指令、通知。

6.3 工程师应按合同约定，及时向承包人提供所需指令、批准并履行约定的其他义务。由于工程师未能按合同约定履行义务造成工期延误，发包人应承担延误造成的追加合同价款，并赔偿承包人有关损失，顺延延误的工期。

6.4 如需更换工程师，发包人应至少提前 7 天以书面形式通知承包人，后任继续行使合同文件约定的前任的职权，履行前任的义务。

7. 项目经理

7.1 项目经理的姓名、职务在专用条款内写明。

7.2 承包人依据合同发出的通知，以书面形式由项目经理签字后送交工程师，工程师在回执上签署姓名和收到时间后生效。

7.3 项目经理按发包人认可的施工组织设计（施工方案）和工程师依据合同发出的指令组织施工。在情况紧急且无法与工程师联系时，项目经理应当采取保证人员生命和工程、财产安全的紧急措施，并在采取措施后 48 小时内向工程师关交报告。责任在发包人或第三人，由发包人承担由此发生的追加合同价款，相应顺延工期；责任在承包人，由承包人承担费用，不顺延工期。

7.4 承包人如需要更换项目经理，应至少提前 7 天以书面形式通知发包人，关征得发包人同意。后任继续行使合同文件约定的前任的职权，履行前任的义务。

7.5 发包人可以与承包人协商，建议更换其认为不称职的项目经理。

8. 发包人工作

8.1 发包人按专用条款约定的内容和时间完成以下工作：

（1）办理土地征用、拆迁补偿、平整施工场地等工作，使施工场地具备施工条件，在开工后继续负责解决以上事项遗留问题；

（2）将施工所需水、电、电讯线路从施工场地外部接至专用条款约定地点，保证施工期间的需要；

（3）开通施工场地与城乡公共道路的通道，以及专用条款约定的施工场地内的主要道路，满足施工运输的需要，保证施工期间的畅通；

（4）向承包人提供施工场地的工程地质和地下管线资料，对资料的真实准确性负责；

（5）办理施工许可证及其他施工所需证件、批件和临时用地、停水、停电、中断道路交通、爆破作业等的申请批准手续（证明承包人自身资质的证件除外）；

（6）确定水准点与坐标控制点，以书面形式交给承包人，进行现场交验；

（7）组织承包人和设计单位进行图纸会审和设计交底；

（8）协调处理施工场地周围地下管线和邻近建筑物、构筑物（包括文物保护建筑）、古树名木的保护工作、承担有关费用；

（9）发包人应做的其他工作，双方在专用条款内约定。

8.2 发包人可以将 8.1 款部分工作委托承包人办理，双方在专用条款内约定，其费用由发包人承担。

8.3 发包人未能履行 8.1 款各项义务，导致工期延误或给承包人造成损失的，发包人赔偿承包人有关损失，顺延延误的工期。

9. 承包人工作

9.1 承包人按专用条款约定的内容和时间完成以下工作：

（1）根据发包人委托，在其设计资质等级和业务允许的范围内，完成施工图设计或与工程配套的设计，经工程师确认后使用，发包人承担由此发生的费用；

（2）向工程师提供年、季、月度工程进度计划及相应进度统计报表；

（3）根据工程需要，提供和维修非夜间施工使用的照明、围栏设施，产负责安全保卫；

（4）按专用条款约定的数量和要求，向发包人提供施工场地办公和生活的房屋及设施，发包人承担由此发生的费用；

（5）遵守政府有关主管部门对施工场地交通、施工噪音以及环境保护和安全生产等的管理规定，按规定办理有关手续，并以书面形式通知发包人，发包人承担由此发生的费用，因承包人责任造成的罚款除外；

（6）已竣工工程未交付发包人之前，承包人按专用条款约定负责已完工程的保护工作，保护期间发生损坏，承包人自费予以修复；发包人要求承包人采取特殊措施保护的工程部位和相应的追加合同价款，双方在专用条款内约定；

（7）按专用条款约定做好施工场地地下管线和邻近建筑物、构筑物（包括文物保护建筑）、古树名木的保护工作；

（8）保证施工场地清洁符合环境卫生管理的有关规定，交工前清理现场达到专用条款约定的要求，承担因自身原因违反有关规定造成的损失和罚款；

（9）承包人应做的其他工作，双方在专用条款内约定。

9.2 承包人未能履行 9.1 款各项义务，造成发包人损失的，承包人赔偿发包人有关损失。

三、施工组织设计和工期

10. 进度计划

10.1 承包人应按专用条款约定的日期，将施工组织设计和工程进度计划提交修改意见，逾期不确认也不提出书面意见的，视为同意。

10.2 群体工程中单位工程分期进行施工的，承包人应按照发包人提供图纸及有关资料的时间，按单位工程编制进度计划，其具体内容双方在专用条款中约定。

10.3 承包人必须按工程师确认的进度计划组织施工，接受工程师对进度的检查、监督。工程实际进度与经确认的进度计划不符时，承包人应按工程师的要求提出改进措施，经工程师确认后执行。因承包人的原因导致实际进度与进度计划不符，承包人无权就改进措施提出追加合同价款。

11. 开工及延期开工

11.1 承包人应当按照协议书约定的开工日期开工。承包人不能按时开工，应当不迟于协议书约定的开工日期前 7 天，以书面形式向工程师提出延期开工的理由和要求。工程师应当在接到延期开工申请后的 48 小时内以书面形式答复承包人。工程师在接到延期开工申请后的 48 小时内不答复，视为同意承包人要求，工期相应顺延。工程师不同意延期要求或承包人未在规定时间内提出延期开工要求，工期不予顺延。

11.2 因发包人原因不能按照协议书约定的开工日期开工，工程师应以书面形式通知承包人，推迟开工日期。发包人赔偿承包人因延期开工造成的损失，并相应顺延工期。

12. 暂停施工

工程师认为确有必要暂停施工时，应当以书面形式要求承包人暂停施工，并在提出要求后 48 小时内提出书面处理意见。承包人应当按工程师要求停止施工，并妥善保护已完工程。承包人实施工程师作出的处理意见后，可以书面形式提出复工要求，工程师作出的处理意见后，可以书面形式提出复工要求，工程师应当在 48 小时内给予答复。工程师未能在规定时间内提出处理意见，或收到承包人复工要求后 48 小时内未予答复，承包人可自行复工。因发包人原因造成停工的，由发包人承担所发生的追加合同价款，赔偿承包人由此造成的损失，相应顺延工期；因承包人原因造成停工的，由承包人承担发生的费用，工期不予顺延。

13. 工期延误

13.1 因以下原因造成工期延误，经工程师确认，工期相应顺延：

（1）发包人未能按专用条款的约定提供图纸及开工条件；

（2）发包人未能按约定日期支付工程预付款、进度款，致使施工不能正常进行；

（3）工程师未按合同约定提供所需指令、批准等，致使施工不能正常进行；

（4）设计变更和工程量增加；

（5）一周内非承包人原因停水、停电、停气造成停工累计超过 8 小时；

（6）不可抗力；

（7）专用条款中约定或工程师同意工期顺延的其他情况。

13.2 承包人在 13.1 款情况发生后 14 天内，就延误的工期以书面形式向工程师提出报告。工程师在收到报告后 14 天内予以确认，逾期不予确认也不提出修改意见，视为同意顺延工期。

14. 工程竣工

14.1 承包人必须按照协议书约定的竣工日期或工程师同意顺延的工期竣工。

14.2 因承包人原因不能按照协议书约定的竣工日期或工程师同意顺延的工期竣工的，承包人承担违约责任。

14.3 施工中发包人如需提前竣工，双方协商一致后应签订提前竣工协议，作为合同文件组成部分。提前竣工协议应包括承包人为保证工程质量和安全采取的措施、发包人为提前竣工提供的条件以及提前竣工所需的追加合同价款等内容。

四、质量与检验

15. 工程质量

15.1 工程质量应当达到协议书约定的质量标准，质量标准的评定以国家或行业的质量检验评定标准为依据。因承包人原因工程质量达不到约定的质量标准，承包人承担违约责任。

15.2 双方对工程质量有争议，由双方同意的工程质量检测机构鉴定，所需费用及因此造成的损失，由责任方承担。双方均有责任，由双方根据其责任分别承担。

16. 检查和返工

16.1 承包人应认真按照标准、规范和设计图纸要求以及工程师依据合同发出的指令施工，随时接受工程师的检查检验，为检查检验提供便利条件。

16.2 工程质量达不到约定标准的部分，工程师的要求拆除和重新施工，直到符合约定标准。因承包人原因达不到约定标准，由承包人承担拆除和重新施工的费用，工期不予顺延。

16.3 工程师的检查检验不应影响施工正常进行。如影响施工正常进行，检查检验不合格时，影响正常施工的费用由承包人承担。除此之外影响正常施工的追加合同价款由发包人承担，相应顺延工期。

16.4 因工程师指令失误或其他非承包人原因发生的追加合同价款，由发包人承担。

17. 隐蔽工程和中间验收

17.1 工程具备隐蔽条件或达到专用条款约定的中间验收部位，承包人进行自检，并在隐蔽或中间验收前 48 小时以书面形式通知工程师验收。通知包括隐蔽和中间验收的内容、验收时间和地点。承包人准备验收记录，验收合格，工程师在验收记录上签字后，承包人可进行隐蔽和继续施工。验收不合格，承包人在工程师限定的时间内修改后重新验收。

17.2 工程师不能按时进行验收，应在验收前 24 小时以书面形式向承包人提出延期要求，延期不能超过 48 小时。工程师未能按以上时间提出延期要求，不进行验收，承包人可自行组织验收，工程师应承认验收记录。

17.3 经工程师验收，工程质量符合标准、规范和设计图纸等要求，验收 24 小时后，工程师不在验收记录上签字，视为工程师已经认可验收记录，承包人可进行隐蔽或继续施工。

18. 重新检验

无论工程师是否进行验收，当其要求对已经隐蔽的工程重新检验时，承包人应按要求进行剥离或开孔，并在检验后重新覆盖或修复。检验合格，发包人承担由此发生的全部追加合同价款，赔偿承包人损失，并相应顺延工期。检验不合格，承包人承担发生的全部费用，工期不予顺延。

19. 工程试车

19.1 双方约定需要试车的，试车内容应与承包人承包的安装范围相一致。

19.2 设备安装工程具备单机无负荷试车条件，承包人组织试车，并在试车前 48 小时以书面形式通知工程师。通知包括试车内容、时间、地点。承包人准备试车记录，发包人根据承包人要求为试车提供必要条件。试车合格，工程师在试车记录上签字。

19.3 工程师不能按时参加试车，须在开始试车前 24 小时以书面形式向承包人提出延期要求，不参加试车，应承认试车记录。

19.4 设备安装工程具备无负荷联动试车条件，发包人组织试车，并在试车内容、时间、地点和对承包人的要求，承包人按要求做好准备工作。试车合格，双方在试车记录上签字。

19.5 双方责任

（1）由于设计原因试车达不到验收要求，发包人应要求设计单位修改设计，承包人按修改后的设计重新安装。发包人承担修改设计、拆除及重新安装的全部费用和追加合同价款，工期相应顺延。

（2）由于设备制造原因试车达不到验收要求，由该设备采购一方负责重新购置或修理，承包人负责拆除和重新安装。设备由承包人采购的，由承包人承担修理或重新购置、拆除及重新安装的费用，工期不予顺延；设备由发包人采购的，发包人承担上述各项追加合同价款，工期相应顺延。

（3）由于承包人施工原因试车不到验收要求，承包人按工程师要求重新安装和试车，并承担重新安装和试车的费用，工期不予顺延。

（4）试车费用除已包括在合同价款之内或专用条款另有约定外，均由发包人承担。

（5）工程师在试车合格后不在试车记录上签字，试车结束 24 小时后，视为工程师已经认可试车记录，承包人可继续施工或办理竣工手续。

19.6 投料试车应在工程竣工验收后由发包人负责，如发包人要求在工程竣工验收前进行或需要承包人配合时，应征得承包人同意，另行签订补充协议。

五、安全施工

20. 安全施工与检查

20.1 承包人应遵守工程建设安全生产有关管理规定，严格按安全标准组织施工，并随时接受行业安全检查人员依法实施的监督检查，采取必要的安全防护措施，消除事故隐患。由于承包人安全措施不力造成事故的责任和因此发生的费用，由承包人承担。

20.2 发包人应对其在施工场地的工作人员进行安全教育，并对他们的安全负责。发包人不得要求承包人违反安全管理的规定进行施工。因发包人原因导致的安全事故，由发包人承担相应责任及发生的费用。

21. 安全防护

21.1 承包人在动力设备、输电线路、地下管道、密封防震车间、易燃易爆地段以及临街交通要道附近施工时，施工开始前应向工程师提出安全防护措施，经工程师认可后实施，防护措施费用由发包人承担。

21.2 实施爆破作业，在放射、毒害性环境中施工（含储存、运输、使用）及使用毒害性、腐蚀性物品施工时，承包人应在施工前 14 天以书面通知工程师，并提出相应的安全防护措施，经工程师认可后实施，由发包人承担安全防护措施费用。

22. 事故处理

22.1 发生重大伤亡及其他安全事故，承包人应按有关规定立即上报有关部门并通知工程师，同时按政府有关部门要求处理，由事故责任方承担发生的费用。

22.2 发包人承包人对事故责任有争议时，应按政府有关部门的认定处理。

六、合同价款与支付

23. 合同价款及调整

23.1 招标工程的合同价款由发包人承包人依据中标通知书中的中标价格在协议书内约定。非招标工程的合同价款由发包人承包人依据工程预算书在协议书内约定。

23.2 合同价款在协议书内约定后，任何一方不得擅自改变。下列三种确定合同价款的方式，双方可在专用条款内约定采用其中一种：

（1）固定价格合同。双方在专用条款内约定合同价款包含的风险范围和风险费用的计算方法，在约定的风险范围内合同价款不再调整。风险范围以外的合同价款调整方法。应当在专用条款内约定。

（2）可调价格合同。合同价款可根据双方的约定而调整，双方在专用条款内约定合同价款调整方法。

（3）成本加酬金合同。合同价款包括成本和酬金两部分，双方在专用条款内约定成本构成和酬金的计算方法。

23.3 可调价格合同中合同价款的调整因素包括：

（1）法律、行政法规和国家有关政策变化影响合同价款；

（2）工程造价管理部门公布的价格调整；

（3）一周内非承包人原因停水、停电、停气造成停工累计超过 8 小时；

（4）双方约定的其他因素。

23.4 承包人应当在 23.3 款情况发生后 14 天内，将调整原因、金额以书面形式通知工程师，工程师确认调整金额后作为追加合同价款，与工程款同期支付。工程师收到承包人通知后 14 天内不予确认也不提出修改意见，视为已经同意该项调整。

24. 工程预付款

实行工程预付款的，双方应当在专用条款内约定发包人向承包人预付工程款的时间和数额，开工后按约定的时间和比例逐次扣回。预付时间应不迟于约定的开工日期前 7 天。发包人不按约定预付，承包人在约定预付时间 7 天后向发包人发出要求预付的通知，发包人收到通知后仍不能按要求预付，承包人可在发出通知后 7 天停止施工，发包人应从约定应付之日起向承包人支付应付款的贷款利息，并承担违约责任。

25. 工程量的确认

25.1 承包人应按专用条款约定的时间，向工程师提交已完工程量的报告。工程师接到报告后 7 天内按设计图纸核实已完工程量（以下称计量），并在计量前 24 小时通知承包人，承包人为计量提供便利条件并派人参加。承包人收到通知后不参加计量，计量结果有效，作为工程价款支付的依据。

25.2 工程师收到承包人报告后 7 天内未进行计量，从第 8 天起，承包人报告中开列的工程量即视为被确认，作为工程价款支付的依据。工程师不按约定时间通知承包人，致命承包人未能参加计量，计量结果无效。

25.3 对承包人超出设计图纸范围和因承包人原因造成返工的工程量，工程师不予计量。

26. 工程款（进度款）支付

26.1 在确认计量结果后 14 天内，发包人应向承包人支付工程款（进度款）。按约定时间发包人应扣回的预付款，与工程款（进度款）同期结算。

26.2 本通用条款第 23 条确定调整的合同价款，第 31 条工程变更调整的合同价款及其他条款中约定的追加合同价款，应与工程款（进度款）同期调整支付。

26.3 发包人超过约定的支付时间不支付工程款（进度款），承包人可向发包人发出要求付款的通知，发包人收到承包人通知后仍不能按要求付款，可与承包人协商签订延期付款协议，经承包人同意后可延期支付。协议应明确延期支付的时间和从计量结果确认后第 15 天起应付款的贷款利息。

26.4 发包人不按合同约定支付工程款（进度款），双方又未达成延期付款协议，导致施工无法进行，承包人可停止施工，由发包人承担违约责任。

七、材料设备供应

27. 发包人供应材料设备

27.1 实行发包人供应材料设备的，双方应当约定发包人供应材料设备的一览表，作为本合同附件

（附件 2）。一览表包括发包人供应材料设备的品种、规格、型号、数量、单价、质量等级、提供时间和地点。

27.2 发包人按一览表约定的内容提供材料设备，并向承包人提供产品合格证明，对其质量负责。发包人在所供材料设备到货前 24 小时，以书面形式通知承包人，由承包人派人与发包人共同清点。

27.3 发包人供应的材料设备，承包人派人参加清点后由承包人妥善保管，发包人支付相应保管费用。因承包人原因发生丢失损坏，由承包人负责赔偿。

发包人未通知承包人清点，承包人不负责材料设备的保管，丢失损坏由发包人负责。

27.4 发包人供应的材料设备与一览表不符时，发包人承担有关责任。发包人应承担责任的具体内容，双方根据下列情况在专用条款内约定：

（1）材料设备单价与一览表不符，由发包人承担所有价差；

（2）材料设备的品种、规格、型号、质量等级与一览表不符，承包人可拒绝接收保管，由发包人运出施工场地并重新采购；

（3）发包人供应的材料规格、型号与一览表不符，经发包人同意，承包人可代为调剂串换，由发包人承担相应费用；

（4）到货地点与一览表不符，由发包人负责运至一览表指定地点；

（5）供应数量少于一览表约定的数量时，由发包人补齐，多于一览表约定数量时，发包人负责将多出部分运出施工场地；

（6）到货时间早于一览表约定时间，由发包人承担因此发生的保管费用；到货时间迟于一览表约定的供应时间，发包人赔偿由此造成的承包人损失，造成工期延误的，相应顺延工期；

27.5 发包人供应的材料设备使用前，由承包人负责检验或试验，不合格的不得使用，检验或试验费用由发包人承担。

27.6 发包人供应材料设备的结算方法，双方在专用条款内约定。

28. 承包人采购材料设备

28.1 承包人负责采购材料设备的，应按照专用条款约定及设计和有关标准要求采购，并提供产品合格证明，对材料设备质量负责。承包人在材料设备到货前 24 小时通知工程师清点。

28.2 承包人采购的材料设备与设计标准要求不符时，承包人应按工程师要求的时间运出施工场地，重新采购符合要求的产品，承担由此发生的费用，由此延误的工期不予顺延。

28.3 承包人采购的材料设备在使用前，承包人应按工程师的要求进行检验或试验，不合格的不得使用，检验或试验费用由承包人承担。

28.4 工程师发现承包人采购并使用不符合设计和标准要求的材料设备时，应要求承包人负责修复、拆除或重新采购，由承包人承担发生的费用，由此延误的工期不予顺延。

28.5 承包人需要使用代用材料时，应经工程师认可后才能使用，由此增减的合同价款双方以书面形式议定。

28.6 由承包人采购的材料设备，发包人不得指定生产厂或供应商。

八、工程变更

29. 工程设计变更

29.1 施工中发包人需对原工程设计变更，应提前 14 天以书面形式向承包人发出变更通知。变更超过原设计标准或批准的建设规模时，发包人应报规划管理部门和其他有关部门重新审查批准，并由原设计单位提供变更的相应图纸和说明。承包人按照工程师发出的变更通知及有关要求，进行下列需要的变更：

（1）更改工程有关部分的标高、基线、位置和尺寸；

（2）增减合同中约定的工程量；

（3）改变有关工程的施工时间和顺序；

（4）其他有关工程变更需要的附加工作。

因变更导致合同价款的增减及造成的承包人损失，由发包人承担，延误的工期相应顺延。

29.2 施工中承包人不得对原工程设计进行变更。因承包人擅自变更设计发生的费用和由此导致发包人的直接损失，由承包人承担，延误的工期不予顺延。

29.3 承包人在施工中提出的合理化建议涉及对设计图纸或施工组织设计的更改及对材料、设备的换用，须经工程师同意。未经同意擅自更改或换用时，承包人承担由此发生的费用，并赔偿发包人的有关损失，延误的工期不予顺延。

工程师同意采用承包人合理化建议，所发生的费用和获得的收益，发包人承包人另行约定分担或分享。

30. 其他变更

合同履行中发包人要求变更工程质量标准及发生其他实质性变更，由双方协商解决。

31. 确定变更价款

31.1 承包人在工程变更确定后 14 天内，提出变更工程价款的报告，经工程师确认后调整合同价款。变更合同价款按下列方法进行：

（1）合同中已有适用于变更工程的价格，按合同已有的价格变更合同价款；

（2）合同中只有类似于变更工程的价格，可以参照类似价格变更合同价款；

（3）合同中没有适用或类似于变更工程的价格，由承包人提出适当的变更价格，经工程师确认后执行。

31.2 承包人在双方确定变更后 14 天内不向工程师提出变更工程价款报告时，视为该项变更不涉及合同价款的变更。

31.3 工程师应在收到变更工程价款报告之日起 14 天内予以确认，工程师无正当理由不确认时，自变更工程价款报告送达之日起 14 天后视为变更工程价款报告已被确认。

31.4 工程师不同意承包人提出的变更价款，按本通用条款第 37 条关于争议的约定处理。

31.5 工程师确认增加的工程变更价款作为追加合同价款，与工程款同期支付。

31.6 因承包人自身原因导致的工程变更，承包人无权要求追加合同价款。

九、竣工验收与结算

32. 竣工验收

32.1 工程具备竣工验收条件，承包人按国家工程竣工验收有关规定，向发包人提供完整竣工资料及竣工验收报告。双方约定由承包人提供竣工图的，应当在专用条款内约定提供的日期和份数。

32.2 发包人收到竣工验收报告后 28 天内组织有关单位验收，并在验收后 14 天内给予认可或提出修改意见。承包人按要求修改，并承担由自身原因造成修改的费用。

32.3 发包人收到承包人送交的竣工验收报告后 28 天内不组织验收，或验收后 14 天内不提出修改意见，视为竣工验收报告已被认可。

32.4 工程竣工验收通过，承包人送交竣工验收报告的日期为实际竣工日期。工程按发包人要求修改后通过竣工验收的，实际竣工日期为承包人修改后提请发包人验收的日期。

32.5 发包人收到承包人竣工验收报告后 28 天内不组织验收，从第 29 天起承担工程保管及一切意外责任。

32.6 中间交工工程的范围和竣工时间，双方在专用条款内约定，其验收程序按本通用条款 32.1 款至 32.4 款办理。

32.7 因特殊原因，发包人要求部分单位工程或工程部位甩项竣工的，双方另行签订甩项竣工协议，明确双方责任和工程价款的支付方法。

32.8 工程未经竣工验收或竣工验收未通过的，发包人不得使用。发包人强行使用时，由此发生的质量问题及其他问题，由发包人承担责任。

33. 竣工结算

33.1 工程竣工验收报告经发包人认可后 28 天内，承包人向发包人递交竣工结算报告及完整的结算资料，双方按照协议书约定的合同价款及专用条款约定的合同价款调整内容，进行工程竣工结算。

33.2 发包人收到承包人递交的竣工结算报告及结算资料后 28 天内进行核实，给予确认或者提出修改意见。发包人确认竣工结算报告通知经办银行向承包人支付工程竣工结算价款。承包人收到竣工结算价款后 14 天内将竣工工程交付发包人。

33.3 发包人收到竣工结算报告及结算资料后 28 天内无正当理由不支付工程竣工结算价款，从第 29 天起按承包人同期向银行贷款利率支付拖欠工程价款的利息，并承担违约责任。

33.4 发包人收到竣工结算报告及结算资料后 28 天内不支付工程竣工结算价款，承包人可以催告发包人支付结算价款。发包人在收到竣工结算报告及结算资料后 56 天内仍不支付的，承包人可以与发包人协议将该工程折价，也可以由承包人申请人民法院将该工程依法拍卖，承包人就该工程折价或者拍卖的价款优先受偿。

33.5 工程竣工验收报告经发包人认可后 28 天内，承包人未能向发包人递交竣工结算报告及完整的结算资料，造成工程竣工结算不能正常进行或工程竣工结算价款不能及时支付，发包人要求交付工程的，承包人应当交付；发包人不要求交付工程的，承包人承担保管责任。

33.6 发包人承包人对工程竣工结算价款发生争议时，按本通用条款第 37 条关于争议的约定处理。

34. 质量保修

34.1 承包人应按法律、行政法规或国家关于工程质量保修的有关规定，对交付发包人使用的工程在质量保修期内承担质量保修责任。

34.2 质量保修工作的实施。承包人应在工程竣工验收之前，与发包人签订质量保修书，作为本合同附件（附件 3 略）。

34.3 质量保修书的主要内容包括：

（1）质量保修项目内容及范围；

（2）质量保修期；

（3）质量保修责任；

（4）质量保修金的支付方法。

十、违约、索赔和争议

35. 违约

35.1 发包人违约。当发生下列情况时：

（1）本通用条款第 24 条提到的发包人不按时支付工程预付款；

（2）本通用条款第 26.4 款提到的发包人不按合同约定支付工程款，导致施工无法进行；

（3）本通用条款第 33.3 款提到的发包人无正当理由不支付工程竣工结算价款；

（4）发包人不履行合同义务或不按合同约定履行义务的其他情况。

发包人承担违约责任，赔偿因其违约给承包人造成的经济损失，顺延延误的工期。双方在专用条款内约定发包人赔偿承包人损失的计算方法或者发包人应当支付违约金的数额或计算方法。

35.2 承包人违约。当发生下列情况时：

（1）本通用条款第 14.2 款提到的因承包人原因不能按照协议书约定的竣工日期或工程师同意顺延的工期竣工；

（2）本通用条款第 15.1 款提到的因承包人原因工程质量达不到协议书约定的质量标准；

（3）承包人不履行合同义务或不按合同约定履行义务的其他情况。

承包人承担违约责任，赔偿因其违约约发包人造成的损失。双方在专用条款内约定承包人赔偿发包人损失的计算方法或者承包人应当支付违约金的数额可计算方法。

35.3 一方违约后，另一方要求违约方继续履行合同时，违约方承担上述违约责任后仍应继续履行合同。

36. 索赔

36.1 当一方向另一方提出索赔时，要有正当索赔理由，且有索赔事件发生时的有效证据。

36.2 发包人未能按合同约定履行自己的各项义务或发生错误以及应由发包人承担责任的其他情况，造成工期延误和（或）承包人不能及时得到合同价款及承包人的其他经济损失，承包人可按下列程序以书面形式向发包人索赔：

（1）索赔事件发生后 28 天内，向工程师发出索赔意向通知；

（2）发出索赔意向通知后 28 天内，向工程师提出延长工期和（或）补偿经济损失的索赔报告及有关资料；

（3）工程师在收到承包人送交的索赔报告和有关资料后，于 28 天内给予答复，或要求承包人进一步补充索赔理由和证据；

（4）工程师在收到承包人送交的索赔报告和有关资料后 28 天内未予答复或未对承包人作进一步要求，视为该项索赔已经认可；

（5）当该索赔事件持续进行时，承包人应当阶段性向工程师发出索赔意向，在索赔事件终了后 28 天内，向工程师送交索赔的有关资料和最终索赔报告。索赔答复程序与（3）、（4）规定相同。

36.3 承包人未能按合同约定履行自己的各项义务或发生错误，给发包人造成经济损失，发包人可按 36.2 款确定的时限向承包人提出索赔。

37. 争议

37.1 发包人承包人在履行合同时发生争议，可以和解或者要求有关主管部门调解。当事人不愿和解、调解或者和解、调解不成的，双方可以在专用条款内约定以下一种方式解决争议：第一种解决方式：双方达成仲裁协议，向约定的仲裁委员会申请仲裁；

第二种解决方式：向有管辖权的人民法院起诉。

37.2 发生争议后，除非出现下列情况的，双方都应继续履行合同，保持施工连续，保护好已完工程：

（1）单方违约导致合同确已无法履行，双方协议停止施工；

（2）调解要求停止施工，且为双方接受；

（3）仲裁机构要求停止施工；

（4）法院要求停止施工。

十一、其他

38. 工程分包

38.1 承包人按专用条款的约定分包所承包的部分工程，并与分包单位签订分包合同。非经发包人同意，承包人不得将承包工程的任何部分分包。

38.2 承包人不得将其承包的全部工程转包给他人，也不得将其承包的全部工程肢解以后以分包的名义分别转包给他人。

38.3 工程分包不能解除承包人任何责任与义务。承包人应在分包场地派驻相应管理人员，保证本合同的履行。分包单位的任何违约行为或疏忽导致工程损害或给发包人造成其他损失，承包人承担连带责任。

38.4 分包工程价款由承包人与分包单位结算。发包人未经承包人同意不得以任何形式向分包单位支付各种工程款项。

39. 不可抗力

39.1 不可抗力包括因战争、动乱、空中飞行物体坠落或其他非发包人承包人责任造成的爆炸、火灾，以及专用条款约定的风雨、雪、洪、震等自然灾害。

39.2 不可抗力事件发生后，承包人应立即通知工程师，并在力所能及的条件下迅速采取措施，尽力减少损失，发包人应协助承包人采取措施。不可抗力事件结束后 48 小时内承包人向工程师通报受害情况和损失情况，及预计清理和修复的费用。不可抗力事件持续发生，承包人应每隔 7 天向工程师报告一次受害情况。不可抗力事件结束后 14 天内，承包人向工程师提交清理和修复费用的正式报告及有关资料。

39.3 因不可抗力事件导致的费用及延误的工期由双方按以下方法分别承担：

（1）工程本身的损害、因工程损害导致第三方人员伤亡和财产损失以及运至施工场地用于施工的材料和待安装的设备的损害，由发包人承担；

（2）发包人承包人人员伤亡由其所在单位负责，并承担相应费用；

（3）承包人机械设备损坏及停工损失，由承包人承担；

（4）停工期间，承包人应工程师要求留在施工场地的必要的管理人员及保卫人员的费用由发包人承担；

（5）工程所需清理、修复费用，由发包人承担；

（6）延误的工期相应顺延。

39.4 因合同一方迟延履行合同后发生不可抗力的，不能免除迟延履行方的相应责任。

40. 保险

40.1 工程开工前，发包人为建设工程和施工场内的自有人员及第三人人员生命财产办理保险，支付保险费用。

40.2 运至施工场地内用于工程的材料和待安装设备，由发包人办理保险，并支付保险费用。

40.3 发包人可以将有关保险事项委托承包人办理，费用由发包人承担。

40.4 承包人必须为人事危险作业的职工办理意外伤害保险，并为施工场地内自有人员生命财产和施工机械设备办理保险，支付保险费用。

40.5 保险事故发生时，发包人承包人有责任尽力采取必要的措施，防止或者减少损失。

40.6 具体投保内容和相关责任，发包人承包人在专用条款中约定。

41. 担保

41.1 发包人承包人为了全面履行合同，应互相提供以下担保：

（1）发包人向承包人提供履约担保，按合同约定支付工程价款及履行合同约定的其他义务。

（2）承包人向发包人提供履约担保，按合同约定履行自己的各项义务。

41.2 一方违约后，另一方可要求提供担保的第三人承担相应责任。

41.3 提供担保的内容、方式和相关责任，发包人承包人除在专用条款中约定外，被担保方与担保方还应签订担保合同，作为本合同附件。

42. 专利技术及特殊工艺

42.1 发包人要求使用专利技术或特殊工艺，就负责办理相应的申报手续，承担申报、试验、使用等费用；承包人提出使用专利技术或特殊工艺，应取得工程师认可，承包人负责办理申报手续并承担有关费用。

42.2 擅自使用专利技术侵犯他人专利权的，责任者依法承担相应责任。

43. 文物和地下障碍物

43.1 在施工中发现古墓、古建筑遗址等文物及化石或其他有考古、地质研究等价值的物品时，承包人应立即保护好现场并于 4 小时内以书面形式通知工程师，工程师应于收到书面通知后 24 小时内报告当地文物管理部门，发包人承包人按文物管理部门的要求采取妥善保护措施。发包人承担由此发生的费用，顺延延误的工期。

如发现后隐瞒不报，致使文物遭受破坏，责任者依法承担相应责任。

43.2 施工中发现影响施工的地下障碍物时，承包人应于 8 小时内以书面形式通知工程师，同时提出处置方案，工程师收到处置方案后 24 小时内予以认可或提出修正方案。发包人承担由此发生的费用，顺延延误的工期。

所发现的地下障碍物有归属单位时，发包人应报请有关部门协同处置。

44. 合同解除

44.1 发包人承包人协商一致，可以解除合同。

44.2 发生本通用条款第 26.4 款情况，停止施工超过 56 天，发包人仍不支付工程款（进度款），承包人有权解除合同。

44.3 发生本通用条款第 38.2 款禁止的情况，承包人将其承包的全部工程转包给他人或者肢解以后以分包的名义分别转包给他人，发包人有权解除合同。

44.4 有下列情形之一的，发包人承包人可以解除合同：

（1）因不可抗力致使合同无法履行；

（2）因一方违约（包括因发包人原因造成工程停建或缓建）致使合同无法履行。

44.5 一方依据 44.2、44.3、44.4 款约定要求解除合同的，应以书面形式向对方发出解除合同的通知，并在发出通知前 7 天告知对方，通知到达对方时合同解除。对解除合同有争议的，按本通用条款第 37 条关于争议的约定处理。

44.6 合同解除后，承包人应妥善做好已完工程和已购材料、设备的保护和移交工作，按发包人要求将自有机械设备和人员撤出施工场地。发包人应为承包人撤出提供必要条件，支付以上所发生的费用，并按合同约定支付已完工程价款。已经订货的材料、设备由订货方负责退货或解除订货合同，不能退还的货款和因退货、解除订货合同发生的费用，由发包人承担，因未及时退货造成的损失由责任方承担。除此之外，有过错的一方应当赔偿因合同解除给对方造成的损失。

44.7 合同解除后，不影响双方在合同中约定的结算和清理条款的效力。

45. 合同生效与终止

45.1 双方在协议书中约定合同生效方式。

45.2 除本通用条款第 34 条外，发包人承包人履行合同全部义务，竣工结算价款支付完毕，承包人向发包人交付竣工工程后，本合同即告终止。

45.3 合同的权利义务终止后，发包人承包人应当遵循诚实信用原则，履行通知、协助、保密等义务。

46. 合同份数

46.1 本合同正本两份，具有同等效力，由发包人承包人分别保存一份。

46.2 本合同副本份数，由双方根据需要在专用条款内约定。

47. 补充条款

双方根据有关法律、行政法规规定，结合工程实际经协商一致后，可对本通用条款内容具体化、补充或修改，在专用条款内约定。

第三部分 专用条款

一、词语定义及合同文件

2. 合同文件及解释顺序

合同文件组成及解释顺序：____

3. 语言文字和适用法律、标准及规范

3.1 本合同除使用汉语外，还使用＿＿＿＿＿＿＿＿＿语言文字。
3.2 适用法律和法规需要明示的法律、行政法规：＿＿＿＿＿＿＿＿＿
3.3 适用标准、规范的名称：＿＿＿＿＿＿＿＿＿
发包人提供标准、规范的时间：＿＿＿＿＿＿＿＿＿
国内没有相应标准、规范时的约定：＿＿＿＿＿＿＿＿＿
4. 图纸
4.1 发包人向承包人提供图纸日期和套数：＿＿＿＿＿＿＿＿＿
发包人对图纸的保密要求：＿＿＿＿＿＿＿＿＿
使用国外图纸的要求及费用承担：＿＿＿＿＿＿＿＿＿

二、双方一般权利和义务

5. 工程师
5.2 监理单位委派的工程师
姓名：＿＿＿＿＿＿＿＿＿ 职务：＿＿＿＿＿＿＿＿＿
发包人委托的职权：＿＿＿＿＿＿＿＿＿
需要取得发包人批准才能行使的职权：＿＿＿＿＿＿＿＿＿
5.3 发包人派驻的工程师
姓名：＿＿＿＿＿＿＿＿＿ 职务：＿＿＿＿＿＿＿＿＿ 职权：＿＿＿＿＿＿＿＿＿
5.6 不实行监理的，工程师的职权：＿＿＿＿＿＿＿＿＿
7. 项目经理
姓名：＿＿＿＿＿＿＿＿＿ 职务：＿＿＿＿＿＿＿＿＿
8. 发包人工作
8.1 发包人应按约定的时间和要求完成以下工作：
（1）施工场地具备施工条件的要求及完成的时间：＿＿＿＿＿＿＿＿＿
（2）将施工所需的水、电、电讯线路接至施工场地的时间、地点和供应要求：＿＿＿＿＿＿＿＿＿
（3）施工场地与公共道路的通道开通时间和要求：＿＿＿＿＿＿＿＿＿
（4）工程地质和地下管线资料的提供时间：＿＿＿＿＿＿＿＿＿
（5）由发包人办理的施工所需证件、批件的名称和完成时间：＿＿＿＿＿＿＿＿＿
（6）水准点与坐标控制点交验要求：＿＿＿＿＿＿＿＿＿
（7）图纸会审和设计交底时间：＿＿＿＿＿＿＿＿＿
（8）协调处理施工场地周围地下管线和邻近建筑物、构筑物（含文物保护建筑）、古树名木的保护工作：＿＿＿＿＿＿＿＿＿
（9）双方约定发包人应做的其他工作：＿＿＿＿＿＿＿＿＿
8.2 发包人委托承包人办理的工作：＿＿＿＿＿＿＿＿＿
9. 承包人工作 9.1 承包人应按约定时间和要求，完成以下工作：
（1）需由设计资质等级和业务范围允许的承包人完成的设计文件提交时间：＿＿＿＿＿＿＿＿＿
（2）应提供计划、报表的名称及完成时间：＿＿＿＿＿＿＿＿＿
（3）承担施工安全保卫工作及非夜间施工照明的责任和要求：＿＿＿＿＿＿＿＿＿
（4）向发包人提供的办公和生活房屋及设施的要求：＿＿＿＿＿＿＿＿＿
（5）需承包人办理的有关施工场地交通、环卫和施工噪音管理等手续：＿＿＿＿＿＿＿＿＿
（6）已完工程成品保护的特殊要求及费用承担：＿＿＿＿＿＿＿＿＿
（7）施工场地周围地下管线和邻近建筑物、构筑物（含文物保护建筑）、古树名木的保护要求及费用承担：＿＿＿＿＿＿＿＿＿

（8）施工场清洁卫生的要求：____
（9）双方约定承包人应做的其他工作：____

三、施工组织设计和工期

10. 进度计划
10.1 承包人提供施工组织设计（施工方案）和进度计划的时间：____________________
工程师确认的时间：____
10.2 群体工程中有关进度计划的要求：____
13. 工期延误
13.1 双方约定工期顺延的其他情况：____

四、质量与验收

17. 隐蔽工程和中间验收
17.1 双方约定中间验收部位：____
19. 工程试车
19.5 试车费用的承担：____

五、安全施工

六、合同价款与支付

23. 合同价款及调整
23.2 本合同价款采用____方式确定。
（1）采用固定价格合同，合同价款中包括的风险范围：____________________________
风险费用的计算方法：____
风险范围以外合同价款调整方法：____
（2）采用可调价格合同，合同价款调整方法：____________________________________
（3）采用成本加酬金合同，有关成本和酬金的约定：______________________________
23.3 双方约定合同价款的其他调整因素：____
24. 工程预付款
发包人向承包人预付工程款的时间和金额或占合同价款总额的比例：________________
扣回工程款的时间、比例：____
25. 工程量确认
25.1 承包人向工程师提交已完工程量报告的时间：________________________________
26. 工程款（进度款）支付
双方约定的工程款（进度款）支付的方式和时间：________________________________

七、材料设备供应

27. 发包人供应
27.4 发包人供应的材料设备与一览表不符时，双方约定发包人承担责任如下：
（1）材料设备单价与一览表不符：____
（2）材料设备的品种、规格、型号、质量等级与一览表不符：______________________
（3）承包人可代为调剂串换的材料：____
（4）到货地点与一览表不符：____
（5）供应数量与一览表不符：____
（6）到货时间与一览表不符：____

27.6 发包人供应材料设备的结算方法:________

28. 承包人采购材料设备

28.1 承包人采购材料设备的约定:________

八、工程变更

九、竣工验收与结算

30. 竣工验收

32.1 承包人提供竣工图的约定:________

32.6 中间交工工程的范围和竣工时间:________

十、违约、索赔和争议

35. 违约

35.1 本合同中关于发包人违约的具体责任如下:

本合同通用条款第 24 条约定发包人违约应承担的违约责任:________

本合同通用条款第 26.4 款约定发包人违约应承担的违约责任:________

本合同通用条款第 33.3 款约定发包人违约应承担的违约责任:________

双方约定的发包人其他违约责任:________

35.2 本合同中关于承包人违约的具体责任如下:

本合同通用条款第 14.2 款约定承包人违约承担的违约责任:________

本合同通用条款第 15.1 款约定承包人违约应承担的违约责任:________

双方约定的承包人其他违约责任:________

37. 争议

37.1 本合同在履行过程中发生的争议时，有双发当事人协商解决，协商不成的，按下列第____种方式解决:

(1) 提交________仲裁委员会仲裁;

(2) 依法向人民法院起诉。

十一、其他

38. 工程分包

38.1 本工程发包人同意承包人分包的工程:________

分包施工单位为:________

39. 不可抗力

39.1 双方关于不可抗力的约定:________

40. 保险

40.6 本工程双方约定投保内容如下:

(1) 发包人投保内容:________

发包人委托承包人办理的保险事项:________

(2) 承包人投保内容:________

41. 担保

41.3 本工程双方约定担保事项如下:________

(1) 发包人向承包人提供履约担保，担保方式为: 担保合同作为本合同附件。

(2) 承包人向发包人提供履约担保，担保方式为: 担保合同作为本合同附件。

(3) 双方约定的其他担保事项:________

26. 合同份数

46.1 双方约定合同副本份数:________________________

47. 补充条款________________________

____

附件 1 : 承包人承揽工程项目一览表 (略)

附件 2 : 发包人供应材料设备一览表 (略)

附件 3 : 工程质量保修书

工程质量保修书

发包人 (全称) :________________________

承包人 (全称) :________________________

为保证________________________(工程名称) 在合理使用期限内正常使用，发包人承包人协商一致签定工程质量保修书。承包人在质量保修期内按照有关管理规定及双方约定承担工程质量保修责任。

第一条　工程质量保修范围和内容

质量保修范围包括地基基础工程、主体结构工程，屋面防水工程和双方约定的其他土建工程，以及电气管线、上下水管道的安装工程，供热、供冷系统工程等项目。具体质量保修的内容双方约定如下:

____

________________________。

第二条　质量保修期

质量保修期从工程实际竣工之日算起。分单项竣工验收的工程，按单项工程分别计算质量保修期。

双方根据国家有关规定，约定具体工程约定质量保修期如下:

1. 土建工程为________年，屋面防水工程为________年;

2. 电气管线、给排水管道、设备安装工程为________年;

3. 供热与供冷为________个采暖期及供冷期;

4. 室外的上下水和小区道路等市政公用工程为________年;

7. 其他约定:________________________。

第三条　质量保修责任

1. 属于保修范围、内容的项目，承包人应当在接到保修通知之日起 7 天内派人保修。承包人不在约定期限内派人保修的，发包人可以委托他人修理，修理费用从质量保修金内扣除。

2. 发生紧急抢修事故 (如上水跑水、暖气漏水漏气、燃气漏气等)，承包人在接到事故通知后，应当立即到达事故现场抢修。非承包人施工质量引起的事故，抢修费用由发包人承担。

3. 在国家规定的工程合理使用期限内，承包人确保地基基础工程和主体结构的质量。因承包人原因致使工程在合理使用期限内造成人身和财产损害的，承包人应承担损害赔偿责任。

4. 质量保修完成后，由发包人组织验收。

第四条　质量保修金的支付

工程质量保修金一般不超过施工合同价款的 3%，本工程约定的工程质量保修金为施工合同价款的____.____%。

本工程双方预定承包人向发包人支付工程质量保修金金额为________________(大写)。质量保修金银行利率为________________________。

第五条 质量保修金的返还

发包人在质量保修期满后 14 天内，将剩余保修金和利息返还承包人。

其他双方约定的其他工程质量保修事项：____________________。

本工程质量保修书作为施工合同附件，由施工合同发包人承包人双方共同签署。

发 包 人（公章）： 承 包 人（公章）：

法定代表人（签字）： 法定代表人（签字）：

年 月 日 年 月 日

参考文献

[1] 中华人民共和国招标投标法 [M]. 北京：中国法制出版社，1999.
[2] 中华人民共和国合同法 [M]. 北京：中国法制出版社，1999.
[3] 全国一级建造师执业资格考试用书编写委员会 . 建设工程合同管理 [M]. 北京：中国建筑工业出版社，2011.
[4] 史商于，陈茂明 . 工程招投标与合同管理 [M]. 北京：科学出版社，2010.
[5] 刘钦 . 工程招投标与合同管理 [M]. 北京：高等教育出版社，2008.
[6] 杨益民，公晋芳 . 工程项目招投标与合同管理 [M]. 北京：中国建材工业出版社，2012.
[7] 龚小兰 . 工程招投标与合同管理案例教程 [M]. 北京：化学工业出版社，2009.
[8] 崔东红，肖萌 . 建设工程招投标与合同管理实务 [M]. 北京：北京大学出版社，2009.
[9] 建设工程工程量清单计价规范（GB 50500—2008）[M]. 北京：中国计划出版社，2008.
[10] 赵来斌，贾连英 . 建设工程招投标与合同管理 [M]. 北京：人民交通出版社，2008.
[11] 顾永才，田元福 . 工程招投标与合同管理 [M]. 北京：科学出版社，2006.
[12] 柯洪 . 工程造价计价与控制 [M]. 北京：中国计划出版社，2009.
[13] 国家发展改革委等九部委 . 中华人民共和国标准施工招标文件 [M]. 北京：中国计划出版社，2007.
[14] 国家发展改革委等九部委 . 中华人民共和国标准施工资格预审文件 [M]. 北京：中国计划出版社，2007.
[15] 郝永池 . 工程招投标与合同管理 [M]. 北京：机械工业出版社，2006.
[16] 陈川生，沈 力 . 招投标法律法规解读评析 [M]. 北京：电子工业出版社，2009.
[17] 杨平 . 建设工程招投标与合同管理 [M]. 西安：西安交通大学出版社，2011.
[18] 杨志中 . 建设工程招投标与合同管理 [M]. 北京：机械工业出版社，2008.
[19] 李红军，源军 . 工程项目招投标与合同管理 [M]. 北京：北京大学出版社，2009.
[20] 高群，张素菲 . 建设工程招投标与合同管理 [M]. 北京：机械工业出版社，2008.
[21] 郝永池 . 工程招投标与合同管理 [M]. 北京：机械工业出版社，2006.
[22] 王瑞玲，吴耀兴 . 工程招投标与合同管理 [M]. 北京：中国电力出版社，2011.
[23] 杨庆丰，建筑工程招投标与合同管理 [M]. 北京：机械工业出版社，2011.
[24] 中国工程咨询协会 . 施工合同条件 [M]. 北京：机械工业出版社，2002
[25] 谷学良 . 工程招投标与合同 [M]. 哈尔滨：黑龙江科学技术出版社，2000.
[26] 田恒久 . 工程招投标与合同管理 [M]. 北京：中国电力出版社，2004.
[27] 何佰洲 . 工程建设合同与合同管理 [M]. 大连：东北财经大学出版社，2004.
[28] 杨树清，武育秦 . 工程招投标与合同管理 [M]. 重庆：重庆大学出版社，2003.
[29] 中国建设监理协会 . 建设工程合同管理 [M]. 北京：知识产权出版社，2003.
[30] 成虎 . 建筑工程合同管理与索赔 [M]. 南京：东南大学出版社，2000.
[31] 中华人民共和国建设部 . 建设工程施工合同示范文本（GF—1999—0201）[S]. 北京：中国建筑工业出版社 1999.
[32] 卢谦 . 建设工程招标投标与合同管理 [M]. 北京：中国水利水电出版社，2001.
[33] 中华人民共和国建设部 . 建设工程监理规范（GB 50319—2000）[S]. 北京：中国建筑工业出版社，2001.